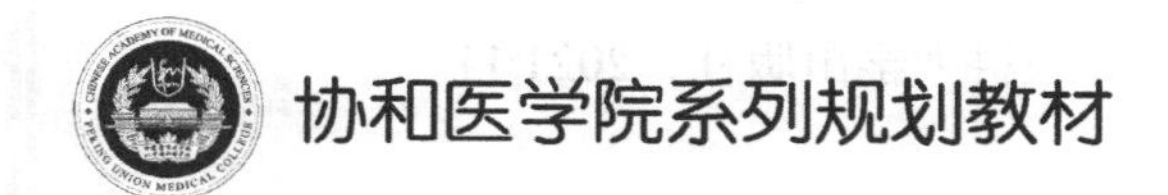

烟草病学高阶教程

主　编　王　辰

中国协和医科大学出版社
北　京

图书在版编目（CIP）数据

烟草病学高阶教程 / 王辰主编. —北京：中国协和医科大学出版社，2021.11
ISBN 978-7-5679-1799-6

Ⅰ. ①烟…　Ⅱ. ①王…　Ⅲ. ①烟草－病害－防治－教材　Ⅳ. ①S435.72

中国版本图书馆CIP数据核字（2021）第199055号

烟草病学高阶教程

主　　编：王　辰
责任编辑：沈冰冰　戴小欢
封面设计：许晓晨
责任校对：张　麓
责任印制：张　岱

出版发行：中国协和医科大学出版社
（北京市东城区东单三条9号　邮编100730　电话010-65260431）
网　　址：www.pumcp.com
经　　销：新华书店总店北京发行所
印　　刷：北京建宏印刷有限公司

开　　本：787mm×1092mm　1/16
印　　张：16.75
字　　数：240千字
版　　次：2021年11月第1版
印　　次：2021年11月第1次印刷
定　　价：79.00元

ISBN 978-7-5679-1799-6

编写委员会

主　　编

王　辰　中国医学科学院北京协和医学院　群医学及公共卫生学院、呼吸病学研究院，国家呼吸医学中心，国家呼吸系统疾病临床医学研究中心，中日友好医院，世界卫生组织戒烟与呼吸疾病预防合作中心

顾 问 组（按姓氏笔画排序）

白春学　复旦大学附属中山医院

宁　光　上海交通大学医学院附属瑞金医院

李为民　四川大学华西医院

杨维中　中国医学科学院北京协和医学院　群医学及公共卫生学院

吴　静　中国疾病预防控制中心慢性非传染性疾病预防控制中心

宋树立　中日友好医院

陈荣昌　深圳呼吸疾病研究所

邵瑞太　世界卫生组织慢性非传染病司，中国医学科学院北京协和医学院　群医学及公共卫生学院

胡盛寿　中国医学科学院北京协和医学院阜外医院，国家心血管病中心

顾东风　中国医学科学院北京协和医学院阜外医院，国家心血管病中心

徐永健　华中科技大学

曹　彬　中日友好医院，国家呼吸医学中心，国家呼吸系统疾病临床医学研究中心，中国医学科学院呼吸病学研究院

赫　捷　中国医学科学院北京协和医学院肿瘤医院，国家癌症中心

瞿介明　上海交通大学医学院附属瑞金医院

执行主编

肖　丹　中日友好医院，国家呼吸医学中心，国家呼吸系统疾病临床医学研究中心，中国医学科学院北京协和医学院　群医学及公共卫生学院、呼吸病学研究院，世界卫生组织戒烟与呼吸疾病预防合作中心

副 主 编（按姓氏笔画排序）

孙德俊　内蒙古自治区人民医院

肖新华　中国医学科学院北京协和医学院北京协和医院

时国朝　上海交通大学医学院附属瑞金医院

陈万青　中国医学科学院北京协和医学院肿瘤医院，国家癌症中心

鲁向锋　中国医学科学院北京协和医学院阜外医院，国家心血管病中心

编　　委（按姓氏笔画排序）

王　辰　中国医学科学院北京协和医学院　群医学及公共卫生学院、呼吸病学研究院，国家呼吸医学中心，国家呼吸系统疾病临床医学研究中心，中日友好医院，世界卫生组织戒烟与呼吸疾病预防合作中心

王　强　青岛大学附属医院

王晓丹　复旦大学附属中山医院

王雄彪　上海中医药大学附属普陀医院

毛　辉　四川大学华西医院

石菊芳　中国医学科学院北京协和医学院肿瘤医院，国家癌症中心

白　晶　广西医科大学第一附属医院

宁　康　山东第一医科大学第一附属医院

朱黎明　湖南省人民医院，湖南师范大学附属第一医院

刘芳超　中国医学科学院北京协和医学院阜外医院，国家心血管病中心

刘宏炜　上海市奉贤区中心医院

刘　朝　中日友好医院

齐　咏　河南省人民医院

孙德俊　内蒙古自治区人民医院

李劲莹　中日友好医院

李和权　浙江大学医学院附属第一医院

李洪涛　中山大学附属第三医院

李艳丽　内蒙古自治区人民医院

李晓辉　首都医科大学附属北京潞河医院

杨　华　湖北民族大学附属民大医院

杨晓红　新疆维吾尔自治区人民医院

肖　丹　中日友好医院，国家呼吸医学中心，国家呼吸系统疾病临床医学研究中心，中国医学科学院北京协和医学院　群医学及公共卫生学院、呼吸病学研究院，世界卫生组织戒烟与呼吸疾病预防合作中心

肖新华　中国医学科学院北京协和医学院北京协和医院

时国朝　上海交通大学医学院附属瑞金医院

吴司南　中日友好医院，国家呼吸医学中心，国家呼吸系统疾病临床医学研究中心，中国医学科学院呼吸病学研究院

吴秋歌　郑州大学第一附属医院

张剑青　昆明医科大学第一附属医院

陈　宏　哈尔滨医科大学附属第二医院

陈　虹　重庆医科大学附属第一医院

陈　琼　中南大学湘雅医院

陈　燕　中南大学湘雅二医院

陈万青　中国医学科学院北京协和医学院肿瘤医院，国家癌症中心

陈文丽　承德医学院附属医院

陈延斌　苏州大学附属第一医院

陈思邈　德国海德堡大学，中国医学科学院北京协和医学院

陈晓阳　福建医科大学附属第二医院

尚　愚　哈尔滨市第一医院

周　红　湖北理工学院附属爱康医院

周　敏　华中科技大学同济医学院附属同济医院

周露茜　广州医科大学附属第一医院，广州呼吸健康研究院

胡雪君　中国医科大学附属第一医院

侯小萌　中国医学科学院北京协和医学院，北京协和医院

秦　瑞　中日友好医院

袁亚军　唐山市人民医院

黄礼年　蚌埠医学院第一附属医院

崔紫阳　中日友好医院

鲁向锋　中国医学科学院北京协和医学院阜外医院，国家心血管病中心

童　瑾　重庆医科大学附属第二医院

戴然然　上海交通大学医学院附属瑞金医院
魏肖文　中日友好医院

学术秘书（按姓氏笔画排序）

石菊芳　中国医学科学院北京协和医学院肿瘤医院，国家癌症中心
刘芳超　中国医学科学院北京协和医学院阜外医院，国家心血管病中心
刘　朝　中日友好医院，国家呼吸医学中心，国家呼吸系统疾病临床医学研究中心，中国医学科学院呼吸病学研究院
李和权　浙江大学医学院附属第一医院
陈　琼　中南大学湘雅医院
周心玫　中日友好医院，国家呼吸医学中心，国家呼吸系统疾病临床医学研究中心，中国医学科学院呼吸病学研究院

前言

我国是世界上最大的烟草生产和消费国，最新流行病学数据显示，我国15岁及以上人群吸烟率为26.6%，据此推算约有烟民3.08亿人。与既往调查结果相比，虽然吸烟率呈现下降趋势，但是女性、青少年、男性医务工作者的吸烟率仍居高不下，与《"健康中国2030"规划纲要》要求的目标"2030年15岁以上人群吸烟率下降至20%"仍有较大差距。烟草使用对我国的人民健康和社会发展构成重大威胁，据估算每年超过100万人死于烟草相关疾病，如不采取强有力的措施，21世纪将有超过2亿中国人死于烟草相关疾病。

控烟是全球公认的、针对单一危险因素进行健康促进的最有效措施之一，能够有效地保护人民群众健康。面对极为突出的吸烟危害健康问题，我国开展了相关流行病学研究、致病机制研究、临床研究及公共卫生研究等，以科学证据揭示了吸烟是我国当前最大的公共卫生与医学问题，而控烟是预防疾病的首要任务。重要的是，如同在对感染性疾病和职业性疾病的防治中诞生了感染病学与职业病学一样，关于吸烟危害健康的研究与防治实践已经形成了一门专门的学科体系，称为烟草病学。

建设烟草病学学科，研究并把握学科内部运作及与社会相关的机制及规律，对于解决我国烟草危害问题，降低吸烟相关疾病的死亡率和疾病负担具有重要意义。2012年，我们组织国内外相关领域100多位专家编写的我国唯一由政府发布的烟害权威报告《中国吸烟危害健康报告》，在充分展示吸烟危害健康的科学证据的同时，首次提出烟草病学的概念和学科框架，包括烟草及吸烟行为、烟草依赖、吸烟及二手烟暴露的流行状况、吸烟对健康的危害、二手烟暴露对健康的危害、戒烟的健康益处、戒烟及烟草依赖的治疗七部分内容。

为了让医学界，特别是医学生能更加深刻地认识吸烟的危害，立足我国严峻的吸烟流行形势，我们组织编写了《烟草病学高阶教程》，旨在教授医学生吸烟危害健康知识，掌握烟草依赖诊治与戒烟的基本方法，培养烟草病学专业人才。

本书的编写以"解决医学生学习过程中遇到的实际问题"为立足点，以"回顾、现状、展望"为线索，以"培养和启发医学生创新思维"为中心，力求定义准确、概念清楚、结构严谨、层次分明、重点突出、逻辑性强，并将循证医学的思想、人文素质教育贯穿其中，旨在培养学生的创新思维和实践能力。此外，每章节末附有推荐阅读的文献，以加强学生自学和双语学习的能力。

本书邀请来自全国30余所院校的专家组成编委会，他们均工作在烟草病学的医、教、研第一线，有着丰富的临床和教学经验，为本书编写倾注了大量的心血。学术秘书在整个编写过程中积极协调、组织。在此一并表示衷心的感谢！

由于编写时间短促，加之编者水平所限，书中难免有不尽完善之处，祈敬广大读者不吝指正。

王　辰　肖　丹

2021年6月17日

目 录

第一章

总　论

吸烟是一种常见的行为，是当今世界上最严重的公共卫生与医疗保健问题之一。虽然我国大部分民众对吸烟的危害有所知晓，但通常只是将吸烟当作一种可自愿选择的不良行为习惯，而对吸烟的高度成瘾性、危害的多样性和严重性缺乏深入认识，以至于我国的吸烟率居高不下，对人民健康造成极为严重的危害。基于坚实的科学证据，深刻地认识吸烟的危害，掌握科学的戒烟方法，积极地投身于控制吸烟工作，是当代医学生的历史使命与责任。

（一）烟草病学的概念

烟草病学（tobacco medicine）是一门研究烟草使用对健康影响的医学学科。吸烟危害健康已是20世纪不争的医学结论。进入21世纪，关于吸烟危害健康的新科学证据仍不断地被揭示出来。控制吸烟，包括防止吸烟和促使吸烟者戒烟，已经成为人群疾病预防和个体保健的重要和可行措施。如同在对感染性疾病和职业性疾病的防治实践中诞生了感染病学与职业病学一样，在对吸烟危害健康的研究与防治实践中，已逐步形成烟草病学这样一个专门的医学体系，其学科框架主要包括烟草及吸烟行为、烟草依赖、吸烟及二手烟暴露的流行状况、吸烟对健康的危害、二手烟暴露对健康的危害、戒烟的健康益处、戒烟及烟草依赖的治疗等内容。

（二）烟草及吸烟行为

烟草种植、贸易与吸烟是一种全球性的不良生产、经营与生活行为，对人类的健康和社会发展造成了严重的损害。世界上有多种烟草制品，其中大部分为可燃吸烟草制品，即以点燃后吸入烟草燃烧所产生的烟雾为吸食方式的烟草制品，卷烟是其最常见的形式。

烟草燃烧后产生的气体混合物称为烟草烟雾。吸烟者除了自己吸入烟草烟雾外，还会将烟雾向空气中播散，形成二手烟。吸入或接触二手烟称为二手烟暴露。烟草烟雾的化学成分复杂，已发现含有7000余种化学成分，其中数百种物质可对健康造成危害。有害物质中至少包括69种已知的致癌物（如苯并芘等稠环芳烃类、N-亚硝基胺类、芳香胺类、甲醛、1,3-丁二烯等），可对呼吸系统造成危害的有害气体（如一氧化碳、一氧化氮、硫化氢及氨等），以及具有很强成瘾性的尼古丁。“烟焦油”是燃吸烟草过程中，有机质在缺氧条件下不完全燃烧的产物，为众多烃类及烃的氧化物、硫化物及氮化物的复杂混合物。烟草公司推出“低焦油卷烟”和“中草药卷烟”以促进消费，但研究证实，这些烟草产品并不能降低吸烟对健康的危害，反而容易诱导吸烟，影响吸烟者戒烟。

（三）烟草依赖

吸烟可以成瘾，称为烟草依赖，是造成吸烟者持久吸烟并难以戒烟的重要原因。烟草中导致成瘾的物质是尼古丁，其药理学及行为学过程与其他成瘾性物质（如海洛因和可卡因等）类似，故烟草依赖又称尼古丁依赖。烟草依赖是一种慢性高复发性疾病［国际疾病分类（ICD-10）编码为F17.2］。根据《中国临床戒烟指南（2015年版）》，烟草依赖的诊断标准如下：在过去1年内体验过或表现出下列6项中的至少3项，可以做出诊断：①强烈渴求吸烟；②难以控制吸烟行为；③当停止吸烟或减少吸烟量后，出现戒断症状；④出现烟草耐受表现，即需要增加吸烟量才能获得过去吸较少量烟即可获得的吸烟感受；⑤为吸烟而放弃或减少其他活动及喜好；⑥不顾吸烟的危害而坚持吸烟。

烟草依赖的临床表现分为躯体依赖和心理依赖两方面。躯体依赖表现为吸烟者在停止吸烟或减少吸烟量后，出现一系列难以忍受的戒断症状，包括吸烟渴求、焦虑、抑郁、不安、头痛、唾液腺分泌增加、注意力不集中、睡眠障碍等。一般情况下，戒断症状可在停止吸烟后数小时开始出现，在戒烟最初14天内表现最强烈，之后逐渐减轻，直至消失。大多数戒断症状持续时间约为1个月，但部分患者对吸烟的渴求会持续1年以上。心理依赖又称精神依赖，俗称“心瘾”，表现为主观上强烈渴求吸烟。烟草依赖者出现戒断症状后若再吸烟，会减轻或消除戒断症状，破坏戒烟进程。

对于患有烟草依赖的患者，可根据法氏烟草依赖评估量表（Fagerström Test for Nicotine Dependence，FTND）和吸烟严重度指数（Heaviness of Smoking Index，HSI）评估严重程度。两个量表的累计分值越高，说明吸烟者的烟草依赖程度越严重，该吸烟者从强化戒烟干预，特别是戒烟药物治疗中获益的可能性越大。

（四）吸烟及二手烟暴露的流行状况

世界卫生组织（WHO）的统计数字显示，全世界每年因吸烟死亡的人数高达800万人，现在吸烟者中将会有一半因吸烟提早死亡；因二手烟暴露所造成的非吸烟者年死亡人数约为120万人。由于认识到吸烟的危害，近几十年来，发达国家卷烟产销量增长缓慢，世界上多个国家的吸烟流行状况逐渐得到控制。目前，我国在烟草问题上居三个“世界之最”：最大的烟草生产国，卷烟产销量约占全球的40%；最大的烟草消费国，吸烟人群逾3亿人，15岁以上人群吸烟率为26.6%，成年男性吸烟率高达52.1%；最大的烟草受害国，每年因吸烟相关疾病所致的死亡人数超过100万人，如对吸烟流行状况不加以控制，至2050年将突破300万人。

（五）吸烟对健康的危害

烟草烟雾中所含有的数百种有害物质有些是以其原型损害人体，有些则是在体内外与其他物质发生化学反应，衍生出新的有害物质后损害人体。吸烟与二手烟暴露有时作为主要因素致病（如已知的69种致癌物可以直接导致癌症），有时则与其他因素复合致病或通过增加吸烟者对某些疾病的易感性致病（如吸烟增加呼吸道感染的风险即是通过降低呼吸道的抗病能力，使病原微生物易于侵入和感染而发病），有时则兼以上述多种方式致病。

1. 吸烟与呼吸系统疾病

吸烟对呼吸道免疫功能、肺部结构和肺功能均会产生影响，引起多种呼吸系统疾病。有充分证据说明吸烟可以导致慢性阻塞性肺疾病（简称慢阻肺），且吸烟量越大、吸烟年限越长、开始吸烟年龄越小，慢阻肺发病风险越高；戒烟是唯一能减缓慢阻肺患者肺功能下降的干预措施，同时降低发病风险，改善疾病预后。此外，吸烟也可以导致多种间质性肺疾病，增加肺结核和其他呼吸道感染的发病风险。

2. 吸烟与恶性肿瘤

烟草烟雾中含有69种已知的致癌物，这些致癌物会引发机体内关键基因突变，正常增殖控制机制失调，最终导致细胞癌变和恶性肿瘤的发生。有充分证据说明吸烟可以导致肺癌、口腔和口咽部恶性肿瘤、喉癌、食管癌、胃癌、肝癌、胰腺癌、肾癌、膀胱癌和宫颈癌，而戒烟可以明显降低这些癌症的发病风险。此外，有证据提示吸烟还可以导致结肠直肠癌、乳腺癌和急性白血病。

3. 吸烟与心脑血管疾病

吸烟会损伤血管内皮功能，可以导致动脉粥样硬化的发生，使动脉血管管腔变窄，动脉血流受阻，引发多种心脑血管疾病。有充分证据表明吸烟可以导致动脉粥样硬化冠心病、脑卒中和外周动脉疾病，而戒烟可以显著降低这些疾病的发病和死亡风险。

4. 吸烟与生殖和发育异常

烟草烟雾中含有多种可以影响人体生殖及发育功能的有害物质。吸烟会损伤遗传物质，对内分泌系统、输卵管功能、胎盘功能、免疫功能、孕妇及胎儿心血管系统和胎儿组织器官发育造成不良影响。有充分证据表明女性吸烟可以降低受孕概率，导致前置胎盘、胎盘早剥、胎儿生长受限、新生儿低出生体重以及婴儿猝死综合征。此外，有证据提示吸烟还可以导致勃起功能障碍、异位妊娠和自然流产。

5. 吸烟与糖尿病

有充分证据说明吸烟可以导致2型糖尿病，并且可以增加糖尿病患者发生大血管和微血管并发症的风险，影响疾病预后。

6. 吸烟与其他健康问题

有充分证据说明吸烟可以导致髋部骨折、牙周炎、白内障、手术切口愈合不良，以及手术后呼吸系统并发症、皮肤老化、缺勤和医疗费用增加，幽门螺杆菌感染者吸烟可以导致消化性溃疡。此外，有证据提示吸烟还可以导致阿尔茨海默病。

（六）二手烟暴露对健康的危害

二手烟中含有大量有害物质及致癌物，不吸烟者暴露于二手烟同样会增加多种吸烟相关疾病的发病风险。有充分的证据说明二手烟暴露可以导致肺癌、儿童哮喘、鼻部刺激症状和冠心病。此外，有证据提示二手烟暴露还可以导致乳腺癌、鼻窦癌、成人呼吸道症状、肺功能下降、慢阻肺、脑卒中和动脉粥样硬化。二手烟暴露对孕妇及儿童健康造成的危害尤为严重。有充分证据说明孕妇暴露于二手烟可以导致婴儿猝死综合征和胎儿出生体重降低。此外，有证据提示孕妇暴露于二手烟还可以导致早产、新生儿神经管畸形和唇腭裂。有充分的证据说明儿童暴露于二手烟会导致呼吸道感染、支气管哮喘、肺功能下降、急性中耳炎、复发性中耳炎及慢性中耳积液等疾病。此外，有证据提示儿童暴露于二手烟还会导致多种儿童癌症，加重支气管哮喘患儿的病情，影响支气管哮喘的治疗效果，而母亲戒烟可以降低儿童发生呼吸道疾病的风险。

（七）戒烟的健康益处

吸烟会对人体健康造成严重危害，控烟是疾病预防的最佳策略，戒烟是已被证实减轻吸烟危害的唯一方法。吸烟者戒烟后可获得巨大的健康益处，包括延长寿命、降低吸烟相关疾病的发病及死亡风险、改善多种吸烟相关疾病的预后等，如美国通过减少吸烟与加强早诊早治已实现过去20年癌症尤其是肺癌的死亡率显著下降。吸烟者减少吸烟量并不能降低其发病和死亡风险。任何年龄戒烟均可获益。早戒比晚戒好，戒比不戒好。与持续吸烟者相比，戒烟者的生存时间更长。

（八）戒烟及烟草依赖的治疗

在充分认识到吸烟对健康的危害及戒烟的健康获益后，许多吸烟者都会产生戒烟的意愿。对于没有成瘾或烟草依赖程度较低的吸烟者，可以凭毅力戒烟，但经常需要给予强烈的戒烟建议，激发其戒烟动机；对于烟草依赖程度较高者，往往需要给予更强的戒烟干预才能最终成功戒烟。

研究证明，可有效提高长期戒烟率的方法包括戒烟劝诫、戒烟咨询、戒烟热线（全国专业戒烟热线4008085531）以及戒烟药物治疗。目前采用的一线戒烟药物包括尼古丁替代制剂、安非他酮和伐尼克兰。戒烟门诊是对烟草依赖者进行强化治疗的有效方式。医务人员应将戒烟干预整合到日常临床工作中，使每位吸烟者都能够在就诊时获得有效的戒烟帮助。

（王　辰）

参考文献

[1] 肖丹，王辰．烟草病学——一门新兴的医学学科［J］．中华医学信息导报，2011，26（24）：15．
[2] Benowitz NL．Nicotine addiction［J］．N Engl J Med，2010，362（24）：2295-2303．
[3] 肖丹，王辰，翁心植．烟草依赖是一种慢性疾病［J］．中国健康教育，2008，24（9）：721-722．
[4] 中华人民共和国国家卫生和计划生育委员会．中国临床戒烟指南（2015年版）［M］．北京：人民卫生出版社，2015．
[5] 中华人民共和国卫生部．中国吸烟危害健康报告［M］．北京：人民卫生出版社，2012．
[6] 中华人民共和国卫生健康委员会．中国吸烟危害健康报告2020［M］．北京：人民卫生出版社，2021．

第二章

烟草及吸烟行为概述

第一节　烟草的来源

烟草是喜温作物，原生于热带、亚热带地区。烟草在植物学分类中属于种子植物门、双子叶植物纲、茄目、茄科、烟草属，一年生或有限多年生，有多个野生种，目前主要栽培利用的有红花烟草（又称普通烟草）和黄花烟草两个种。

秘鲁古生物学家在北亚马逊地区发现的烟草化石，将烟草植物的历史提前至250万年前的更新世时期。位于秘鲁和厄瓜多尔的安第斯被认为是烟草的“起源中心”。考古证据显示，早在7000多年前，安第斯地区的古印第安人就开始栽培烟草；目前普遍认为古印第安人是最早吸食烟草的，而且烟草与玉米、番茄、马铃薯、巧克力并称为古印第安人的五大发现。除了吸食烟草以外，古印第安人还将烟草广泛用于宗教祭祀等活动，并称为“还魂草”。另外，古印第安人视烟草为圣洁之物及和平友谊的象征，将吸烟的烟管称为“和平烟管”。

据考证，玛雅人在公元前1000年即开始吸食和咀嚼烟叶，并将吸烟作为宗教仪式中的行为，其吸食方式包括将烟草卷成雪茄点燃以及将烟草切碎放入烟斗吸用。考古学家在墨西哥的奇阿帕斯州发现的石刻浮雕上，发现玛雅人叼着烟管的图案。在墨西哥马德雪山一个海拔4000米的山洞中发现了一支空心草秆中塞有烟叶，经放射学测定距今已有700年的历史。智利学者对公元前100年至公元1450年的56具木乃伊头发样本的研究发现，35份样本中含有尼古丁成分，进一步说明烟草的使用历史悠久。

1492年，哥伦布发现美洲新大陆后把烟草及吸烟方式带回欧洲，使欧洲对于烟草有了最初的认识。跟随哥伦布完成“发现之旅”的雷蒙·潘（Ramon Pane）被认为是将烟草引入欧洲的第一人；而哥伦布的船员杰雷兹则是欧洲吸烟第一人。1492年10月25日，哥伦布在航海日记中记录了在圣萨尔瓦多岛屿和古巴海岸发现当地土著人吸食烟草以及土著人赠送干烟叶给自己的过程。1493年，哥伦布把多哥巴岛命名为“淡巴菰”（tobago），因为该岛屿的地形酷似印第安人吸食烟草所用的“Y”字形烟斗的形状，此后，西班牙人便将烟草称为“tobago”并沿用至今，tobago也成为欧洲语系中“烟草”的词源。英语中tobacco一词，也起源于此。1586年，法国植物学家将烟草定名为“nicotiana”；1828年发现烟草中含有植物碱——烟碱，并命名为尼古丁（nicotine）。

16世纪，烟草的种植和使用迅速传遍欧洲；西班牙是最早种植烟草的欧洲国家，自1518年起即开始烟草种植；法国自1556年、葡萄牙自1558年、英格兰自1565年、意大利自1580年起也陆续开始大面积种植烟草，至1600年欧洲所有的海洋国家均已广泛使用烟草。

16世纪后期，葡萄牙商人将烟草传播到了印度、日本、中国以及非州的一些国家；1571年，西班牙商人将烟草带到了菲律宾。17世纪，用烟斗吸烟流行于整个欧洲。17世纪末，世界上所有贸易国家都已广泛使用烟草。18世纪，吸食鼻烟广泛流行于欧洲，有文献记载，拿破仑每个月要吸食多达7磅（6.35kg）的鼻烟。19世纪，欧洲的雪茄消费量激增。1843年，法国烟草经营商开始生产西班牙式烟卷，并以法文命名为cigarette。1881年，可以日产12万支烟卷的卷烟机在英国问世，机器制造的卷烟开始在各地流行并逐渐取代了雪茄，成为20世纪至今消费量最大的烟草制品。2003年，第一款商业化的电子烟在中国诞生，并很快进入欧美市场，成为吸烟者，特别是年轻人的“新宠”。

曾经研究者认为烟草是在明朝万历三年（1575年）从菲律宾传入我国台湾，再到福建和广东。但是，1980年，在广西合浦县发现了三件明代瓷烟斗和一件压槌，压槌上刻有“嘉靖二十八年（1549年）四月二十日造”，上述实物对中国烟草源于明万历年间的说法提出了质疑。因此，有学者认为，烟草在1549年以前即传入中国广东（合浦在明、清、民国时期属于广东省），广东是中国最早有烟草的地方。

现在普遍认为烟草传入中国的路线有三条。比较公认的路线是自吕宋（今菲律宾）入台湾及福建。清朝陆耀所著《烟谱》，是烟草方面有影响的早期著作之一，书中记载“烟草处处有之，其初来自吕宋国，名淡芭菰，明季入中土”。第二条路线是自日本入朝鲜后进入辽东。第三条路线是自南洋入澳门及广东。烟草初入我国时，人们多用外来译音，称为“淡巴菰”；后来也冠以“打姆巴古、淡肉果、担不归、金丝醺、金丝草、金丝烟、芬草、还魂草、相思草、忘忧草、烟、仁草、八角草、坦坦”等名称。当然，也有称为“臭草、野葛”的。

烟草流行不久，有人就注意到了吸烟的危害。1603年，詹姆斯一世开始统治不列颠群岛，并于次年匿名发表了《抗拒烟草》一文，为全球第一篇抵制烟草的檄文。1761年，英国医师约翰·希尔（John Seale）发表了一篇关于吸食鼻烟者更易罹患鼻部肿瘤的文章，这可能是历史上第一项关于吸烟对健康影响的临床研究。1924年，美国《读者文摘》首次发文，提醒人们注意吸烟有害健康。

我国明清时期，多位统治者也曾下令禁烟。明崇祯皇帝曾传谕禁烟，“犯者论死”；清太祖皇太极对烟草的种植、吸食、贸易乃至制作烟具均明令禁止，“不许栽种，不许吃卖”；康熙、雍正皇帝也都下令禁止军民、官吏吸烟。然而上述禁烟令并未能阻止吸烟在中国的蔓延之势。当时中国人主要吸烟斗（烟袋）或水烟，随着近代帝国主义的殖民侵略，鼻烟、卷烟开始在中国出现。1890年，纸烟正式传入中国。19世纪末到20世纪初，英、美、德等帝国主义国家在中国建立多家烟厂，进一步加剧了吸烟行为在中国的流行。1925年，中国开始自己生产卷烟，更是助长了这一趋势。

烟草种植与烟草业的各种营销策略使吸烟行为在全球范围内迅速蔓延，烟草流行成为当今世界所面临的最大公共卫生威胁之一，吸烟危害健康已是不争的医学事实。烟草每年使

800多万人失去生命，其中有700多万人源于直接使用烟草，约120万人属于接触二手烟雾的非吸烟者。大约每6秒钟就有1人因烟草死亡，占成人死亡人数的1/10。预估超过半数的目前烟草使用者最终将死于与烟草相关疾病。

中国是烟草流行的重灾区，是世界上最大的烟草生产国和消费国。据2019年《英国医学杂志》报道，2013年中国消费烟草250万吨，排名世界第一，且超过排名紧随其后的40个国家的总和。中国每年有100万人死于烟草相关疾病，除健康损失以外，烟草使用还给中国造成巨大的社会经济损失，包括医疗费用、生产力损失和烟草相关贫困等。

（陈延斌）

参 考 文 献

[1] 张睿莲. 中国烟文化与烟文化产业［M］. 昆明：云南大学出版社，2018：10-20.
[2] 徐传快，王振海，别毅兵. 烟草密码［M］. 北京：中国发展出版社，2015：2-55.
[3] 关月玲. 控烟与健康［M］. 杨凌：西北农林科技大学出版社，2012：1-21.
[4] Hoffman SJ，Mammone J，Kogers Van Katwyk S，et al. Cigarette consumption estimates for 71 countries from 1970 to 2015：systematic collection of comparable data to facilitate quasi-experimental evaluations of national and global tobacco control interventions. BMJ，2019，365：l2231.

第二节　烟草制品种类及吸食方式

（一）烟草制品的概念

烟草制品系指全部或部分由烟叶作为原材料生产的，供抽吸、吸吮、咀嚼或鼻吸的制品。

（二）烟草制品的种类及吸食方式

目前世界上主要的烟草制品种类及其吸食方式包括如下几种。

1. 传统烟草制品

（1）卷烟：烟草制品中最主要的品种，主要包括自卷烟、机制卷烟和雪茄烟等。

自卷烟是吸烟者自己将切得很细的烟丝烟末手工填卷进烟纸中制成的卷烟，是最原始的烟草制品，在欧洲和新西兰最为流行，在我国现已很少有人吸食。吸自卷烟时，吸烟者将一端点燃，从另一端将烟草烟雾吸入。

机制卷烟（机器制造的卷烟）是全世界消费最普遍的烟草制品。这种卷烟以加工后的烟草为原料，由卷烟机卷成细圆筒状制成。现代机制卷烟通常在一端带有滤嘴，又称滤嘴烟。吸食时，点燃没有滤嘴的一端，从有滤嘴的一端将烟草烟雾吸入。给大多数人的印象为，滤嘴可吸附或阻隔烟草烟雾中的部分有害物质，能够减少对身体的危害，从而助长吸烟行为。但研究表明，在卷烟上加滤嘴并没有降低吸烟者的整体发病风险，并且一些滤嘴的材料可能会在烟草燃烧过程中产生有毒物质，更加危害吸烟者的身体健康，如石棉、碳等。现在市场上所宣传的“低焦油卷烟”是卷烟生产者使用静电、激光等技术在滤嘴上增加一圈或数圈透气孔，理论上在吸烟过程中，空气从透气孔进入滤嘴与烟草烟雾混合，稀释烟草烟雾，所以吸烟机测定的结果显示每次抽吸吸入的焦油、尼古丁及一氧化碳的含量降低，因此称为“低焦油卷烟”。而实际上吸烟者吸卷烟时，手指和嘴唇通常会不同程度地盖住滤嘴上的透气孔，使其稀释烟草烟雾的效果显著降低。因此吸加装滤嘴的卷烟并不能降低吸烟对健康的危害。

比迪烟（Bidi）是以黑木柿（temburni）叶或天度（tendu）叶手工卷上烟丝，再用线绳扎紧制成。其吸食方式与卷烟类似，主要流行在东南亚地区，是印度消费最多的烟草制品。

雪茄烟是烟叶包着经过香薰和发酵的晾晒烟草制成的，有多种形状及尺寸，流行于世界各地。

（2）水烟：使用特制的水烟筒或水烟袋，吸食时将烟丝放在烟钵（常盖有铝箔纸）中燃烧，烟草烟雾穿过水钵时经过过滤和冷却，再通过吸管和烟嘴吸入体内。在地中海地区、北非及我国较为流行。

（3）烟斗：由烟钵和烟斗柄构成，吸食时将烟丝放入烟钵中点燃，通过烟斗柄吸入烟草烟雾。其原料主要是晒烟、晾烟和烤烟。

2. 新型烟草制品

（1）低温卷烟：低温卷烟外观和传统卷烟类似，在500℃以下只加热不燃烧，主要是通过加热源对烟草薄片或烟丝进行加热，加热温度刚好能使烟叶散发出烟香的程度，却不会点燃烟叶，烟草中尼古丁等仅通过挥发来满足吸食者的需求。

（2）无烟气烟草制品：该烟草制品不产生烟雾，主要通过鼻腔黏膜或口腔黏膜吸收。以晾晒烟或烤烟为主要原料发酵制成烟草粉末或颗粒，并加入适量添加剂和香精香料制成。可分为干鼻烟、湿鼻烟和咀嚼式烟草3种：干鼻烟是烟草粉末，可经鼻吸入并通过鼻黏膜吸收或口服。湿鼻烟又称为口含烟，是将晾晒烟或烤烟加工成颗粒样、条状或含片等，通常有散装和袋装两种形式，因其成品水分含量较高，故称为湿鼻烟。吸食方式是放在唇部与牙龈之间或牙齿及颊黏膜中含吸，19世纪开始流行于世界各地，有瑞典式口含烟、美式口含烟及含化型烟草3种形式。咀嚼式烟草吸食方式是放在口中吸吮及咀嚼，吸食过程中将产生的烟汁吐出，因此也被称为“吐唾式烟草”，在印度最为流行。

（3）电子烟：通过加热将主要为尼古丁（烟碱）及香精等成分的溶液雾化，通过肺部吸收。电子烟主要由电源、雾化部件和控制单元组成。

新型烟草制品的共同特点是不用燃烧。

3. 其他型烟草制品

现在烟草制造者为吸引更多的吸烟者，把各种香料或中草药和烟草丝混合在一起，制成不同香味的烟草制品，如丁香烟、罗汉果烟、丹皮烟、巧克力口味烟等。以前在印度尼西亚广泛流行，现在我国也比较流行，特别是流行于年轻吸烟者。

不同种类的烟草制品对应不同的吸食方式。需要注意的是，虽然烟草制品的种类和吸食方式多种多样，但科学研究表明，无论是传统烟草制品或者新型烟草制品，没有一种是安全无害的，新型烟草制品较传统烟草制品焦油含量低一些，无烟气烟草制品二手烟毒害可能少一些，但无论是何种烟草制品、通过何种方式吸食，都会对人体健康造成危害。

（吴秋歌）

参 考 文 献

[1] U. S. Department of Health and Human Services. How Tobacco Smoke Causes Disease: The Biology and Behavioral Basis for Smoking-Attributable Disease: A Report of the Surgeon General. Washington, DC: Superintendent of Documents, U. S. Government Printing Office, 2010.
[2] Pauly JL, Stegmeier SJ, Mayer AG, et al. Release of carbon granules from cigarettes with charcoal filters[J]. Tob Control, 1997, 6 (1): 33-40.
[3] World Health Organization. 2012 Global Progress Report on the Implementation of the WHO Frame Work Convention on Tobacco Control [J]. Geneva: World Health Organization, 2012.
[4] Popova L, Ling PM. Nonsmokers' responses to new warning labels on smokeless tobacco and electronic cigarettes: an experimental study [J]. BMC Public Health, 2014, 14 (1): 1-10.

第三节　烟草烟雾中的有害成分

（一）概述

烟草制品在高温时产生的气溶胶即为烟草烟雾。其成分复杂，与烟草制品种类和燃吸条件有关。卷烟烟草烟雾中有7000余种化学物质，至少有69种致癌。烟草烟雾绝大部分为挥发性气体（如一氧化碳等），少部分为半挥发或非挥发性颗粒物，其中尼古丁是强成瘾物质，而烟焦油（包括稠环芳烃、酚类等）是主要致癌物质。

根据气流形成方式，烟草烟雾分为主流烟雾（mainstream smoke，MSS）和侧流烟雾（sidestream smoke，SSS）。MSS指吸烟者吸烟时从卷烟嘴端吸入的烟草烟雾；SSS指卷烟燃烧端在两次抽吸之间缓慢燃烧产生的烟草烟雾。吸烟者呼出的MSS和SSS与周围空气混合，形成二手烟（second hand smoke，SHS）；而SHS中的某些化学成分黏附于器皿或衣物等物品表面成为三手烟（third hand smoke，THS）。THS内的挥发性物质可再次释放到空气中，对人体造成危害。

（二）烟草烟雾中的有害成分

1. *挥发性物质*

烟草烟雾中主要有害挥发性物质包括一氧化碳、二氧化碳、氮氧化物、含硫气体及多种有机物。二氧化碳和一氧化碳产生于烟草燃烧，是除氧气、氮气外在MSS中含量最大的成分。一氧化碳与血红蛋白的结合能力极强，挤占氧与血红蛋白结合位点，使血液携氧能力降低，影响组织供氧。氮氧化物由烟叶中含氮氨基酸或蛋白质燃烧而来，包括一氧化氮、二氧化氮和一氧化二氮等。氮氧化物有很强的氧化作用，可对呼吸系统造成损害。含硫气体指硫化氢，可导致气道黏膜刺激症状。烟草烟雾中还含有挥发性有机物，如芳香烃族、羰基类化合物、腈类等。烃类占比最大，1,3-丁二烯是一种致癌物。羰基类化合物主要包括甲醛、丙烯醛。甲醛有强刺激性，可诱发呼吸道炎症。丙烯醛能促进气道黏液腺分泌并破坏纤毛，破坏肺泡壁；同时丙烯醛还具有极强致癌性。

2. 尼古丁

又称烟碱，是烟草烟雾中含量最多的生物碱。尼古丁依赖是烟草依赖的根本原因。尼古丁被吸入后与脑内烟碱型受体结合，刺激多巴胺等神经递质释放，使吸烟者产生“愉悦感”；因尼古丁半衰期仅2～3小时，当脑中尼古丁浓度降低时，吸烟者会出现戒断症状和对吸烟的渴求，因此烟草依赖者每隔一段时间就要吸烟以维持尼古丁水平。目前尚无证据表明尼古丁可以导致癌症。但是高剂量的尼古丁会引起中毒，患者出现恶心、呕吐、腹泻等，重度中毒会进一步发展为呼吸衰竭、心力衰竭等，甚至引起死亡。

3. 稠环芳烃类

烟草烟雾含有500多种稠环芳烃，是烟草不完全燃烧的产物，二氢芘（芘烯）、蒽、苯并芘等均有致癌性。苯并芘作为致癌物代表，进入体内被氧化激活，形成多种代谢产物，可诱发肺、消化道、膀胱等部位肿瘤发生。

4. 自由基

烟草烟雾中的自由基可分为两类：固相自由基和气相自由基。前者指醌/半醌、稠环芳烃自由基，性质稳定；后者则指烷类和烷氧自由基，稳定性差。固相自由基可直接与人体DNA结合，通过氧化反应产生数量更多、活性更高的羟基自由基等，损伤细胞。气相自由基则可直接与α_1-抗胰蛋白酶结合，使其失活，破坏肺组织。此外，自由基还可诱发炎症、内皮功能障碍、脂质代谢异常和血小板激活，导致心血管等全身多系统疾病。

5. 放射性物质

烟焦油中的放射性物质主要是铅-210和钋-210。烟草种植施用含铀的磷肥及烟草土壤、周围大气的放射性核素均可被烟草吸收。铀分解衰变，产生高放射性铅-210和钋-210，在烟草燃烧时被吸入体内，不断释放射线，损伤全身脏器。

6. 有害金属

烟焦油中还含有镉、汞、铅、镍等有害金属。镉是强致癌物，可杀灭精子，引起男性不育；并可进入骨骼，引起骨骼变形、脱钙和骨折。最新的报道显示，烟草暴露可使镉、铜等金属在细胞内池重新分布，使铜重新定位到细胞色素C氧化酶复合物，并诱导肾细胞癌代谢重编程。

7. 其他物质

烟焦油中还可检测到无机砷、氟等成分。我国学者发现，烟叶中的氟含量可达16.73～111.3mg/kg，远超安全剂量，过量的氟可通过吸食进入人体造成损害。

（毛　辉　陈勃江）

参考文献

［1］Yagi A，Sharma S，Wu K，et al. Nicotine promotes breast cancer metastasis by stimulating N2 neutrophils and generating pre-metastatic niche in lung［J］. Nat Commun，2021，12（1）：474.

［2］Wang SQ，Wang WJ，Wu CC，et al. Low Tar Level Does Not Reduce Human Exposure to Polycyclic Aromatic Hydrocarbons in Environmental Tobacco Smoke［J］. Environ Sci Technol，2020，54（2）：1075-1081.

[3] Decarlo PF, Avery AM, Waring MS. Thirdhand smoke uptake to aerosol particles in the indoor environment [J]. Sci Adv, 2018, 4 (5): 8368.
[4] Bitzer ZT, Goel R, Trushin N, et al. Free Radical Production and Characterization of Heat-Not-Burn Cigarettes in Comparison to Conventional and Electronic Cigarettes [J]. Chem Res Toxicol, 2020, 33 (7): 1882-1887.

第四节　吸烟的卫生经济学

（一）烟草所致疾病通过若干途径影响经济增长

烟草所致疾病（tobacco-attributable diseases）主要通过以下途径影响经济增长。首先，烟草所致疾病可能会导致死亡，进而导致劳动力供给数量减少。其次，即使烟草所致疾病不会立刻导致死亡，吸烟者也可能会选择提前退休或因病痛降低生产率。再次，吸烟者也可能因担心自身健康状况而改变就业行为，这些都会降低劳动参与率或降低劳动产出，从而减少有效劳动力供给。最后，烟草所致疾病的治疗费用会给家庭和社会带来巨大的经济负担。从微观层面上看，治疗疾病的高昂费用降低了人们的生活质量及家庭可支配收入；从宏观层面上看，如果通过戒烟等干预方式减少疾病的发病率，那么治疗的部分费用便可用于其他生产活动，如投资于教育或基础设施建设等重要领域。因此，烟草所致疾病降低了国民收入，阻碍了物质资本和人力资本的积累。

（二）计算烟草所致疾病经济负担的主要方法

1. *疾病成本法*

疾病成本法是计算疾病经济负担最常用的一种方法。这种方法以单个数字的形式汇总了特定时期内某种疾病的负担。这一数字是所有个人医疗护理费用（如住院和门诊费用）、个人非医疗护理费用（如交通和食宿费用）、非个人费用（如研究相关费用），以及因旷工、提前退休或过早死亡而损失的收入的总和。医疗护理费用、非医疗护理费用和研究相关费用统称为“直接成本”，而收入损失则称为“间接成本”。该方法的优点是通过预防某种特定疾病而节省的资源直接以货币价值的形式得到体现，而它最主要的弊端则是没有考虑任何经济调节机制（如患病导致的劳动力损失由资本或其他工人替代），且忽视了疾病对物质资本和人力资本积累的影响。

此前基于疾病成本法的研究表明，我国烟草所致疾病的经济负担在过去数十年里大幅增加。与2000年相比，吸烟造成的经济损失在2003年上升了137%（至170亿美元），在2008年上升了300.7%（至290亿美元）（均按2008年不变价美元计算）。WHO 2017年发布的报告表明，2014年我国吸烟所致的癌症、心血管疾病、呼吸系统疾病的经济负担总共为570亿美元，其中，治疗烟草所致疾病的直接成本为90亿美元，收入损失的间接成本为480亿美元。另一项研究表明，2015年，我国吸烟所致肺癌的经济负担为52.49亿美元。

运用疾病成本法来推导我国烟草所致疾病的经济损失的主要缺点是未考虑经济调整机制。例如，如果有人死于烟草所致疾病，其损失将是多年收入的总和。而在现实情形中，公司会雇佣替代工人或试图利用资本来替代损失的劳动力，这意味着个人层面的收入损失并不完全计入宏观经济损失。同时，这些研究也未考虑医疗成本对物质资本积累的影响，且通常不考虑工人经验和教育方面的特定年龄组差异。

2. 统计生命价值方法

另一种评估疾病经济负担的方法是计算因疾病所损失的统计生命价值。统计生命价值是个人赋予其生命的货币价值。例如，个人愿意为降低烟草导致的死亡及病痛风险支付多少货币（即支付意愿，willingness to pay）。该方法的主要优点是，它可以估计每个吸烟者（和二手烟暴露者）的平均损失，之后将这一估计值乘以吸烟者（和二手烟暴露者）总数即可得到烟草所致疾病造成的总损失。如果说疾病成本法侧重于疾病的客观成本，那么统计生命价值方法计算得到的损失则通过揭示研究对象的个人偏好，隐含了忍受疾病所致的痛苦的成本。该方法的主要缺点是，其估算很大程度上取决于研究对象的年龄和收入水平，这使得不同国家的估算结果差异巨大。此外，该方法通常不考虑经济调节机制。

最近使用统计生命价值方法的研究表明，戒烟将会带来巨大的好处。例如，墨菲（Murphy）和托佩尔（Topel）发现，美国人在1970年至2000年寿命的延长能增加每年3.2万亿美元的国民收入，其中一半来自对心脏病的有效防治，而在心脏病的防治中至少1/3来自戒烟等行为因素。

3. 计量经济学方法

第三种用来评估烟草所致疾病的经济负担的方法是计量经济学方法。例如，Barro和Islam用多国样本进行增长回归分析（growth regression），该方法将烟草所致疾病的患病率作为主要的回归自变量，将经济增长作为因变量，从与疾病患病率相关的参数估计中可直接推算出该疾病对经济增长的影响。该方法的优点是，只要对回归做出明确界定，就很容易通过最终结果估算出减少疾病对经济增长的影响，因为最终结果已经包含经济调节机制。因此，该方法克服了疾病成本法和统计生命价值方法的一个关键弊端。然而，增长回归分析涉及多国的海量数据，需要提供样本中所有国家的大量的、精确测量的控制变量。另外，该方法仅可用于评估能够影响很多人的严重疾病（如吸烟引起的心血管疾病或慢性呼吸系统疾病）。由于影响力较小的疾病在增长回归分析中的样本量通常较少，因此很难评估其是否具有显著的影响。最后，此种方法很可能存在反向因果关系（reverse causality）和遗漏变量偏差（omitted variable bias）。

4. 宏观经济学模型方法

该方法最初是由WHO在2006年提出的EPIC模型，这一框架基于索洛（Solow）提出的增长模型，计算了疾病对物质资本积累和劳动力供给的不利影响。此后，学者们使用EPIC模型对多个发达国家和发展中国家疾病的经济负担进行了分析。尽管EPIC模型已纳入经济调节机制，但它只考虑了死亡而未考虑患病对经济的影响。此外，它并未准确解释不同年龄结构人群（由于教育和工作经验差异）而引起的生产力差异。疾病在不同年龄结构人群中的患病率不同，所以有必要考虑年龄对生产力的影响。因此，学者们侧重解决EPIC模型的上述3项弊端，提出一个基于Lucas生产函数的新框架健康增益宏观经济模型（Health-augmented macroeconomic model，HMM）。在建模过程中，HMM框架明确纳入了不同年龄人群在教育和工作经验方面的差异，考虑了患病导致的有效劳动力的损失，并纳入了疾病的治疗费用对物质资本的影响。

有学者运用HMM框架进行计算（图2-4-1），发现烟草所致慢病（包括吸烟、嚼烟、二手烟暴露）会在2015～2030年对我国经济造成共计16.7万亿元（按2018年不变价格计算为2.3万亿美元）的损失，这相当于烟草所致慢病每年给我国经济造成0.9%的额外税收负担，或每年造成1.1万亿元（1540亿美元）损失，其中二手烟暴露导致的经济负担占总经济负担的14%。用该方法计算出的宏观经济损失远大于WHO基于疾病成本法的研究结果（2014年为570亿美元）。如果我国能够实施《世界卫生组织烟草控制框架公约》所列出的一系列减少吸烟需求的干预措施，不仅会使我国人民的健康状况得到改善，还会使经济增长更为强劲。如果我国将烟草税上调到现行零售价的75%并采取配套政策（如无烟工作场所、烟草广告禁令、包装警语、大众媒体宣传和简短戒烟忠告），我国经济有望在2015～2030年增加7.1万亿元（1.0万亿美元）收入，相当于每年增加0.4%的红利。

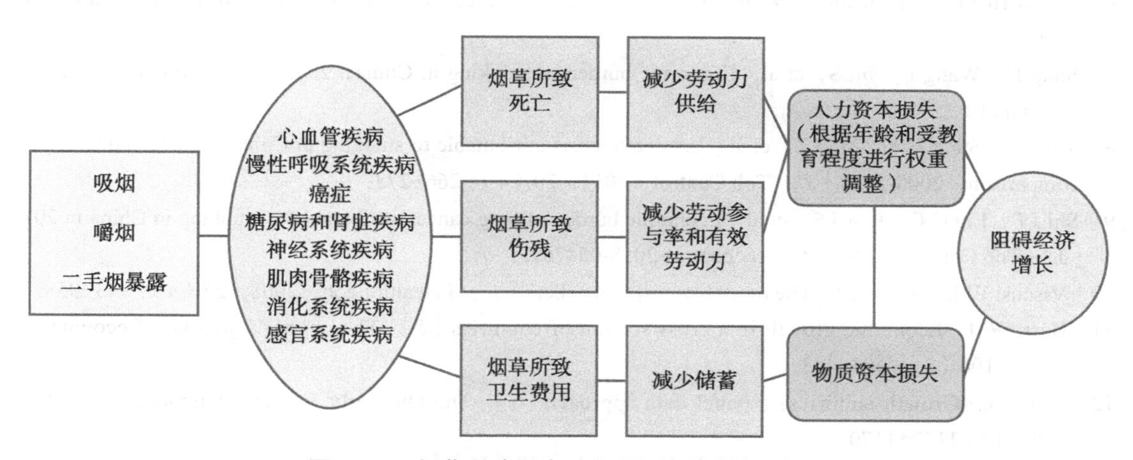

图2-4-1 烟草所致慢病对宏观经济影响的途径图

此外，需要关注的是二手烟暴露所致慢病的经济损失（尤其是在女性群体中）。尽管我国女性的吸烟率显著低于男性，但她们在家中面临着二手烟暴露的巨大风险。男性吸烟对其配偶健康影响的这种溢出效应会转化为庞大的经济成本，因为随着女性教育水平和劳动参与率的提高，她们能为国家经济增长做出更大贡献。

（三）结论

吸烟和二手烟暴露给我国的经济增长造成了沉重负担，而全面执行《世界卫生组织烟草控制框架公约》中减少吸烟需求的干预措施将能带来可观的经济效益，确保执行一揽子全面控烟干预措施不仅将提升我国人民整体健康水平，更是我国经济保持繁荣富强发展态势的有力保障。

（陈思邈）

参考文献

[1] World Health Organization. The bill China cannot afford: health, economic and social costs of China's tobacco epidemic. Manila: WHO Regional Office for the Western Pacific. 2017.

[2] Chen S, Kuhn M, Prettner K, et al. Noncommunicable Diseases Attributable To Tobacco Use In China: Macroeconomic Burden And Tobacco Control Policies [J]. Health Affairs, 2019, 38 (11): 1832–1839.

[3] Jones A M, Rice N, Roberts J. Sick of work or too sick to work? Evidence on self-reported health shocks and early retirement from the BHPS [J]. Econ Modelling, 2010, 27 (4): 866–880.

[4] JÄckle R, Himmler O. Health and wages panel data estimates considering selection and endogeneity [J]. Journal of Human Resources, 2010, 45 (2): 364–406.

[5] Mcgarry K. Health and retirement: do changes in health affect retirement expectations? [J]. Journal of Human Resources, 2004, 39 (3): 624–648.

[6] World Health Organization. WHO guide to identifying the economic consequences of disease and injury. 2009.

[7] Sung H, Wang L, Jin S, et al. Economic burden of smoking in China, 2000 [J]. Tob Control, 2006, 15 (suppl 1): i5–i11.

[8] Yang L, Sung H Y, Mao Z, et al. Economic costs attributable to smoking in China: update and an 8-year comparison, 2000-2008 [J]. Tob Control, 2011, 20 (4): 266–272.

[9] Shi J F, Liu C C, Ren J S, et al. Economic burden of lung cancer attributable to smoking in China in 2015 [J]. Tob Control, 2019, tobaccocontrol-2018-054767.

[10] Viscusi W K, Hersch J. The mortality cost to smokers [J]. J Health Econ, 2008, 27 (4): 943–958.

[11] Barro R J. Economic growth in a cross section of countries [J]. The quarterly journal of economics, 1991, 106 (2): 407–443.

[12] Islam N. Growth empirics: a panel data approach [J]. The Quarterly Journal of Economics, 1995, 110 (4): 1127–1170.

[13] Eberhardt M, Teal F. Econometrics for grumblers: a new look at the literature on cross - country growth empirics [J]. J Econ Surveys, 2011, 25 (1): 109–155.

[14] Bloom DE, Chen S, Mcgovern ME, et al. Economics of non-communicable diseases in Indonesia; proceedings of the Geneva, Switzerland: World Economic Forum and Harvard School of Public Health, F, 2015 [C].

[15] Chen S, Kuhn M, Prettner K, et al. The global macroeconomic burden of road injuries: estimates and projections for 166 countries [J]. The Lancet Planetary Health, 2019, 3 (9): e390–e398.

第五节 吸烟常见错误认识

（一）吸烟行为性质的错误认识

1. 不理解烟草依赖是一种疾病，误认为戒烟主要需要个人毅力

早在1998年WHO就将烟草依赖认定为一种成瘾性疾病。但是不仅普通民众，甚至一部分的医务人员，都将烟草依赖当成一种习惯，而非一种疾病，错误地认为戒烟主要依靠个人的毅力。事实上，只有清晰地认识到烟草依赖是一种疾病，是一种与糖尿病、冠心病并列的慢性致死性疾病，才会想到如何去治疗这种疾病，才会去寻求戒烟门诊、戒烟药物的帮助。而在戒烟过程中，个人毅力仅仅是一个方面。

2. 将吸烟误认为是一种时髦的行为，是社交的需要

一部分年轻人群，认为吸烟是一种时髦的行为。例如，有“抽的是寂寞”类似的网络流行语的出现。另一部分成年人群，认为吸烟是拉近距离的方式，是社交的需要。

（二）吸烟行为与健康的错误认识

1. 错误地认为吸烟有提神等功效

从事文字工作或者艺术创作的烟草依赖者，习惯于一边吸烟一边工作。他们认为吸烟有助于思考问题，或者激发灵感。吸烟后尼古丁进入大脑与大脑中的烟碱型受体结合，产生多巴胺，可以有一定的兴奋作用，但是这个作用是短暂的，需要不断吸烟摄入尼古丁来维持。事实上长期吸烟可以导致脑血管病变，引起脑功能的减退，甚至是阿尔茨海默病的病因之一，对于思考问题、文艺创作都起到了负面影响。在吸烟尚未流行的中国古代，李白、杜甫等伟大的诗人虽然没有吸烟，同样留下了许多千古佳句。

2. 错误地认为吸烟有助于控制体重

吸烟会影响味觉、影响食欲，吸烟以后体重会下降。但是通过吸烟来控制体重是极其不妥当的。因为这是通过一种病态的行为来控制体重。我们知道肺结核患者会出现体重减轻，但是我们不可能为了减肥而去故意染上肺结核。同样，通过吸烟来控制体重是要付出健康的代价，是得不偿失的。确实有一部分烟草依赖者，戒烟以后出现体重增长，对于这种情况，需要通过饮食控制、体育锻炼来控制体重。

3. 错误地认为吸烟者戒烟会诱发各种疾病

许多烟草依赖者拒绝戒烟的理由就是“戒烟以后会生病”。烟草依赖作为一种成瘾性疾病，如果停止吸烟，通常会出现一系列戒断症状，如失眠、烦躁等表现。这些表现并不意味着生病，可以通过服用戒烟药物改善症状。

同时，在社会上也有这么一个关于戒烟的谣言流传：长期吸烟的人立即戒烟会患上癌症。然后会举出各种例子，某某吸烟30年，主动戒烟1周就被查出患有晚期肺癌。事实上，恶性肿瘤的发生发展是一个漫长的过程，通俗来讲：“半年长不出一个晚期肺癌”，所以这些患者通常是患上肿瘤以后，出现身体不适，从而主动戒烟的。简单总结就是：患癌以后主动戒烟，而并不是戒烟以后导致患癌。相反，吸烟是导致肺癌的重要原因，这一点毋庸置疑。

4. 错误地认为吸烟者中也有长寿者所以不必戒烟

在吸烟者中也会出现个别长寿者，但是这并不能代表全体吸烟者都会是长寿者。各种研究都认为对于整体烟草依赖者来说，平均寿命较不吸烟者明显缩短，同时吸烟者患各种肿瘤、心血管疾病的概率都远高于不吸烟者。事实上，在肺癌患者中也有这么一个“吸烟者悖论”：不吸烟者患肺癌，吸烟者反而没有患肺癌。流行病学研究有确凿的证据证明这些观点是错误的。大量的研究表明，吸烟是导致肿瘤的重要因素。我们对于考察一些数据，比较一些数据，必须要把数据的整体和数据的考察部分放到一起去比较，如果说单纯考察数据的不同部分，得到的也许是相反的结论。对于吸烟与长寿这个问题来说，个别的吸烟者出现长寿与他体内细胞损伤修复能力较强等有关系，在人群中属于个别现象，不能够代表整体。

（三）所谓能减少吸烟危害的错误认识

1. 错误地认为价格贵的卷烟危害少

吸烟者中有一个论点就是价格贵的卷烟危害相对更小，其实烟草的价格高低取决于卷烟厂内部的定价机制和销售策略。并不是说价格贵的烟草就一定会减少危害，不管是什么类型、什么价格的卷烟，其烟丝中都含有重金属等有害物质，不存在危害少的卷烟。

2. 错误地认为可以通过所谓的“降焦减毒”来减少吸烟的危害

各种所谓对卷烟进行降焦减毒的方法，其实都是掩耳盗铃。卷烟生产商推出的所谓“低焦油卷烟”，有的是改变烟丝密度，有的使用激光等技术在滤嘴上打上透气孔，这样在吸烟时，空气从透气孔进入滤嘴与烟草烟雾混合，稀释烟草烟雾，从而使吸烟机测定的结果显示每次抽吸吸入的焦油、尼古丁及一氧化碳的含量降低，烟草业由此宣传所谓“低焦油卷烟”。实际上，吸烟者吸卷烟时，手指和嘴唇会不同程度地盖住滤嘴上的透气孔，使其稀释烟草烟雾的效果显著降低。其次，虽然把焦油量降下去了，但是烟草依赖者为了补偿尼古丁摄入量的不足，会吸入更多的卷烟，而且烟草里面除了焦油以外，还有其他各种各样的有害物质，所谓的“低焦油卷烟”并不能减少其他的有毒有害物质。近年来，卷烟生产商提出了“中药减毒”这个概念，但是有研究表明添加中药并不能减少卷烟烟雾中的有毒有害物质。

添加过滤嘴，也是卷烟生产商提出的减毒方式。有研究表明卷烟加上过滤嘴并不能够降低吸烟者整体的发病风险，同时过滤嘴的材料会使吸烟者吸入其他的有毒有害物质，如玻璃、碳、石棉等。

3. 选择特殊的吸烟方式或烟草制品来减少危害

水烟是近些年在一些娱乐场所流行的吸烟方式。有人认为通过水过滤的方式，可以减少烟草烟雾的危害。国际上已经有很多研究认为水烟同样有害健康。另外，还有雪茄、丁香烟、烟斗等吸烟方式，这些方式同样有害健康。

（刘宏炜）

参考文献

[1] Shrestha N，Shrestha N，Bhusal S，et al．Prevalence of Smoking among Medical Students in a Tertiary Care Teaching Hospital [J]．JNMA J Nepal Med Assoc，2020，58（226）：366–371．

[2] Tutka P，Vinnikov D，Courtney RJ，et al．Cytisine for nicotine addiction treatment：a review of pharmacology，therapeutics and an update of clinical trial evidence for smoking cessation [J]．Addiction，2019，114（11）：1951–1969．

[3] Prochaska JJ，Benowitz NL．The Past，Present，and Future of Nicotine Addiction Therapy [J]．Annu Rev Med，2016，67：467–486．

[4] Heckman BW，MacQueen DA，Marquinez NS，et al．Self-control depletion and nicotine deprivation as precipitants of smoking cessation failure：A human laboratory model [J]．J Consult Clin Psychol，2017，85（4）：381–396．

[5] Ho SY，Chen J，Leung LT，et al．Adolescent Smoking in Hong Kong：Prevalence，Psychosocial Correlates，and Prevention [J]．J Adolesc Health，2019，64（6S）：S19–S27．

[6] Benowitz NL．Nicotine addiction [J]．N Engl J Med，2010，362（24）：2295–2303．

[7] Cho H, Kim C, Kim HJ, et al. Impact of smoking on neurodegeneration and cerebrovascular disease markers in cognitively normal men [J]. Eur J Neurol, 2016, 23 (1): 110–119.

[8] Stadler M, Tomann L, Storka A, et al. Effects of smoking cessation on β-cell function, insulin sensitivity, body weight, and appetite [J]. Eur J Endocrinol, 2014, 170 (2): 219–217.

[9] Chao AM, Wadden TA, Ashare RL, et al. Tobacco Smoking, Eating Behaviors, and Body Weight: A Review [J]. Curr Addict Rep, 2019, 6: 191–199.

[10] Loeb LA, Ernster VL, Warner KE, et al. Smoking and lung cancer: an overview [J]. Cancer Res, 1984, 44 (12 Pt 1): 5940–5958.

[11] Gibson J, Kim B. The price elasticity of quantity, and of quality, for tobacco products [J]. Health Econ, 2019, 28 (4): 587–593.

[12] Gan Q, Yang J, Yang G, et al. Chinese "herbal" cigarettes are as carcinogenic and addictive as regular cigarettes [J]. Cancer Epidemiol Biomarkers Prev, 2009, 18 (12): 3497–3501.

[13] Pauly JL, Mepani AB, Lesses JD, et al. Cigarettes with defective filters marketed for 40 years: what Philip Morris never told smokers [J]. Tob Control, 2002, 11 (Suppl 1): i51–i61.

第三章

烟草依赖

第一节　尼　古　丁

（一）概述

尼古丁（nicotine），即3-（1-甲基吡咯烷-2-基）吡啶，化学结构式如图3-1-1所示，是一种存在于茄科植物（包括烟草）中的生物碱。早在17世纪，人们曾将烟叶中提取出来的尼古丁作为杀虫剂应用于农业生产。目前，除广泛存在于卷烟中，尼古丁的主要用途还包括无烟烟草、电子烟以及药物（如尼古丁替代疗法）等。

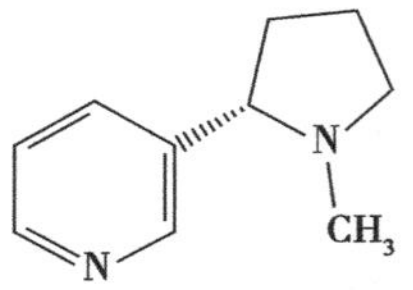

N
N
CH_3

图3-1-1　尼古丁化学结构式

（二）尼古丁的代谢与吸收

尼古丁在人体内的半衰期较短，仅2～3小时。到达肝后，70%～80%的尼古丁在细胞色素P450 2A6酶作用下转化为可替宁，后者半衰期较长（约16小时），进一步分解生成3-羟基可替宁、5-羟基可替宁、可替宁N-氧化物等6种代谢产物，最后主要以3-羟基可替宁的形式经尿液排出。

尼古丁呈弱碱性，酸解离常数（pKa）为8.0，在生物膜上的吸收取决于环境pH的大小。在酸性环境中，尼古丁处于离子化状态，不易吸收；在碱性环境中则相反。这导致不同吸收方式下的尼古丁吸收速率不同，对人体产生的影响也不同。

经吸入摄取的尼古丁吸收较快。由于肺上皮组织偏碱性，且肺泡具有很大的表面积，吸入的尼古丁可以很快地通过肺泡膜进入肺静脉循环，运送到心脏后直接进入动脉系统，10～20秒内即可到达大脑。市面上出售的卷烟中平均尼古丁含量为10毫克/支，但由于在相对酸性（pH 6.0～7.8）的卷烟烟雾中，一半以上的尼古丁处于离子化状态而难以被吸收，以及侧流烟雾的挥发、烟头残留的尼古丁等因素，通过卷烟实际吸收的尼古丁含量较低，平均每支烟中仅有1mg尼古丁被吸收，因此吸烟通常不会达到产生急性毒性效果所需的剂量。

与吸入相比，口服尼古丁几乎不会对人体造成影响。一方面，胃内酸性环境会导致更多的尼古丁处于离子化状态，从而不易被胃黏膜上皮吸收；另一方面，尼古丁从胃肠道吸收入血后，会经门静脉返回肝代谢，使血液中的尼古丁水平和尼古丁生物利用度显著降低。日常食用的茄科蔬菜（如辣椒、西红柿、马铃薯、茄子等）中尼古丁含量极低，多数为

3 ～ 100μg/kg，不会对身体产生影响。

（三）尼古丁是造成烟草依赖的主要物质

吸烟对人体的危害源自烟草烟雾中数百种有害物质，而尼古丁是其中的主要致成瘾成分。尼古丁通过与大脑中的烟碱型受体结合，刺激多巴胺和其他神经递质的释放来建立和维持成瘾。

尼古丁依赖取决于尼古丁的剂量以及吸收方式，不同吸收方式下的尼古丁吸收速率是尼古丁依赖的重要决定因素。通过烟草烟雾吸入的尼古丁吸收速率和静脉血尼古丁浓度上升速率极快，迅速影响大脑，使吸烟者产生“愉悦感”以及其他奖赏感受，导致烟草依赖。烟草依赖者如果减小烟量或停止吸烟，体内的尼古丁浓度会迅速降低；当脑内尼古丁浓度降低到一定水平时，吸烟者将出现戒断症状和吸烟渴求。为避免产生戒断症状及吸烟渴求，烟草依赖者需再次吸烟以维持脑内的尼古丁水平，从而导致吸烟行为的进一步强化。

（四）高剂量的尼古丁会引起中毒

尼古丁的毒性取决于给药剂量、持续时间和频率、接触途径、产品种类以及个体差异性。由于烟碱型受体在人体多器官与组织表达，高剂量尼古丁会引起广泛的生理效应。尼古丁轻度中毒症状包括恶心、呕吐、腹泻、唾液分泌增多、呼吸道分泌物增多和心率减慢等。重度中毒会进一步发展为癫痫和呼吸抑制，严重时可导致呼吸肌麻痹、呼吸衰竭、心力衰竭等，甚至引起死亡。

（五）尼古丁对健康的影响

1. 尼古丁是否致癌

结合目前的研究进展，尚无证据证明尼古丁可以导致人类发生癌症。

2. 尼古丁可对胎儿健康和青春期大脑发育产生不良影响

尼古丁极易穿过胎盘屏障。胎儿血液中的尼古丁浓度（暴露后30分钟）比母体血浆高15%，羊水中的尼古丁浓度比母体血浆高80%，这种暴露会使胎儿大脑维持高尼古丁水平，引起神经系统等一系列改变。尼古丁也存在于母乳中，更加延长了胎儿体内的尼古丁暴露时间。多项动物实验表明，妊娠期间接触尼古丁会造成炎症反应增加，氧化应激、内质网应激、细胞复制损伤和细胞间通信异常。2014年美国《卫生总监报告》指出，目前有充分证据表明尼古丁暴露会对胎儿健康产生不利影响，如导致早产或死胎。多项研究结果表明，尼古丁会导致胎儿先天畸形、胎儿生长受限、新生儿围产期死亡和婴儿猝死综合征。胎儿暴露于尼古丁可能导致产后多种长期不良后果，与尼古丁引起的表观遗传学改变有关，如产前尼古丁暴露会造成胎儿肺的发育异常，使支气管哮喘和慢阻肺的发病风险增加。

控制认知、情感和奖励的边缘系统在青少年时期逐渐趋于成熟，特别容易受到尼古丁的长期影响，青春期烟碱型受体的异常激活会引发神经元信号传导的持续变化。多项动物实验表明，青春期尼古丁的慢性暴露导致学习和认知过程中产生长期缺陷，如注意力和记忆力下降、冲动和焦虑增多。青春期尼古丁暴露可增强对药物滥用以及奖励的行为易感性，增加可卡因、酒精等的成瘾概率。

（秦　瑞　肖　丹）

参考文献

[1] Hukkanen J, Jacob P, Benowitz NL. Metabolism and disposition kinetics of nicotine [J]. Pharmacol Rev, 2005, 57(1): 79-115.

[2] Karaconji IB. Facts about nicotine toxicity [J]. Arh Hig Rada Toksikol, 2005, 56(4): 363-371.

[3] Benowitz NL. Nicotine addiction [J]. N Engl J Med, 2010, 362(24): 2295-2303.

[4] U. S. Department of Health and Human Services. The Health Consequences of Smoking—50 Years of Progress: A Report of the Surgeon General. Atlanta (GA): Centers for Disease Control and Prevention (US), 2014.

[5] Prochaska JJ, Benowitz NL. The Past, Present, and Future of Nicotine Addiction Therapy [J]. Annu Rev Med, 2016, 67: 467-486.

[6] U. S. Department of Health and Human Services. How Tobacco Smoke Causes Disease: The Biology and Behavioral Basis for Smoking-Attributable Disease: A Report of the Surgeon General. Atlanta (GA): Centers for Disease Control and Prevention (US), 2010.

[7] Bruin JE, Gerstein HC, Holloway AC. Long-term consequences of fetal and neonatal nicotine exposure: a critical review [J]. Toxicol Sci, 2010, 116(2): 364-374.

[8] Goldberg LR, Gould TJ. Multigenerational and transgenerational effects of paternal exposure to drugs of abuse on behavioral and neural function [J]. Eur J Neurosci, 2019, 50(3): 2453-2466.

[9] England LJ, Aagaard K, Bloch M, et al. Developmental toxicity of nicotine: A transdisciplinary synthesis and implications for emerging tobacco products [J]. Neurosci Biobehav Rev, 2017, 72: 176-189.

[10] Yuan M, Cross SJ, Loughlin SE, et al. Nicotine and the adolescent brain [J]. J Physiol, 2015, 593(16): 3397-3412.

第二节　烟草依赖的成瘾机制

（一）概述

1988年关于烟草问题的美国《卫生总监报告》描述了烟草依赖的药理学基础，并得出3个主要结论：①卷烟和其他形式的烟草制品可使人成瘾；②尼古丁是烟草中导致成瘾的物质；③烟草依赖的药理学及行为学过程与其他成瘾性药物类似，如海洛因和可卡因等。

实际上，在烟草依赖者的吸烟动机中，体验尼古丁所带来的“欣快感”较不吸烟者增加极为有限，而更主要的动机是为了避免、解除或缓解戒断症状。因此，吸烟者在吸烟时所体验到的“愉悦感”是避免戒断症状（造成“幸福度”降低的原因）而产生的相对“愉悦”，而不是“幸福度”水平的绝对提高。也就是说，是由负“幸福度”向正常“幸福度”的回归，而不是产生了新的“幸福度”。

（二）成瘾机制

烟草中导致烟草依赖的物质是尼古丁，故烟草依赖又称尼古丁依赖。尼古丁是一种对昆虫具有神经毒性的物质，可以保护烟草在生长中免受昆虫啃食。同时，尼古丁也是一种具有精神活性的物质，使用后可使部分人产生“欣快感”，并可暂时改善一些个体的工作表现和认知能力、延长注意力集中时间、减轻焦虑和抑郁等不良情绪。但是，尼古丁具有高度成瘾性。

1. 作用机制

尼古丁为烟碱型受体（nicotine receptor，N受体）的激活剂。烟碱型受体存在于周围和中枢神经系统。与其他配体门控离子通道相似，烟碱型受体由5个跨膜亚基组成。神经元α亚基有9个亚型（α_2 ～ α_{10}），而神经元β亚基有3个亚型（β_2、β_3和β_4）。烟碱型受体不同亚基组合形成不同的受体亚型，每种亚型在大脑内的解剖学分布不同，各有自己独特的药理学和生理学特征，其中$\alpha_4\beta_2$型受体与烟草依赖的关系最为密切。尼古丁与位于突触前的N受体结合后，可刺激脑中多种神经递质的释放，发挥其生物效应。

烟草依赖形成的机制主要在于尼古丁的奖赏效应，其物质基础为中脑边缘多巴胺回路。中脑边缘系统中多巴胺奖赏回路是与药物依赖关系最紧密的脑区，主要由腹侧被盖区（ventral tegmental area，VTA）、伏隔核（nucleus accumbens，NAc）和杏仁核（amygdala）等构成。尼古丁与N受体结合后激活脑部VTA的多巴胺神经元，促使NAc释放兴奋性神经递质——多巴胺，使吸烟者产生"愉悦感"以及其他奖赏感受。尼古丁的半衰期为2 ～ 3小时，烟草依赖者如果减小烟量或停止吸烟，体内尼古丁浓度会迅速降低。当脑中尼古丁浓度降低到一定水平时，吸烟者无法继续体验"愉悦感"，并出现戒断症状和对吸烟的渴求。为避免这些戒断症状，烟草依赖者每隔一小段时间就要吸烟以维持大脑中的尼古丁水平。

吸烟是摄入尼古丁并产生其精神活性效应的有效方式。尼古丁呈脂溶性，被吸入肺部后能够迅速透过肺泡膜进入肺毛细血管，并在数秒内到达中枢神经系统，作用于脑内的N受体。这种药代动力学特点不仅使尼古丁的精神效应最大化，而且易致成瘾。其他的尼古丁摄入方式（如通过口腔黏膜或鼻黏膜吸收）不能如此迅速地增加血液中与脑中的尼古丁浓度，因此具有较少的精神活性效应，其成瘾性也相对较低。

2. 遗传学因素

众多家系研究、双胞胎和寄养子研究表明，遗传在烟草依赖中起至关重要的作用。其中双胞胎研究作为一种常规的试验设计方法，已被广泛应用于探索遗传和环境因素对相关表型的贡献大小。通过对起始吸烟和烟草依赖的双胞胎研究发现，遗传在起始吸烟和烟草依赖中均起关键作用，且在男性和女性中存在较大差异。

研究证实，15号染色体上的烟碱型受体$\alpha_5/\alpha_3/\beta_4$（nicotine receptor $\alpha_5/\alpha_3/\beta_4$，CHRNA5/A3/B4）基因簇与尼古丁成瘾有关，目前证据较为可靠的是rs16969968（引起CHRNA5氨基酸的改变）和rs578776（影响CHRNA5的mRNA表达）独立地参与尼古丁依赖形成的调控机制。

在γ-氨基丁酸（γ-aminobutyric acid，GABA）信号通路中的遗传变异研究表明，根据已确定的9号染色体和17号染色体上的连锁信号，以及每一个基因产物在生物学功能上的生物学知识，GABA受体α_4（GABA receptor alpha 4，GABRA4）、GABA受体α_2（GABA receptor alpha 2，GABRA2）、GABA受体ε（GABA receptor epsilon，GABRE）和$GABA_A$受体相关蛋白（GABAA receptor-associated protein，GABARAP）中的变异与吸烟成瘾呈显著关联。

通过现有研究发现，编码5-羟色胺3A受体亚基（5-hydroxytryptamine 3A，5-HTR3A）、

5-羟色胺3B受体亚基（5-hydroxytryptamine 3B，5-HTR3B）和溶质载体超家族6（solute carrier superfamily 6，SLCA6）与烟草依赖仅存在微相关。然而，对这些位点进行的基因-基因交互作用分析，发现这些位点对烟草依赖具有显著作用效应，这有力地证明了这些遗传变异位点是通过上位效应对烟草依赖发挥作用的。而5-HTR3A中的rs10160548、5-HTR3B中的rs1176744和SLC6A4中的5-羟色胺转运体基因连锁多态性区域（5-hydroxytryptamine transporter linked polymorphic region，5-HTTLPR）和rs1042173就是通过上位效应对尼古丁依赖产生显著影响。

虽然烟草依赖的遗传学研究取得一定进展，但由于与吸烟相关行为表型的易感基因研究仍处于早期阶段，尚需更深入的研究了解其背后的遗传机制。

（崔紫阳　肖　丹）

参考文献

[1] U. S. Department of Health and Human Services. The Health Consequences of Smoking-Nicotine Addiction: A Report of the Surgeon General. Washington, DC: Superintendent of Documents, U. S. Government Printing Office, 1988.

[2] Fishman AP, Elias JA, Fishman JA, et al. Fishman's Pulmonary Disease and Disorders, Fourth Edition [J]. Mcgraw-Hill: United States, 2008.

[3] U. S. Department of Health and Human Services. How Tobacco Smoke Causes Disease: The Biology and Behavioral Basis for Smoking-Attributable Disease: A Report of the Surgeon General. Washington, DC: Superintendent of Documents, U. S. Government Printing Office, 2010.

[4] Chu SL, Xiao D, Wang C, et al. Association between 5-hydroxytryptamine transporter gene-linked polymorphic region and smoking behavior in Chinese males [J]. Chin Med J (Engl). 2009, 122 (12): 1365-1368.

[5] Li MD, Cheng R, Ma JZ, et al. A meta-analysis of estimated genetic and environmental effects on smoking behavior in male and female adult twins [J]. Addiction, 2003, 98 (1): 23-31.

[6] Wen L, Jiang K, Yuan W, et al. Contribution of Variants in CHRNA5/A3/B4 Gene Cluster on Chromosome 15 to Tobacco Smoking: From Genetic Association to Mechanism [J]. Mol Neurobiol, 2016, 53 (1): 472-484.

[7] Cui WY, Seneviratne C, Gu J, et al. Genetics of GABAergic signaling in nicotine and alcohol dependence [J]. Hum Genet, 2012, 131 (6): 843-855.

[8] 李明定. 吸烟成瘾—遗传、机制与防治 [M]. 北京：人民卫生出版社，2019.

第三节　烟草依赖的临床表现

国外研究发现，在曾尝试过吸烟的人中，约1/3可发展为每天吸烟者。吸烟者一般在开始吸烟时吸烟支数并不多，吸烟频率也不高，但随着吸烟时间的延长，“吸烟习惯”养成，吸烟量与吸烟频率会逐渐增加，“烟瘾”加大。这种“烟瘾”在医学上是一种慢性成瘾性疾病，称为烟草依赖。烟草依赖常表现为躯体依赖和心理依赖两个方面。

（一）躯体依赖

躯体依赖表现为在停止吸烟或减少吸烟量后，吸烟者产生一系列不易忍受的症状和体征，医学上称为戒断症状，包括吸烟渴求、焦虑、抑郁、不安、头痛、唾液腺分泌增加、注意力不集中、睡眠障碍、血压降低和心率减慢等，部分戒烟者还会出现体重增加。一般情况下，戒断症状可在停止吸烟后数小时内开始出现，在戒烟最初14天内表现最为强烈，约1个月后开始减轻，部分患者对吸烟的渴求会持续1年以上。烟草依赖患者存在明显的个体差异，下面对部分常见戒断症状进行举例说明。

1. 吸烟渴求

渴求的定义有很多。例如，Tiffany等学者认为，“渴求”是一种主观动机状态，它阻碍为实现戒断所付出的所有努力，并导致持续的戒断后复发；另外，有学者将渴求限定为使用毒品后的强烈渴求体验；还有一些学者提出了包含各种情感和认知成分的概念。

当吸烟者体内尼古丁水平下降之后，通常会出现吸烟渴求和戒断症状，为了避免这些症状，烟草依赖者每隔一小段时间就要吸烟以维持大脑中的尼古丁水平。为了多维度地评估吸烟渴求，目前多采用简易吸烟渴求量表（the Questionnaire on Smoking Urges-Brief，QSU-Brief）对吸烟渴求进行具体量化（详见本章第四节中表3-4-4）。

2. 焦虑和抑郁

研究表明，有抑郁和焦虑症状的吸烟者通常会经历更严重的戒断症状，即使在没有活动性精神疾病的吸烟者中亦是如此。由于焦虑和抑郁共病发生率高，很难从经验上进行区分。在抑郁和焦虑的情况下，存在相当多的症状异质性。学者Clark和Watson（1991）为解决此种壁垒，曾提出焦虑和抑郁的三重模型（普遍忧虑、焦虑性觉醒、快感缺失），认为情绪症状的异质性可以用3种截然不同的模型来解释。

当吸烟者在戒烟或减少吸烟量时，出现严重的焦虑和抑郁症状，可通过焦虑和抑郁量表进行初步筛查，并建议存在严重焦虑和抑郁状态的吸烟者前往精神心理科进行专科诊疗。

3. 睡眠障碍

睡眠障碍包括失眠（入睡困难或保持睡眠困难），是常见的尼古丁戒断症状，特别是在尼古丁戒断的最初阶段。睡眠障碍可增加戒烟后前4周内复吸的可能性，而有些戒烟药物干预并不能减轻或缓解戒断所引起的睡眠障碍，少部分患者甚至会加剧睡眠障碍。当吸烟者出现严重的睡眠障碍时，应结合神经科、精神科的相关诊疗意见，给予对症处理。

4. 食欲增加、体重增加

尼古丁会抑制食欲和食物摄入。动物实验研究结果显示，长期尼古丁与N受体结合，可通过调节食欲及相关肽类物质的表达等，对食欲和体重产生影响。但目前戒烟后体重增加的具体机制尚不清楚。

研究显示，吸烟者的嗅觉和味觉在戒烟后迅速恢复可促进食物的摄入。而事实上，临床研究表明约一半的吸烟者在戒烟后体重并无明显变化，仅少部分戒烟者出现轻度的体重增加（＜5kg）。尚无证据证明通过吸烟可以控制食欲，以达到减肥的目的，而是应鼓励肥胖的吸烟者减肥。

5. 坐立不安、注意力不集中

当吸烟者罹患烟草依赖时，在停止吸烟或减少吸烟量的过程中，一些戒断症状常会伴随出现，包括坐立不安、注意力不集中。注意力不集中属于注意障碍的一种，即注意涣散，为主动注意明显减弱。

6. 情绪低落

情绪低落是指患者情绪低沉，整天忧心忡忡、愁眉不展、唉声叹气、悲观绝望，感到自己一无是处、无助无望，以至于产生自杀倾向或自杀行为。部分烟草依赖者在戒烟后可以出现此症状。

7. 易激惹

易激惹是指患者一遇到刺激或不愉快的事件，即使很轻微，也很容易产生一种强烈的情绪反应。多见于物质依赖者，其中就包括烟草依赖者。

8. 血压降低、心率减慢

尼古丁可以使交感神经系统激活，导致血浆中去甲肾上腺素和肾上腺素水平急剧升高，而经常吸烟可导致短期及全天的心率加快。烟草中的尼古丁有增加心率、升高血压和促进心肌收缩的作用，所以当吸烟者戒烟后，部分吸烟者可出现轻度血压降低、心率减慢。

（二）心理依赖

心理依赖又称精神依赖，俗称“心瘾”，表现为主观上强烈渴求吸烟。烟草依赖者出现戒断症状后若再吸烟，会产生满足和欣快感，躯体和精神趋于松弛和宁静，这使戒烟更加困难。许多吸烟者知道吸烟的危害，并有意愿戒烟，但可因烟草依赖而不能控制吸烟行为，部分烟草依赖者甚至在罹患吸烟所致疾病后依旧不能彻底戒烟。

（崔紫阳　肖　丹）

参考文献

[1] World Health Organization. The ICD-10 Classification of Mental and Behavioural Disorders: clinical descriptions and diagnostic guidelines. Geneva: World Health Organization, 1992.

[2] 中华人民共和国国家卫生和计划生育委员会. 中国临床戒烟指南（2015年版）[M]. 北京：人民卫生出版社，2015.

[3] Cottler LB, Schuckit MA, Helzer JE, et al. The DSM-IV field trial for substance use disorders: major results [J]. Drug and Alcohol Depend, 1995, 38 (1): 59–69, 71–83.

[4] Centers for Disease Control and Prevention. Symptoms of substance dependence associated with use of cigarettes, alcohol, and illicit drugs-United States, 1991-1992 [J]. Morbidity and Mortality Weekly Report, 1995, 44 (44): 830–831, 837–839.

[5] Kandel D, Chen K, Warner LA, et al. Prevalence and demographic correlates of symptoms of last year dependence on alcohol, nicotine, marijuana and cocaine in the U. S. population [J]. Drug and Alcohol Depend, 1997, 44 (1): 11–29.

[6] American Psychiatric Association. Diagnostic and Statistical Manual of Mental Disorders, 4th ed. Washington: American Psychiatric Association, 1994.

[7] Heatherton TF, Kozlowski LT, Frecker RC, et al. The Fagerström Test for Nicotine Dependence: a revi-

sion of the Fagerström Tolerance Questionnaire [J]. Br J Addict, 1991, 86 (9): 1119-1127.
[8] Heatherton TF, Kozlowski LT, Frecker RC, et al. Measuring the heaviness of smoking: Using self-reported time to the first cigarette of the day and number of cigarettes smoked per day [J]. Br J Addict, 1989, 84 (7): 791-800.
[9] Borland R, Yong HH, O'Connor RJ, et al. The reliability and predictive validity of the Heaviness of Smoking Index and its two components: findings from the International Tobacco Control Four Country study [J]. Nicotine Tob Res, 2010, 12 Suppl (Suppl 1): S45-S50.
[10] Yu X, Xiao D, Li B, et al. Evaluation of the Chinese versions of the Minnesota nicotine withdrawal scale and the questionnaire on smoking urges-brief [J]. Nicotine Tob Res, 2010, 12 (6): 630-634.

第四节 烟草依赖的诊断标准和严重程度评估

(一)烟草依赖的诊断标准

吸烟者中许多都是烟草依赖者。在美国吸烟者中进行的研究表明，参照国际疾病分类第10版(*International Classification of Diseases* 10th，ICD-10，1992)标准诊断的烟草依赖者约占吸烟者的70%；由于研究设计和纳入人群的不同，参照美国精神病学学会的《精神疾病诊断和统计手册(第4版)》(*Diagnostic and Statistical Manual of Mental Disorders*，4th，DSM-Ⅳ，1994)标准诊断的烟草依赖者占吸烟者的30%～90%。中国目前尚无吸烟者中烟草依赖患病率的研究资料。

《中国临床戒烟指南(2015年版)》，在参照ICD-10中关于药物依赖的诊断条件下，制定的烟草依赖诊断标准如下。在过去1年内体验过或表现出下列6项中的至少3项，可以做出诊断：①强烈渴求吸烟；②难以控制吸烟行为；③当停止吸烟或减少吸烟量后有时会出现戒断症状；④出现烟草耐受表现，即需要增加吸烟量才能获得过去吸较少烟量即可获得的吸烟感受；⑤为吸烟而放弃或减少其他活动及喜好；⑥不顾吸烟的危害而坚持吸烟。

(二)烟草依赖程度的评估

对于存在烟草依赖的患者，可根据法氏烟草依赖评估量表(Fagerström Test for Nicotine Dependence, FTND)和吸烟严重度指数(Heaviness of Smoking Index, HSI)评估其严重程度。FTND和HIS的累计分值越高，说明吸烟者的烟草依赖程度越严重，该吸烟者从强化戒烟干预，特别是戒烟药物治疗中获益的可能性越大。

1. 法氏烟草依赖评估量表(FTND)

该量表为临床上使用较多的评估烟草依赖程度的方法，包含6个问题，每个问题的答案选项分别被赋予不同分值，以累计分值评估烟草依赖程度(表3-4-1)。总分最高为10分，累计分值越高，烟草依赖程度越高：0～3分，为轻度烟草依赖；4～6分，为中度烟草依赖；≥7分，为重度烟草依赖。

表3-4-1 法氏烟草依赖评估量表（FTND）

评估内容	0分	1分	2分	3分
您早晨醒来后多长时间吸第一支烟？	＞60分钟	31～60分钟	6～30分钟	≤5分钟
您是否在许多禁烟场所很难控制吸烟？	否	是	—	—
您认为哪一支烟您最不愿意放弃？	其他时间	早晨第一支	—	—
您每天抽多少支卷烟？	≤10支	11～20支	21～30支	＞30支
您早晨醒来后第1小时是否比其他时间吸烟多？	否	是	—	—
您卧病在床时仍旧吸烟吗？	否	是	—	—

2. 吸烟严重度指数（HSI）

HSI为另一种对烟草依赖程度进行评估的方法，仅使用了FTND量表中的两个问题："早晨醒来后多长时间吸第一支烟？"和"您每天吸多少支卷烟？"，每个问题的答案选项分别被赋予不同分值，以累计分值评估烟草依赖程度（表3-4-2）。总分最高为6分，≥4分评为重度烟草依赖。

表3-4-2 吸烟严重度指数（HSI）

评估内容	0分	1分	2分	3分
您早晨醒来后多长时间吸第一支烟？	＞60分钟	31～60分钟	6～30分钟	≤5分钟
您每天抽多少支卷烟？	≤10支	11～20支	21～30支	＞30支

根据FTND和HSI的评估结果可以帮助预测吸烟者在未来主动尝试戒烟及维持长期戒烟的可能性。两项评估所获得的累计分值越高，说明吸烟者的烟草依赖程度越高，主动尝试戒烟的可能性越小，维持戒烟状态的可能性也越小。

（三）其他评估

戒断症状与吸烟渴求程度的评估　明尼苏达尼古丁戒断量表（the Minnesota Nicotine Withdrawal Scale，MNWS）及简易吸烟渴求量表（the Questionnaire on Smoking Urges-Brief，QSU-Brief）中文版可用以评价吸烟者在戒烟过程中的戒断症状和吸烟渴求程度，预期吸烟者戒断的难度（表3-4-3，表3-4-4）。两项评估的累计分值越高，说明吸烟者在戒烟过程中的戒断症状和吸烟渴求越严重，维持戒断的可能性越小。

表3-4-3　明尼苏达尼古丁戒断量表（MNWS）中文版

项目	评分	项目	评分
1.抽烟的冲动		2.情绪低落	
3.易激惹，受挫感，或生气		4.焦虑	
5.难以集中注意力		6.坐立不安	
7.食欲增加		8.入睡困难	
9.睡眠易醒			

注：以上各项为吸烟者对过去1天的感受以0至4分的分值计分。完全没有：0分；轻微：1分；中度：2分；严重：3分；非常严重：4分。

表3-4-4　简易吸烟渴求量表（QSU-Brief）中文版

项目	评分	项目	评分
1.我现在想抽烟		2.现在有支烟抽是再好不过的事了	
3.如果可能，我现在就会抽烟		4.如果我现在能抽烟，我就能更好地处理事情	
5.我现在想要的只有抽烟		6.我有想抽支烟的冲动	
7.现在抽支烟味道会很香		8.为了现在能抽支烟，我几乎愿意做任何事情	
9.抽烟能让我情绪不那么低		10.我要尽快抽支烟	

注：各问题分别以1～7分的分值计分。分值代表吸烟者填表时对各问题陈述内容的同意或不同意程度，从“完全不同意”为1分到“完全同意”为7分，实行主观量化计分。

（崔紫阳　肖　丹）

参考文献

[1] World Health Organization. The ICD-10 Classification of Mental and Behavioural Disorders: clinical descriptions and diagnostic guidelines. Geneva: World Health Organization, 1992.

[2] 中华人民共和国国家卫生和计划生育委员会. 中国临床戒烟指南（2015年版）. 北京：人民卫生出版社.

[3] Cottler LB, Schuckit MA, Helzer JE, et al. The DSM-IV field trial for substance use disorders: major results [J]. Drug and Alcohol Depend, 1995, 38 (1): 59-69, 71-83.

[4] Centers for Disease Control and Prevention. Symptoms of substance dependence associated with use of cigarettes, alcohol, and illicit drugs-United States, 1991-1992 [J]. Morbidity and Mortality Weekly Report, 1995, 44 (44): 830-831, 837-839.

[5] Kandel D, Chen K, Warner LA, et al. Prevalence and demographic correlates of symptoms of last year dependence on alcohol, nicotine, marijuana and cocaine in the U. S. population [J]. Drug and Alcohol Depend, 1997, 44 (1): 11-29.

[6] American Psychiatric Association. Diagnostic and Statistical Manual of Mental Disorders, 4th ed. Washington: American Psychiatric Association, 1994.

[7] Heatherton TF, Kozlowski LT, Frecker RC, et al. The Fagerström Test for Nicotine Dependence: a revision of the Fagerström Tolerance Questionnaire [J]. Br J Addict, 1991, 86 (9): 1119–1127.

[8] Heatherton TF, Kozlowski LT, Frecker RC, et al. Measuring the heaviness of smoking: Using self-reported time to the first cigarette of the day and number of cigarettes smoked per day [J]. Br J Addiction, 1989, 84 (7): 791–800.

[9] Borland R, Yong HH, O'Connor RJ, et al. The reliability and predictive validity of the Heaviness of Smoking Index and its two components: findings from the International Tobacco Control Four Country study [J]. Nicotine Tob Res, 2010, 12 Suppl (Suppl 1): S45–S50.

[10] Yu X, Xiao D, Li B, et al. Evaluation of the Chinese versions of the Minnesota nicotine withdrawal scale and the questionnaire on smoking urges-brief [J]. Nicotine Tob Res, 2010, 12 (6): 630–634.

第四章

吸烟及二手烟暴露的流行状况

第一节　全球卷烟的生产和消费状况

（一）概述

全球卷烟生产和消费大致经历了3个此消彼长的发展阶段：第一个阶段出现在20世纪初期的欧美工业化国家和地区；第二个阶段发生于20世纪中期的新兴工业化国家和地区；20世纪后期到现在则在发展中国家和地区出现了第三个卷烟产销高速增长的趋势。此外，尽管全球对非法贸易打击力度不断加大，但非法卷烟贸易仍然十分猖獗，占全球卷烟销量的比例高达10%以上。

（二）全球卷烟的生产和消费状况

1. 世界上主要的烟草公司

当今全球主要有美国的菲莫国际、英国的英美烟草和帝国烟草及日本的日本烟草四家跨国烟草公司，以及中国烟草总公司、美国奥驰亚集团、印尼盐仓集团、印度烟草公司以及埃及东方烟草公司等区域性烟草公司。依据欧睿国际（Euromonitor International）的统计数据，2018年中国烟草总公司、菲莫国际、英美烟草、日本烟草以及帝国烟草这五家烟草巨头在全球卷烟市场的占比分别为43.6%、13.9%、12.2%、8.5%和3.8%，垄断了全球80%以上的市场份额。尽管中国烟草总公司只是一个区域性烟草公司，但由于我国实行烟草专卖政策，该公司控制着98%的中国国内烟草市场，是世界上最大的烟草公司，在全球卷烟市场所占份额比菲莫国际、英美烟草和帝国烟草等多个世界大型跨国烟草公司的总量还要大。中国烟草总公司主要占据中国的产销市场，进、出口比例都很少。因此，我国已经成为世界上最大的卷烟生产国及消费国。

2. 传统卷烟的生产和消费状况

现代卷烟机和“新型烤烟”的出现使得卷烟产业的工业化成为可能，在城市化、女权运动（女性吸烟大军的形成及壮大）以及两次世界大战等社会和经济因素的影响下，卷烟业得以飞速发展。卷烟以其携带和吸食方便，价格经济、实惠等特点迅速受到人们的青睐，并成为当时前卫和时髦的象征。以欧美为主体的全球卷烟产销量从1900年的100万箱左右迅速增长到1950年3300多万箱，这一时期全球卷烟的产销能力增长了30多倍。

从20世纪50年代后期开始，在欧美卷烟市场继续保持快速增长的同时，拉美（女权运动使得女性吸烟者的数量急剧增加）以及日本和韩国这些新兴发达国家和地区的卷烟生产和消费相继进入了高速增长的时期。全球卷烟的产销量从1950年的3300万箱到1970年的6200多万箱，20年间差不多翻了一番。在此期间，发展中国家和地区的卷烟生产和消费也得到了较快的发展。自从1964年1月美国公共卫生局发布了第一份《美国卫生总监报告》，吸烟危害健康的权威结论日益为大众所知晓，欧美国家开始实施日渐严格的控烟政策（如通过征收烟草税提高卷烟零售价，对卷烟广告宣传、包装警示、制品成分以及吸烟场所进行限制等）。但由于总人口增加、烟草企业研发低焦油卷烟等因素，欧美国家的卷烟消费总量在保持一段小幅增长后，到20世纪80年代初便进入了持续下降状态。日本、韩国等新兴工业化国家和地区卷烟消费总量也在20世纪90年代开始相继出现持续下降。但在中国、印度尼西亚、俄罗斯以及东欧等多个发展中国家则出现了第三波卷烟产销高速增长的趋势，到2000年时全球卷烟产销量达到11 160万箱。联合国粮食及农业组织（Food and Agriculture Organization of the United Nations，UNFAO）分析了1970～2000年全球卷烟生产和消费量的变化趋势，结果提示：全球卷烟生产量从1970年的300万吨增长至2000年的560万吨，其中，发达国家从200万吨增长至250万吨，发展中国家则从100万吨增长至300万吨，其中印度尼西亚和中国的表现尤为抢眼。中国的卷烟产量从1970～1972年的39万吨增长至1999年的167万吨，占全世界卷烟产量的比例则由13%升至30%。

进入21世纪以来，随着WHO《烟草控制框架公约》于2005年2月27日生效，人们健康意识不断加强，各国对烟草流通和消费环节控制不断趋严，烟草市场在全球范围内呈现销量逐步萎缩态势。如图4-1-1所示，2011～2019年，全球卷烟销量基本上以1%～2%的速度逐年递减。个别国家和地区受控烟力度加大（尤其是消费税持续提高）的影响，如俄罗斯、巴西、阿根廷以及泰国等卷烟销量持续下降；在日本和韩国受加热烟草制品的冲击，卷烟销量出现大幅下滑的局面；美国市场则受新型电子烟以及大麻合法化的影响，卷烟的销量也出

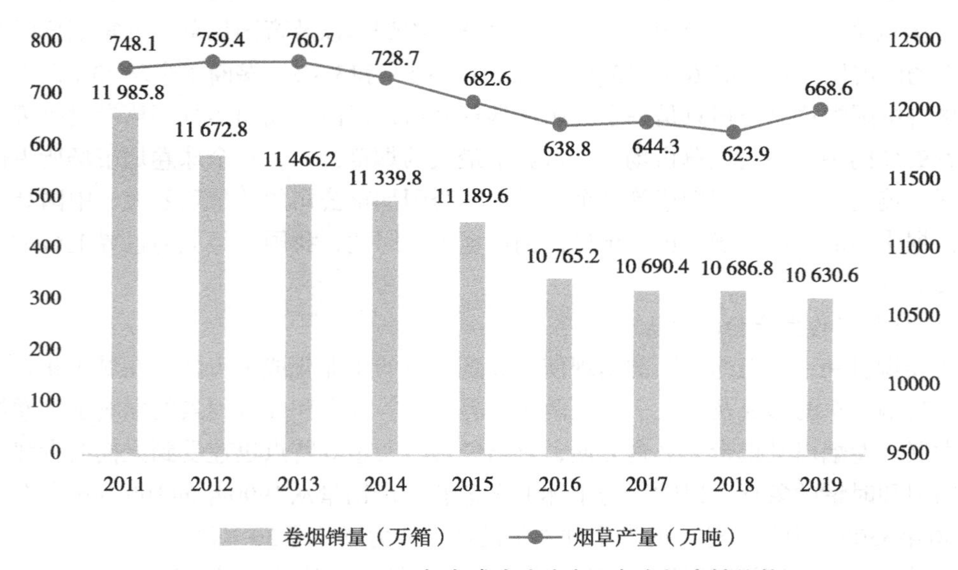

图4-1-1 2011～2019年全球（除外中国）卷烟产销趋势图

现小幅下降；而西班牙、伊朗等国家则受到国内经济形势的影响，卷烟销量也有不同程度的下滑。在2010年全球排名靠前的25个卷烟消费地区，仅有8个地区依然处于增长趋势，主要为亚太、中东和非洲部分市场，如埃及、土耳其、柬埔寨、老挝、缅甸、斯里兰卡、埃塞俄比亚、孟加拉国、越南以及巴基斯坦等国家，而中国则是卷烟销量上升最快的国家。

中国是世界上最大的烟草生产国和消费国，2018年中国吸烟者消费了全球43.6%的卷烟，比印度尼西亚、日本、俄罗斯和美国等29个国家的消费总量还要多。如图4-1-2所示，我国2010～2019年全国卷烟产量由4728.5万箱降至4708.3万箱，而销量却由4684.40万箱略微上升至4735.27万箱，在此期间全国卷烟产量曾一度攀升至2014年的5170万箱的历史最高点。2015年5月中国财政部宣布提高烟草税，将卷烟批发环节从价税税率由5%提高至11%，并按0.005元/支加征从量税。这是一项极为重要的减少烟草制品可负担性的措施，加税政策首次反映到卷烟零售价上，使得卷烟平均价格升高，卷烟总体销售量有所减少。2016年卷烟产量和销量的下滑均超过7%。根据烟民数量和整体销量测算，中国烟民每年的人均消费数量也从2014年的464包下降至2019年的338包。由于中国在全球烟草市场上所占的份额非常巨大，中国卷烟销售量的减少导致2015年的全球卷烟销售量下降了2.1%，凸显了中国减少烟草消费的工作在全球抗击烟草流行中的重要性。

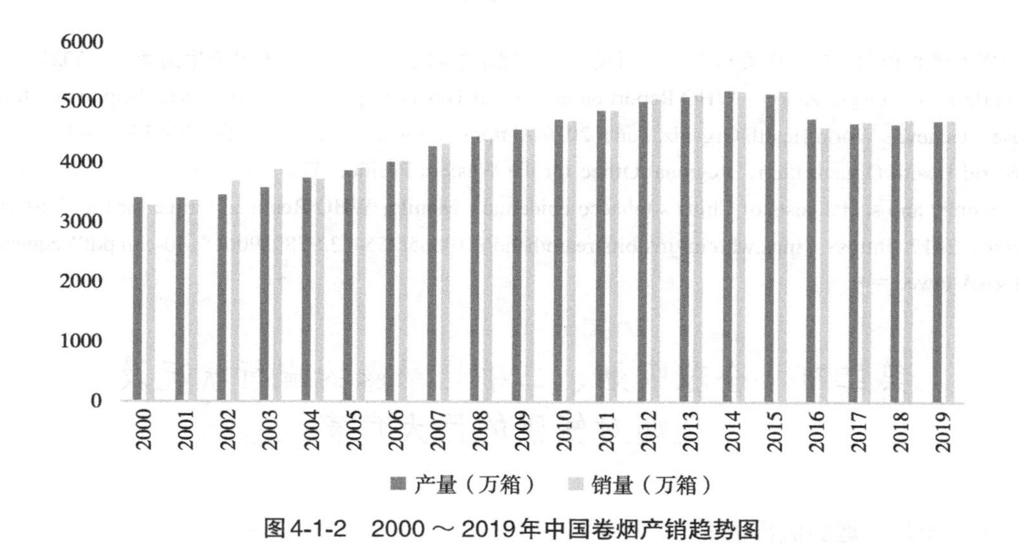

图4-1-2　2000～2019年中国卷烟产销趋势图

3. *新型卷烟的生产和消费状况*

为了应对全球日益严峻的控烟形势，规避法律和市场风险，烟草企业不断推出低焦油烟、爆珠烟以及细支烟等新型卷烟。欧睿国际统计了全球78个卷烟消费国（不含中国）细支烟和爆珠烟的销量，结果显示：两者分别由2015年的260万箱和126万箱增长到2017年的286万箱和220万箱，而低焦油卷烟销量大致在1800万箱上下波动。中国统计局数据显示：我国细支烟和爆珠烟的销量分别由2015年的71.8万箱和5.3万箱增长到2020年（1～10月）的384.2万箱和108.3万箱；而低焦油卷烟销量缺乏历年数据，2017年的销量为721.8万箱。

4. 非法卷烟贸易状况

随着WHO《烟草控制框架公约》缔约国大会第五届会议上《消除烟草制品非法贸易议定书》通过、签约及生效，全球对非法卷烟贸易的打击力度日益加大。欧睿国际等机构估计：全球（不含中国）非法卷烟销售总量从2013的780万箱降至2016年的500万箱。但是，目前非法卷烟销售量占世界卷烟消费总量的占比仍在10%以上，一些国家非法卷烟销售量占比甚至超过20%。非法卷烟销售占比比较高的主要有马来西亚、巴西、澳大利亚、印度以及欧洲国家等市场，马来西亚成为非法卷烟贸易占比（＞50%）最高的地区。日本、格鲁吉亚、白俄罗斯、韩国以及古巴等国家非法卷烟销售量占比则低于1%。中国烟草行业市场规模庞大、烟草制品利润空间巨大，丰厚的回报驱使不法分子不择手段地进行假烟制造、贩卖和走私活动。根据中国国家烟草专卖局公布的数据，2015年全国共查获假烟15.7万件，走私烟7.6万件；2018年全国共查处案值5万元以上的假烟案件9100起、走私烟15.2万件；2019年12月单月查处5万元以上假烟、走私烟案件1441起，查获假烟7.86万件、走私烟2.05万件。因此，尽管我国非法卷烟贸易的具体数据无从考据，但情况亦不容乐观。

（李和权）

参 考 文 献

[1] 中华人民共和国卫生健康委员会. 中国吸烟危害健康报告2020. 北京：人民卫生出版社，2021.

[2] World Health Organization. WHO Report on the Global Tobacco Epidemic，2019：offer help to quit tobacco use. Geneva：World Health Organization，2019. https：//apps.who.int/iris/handle/10665/326043.

[3] World Health Organization，Regional Office for the Western Pacific. The bill China cannot afford：health，economic and social costs of China's tobacco epidemic. Manila：WHO Regional Office for the Western Pacific，2017. https：//apps.who.int/iris/bitstream/handle/10665/255473/9789290618140-chn.pdf?sequence＝1&isAllowed＝y.

第二节 全球吸烟、二手烟暴露的流行状况及吸烟对健康的巨大危害

（一）全球吸烟的流行情况

据WHO统计，2020年全球约有13亿吸烟者。2017年《柳叶刀》的一项研究通过全球疾病负担、伤害与危险因素研究（Global Burden of disease，GBD）评估全球各个国家和区域的吸烟流行情况。数据显示，在全球范围内，15岁及以上的男性烟民为9.42亿，中国每天吸烟男性占全球总数的1/3；全球女性烟民为1.75亿。近3/4的男性烟民生活在人类发展指数（human development index，HDI）中等或较高的国家，而半数的女性烟民生活在HDI非常高的国家。

近几十年来，多数发达国家均采取了有效的控烟措施，使吸烟率呈明显下降趋势：在西欧和北欧，虽然女性吸烟率略有升高，但男性吸烟率不断降低，因此人群总的吸烟率呈下降

趋势；在美国，自20世纪70年代以来，成年人吸烟率一直呈下降趋势，目前为19.3%（男性21.5%、女性17.3%）；在澳大利亚、新西兰和新加坡，吸烟率下降趋势明显，15岁及以上的人群吸烟率均已低于20%。

在发展中国家，虽然不同人群的吸烟率差别很大，但男性吸烟率明显高于女性，尤其是在亚洲各国，女性吸烟率均很低。自20世纪70年代以来，由于跨国烟草公司向发展中国家倾销卷烟，以及社会经济的发展和快速城市化，使得发展中国家的总体吸烟率，特别是青少年吸烟率迅速升高。面对这一严峻形势，不少发展中国家（如巴西、泰国、乌拉圭等），也相继采取了有效的烟草控制措施。

2005年，WHO《烟草控制框架公约》(以下简称《公约》)正式生效。它不但为控制烟草危害、共同维护人类健康提供了法律框架，而且也有效地推动了全球的控烟工作。泰国是亚洲第一个严格执行《公约》的国家，并为此采取了一系列烟草控制措施：烟草制品增税；制定有关规定以限制烟草相关的广告、促销和赞助行为；推广媒体传播；烟盒上印刷图形警示；制定清新空气法规等。印度和巴西也已经实施了公共场所禁止吸烟的法规以及烟盒图形警示。

为帮助各国实施《公约》中有关减少烟草需求的条款，WHO于2007年推出了一个技术工具，其中包含6项成本-效益较高的烟草控制策略，即监测烟草使用与评估政策（monitor），保护人们免受烟草烟雾危害（protect），提供戒烟帮助（offer），警示烟草危害（warn），确保禁止烟草广告、促销和赞助（enforce），以及提高烟税（raise），并将6个关键英语单词的首字母合在一起，命名为"MPOWER"。

WHO每两年发布一份《全球烟草流行报告》，追踪烟草流行情况，以及各国MPOWER措施的落实进展，2019发布的第七份报告重点关注提供戒烟帮助，也就是MPOWER中字母O所代表的政策。与两年前上一份报告出版时相比，又有36个国家采纳了一项或多项WHO所建议的"MPOWER"控烟措施，在提供戒烟服务方面也取得了一些进展。目前共有23个国家提供全面的戒烟服务，与2007年相比新增了13个，虽然就国家数量而言进展仍然较为缓慢，但由于这些国家中包含印度和巴西等一些人口大国，一共覆盖24亿人，约占全球人口总数的30%，所以从人口数量的角度来看，进展还是比较好的。

世界卫生组织组织2021年《全球烟草流行报告》发现，自2007年以来，102个国家已经采取一个或多个MPOWER措施，并达到最高水平。半数以上国家现在要求根据最佳做法在香烟包装上使用图形健康警语。但是，并非所有MPOWER措施都取得了进展，如提高烟草税。有49个国家仍然没有采取任何MPOWER措施。虽然税收是减少烟草使用的最有效方法，但仍然是人口覆盖范围最小的MPOWER政策。

降低吸烟率的过程因地域、发展状况和性别存在差异，但这种趋势并不应当放缓。烟草控制可以取得更大的成绩，但需要有效、全面、充分地实施和执行政策，这需要全球和国家层面做出超越以往成绩的新成就。

（二）全球二手烟暴露状况

二手烟暴露在许多国家都很普遍，尤其是在亚洲。例如，在印度尼西亚和巴基斯坦，80%以上的人会在餐馆接触二手烟。2016年，估计全球有1/5的男性和1/3的女性深受二手烟暴露之害。虽然二手烟暴露通常来自卷烟，但在某些人群中，使用其他烟草制品（如水烟）

也可造成二手烟暴露。

各国家地区无烟法和执法力度差异很大，这极大地影响了二手烟暴露程度。由于这些差异，在一些欧盟成员国，酒吧和餐馆中二手烟的接触率相对较低（低于10%），但在其他一些国家则高得多（如2017年希腊的这一比例近80%）。2009年土耳其全面实施控烟法律后，工作场所和餐馆的二手烟暴露率大幅下降，从2008年的37%和56%分别降至2012年的16%和13%。

在一些国家，不吸烟的女性和社会经济地位低的群体，经常面临更高的暴露风险，进而承担更重的烟草使用负担。例如，二手烟暴露导致的全球女性死亡人数比男性高（2016年分别为573 000和311 000），导致的中国女性肺癌死亡人数高于男性（2013年分别为40 000和12 000）。仍以土耳其为例，在家中二手烟暴露率下降的幅度（从56%到38%）比在公共场所的下降幅度小。因此，需要对家中的二手烟暴露率给予重视。在许多国家和地区，家是妇女和儿童接触二手烟的主要场所。

虽然实际上准确测量二手烟暴露的水平有一定困难，但通过青少年的二手烟暴露水平、成人二手烟暴露水平和现有无烟政策的得分，可以估计二手烟暴露情况。从青少年自我报告的家庭以外二手烟暴露的比例，超过我们的估计，绝大多数国家青少年的二手烟暴露水平在40%～60%，欧洲主要是东欧国家，大多数国家的青少年报告在90%以上。这里没有包括无烟环境政策执行较好的国家，但是从全世界暴露水平来看，超过50%的非吸烟者二手烟暴露水平被低估。虽然没有成人报告的暴露水平，但一般来说，这个水平应该是一致的，或略有降低。

在世界大多数国家，即使尚未达到最佳实施水平，也都对每项MPOWER措施给予了一定程度的关注。除了62个具有完全无烟环境法律的国家之外，70个国家具有最低至中等程度的法律，禁止在一些但不是所有公共场所和工作场所吸烟，为今后制定一项全面有效的法律奠定了基础。这意味着，尽管部分禁令目前不能有效保护这些人口免受二手烟的危害，但随着公众对禁令的支持日益增加，这些国家大多数只需对法律进行简单的修订，而其他一些国家则需要通过新的法律。

（三）吸烟与二手烟暴露对全球人群健康的影响

在《公约》通过之后，烟草控制是一个重要的公共卫生成就。尽管如此，吸烟仍然是全球死亡和致残的主要风险之一。如果不及时采取有效的措施加以控制，那么预计到2030年，每年因烟草死亡人数将增加到800万人以上。从现在到2030年，烟草将会造成全球超过1.75亿人死亡。如果目前的流行趋势不得到控制，那么全世界现有人口中的5亿都将会死于烟草所带来的各种疾病。仅在21世纪，烟草就可造成高达10亿人死亡。

1990～2015年，研究人员在195个国家和地区收集了2818份关于吸烟者性别、年龄和烟龄等数据，分析了38个与吸烟有关的死亡、残疾和疾病因素。结果表明，在全球范围，2015年每天吸烟导致的年龄标准化患病率为男性25.0%、女性5.4%，相比于1990年分别减少了28.4%和34.4%。2005～2015年，大部分国家和地区吸烟率降幅高于1990～2005年，然而刚果和阿塞拜疆的男性吸烟者以及科威特和东帝汶女性吸烟者比例上升。2015年，全球11.5%的死亡与吸烟有关（640万），其中中国、印度、美国以及俄罗斯占总数的52.2%。2015年在109个国家和地区，吸烟是排名前5位的致死亡或疾病因素，而这一数据在1990年是88个国家和地区。

二手烟暴露也会对健康产生许多有害的影响，对儿童和未出生的婴儿也是如此，并导致了全球很高的死亡率和发病率。例如，仅在2016年它就造成了近884 000例死亡。因二手烟暴露产生的健康不良、残疾或过早死亡而损失的寿命年限分别为：下呼吸道感染640万年，慢阻肺250万年，中耳感染则超过20万年。在美国，二手烟暴露每年造成3400例肺癌死亡和46 000例心脏病死亡。每年美国有430例新生儿猝死综合征，24 500例低出生体重，71 900例早产和200 000人次的儿童支气管哮喘发作都是由二手烟暴露引起。

（时国朝　戴然然）

参考文献

[1] GBD 2015 Tobacco Collaborators. Smoking prevalence and attributable disease burden in 195 countries and territories，1990-2015：a systematic analysis from the Global Burden of Disease Study 2015 [J]. Lancet，2017，389（10082）：1885-1906.

[2] World Health Organization. WHO Report on the Global Tobacco Epidemic，2008：the MPOWER package. Geneva：World Health Organization，2008. https：//apps. who. int/iris/handle/10665/43818.

[3] Mackay J，Eriksen M，Shafey O. The Tobacco Atlas. Second Edition. Atlanta，Georgia：American Cancer Society，2006.

[4] Organization for Economic Co-operation and Development，Health Division. Tobacco consumption. OECD Health Data 2007-Frequently Requested Data Paris：OECD，2007.

[5] Global Youth Tobacco Collaborative Group. Tobacco use among youth：a cross country comparison [J]. Tob Control，2002，11（3）：252-270.

[6] World Health Organization. The WHO Framework Convention on Tobacco Control（WHO FCTC）. Geneva：World Health Organization，2003. https：//fctc. who. int/publications/i/item/9241591013.

[7] Beaglehole R，Bonita R，Horton R，et al. Priority actions for the non-communicable disease crisis [J]. Lancet，2011，377（9775）：1438-1447.

[8] Doll R，Peto R，Boreham J，et al. Mortality in relation to smoking：50 years' observations on male British doctors [J]. BMJ，2004，328（7455）：1519.

[9] World Health Organization. WHO Report on the Global Tobacco Epidemic，2019：offer help to quit tobacco use. Geneva：World Health Organization，2019. https：//apps. who. int/iris/handle/10665/326043.

[10] 黄洁夫. 烟草危害与烟草控制 [M]. 北京：新华出版社，2012.

[11] World Health Organization. WHO report on the global tobacco epidemic，2021：addressing new and emerging products：executive summary. Geneva：World Health Organization，2021.

第三节　我国吸烟、二手烟暴露的流行状况及吸烟对健康的巨大危害

（一）我国吸烟的流行情况

我国分别于1984年、1996年、2002年、2010年、2015年和2018年进行了6次全国吸烟流行病学调查（表4-3-1），基本摸清了30余年来我国吸烟流行的特点与趋势：尽管总体吸烟

率仍处于高位，但近年来呈下降趋势，女性吸烟率维持在较低水平；吸烟者90%以上吸卷烟；农村地区吸烟率略高于城市地区；受教育程度低的人群吸烟率持续在高水平；不同职业人群中，医务人员的吸烟率虽呈持续降低趋势，但仍处于较高水平；15 ～ 24岁人群中，男性和女性吸烟率均呈增长趋势；吸烟者开始吸烟年龄不断提前，1984年为平均22岁，1996年为平均19岁，2010年的调查发现52.7%以上的吸烟者在20岁以前已成为每天吸烟者。无论从吸烟量、吸烟开始年龄以及所使用的烟草种类来看，目前我国青壮年吸烟者的吸烟特征和西方国家吸烟者以往的吸烟特征十分相似。由于吸烟的危害具有滞后性，可以预期，他们未来将承受的吸烟危害将会远超出现在的中老年人。

表4-3-1　我国6次全国吸烟流行病学调查结果

项目	调查年份					
	1984年	1996年	2002年	2010年	2015年	2018年
总吸烟率（%）	33.9	33.7	28.5	28.1	27.7	26.6
男性吸烟率（未标化，%）	61.0	63.0	57.4	52.9	52.1	50.5
女性吸烟率（未标化，%）	7.0	3.8	2.6	2.4	2.7	2.1
城市吸烟率（未标化，%）	—	31.8	25.0	27.1	26.1	25.1
农村吸烟率（未标化，%）	—	36.9	33.0	30.0	29.4	28.9

注：现在吸烟者的定义为：1984年：过去吸烟时间大于6个月且在调查时仍在吸烟者，调查对象为≥15岁人群；1996年和2002年：过去吸烟达到100支且在调查前30天内吸烟者，调查对象为15 ～ 69岁人群；2010年、2015年和2018年：调查时正在吸烟者，调查对象为≥15岁人群。—：无

需要特别强调的是，使用电子烟的人群主要以年轻人为主，15 ～ 24岁年龄组人群电子烟使用率为1.5%。获得电子烟最主要的途径是互联网（45.4%）。值得关注的是，与2015年相比，听说过电子烟、曾经使用过电子烟以及现在正在使用电子烟的比例均有所提高。

（二）我国人群戒烟率情况

据调查，1984年中国吸烟者的戒烟率仅为4.8%，1996年为9.5%，2002年为12.0%，2010年上升至16.9%，2018年达到20.1%。2010年戒烟人数达到5000万人，较2002年增加了1500万人。但我国吸烟者戒烟成功率仍较低，复吸比例居高不下，2010年达33.1%。此外，2010年的调查显示，我国依然有约45%的吸烟者没有明确的戒烟意愿。2018年的数据则显示，我国成年吸烟人群戒烟意愿仍然普遍较低，每天吸烟者戒烟率为15.6%；16.1%的现在吸烟者打算在未来12个月内戒烟，计划在1个月内戒烟的比例仅为5.6%；在过去12个月吸烟的人群中，19.8%尝试过戒烟。尝试戒烟的前三位原因分别是担心继续吸烟影响今后健康（38.7%）、已经患病（26.6%）和家人反对吸烟（14.9%）。

（三）我国二手烟暴露状况

1．概述

自20世纪90年代，中国有154个城市制定了公共场所禁止吸烟的地方性法规、规章，但

尚未出台全国性法规，而且多数地方所制定的法规与《公约》的要求有很大的差距，执行欠佳。这也是20多年来中国人群的二手烟暴露水平居高不下的重要因素。2010年调查显示，在9亿多不吸烟的成年人中有5.6亿人遭受二手烟暴露，加上1.82亿遭受二手烟暴露的儿童，全国共计有7.4亿不吸烟者遭受二手烟的危害。二手烟暴露每年导致约10万人死亡，导致的经济损失约占经济总损失的10%，约为人民币3850万元（约550亿美元）。

2. 二手烟暴露水平

1996年、2002年和2010年进行的3次全国性调查结果显示：1996年和2002年二手烟暴露率没有明显变化，分别为53.5%（53.2% ～ 53.8%）和52.9%（51.9% ～ 53.9%）；2010年，有72.4%的不吸烟者暴露于二手烟（表4-3-2）。在大多数年龄段中，女性二手烟暴露率高于男性。二手烟暴露是中国女性面临的特殊问题，她们在家中和工作场所的二手烟暴露率在世界上位居前列，所有人群的二手烟暴露率也同样处于高位。有7亿多人经常暴露于二手烟；13 ～ 15岁的青少年中有半数以上每周都在封闭的公共场所中暴露于二手烟，导致每年有10万人因二手烟暴露而死亡。

表4-3-2　中国不同年份不同人群二手烟暴露率（%）

	城市	农村	男性	女性
1996年	55.4	52.4	45.5	57.0
2002年	49.7	54.0	49.2	54.6
2010年*	70.5	74.2	74.1	71.6

注：*2010年的测试标准及问卷问题与1996年及2002年不同。1996年和2002年的调查所使用问题："你是否经常吸入吸烟者呼出的烟雾，超过每天15分钟？""二手烟暴露"定义为每周至少1天，每天至少15分钟暴露于二手烟烟雾。2010年调查所使用问题："通常情况下，您1周接触二手烟的天数是多少？"关于"二手烟暴露"定义，因为只要接触二手烟烟雾，就会对健康带来影响，所以不考虑是否达到15分钟以上。

2018年成人烟草调查数据表明，与既往调查结果相比，二手烟暴露情况整体有所改善。非吸烟者的二手烟暴露率为68.1%。50.9%的室内工作者在工作场所看到有人吸烟。44.9%的调查对象报告有人在自己家中吸烟。

3. 二手烟暴露的场所

1996年和2002年的调查结果显示：不吸烟者在家中遭受二手烟暴露的比例最高，其次是公共场所和工作场所。2010年，公共场所二手烟暴露率最高，其次是家中和工作场所。

2010年全球成人烟草调查（GATS）中国调查结果显示，室内公共场所吸烟的现象仍然十分严重。在被调查的各类室内公共场所中，出现吸烟现象比例最高的是餐厅，为88.5%；其次是政府办公楼，为58.4%；医疗卫生机构、学校、公共交通工具分别为37.9%、36.9%、34.1%。在餐厅和学校中吸烟的情况，城市与农村基本相同；在政府办公楼、医疗卫生机构和公共交通工具3类场所出现吸烟现象的比例，农村普遍高于城市，其中在公共交通工具内吸烟的比例差距最大。2018年的数据则表明二手烟暴露最严重的室内公共场所为网吧（89.3%）、酒吧和夜总会（87.5%）以及餐馆（73.3%）。

（四）吸烟与二手烟暴露对中国人群健康的影响

吸烟和二手烟暴露对健康的危害现已成为不争的事实。我国作为世界上最大的烟草生产和消费国，卷烟的产量和消费量约占全球的40%。同时，吸烟率居于高位，人均吸烟量逐年增加。据估算，中国男性（包括非吸烟者）每天人均卷烟消费量，由1952年的1支，增加到1972年的4支，并在1992年前后达到10～12支。这一增长模式与美国惊人的相似，但时间滞后约40年。此外，开始吸烟年龄也不断提前，而且吸烟者几乎从年轻时开始全部吸卷烟。目前，中国男性青壮年的吸烟模式与西方吸烟者以往的吸烟模式十分相似。随着时间的推移，吸烟对中国人群健康的危害也必将日益显现和加重。在现阶段，虽然吸烟对中国人群整体危害尚处于早期，但由于吸烟人数众多，人群各类疾病本底死亡率高，中国每年有100多万人死于烟草相关疾病。

20世纪90年代，在中国开展的100万人群回顾性病例对照研究和22万40～70岁男性的队列研究均表明，吸烟可导致人群死亡风险增加。在男性的总死亡中，有12%可归因于吸烟（美国男性吸烟危害达到顶峰时，这一比例为33%）。此外，其他研究亦观察到吸烟对健康的危害，并与其他危险因素存在协同作用。

吸烟者并非烟草使用的唯一受害者。二手烟暴露同样会对健康造成严重危害，导致发病和死亡风险增加。同时，烟草使用是中国非传染性慢性病（non-communicable chronic disease，NCD）发病率快速增加的主要原因之一。心血管疾病、癌症、慢性呼吸道疾病和糖尿病等疾病，已成为中国首要的健康威胁。NCD死亡目前占全部死亡的87%，占中国疾病总负担的70%。2012年，中国有860万人死于NCD，其中1/3以上（36%）为过早死亡，即在70岁前死亡。如果不采取行动大幅降低吸烟率，烟草相关疾病未来的影响将是灾难性的：据预测，到2030年，年死亡人数将从目前的每年100万人增至每年200万人，到2050年将增至每年300万人。按此趋势，21世纪中国将有2亿多人因烟草死亡。

（时国朝　戴然然）

参考文献

［1］Eriksen MP，Mackay J，Schluger NW，et al．The tobacco atlas．Atlanta：American Cancer Society，2015．

［2］中央爱国卫生运动委员会，中华人民共和国卫生部．1984年全国吸烟抽样调查资料汇编［M］．北京：人民卫生出版社，1988．

［3］杨功焕．1996年全国吸烟行为的流行病学调查［M］．北京：中国科学技术出版社，1997．

［4］杨功焕．2010全球成人烟草调查中国报告［M］．北京：中国三峡出版社，2011．

［5］Liu BQ，Peto R，Chen ZM，et al．Emerging tobacco hazards in China：Retrospective proportional mortality study of one million deaths［J］．BMJ，1998，317（7170）：1411-1422．

［6］Niu SR，Yang GH，Chen ZM，et al．Emerging tobacco hazards in China：2．Early mortality results from a prospective study［J］．BMJ，1998，317（7170）：1423-1424．

［7］Gu DF，Kelly TN，Wu XG，et al．Mortality attributable to smoking in China［J］．N Engl J Med，2009，360（2）：150-159．

［8］Yang L，Yang GH，Zhou MG，et al．Body mass index and mortality from lung cancer in smokers and non-

smokers: a nationally representative prospective study of 220 000 men in China [J]. Int J Cancer, 2009, 125 (9): 2136-2143.
[9] Levy DT, Benjakul S, Ross H, et al. The role of tobacco control policies in reducing smoking and deaths in a middle income nation: results from the Thailand SimSmoke simulation model [J]. Tob Control, 2008, 17 (1): 53-59.
[10] Chen ZM, Peto R, Zhou MG, et al. Contrasting male and female trends in tobacco-attributed mortality in China: evidence from successive nationwide prospective cohort studies [J]. Lancet, 2015, 386 (10002): 1447-1456.
[11] 中华人民共和国国家卫生健康委员会. 中国吸烟危害健康报告2020 [M]. 北京：人民卫生出版社，2021.

第四节　我国公众对烟草危害健康的认识和态度

（一）对烟草危害健康的认知情况

尽管我国公众对烟草危害健康的认知程度在不断提高，但是大部分人对于烟草依赖是一种疾病以及烟草危害的多样性和严重程度认知不足，对于二手烟暴露的危害，以及对烟草所造成的社会危害认知不足。因此，实现控烟的关键任务就是提高公众对烟草危害的认知。

1. 控烟宣教主体工作人群对烟草危害的认知

控烟工作是最有价值的医疗工作。医务人员人人都有责任进行日常的控烟宣教。然而，中国医务人员对烟草危害的认知情况不容乐观。2020年北京航天中心医院职工调查结果显示，医务工作者中，对于公共场所应禁烟、家庭支持有助于戒烟、尼古丁致瘾、二手烟暴露危害公众健康、烟草致肺癌、烟草致其他肺部疾病、烟草烟雾升高室内PM2.5等知晓率超过80%；对于每天一包卷烟平均寿命将缩短11～15年、烟草是首位的死亡原因等知晓率低于60%；对于烟草依赖并不容易解除、8～10次的戒烟努力才能成功这两项知识知晓率低于20%。三甲医院医务人员对烟草危害的知晓情况并不完善，对基层医务人员的烟草危害的认知情况，目前缺乏相关调查。

另外，教师的吸烟行为直接影响学生对烟草的态度，因此教师也是控烟知识传播非常重要的组成力量。2017～2018年，上海市抽样调查了4个区30所中学（包括初中、高中和职业院校）的3102名教职员工对烟草危害的知晓情况。结果显示：上海教职员工对于烟草导致肺癌知晓率虽高，但对于烟草对心脑血管及骨质代谢的危害了解较少。烟草危害所有问题回答全部正确率仅19.7%。

2. 青少年对烟草的态度

减少青少年吸烟率对于实现《"健康中国2030"规划纲要》的控烟目标至关重要。青少年对于烟草的态度直接影响控烟工作成效。上海市对8个区、县初中的3155名学生的调查显示，认为吸烟让人在社交场合更轻松、吸烟更有吸引力、吸烟后难以戒断、二手烟暴露有害的比例分别为5.1%、8.2%、34.1%、83.2%。2020年黑龙江省对30所初中的4152名学生的调查显示：31%初中生认为烟草戒断非常困难；10%认为吸烟的年轻人更具吸引力；6.6%认为吸烟使在公众场合更放松，同时77.7%认为在公众场合吸烟令人不快。根据从学生对"如果你的好朋友给你烟，你会使用它吗？"及"在未来的12个月内，你认为自己会使用某种烟草产品吗？"两个问题的回答情况判断，非吸烟中学生对烟草易感率为11.1%，并且男生烟草易感性高于女生。

（二）对二手烟暴露危害健康的知晓情况

1. 成人对二手烟暴露危害的总体知晓率

二手烟含有250多种有害物质，严重影响公众健康。公众对二手烟暴露危害的态度，对于推动中国控烟工作，尤其是公众场所控烟工作具有十分重要的意义。中国疾病预防控制中心在302个监测点，通过面对面询问的方式，调查了179 570位成人。结果显示，18岁以上人群对于二手烟暴露导致疾病的知晓率为67.9%。对于二手烟暴露导致3种疾病的知晓率城镇居民高于乡村居民。其中对二手烟暴露致成人心脏疾病的知晓率最低为46.8%。中国成人对于二手烟暴露危害的知晓率随着年龄的增长而下降。

2. 二手烟暴露对妊娠影响的知晓率

由于中国居高不下的吸烟率，很多育龄女性暴露在工作场所或家庭的二手烟环境。除了公众对二手烟暴露的冷漠，妊娠期女性对二手烟暴露的危害也不尽了解。上海市对社区孕妇二手烟暴露危害的知晓情况行调查，结果显示，270名孕妇中，知晓孕妇二手烟暴露可导致流产或早产、胎儿生长受限、先天性疾病、影响儿童智力以及儿童发育的孕妇比例分别为70.74%、56.30%、48.15%及36.67%。

即使在控烟工作开展相对较好的中国香港地区，二手烟暴露对妊娠危害的认知情况也不尽如人意。一项中国香港的横断面调查研究，调查了吸烟的准父亲们，对妊娠期二手烟暴露对母体和胎儿影响的知晓率，结果显示，对于二手烟暴露可导致妊娠期高血压及流产的知晓率分别为44.8%和33.3%；对可导致妊娠期糖尿病的知晓率仅为9.4%。对于二手烟暴露可导致产后儿童支气管哮喘和咳嗽的知晓率较高，分别为44.6%和45.7%；对于可导致低出生体重和胎儿死亡的知晓率均为34.5%；对于可导致新生儿死亡的知晓率为26.2%。

3. 控烟工作相关人群对二手烟暴露危害的知晓率

四川省对疾病预防控制系统慢性病防治工作人员烟草使用和烟草危害知晓情况调查显示，对于二手烟暴露会引起儿童肺部疾病和成人肺癌的知晓率较高，均超过95%；对于会导致成人心脏病的知晓率为79.48%。对于低焦油烟不等于低危害的知晓率仅为49.9%。吸烟人群对于二手烟危害的知晓率接近甚至高于非吸烟人群。

在医务人员中二手烟暴露危害的知晓率相对普通人群高。北京市三甲医院医务人员的调查显示：医务人员对于二手烟暴露可影响身体健康，可导致肺癌、冠心病知晓率均高于80%。但是教职工对二手烟暴露危害的知晓率有待提高，教职工对二手烟暴露危害认知的完全正确率只有23.74%。

（三）对三手烟及“低焦油等于低危害”错误观点的认识情况

三手烟又称残留烟雾，是吸烟后残留在物体表面的以及灰尘中的烟雾污染物。三手烟普遍存在，对公众尤其是婴幼儿健康造成威胁。郑州大学附属第一医院儿科对呼吸系统疾病患儿的父母，关于三手烟的危害进行了调查。结果显示：患儿家长对三手烟诱发儿童呼吸道疾病知晓率较高，而对三手烟的其他危害了解甚少。

“低焦油卷烟”低危害是烟草公司宣传的常用方式。但是已有大量的科学研究表明，“低焦油卷烟”严重威胁健康。2010年调查显示，中国公众知晓“低焦油卷烟的危害并不低于普通焦油含量的卷烟”“低焦油不等于低危害”的仅占14.0%。近年来的调查显示，中国公众对低焦油烟的危害的认知仍然不足。四川省对疾病预防控制系统慢性病防治工作人员的调查结果显示，49.42%认为低焦油烟具有较低危害。2019年北京航天中心医院职工调查结果显示，医务工作者中仅有15.83%知晓低焦油低尼古丁香烟的危害。

总之，目前中国公众对烟草危害的知晓率还有待提高。改变公众对烟草危害的认知，需要政策制定部门、医务工作者，以及教师和其他社会大众的共同努力。

（陈晓阳）

参考文献

[1] Zhao LH, Song Y, Xiao L, et al. Factors influencing quit attempts among male daily smokers in China [J]. Prev Med, 2015, 81: 361-366.

[2] 贾云，邹小农，皇甫小梅，等. 医务工作者烟草危害知晓情况调查 [J]. 中国肿瘤，2020，29（11）：871-878.

[3] 刘勤，王卓，邓颖，等. 2019年四川省疾控系统慢性病防治科（所）人员烟草流行情况和烟草危害知识知晓调查 [J]. 中国健康教育，2020，36（4）：322-326.

[4] 徐刚，何亚平，李嘉慧，等. 上海市中学教职员工烟草危害认知及影响因素 [J]. 中国学校卫生，2019，40（2）：198-201.

[5] 李纯，王丽敏，黄正京，等. 中国2013年成年人二手烟暴露水平及相关危害认知情况调查 [J]. 中华流行病学杂志，2017，38（5）：572-576.

[6] Zhang LY, Hsia J, TuXM, et al. Exposure to Secondhand Tobacco Smoke and Interventions Among Pregnant Women in China: A Systematic Review [J]. Prev Chronic Dis, 2015, 12: E35.

[7] 麻红梅，唐秀林，王燕南. 上海市奉贤区西渡社区孕妇二手烟危害认知调查分析 [J]. 医药前沿，2019，9（4）：249-250.

[8] Xia W, Li CHW, Cai WZ, et al. Association of smoking behavior among Chinese expectant fathers and smoking abstinence after their partner becomes pregnant: a cross-sectional study [J]. BMC Pregnancy Childbirth, 2020, 20 (1): 449.

[9] 李娜，李静，王静，等. 呼吸疾病患儿父母对三手烟暴露知信行的调查研究 [J]. 河南医学研究，2019，28（19）：3486-3489.

[10] 杨功焕. 2010全球成人烟草调查中国报告 [M]. 北京：中国三峡出版社，2011.

第五章

吸烟对健康的危害

第一节　吸烟与呼吸系统疾病

一、概述

（一）病理生理机制

呼吸系统的防御功能包括物理防御（鼻部加温过滤、咳嗽、黏液纤毛装置等）、化学防御（蛋白酶抑制剂、超氧化物歧化酶等）以及免疫防御功能（肺泡巨噬细胞、B细胞、T细胞免疫反应等）。各种原因引起呼吸系统防御功能下降或外界刺激过强，均可引起呼吸系统的损伤或病变。

烟草烟雾中含有7000余种化学成分，除尼古丁外，还包含多种挥发性物质。这些挥发性物质中主要的有害物质包括二氧化碳（CO_2）、一氧化碳（CO）、氮氧化物、含硫气体以及多种挥发性有机物。它们可能通过以下几种机制诱发或加重呼吸系统疾病。

1. 破坏呼吸道物理防御

（1）干扰黏液纤毛装置：如挥发性有机物（芳香烃、羰基化合物、脂肪烃和腈类）可通过抑制纤毛运动、强氧化等作用引起呼吸道损伤。此外，烟草烟雾还可以引起中央气道纤毛数量减少、黏液腺肥大、杯状细胞数量增多，以及通过降低人类的咳嗽反射敏感性，阻止病原体的消除，有利于病原体的繁殖。

（2）破坏上皮细胞屏障：烟草烟雾可引起支气管上皮的组织学改变（如鳞状上皮化生、原位癌等）。也可以通过破坏细胞间接触，从而损害气道上皮的完整性。

2. 破坏呼吸道化学防御

（1）氧化应激：烟草烟雾可增加气道的氧化应激反应，如氮氧化物通过强氧化作用可对呼吸系统造成损害；活性一氧化氮（NO）可直接启动炎症反应，导致肺纤维化。

（2）蛋白酶-抗胰蛋白酶失衡：组织蛋白酶S（CatS）参与结缔组织和基底膜的重塑/降解，吸烟者的CatS表达和活性显著增高，影响肺稳态。烟草烟雾可抑制体内α_1-抗胰蛋白酶活性，减弱该酶对NO生成的抑制作用，间接使体内NO生成增加，增加肺纤维化风险。

3. 破坏呼吸道免疫防御功能

吸烟对免疫的影响是复杂的，具有促炎和免疫抑制双重作用。

（1）破坏先天免疫：肺泡巨噬细胞广泛分布于肺泡内和气道上皮表面，不仅具有吞噬功能，还能分泌多种促炎因子。短期的烟草烟雾暴露可以通过刺激肺泡巨噬细胞分泌炎症介质引起气道炎症。而长期的烟草烟雾暴露可损害免疫细胞，抑制免疫分子的产生，从而导致病原体快速传播和长期定植。烟草中的苯并芘可抑制细胞免疫功能，使人体对结核分枝杆菌的易感性增加。烟草烟雾可增强铜绿假单胞菌的毒力，并诱导其对中性粒细胞的抵抗力。

（2）破坏适应性免疫：烟草烟雾会破坏适应性免疫细胞，并减少效应分子的释放。

4. 影响组织供氧

烟草燃烧所产生的CO通过竞争性结合血红蛋白，可影响组织供氧，降低患者的运动耐量。

5. 影响胎儿肺发育

孕妇吸烟过程中产生的尼古丁可使胎儿的肺发育异常，影响其出生后的肺功能［肺顺应性、第一秒用力呼气容积（forced expiratory volume in first second，FEV_1）的降低］，增加因呼吸道感染的住院率以及儿童喘息和支气管哮喘的患病率。

（二）吸烟相关的呼吸系统疾病范畴

2017年全球疾病负担（global burden of disease，GBD）研究报告显示全球约有5.449亿人患有慢性呼吸道疾病，与1990年相比，增加了39.8%，位列第三大死亡原因，仅次于心血管疾病和肿瘤。其中，吸烟是男性慢性呼吸系统疾病的主要危险因素。基于以上病理生理机制，吸烟诱发或加重的呼吸系统疾病主要包括以下五大类。

1. 气流受限性肺疾病

如慢性阻塞性肺疾病、支气管哮喘（简称哮喘）。数据显示，吸烟可明显增加慢阻肺的发病率，且吸烟量越大、年限越长、开始吸烟年龄越小，慢阻肺的发病风险越高。烟草烟雾可促进哮喘发作，且降低哮喘患者对吸入糖皮质激素治疗的敏感性。日本有研究发现父母的吸烟行为是儿童哮喘发展的关键危险因素。我国学者也证实吸烟是重度哮喘的危险因素。小气道功能障碍是常见但容易被忽略的呼吸系统异常。我国学者通过分析50 479名成年人的肺功能，发现小气道功能障碍很普遍，而吸烟是主要的可预防危险因素。

2. 限制性通气功能障碍性肺疾病

包括间质性肺疾病、烟草尘肺等。特发性肺纤维化（idiopathic pulmonary fibrosis，IPF）很少见，主要发生在60岁以上人群，尤其是有吸烟史的男性。

3. 肺血管疾病

如静脉血栓栓塞症（venous thromboembolism，VTE）。烟草在动脉血栓形成中的作用是众所周知的，但对静脉血栓形成的影响仍存在争议。已有研究显示烟草可通过促进纤维蛋白原，凝血因子Ⅱ、Ⅴ、Ⅷ、Ⅹ和ⅩⅢ等分子水平升高，增加VTE的风险。

4. 呼吸系统感染

烟草烟雾会破坏宿主的气道防御能力，增加对细菌感染的敏感性（如社区获得性肺炎、肺结核）。美国约有900万人患有烟草引发的慢性肺炎和肺水肿，每年死于肺水肿的5.7万人中有70%与烟草有关。我国研究数据表明，孕产妇吸烟可使婴幼儿呼吸道感染风险增加。

结核病已被列为全球紧急情况。由吸烟造成的肺部损害可能会加重活动性结核病的发病及严重程度，从而显著增加致残和致死的风险。马来西亚一项多中心回顾性研究发现，吸烟可影响肺结核的治疗和耐药性；摩洛哥一项221例结核病患者的回顾性研究发现，吸烟是影响宿主抵抗结核分枝杆菌感染的最重要风险因素；伊朗在2016～2017年进行的一项横断面研究显示，吸烟是结核潜伏感染（latent tuberculosis infection，LTBI）的有力危险因素。

5. 睡眠呼吸障碍性疾病

如阻塞性睡眠呼吸暂停（obstructive sleep apnea，OSA）。吸烟的严重程度与OSA严重程度之间可能存在正相关。美国一项回顾性单中心研究证实，烟草烟雾可增高3～18岁患有严重OSA的儿童睡眠呼吸暂停低通气指数。

简而言之，烟草烟雾可通过破坏气道防御机制诱发或加重多种呼吸道疾病。具体疾病的流行病学数据以及致病机制需要我们进一步学习。

（胡雪君　王希明）

二、慢性阻塞性肺疾病

（一）概述

慢性阻塞性肺疾病（chronic obstructive pulmonary disease，COPD），简称慢阻肺，是一种常见的呼吸系统疾病，以持续存在的呼吸系统症状和气流受限为特点，严重影响患者的劳动能力和生活质量。

2015年全球疾病负担（global burden of disease，GBD）报告指出，慢阻肺导致的全球平均死亡人数从2005年的242.1万人上升至2015年的318.8万人。2018年，我国发布慢阻肺流行病学调查结果显示，我国20岁以上人群慢阻肺的患病率为8.6%（95% CI：7.5%～9.9%），40岁以上人群慢阻肺的患病率为13.7%（95% CI：12.1%～15.5%），总患病人数为9990万人。

吸烟是导致慢阻肺的极重要危险因素。有充分证据说明吸烟可以导致慢阻肺，且吸烟量越大、吸烟年限越长、开始吸烟年龄越小，慢阻肺的发病风险越高。女性吸烟者患慢阻肺的风险高于男性。戒烟可改变慢阻肺的自然进程，延缓病变进展。

（二）吸烟与慢阻肺的关系

1. 生物学机制

（1）影响呼吸系统防御功能：呼吸系统防御机制包括呼吸道黏膜、黏液纤毛装置、上皮细胞屏障和免疫细胞。吸入的烟草烟雾一方面干扰黏液纤毛装置，降低气道对黏液的清除能力，导致管腔黏液增多；另一方面破坏上皮细胞屏障，增加感染的可能性，从而促进局部的炎症反应。吸烟者肺组织中树突状细胞明显增加。

（2）氧化应激：氧化应激在烟草烟雾造成的肺损伤中发挥核心作用。呼吸道直接与外环境接触，经常因外源性氧化应激而受损伤，同时机体也会形成一种高效的抗氧化系统以防止呼吸道和肺泡受到外源性和内源性氧化应激的损伤。如果氧化剂过量或抗氧化剂耗竭，氧化剂和抗氧化剂之间失去平衡，则会发生氧化应激。氧化应激不仅会对肺部产生直接的损害作用，而且会激活启动肺部炎症的分子机制，如刺激和激活炎症细胞，释放炎症介质及细胞因子。

烟草烟雾中含有大量的自由基。一般每天吸烟一包者每天均吸入大量自由基，导致自由基日剂量持续处于高水平。实验证明烟草烟雾含有大量活性氧（reactive oxygen species，ROS），可损伤呼吸道和肺泡上皮细胞。氧化应激通过多种方式造成蛋白酶-抗蛋白酶失衡，在吸烟导致慢阻肺发病中起重要作用。

（3）蛋白酶-抗蛋白酶失衡：蛋白酶-抗蛋白酶失衡与疾病关系的研究证实：①缺乏抗胰蛋白酶的个体患肺气肿的风险增高；②在实验条件下，使用蛋白水解酶可以导致肺气肿的发生；③吸烟可以造成蛋白酶-抗蛋白酶失衡，使肺弹性蛋白降解增加，导致肺结构破坏和肺气肿的形成；④吸烟可以降低抗蛋白酶的活性。

（4）对烟草烟雾的遗传易感性：不是所有吸烟者都会发展为慢阻肺，遗传因素可影响烟草烟雾对肺部的损伤作用。

（5）其他：动物实验和人群研究发现，脱氧核糖核酸（deoxyribonucleic acid，DNA）加合物二氢二醇环氧苯并芘（dihydrodiol epoxide benzo pyrene，BPDE）通过影响DNA参与慢阻肺的发生。吸烟引起某些小分子核糖核酸（micro ribonucleic acid，miRNA）异常表达，导致气道损伤。

2. 吸烟对慢阻肺发生发展的影响

（1）有充分证据说明吸烟可以导致慢阻肺：慢阻肺的危险因素包括环境因素和个体易感因素，两者相互影响。环境因素包括吸烟、职业性粉尘（二氧化硅、煤尘、棉尘、蔗尘等）、空气污染（包括二氧化硫、氮氧化物、氯等化学气体及生物燃料所产生的室内空气污染）、感染（细菌和病毒等）、社会经济地位等，个体因素包括α_1-抗胰蛋白酶缺乏、气道高反应性等。尽管到目前为止，慢阻肺的发病机制尚未完全明晰，但吸烟已是国际公认的最主要的慢阻肺环境危险因素，吸烟使慢阻肺患者的肺功能持续受损（图5-1-1）。

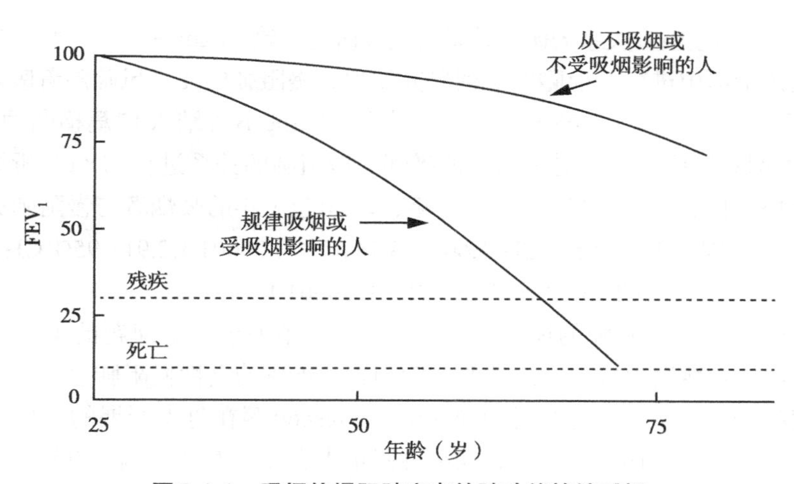

图5-1-1　吸烟使慢阻肺患者的肺功能持续受损

2014年《美国卫生总监报告》发表了汇总分析1966年以来《美国卫生总监报告》中有关吸烟与慢阻肺研究结果所得出的结论：吸烟是导致慢阻肺的主要原因。《慢性阻塞性肺疾病全球倡议》（The Global Initiative for Chronic Obstructive Lung Disease，GOLD）强调指出，吸烟是慢阻肺最常见的危险因素。

我国自20世纪90年代起共开展了多次全国性慢阻肺流行病学调查。1992年对北京、湖北和辽宁部分地区≥15岁的102 203名村民进行入户调查，并对有慢性气道炎症史或吸烟量（每天吸烟支数×吸烟年数）≥300者进行肺功能检查，结果显示：在实际检查的6536人中发现慢阻肺患者2020例，在单纯吸烟无慢性气道炎症人群中慢阻肺患病率为24.6%，并且患病率随吸烟量的增加而升高。

2002～2004年对北京、上海、广东、辽宁、天津、重庆和陕西7个地区的20 245名40岁以上居民进行流行病学调查，并对所有符合条件的人群进行肺功能检查，发现慢阻肺的患病率为8.2%，接近2/3（61.4%）的慢阻肺患者为吸烟者；吸烟者中有13.2%患有慢阻肺，而不吸烟者中仅为5.2%。2012～2015年对具有全国代表性的10个省、自治区、直辖市中的20岁以上的50 991名居民进行流行病学调查发现，现在吸烟者中有13.7%（95% CI：11.6%～16.2%）患慢阻肺，而不吸烟者中仅有6.2%（95% CI：5.4%～7.0%）患慢阻肺。

（2）吸烟者与慢阻肺的剂量-反应关系：国内外多项研究表明，吸烟与慢阻肺之间存在剂量-反应关系。Forey等对133项研究进行Meta分析发现，吸烟指数［每天吸烟量（包）×吸烟时间（年）］为5包·年以下、6～20包·年、21～45包·年者患慢阻肺的风险分别是不吸烟者的1.13倍（RR 1.13，95% CI：1.06～1.20）、1.68倍（RR 1.68，95% CI：1.58～1.79）和3.14倍（RR 3.14，95% CI：2.97～3.32），开始吸烟年龄在14岁以前、14～18岁者患慢阻肺的风险分别为不吸烟者的3.12倍（RR 3.12，95% CI：2.07～4.70）和2.11倍（RR 2.11，95% CI：1.08～4.11），提示吸烟者的吸烟量越大、开始吸烟年龄越早，患慢阻肺的风险越高。

中国关于吸烟与慢阻肺关系的研究结果与国外研究一致。Lam等在中国西安1268名年龄≥60岁的军队退休干部中进行的前瞻性队列研究发现，慢阻肺的死亡风险随着吸烟量（$P_{trend}=0.003$）及吸烟年限（$P_{trend}=0.005$）的增加而升高。Wang B等纳入17篇横断面研究、3篇队列研究、4篇病例对照研究，针对中国人群吸烟与慢阻肺的关系进行Meta分析结果表明，吸烟指数分别为1～10包·年、10～20包·年、＞20包·年的吸烟者与慢阻肺关系的比值比（odds ratio，OR）分别为2.49（95% CI：1.66～3.74，$P<0.00001$）、2.91（95% CI：2.19～3.87，$P<0.00001$）、4.07（95% CI：3.17～5.23，$P<0.00001$）。

（3）女性吸烟者患慢阻肺的风险高于男性：2001年关于烟草问题的美国《卫生总监报告》指出，吸烟是女性发生慢阻肺的首要危险因素，90%的女性慢阻肺患者死亡可归因于吸烟，其风险随吸烟量和吸烟年限的增加而升高。Prescott等在丹麦开展的一项队列研究（共纳入13 897人，随访7～16年）表明，与男性吸烟者相比，女性吸烟者更易患慢阻肺。吸烟指数为1～20包·年、20～40包·年和＞40包·年的男性患慢阻肺的风险分别是不吸烟者的3.2倍（RR 3.2，95% CI：1.1～9.1）、5.7倍（RR 5.7，95% CI：2.2～14.3）和8.4倍（RR 8.4，95% CI：3.3～21.6）；而吸烟指数为1～20包·年、20～40包·年和＞40包·年的女性患慢阻肺的风险分别是不吸烟者的7.0倍（RR 7.0，95% CI：3.5～14.1）、9.8倍（RR 9.8，95% CI：4.9～19.6）和23.3倍（RR 23.3，95% CI：10.7～50.9）。一项在早期重度慢阻肺患者的一级亲属中开展的研究发现，女性吸烟者比男性吸烟者的FEV_1下降更为严重。Amaral等使用回归分析的方法对英国生物样本库（UK Biobank）的149 075名女性与100 252名男性进行比较，与男性（$OR_{现在吸烟者}=3.06$）相比，女性（$OR_{现在吸烟者}=3.45$）更容易发生气流阻塞。

徐斐在沈阳开展的吸烟与慢阻肺关系的病例对照研究（纳入1743对慢阻肺患者和对照者）表明，吸烟年限＞10年、每天吸烟＞10支的吸烟者中，女性患慢阻肺的风险较男性更大（男性：OR 2.980，95% CI：1.679 ～ 5.291；女性：OR 3.298，95% CI：2.120 ～ 5.133）。

（胡雪君　王希明）

三、支气管哮喘

（一）概述

支气管哮喘（bronchial asthma），简称哮喘，是一种气道慢性炎症与气道高反应性，通常表现为反复发作性的喘息、气促、胸闷或咳嗽等症状，如诊治不及时，随病程的延长可产生气道重塑和不可逆的狭窄，严重影响患者的劳动能力和生活质量。

哮喘是全球第二大流行的慢性呼吸系统疾病，也是慢性呼吸系统疾病的第二大死因，来自全球疾病负担的数据表明，2017年的哮喘患病率为3.6%，死亡率为每10万人6.48人。全球哮喘网络（Global Asthma Network，GAN）在2018年发布的全球哮喘报告中指出，目前全世界约有3.39亿哮喘患者，每天约有1000人死于哮喘，全球6 ～ 7岁及13 ～ 14岁儿童的哮喘总患病率分别为11.5%、14.7%。2019年中国哮喘流行病学调查结果显示，20岁及以上人群哮喘患病率为4.2%，其中男性患病率4.6%，女性患病率3.7%，患者总人数4570万（男性2570万，女性2000万）。第三次中国城市儿童哮喘的流行病学调查结果表明，0 ～ 14岁儿童哮喘总患病率为3.02 %，其中典型哮喘的患病率为2.72 %，咳嗽变异性哮喘的患病率为0.29 %。

吸烟是导致哮喘的主要危险因素之一,二手烟暴露与城市儿童哮喘明显相关。中国最新研究显示吸烟者较非吸烟者更易罹患哮喘，患病率分别为5.8%和3.5%，且存在明显的剂量-反应关系。吸烟影响哮喘的发生、发展、疗效及预后，使哮喘更难控制。戒烟可改变哮喘的自然进程，延缓病变进展。

（二）吸烟与哮喘的关系

哮喘同时受遗传因素和环境因素的双重影响。烟草燃烧的烟雾中含有7000多种不同的化合物，其中数百种有害物质可以通过直接或间接作用改变呼吸道及免疫系统多种细胞的功能，上调气道炎症反应和敏感性，从而影响哮喘发生、发展的全过程。

1. 生物学机制

（1）免疫-炎症反应：吸烟主要通过改变免疫系统多种细胞的功能，导致气道炎症反应和敏感性上调。烟草烟雾中的多环芳烃可以引起变态反应，并增强T辅助细胞（T-helper，Th）2型炎症，包括Th2细胞因子［如白介素4（interleukin4，IL-4）、IL-5］水平明显增高，血清中免疫球蛋白E（immunoglobulin E，IgE）增加，介导了哮喘IgE依赖的速发型变态反应，因此持续暴露于烟草烟雾加重了变应原特异性的全身变态反应。再者，烟草中的尼古丁可以抑制哮喘大鼠树突状细胞的IL-12表达，使IL-12的产生不足和IL-10产生过多，导致Th1/Th2失衡，这可能是吸烟加重和改变哮喘气道炎症的主要免疫学机制。此外，吸烟可引起白三烯分泌增多，而白三烯是哮喘发病中最重要的炎症介质之一。

另外，有研究显示吸烟可以引起哮喘患者痰、气道和肺实质中大量活化的巨噬细胞、肥大细胞及中性粒细胞浸润，中性粒细胞弹性蛋白酶和中性粒细胞趋化因子（如IL-8）水平亦明显增高，IL-8是强大的中性粒细胞趋化因子和活化物，从而可能导致嗜酸性粒细胞浸润性哮喘向中性粒细胞浸润性哮喘转变，变应性哮喘患者以嗜酸性粒细胞浸润为主，大多数吸烟哮喘患者的气道表现为非嗜酸性粒细胞型，而中性粒细胞表型哮喘通常对糖皮质激素治疗反应性降低。

（2）神经机制：支气管受复杂的自主神经支配。烟草烟雾可刺激支气管黏膜下的感觉神经末梢，并反射性引起咳嗽和刺激迷走神经而产生支气管痉挛。烟雾可诱导哮喘患者气道非胆碱能兴奋性神经的重要神经递质（如P物质和神经激肽A等）和神经生长因子的分泌增多，改变感觉和运动神经元的功能活性，进而引起神经源性炎症，加重哮喘气道的炎症和病理改变，导致气道平滑肌强烈收缩与气道反应性增高。此外，尼古丁还可通过支气管上皮细胞中烟碱型受体（N受体）和γ-氨基丁酸（GABA）受体的顺序激活而上调支气管上皮细胞中GABA信号，从而影响肺发育和功能。

（3）气道高反应性（airway hyper-reactivity，AHR）：表现为气道对各种刺激因子出现过早或过强的收缩反应，为哮喘发生发展的另一个重要因素，目前普遍认为气道炎症是导致AHR的重要机制之一。当气道受到烟草烟雾刺激后，上皮细胞和平滑肌细胞的损伤以及上皮下神经末梢的裸露等，导致气道炎症和AHR。烟雾颗粒或促炎因子可引起由缓激肽受体或内皮素受体上调所致的AHR，进而引起哮喘患者出现急性支气管收缩。此外，长期吸烟尚可引起系统性炎症和氧化应激反应，导致AHR，即使在戒烟6个月后AHR仍然存在。

（4）气道重塑：长期吸烟可导致气道重塑。哮喘患者的支气管活检发现吸烟者较不吸烟者支气管上皮杯状细胞和黏液阳性上皮细胞增多，上皮厚度和上皮细胞增殖率增加。有研究发现，哮喘大鼠在烟雾暴露后气道壁增厚，转化生长因子β_1（transforming growth factor β_1，TGF-β_1）及Ⅲ型胶原表达水平均明显增高，气道周围纤维化和平滑肌层厚度均增加。此外，长期吸烟还可造成黏膜下腺体的过度增生和杯状细胞增殖，使黏液分泌增加，加重哮喘气道重塑。与非吸烟哮喘患者相比，吸烟的哮喘患者高分辨率计算机体层成像（computed tomography，CT）检查可发现更明显的气道狭窄。

（5）对烟草烟雾的遗传易感性：孕妇烟草烟雾暴露可能改变子代的基因型以及表观遗传学机制（包括组蛋白乙酰化，miRNA的表达和DNA甲基化），导致子代发生哮喘及AHR的风险增加。产前尼古丁暴露通过上调胚胎早期肺和脑的N受体影响肺的正常发育，胚胎干细胞分化为成纤维细胞的能力增强，导致出生后肺功能降低以及哮喘的发病风险增加。研究发现母亲甚至祖母的吸烟习惯与幼儿哮喘的发病相关，尤其增加婴儿出生后7年中的发病率。孕妇二手烟暴露亦可增加日后儿童哮喘的发病风险，且与吸烟量呈一定的剂量－反应关系。此外，母亲妊娠期吸烟影响后代免疫功能，新生儿脐带血中调节性T细胞数量降低，使变应性体质及哮喘发生的风险增加。

（6）其他：吸烟可诱导哮喘患者血管生成素-2和血管紧张素Ⅱ的表达，引起血管通透性增加和血浆蛋白渗出，导致黏膜水肿、气道平滑肌收缩和气道狭窄。

2. 吸烟对哮喘发生发展的影响

（1）有证据提示吸烟可以导致哮喘，而长期吸烟可使哮喘患者的肺功能进行性下降，吸烟的哮喘患者比不吸烟的哮喘患者肺功能下降速度更快。一项意大利的队列研究，基线纳入变应性鼻炎患者并随访10年，证实吸烟与新发哮喘显著相关，并且吸烟是哮喘严重程度和哮喘控制不良的一个重要预测因子。对日本人群的10年追踪研究显示，与不吸烟人群相比，吸烟人群的哮喘发病风险增加近3倍。中国8个省市进行的CARE研究结果表明，吸烟者和非吸烟者的哮喘患病率分别为1.79 %和1.06 %。一项在云南省富民县对哮喘患者进行流行状况及与烟草暴露关系的调查研究发现，56.2%的哮喘由吸烟所致，而66.4%的哮喘由二手烟暴露所致。

国内外多项研究表明，吸烟与哮喘之间存在剂量-反应关系。通过对吸烟的哮喘患者进行12年的随访发现，吸烟对哮喘患者肺功能下降速度的影响存在剂量-反应关系，吸烟指数≥10包·年的患者FEV_1平均每年下降54mL，显著高于吸烟指数＜10包·年的36mL。意大利的队列研究也发现吸烟与哮喘存在明显的剂量-反应关系，随着吸烟指数的增加（1～10包·年、11～20包·年、＞20包·年），吸烟者患哮喘的风险也几乎成倍增加。

（2）吸烟与哮喘治疗效果的关系：多个国家的人群调查数据均显示吸烟与哮喘控制不良显著相关，吸烟能导致哮喘发作的频率、致死性哮喘发作的概率以及哮喘住院率和病死率增加。我国8个省市哮喘患者控制水平的调查表明，非吸烟哮喘患者的哮喘控制率（43.24%）高于有吸烟史的哮喘患者（35.33%）。哮喘的主要控制方案为长期、规律使用糖皮质激素，然而众多研究显示吸烟会导致哮喘患者对糖皮质激素治疗的敏感性下降，其原因可能与组蛋白去乙酰化酶2的合成下调、糖皮质激素受体β的过度表达、IL-4和核因子κB（nuclear factor-κb，NF-κB）水平增加以及气道炎症细胞表型的变化有关。在一项为期10年的观察性研究中，不吸烟的哮喘患者使用吸入糖皮质激素后肺功能FEV_1每年下降的速度为23mL，而吸烟者的下降速度为31mL。

吸烟可影响茶碱的代谢，缩短其药物半衰期，吸烟者血液中茶碱清除率比非吸烟者高58%～100%，使其血药浓度降低，疗效减弱，即使是二手烟暴露的儿童哮喘患者往往也需要更高剂量的茶碱才能达到控制哮喘的目的。

（张剑青）

四、小气道功能障碍

（一）概述

小气道是指内径≤2mm的气道，周围无软骨围绕，包括第8至第23级支气管。小气道在结构与生理上与大气道有很大差异，有气流缓慢、管腔纤细、分泌物或渗出物易阻塞、数量多、总横截面面积大、对气流的阻力仅占总阻力的20%以下等特点。小气道功能障碍（small airway dysfunction，SAD）在临床上可无症状和体征，因此小气道也被称为肺部的“沉默区域”（silent zone）。而在慢性阻塞性肺疾病、哮喘等慢性呼吸系统疾病患者中，小气道阻力增加，成为病变的主要区域。

由于目前诊断方法不一，文献报道的SAD患病率从6.7%到53.8%不等。“中国成人肺部健康研究”显示，我国SAD的全国患病率为43.5%（95% CI：40.7%～46.3%），据此推测约有4.26亿成年人患有SAD。

（二）吸烟与小气道功能障碍的关系

有证据提示吸烟可以增加SAD的发病风险，且吸烟量越大、吸烟时间越长，发病风险越高。Mori S等对189例类风湿关节炎患者开展的横断面研究发现，吸烟者出现SAD的风险是不吸烟者的2.78倍（OR 2.78，95% CI：1.10～6.99，$P=0.03$）。Llontop C对118例缺血性心脏病患者开展的横断面研究发现，吸烟指数是SAD发生的重要危险因素（OR 1.025，95% CI：1.002～1.049，$P=0.03$）。

在我国人群中，Xiao D等基于“中国成人肺部健康研究”数据分析发现，吸烟者发生SAD的风险是不吸烟者的1.16倍（OR 1.16，95% CI：1.07～1.25），且吸烟量越大、吸烟时间越长，SAD发病风险越高（$P<0.05$）。Chen YS等在我国福建地区开展的一项纳入2873例受试者的横断面研究发现，在调整混杂因素后，吸烟指数＞600包·年是SAD发生的危险因素（$P<0.001$）。

（三）戒烟与小气道功能障碍的关系

由于小气道的生理与结构特征导致其功能异常较难早期发现，现有药物治疗效果不明显。戒烟是目前被证实可能有效改善SAD的干预措施。Verbanck S等对87例吸烟者开展戒烟治疗，12个月后18例受试者成功戒烟，小气道功能障碍值下降42%，表明戒烟可改善吸烟者的小气道功能指标。

（刘　朝　肖　丹）

五、呼吸系统感染

（一）概述

呼吸系统感染包括呼吸道感染及肺炎。多种病原体可导致呼吸系统感染，包括细菌、病毒、支原体、衣原体等。吸烟会损害呼吸道结构、肺部免疫系统及其对感染的反应能力。有充分证据说明吸烟可以增加呼吸系统感染的发病风险。吸烟量越大，呼吸系统感染的发病风险越高。任何一种吸烟行为都不仅会增加多种呼吸道感染的风险，还可能使疾病加重和死亡的风险更高。戒烟可以降低呼吸系统感染的发病和死亡风险。

（二）生物学机制

吸烟增加呼吸系统感染风险的具体机制尚不完全清楚，可能为多因素交互作用，主要包括如下几方面。

1. 吸烟引起的呼吸道结构变化

烟草烟雾中的许多成分如丙烯醛、乙醛、甲醛、自由基和一氧化氮均可引起呼吸道结构变化，包括支气管周围炎症和纤维化、黏膜通透性增加、黏膜纤毛清除能力受损、定植病原体变化和呼吸道上皮破坏。这些变化是上呼吸道和下呼吸道感染的诱因，并能加剧烟草烟雾引起的肺部炎症。

2. 吸烟影响局部和全身免疫反应

（1）细胞免疫反应不足：①吸烟者外周血白细胞计数升高，但粒细胞迁移和趋化能力降低。粒细胞在抵抗急性细菌感染的宿主防御中起着重要作用，烟草烟雾中气相成分和水溶性成分都能有效抑制粒细胞的趋化，尤其是水溶性成分中的不饱和醛（丙烯醛和巴豆醛）。烟草烟雾可通过下调粒细胞的功能而导致吸烟者易发生全身感染（包括细菌性肺炎）。②据报道，轻度至中度吸烟者（＜50包·年）外周血中$CD4^+$/$CD8^+$细胞比例增加，主要以$CD4^+$细胞增加为主；相反，重度吸烟者（≥50包·年）外周血中则表现为$CD4^+$/$CD8^+$细胞比例降低，主要以$CD8^+$细胞增加为主；在中度吸烟者（平均14包·年）外周血并没有发现$CD4^+$/$CD8^+$细胞比例变化，但在支气管肺泡液中可以观察到$CD4^+$细胞百分比和绝对数量均显著减少，而$CD8^+$细胞计数显著增加，具有较低的$CD4^+$/$CD8^+$细胞比例。表现在中度吸烟者支气管肺泡灌洗液与外周血中淋巴细胞亚群上的变化提示，作为抵御感染关键部位的肺泡比血液更早表现出细胞免疫的不足，从而导致吸烟人群的呼吸道感染易感性增加。③吸烟者肺巨噬细胞对细胞介导的免疫反应的抑制作用增强。④促炎因子释放减少：吸烟会减少促炎因子（如IL-1、IL-6、肿瘤坏死因子α）的产生，抑制IL-2和γ干扰素的产生。烟草焦油中的酚类化合物对苯二酚对这些细胞因子的抑制作用最强，而尼古丁的抑制作用较小。IL-1和IL-6在宿主抵抗感染中很重要。这些细胞因子的消耗增加了患细菌性肺炎的风险。⑤研究显示吸烟者外周血中的自然杀伤（natural killer，NK）细胞活性与不吸烟者相比显著降低。而NK细胞在抗病毒感染和针对微生物感染的早期免疫监控中起重要作用。

（2）体液免疫反应降低：吸烟者血清免疫球蛋白水平（IgA/IgG和IgM）较不吸烟者低10%～20%，吸烟者的支气管肺泡灌洗液IgG含量是不吸烟者的2倍。吸烟者对多种抗原（如流感病毒感染和疫苗接种）和烟曲霉的抗体反应受到抑制。

（三）吸烟与上呼吸道感染

1. 普通感冒

Blake等对1230名士兵开展的前瞻性队列研究表明，吸烟者发生上呼吸道感染的风险是不吸烟者的1.46倍（RR 1.46，95% CI：1.1～1.8），吸烟者具有急性感染临床症状的发生率明显高于非吸烟者，OR为2.23（95% CI：1.03～4.82）。

2. 流行性感冒

在健康成年人中，吸烟者患流行性感冒（以下简称“流感”）的风险高于不吸烟者。Kark等对512名以色列士兵开展的问卷调查研究显示，吸烟者患流感的风险是不吸烟者的2.49倍（RR 2.49，95% CI：1.56～3.96，发病率分别为68.5%和47.2%）。Lawrence等对9项研究进行Meta分析发现，与不吸烟者相比，现在吸烟者患流感的风险可能性高达34%，现在吸烟者确诊流感的可能性是非吸烟者的5倍以上。

（四）吸烟与肺炎

吸烟可以增加社区获得性肺炎（community acquired pneumonia，CAP）的发病风险，吸烟者的吸烟量越大，CAP的发病风险越高。现在吸烟者患CAP的风险为从不吸烟者的2.19倍（OR 2.19，95% CI：1.13～4.23）。每天吸烟1～9支、10～20支和20支以上的吸烟者患

CAP的风险分别为不吸烟者的1.12倍（OR 1.12，95% CI：0.47～2.67）、1.68倍（OR 1.68，95% CI：0.90～3.14）和3.89倍（OR 3.89，95% CI：1.75～8.64）。

1. 肺炎球菌性肺炎

吸烟是肺炎球菌性肺炎的重要危险因素，尤其是在患有结构性肺病的患者中。但是，即使在没有结构性肺病、具有免疫能力的成年人中，吸烟也是其最强的独立危险因素。吸烟者患肺炎球菌性肺炎的风险更高。Nuorti等开展的病例对照研究显示，调整年龄、性别、慢性疾病、受教育程度等因素后，吸烟者发生肺炎球菌性肺炎的风险是不吸烟者的4.1倍（OR 4.1，95% CI：2.4～7.3），51%的肺炎球菌性肺炎的发生可归因于吸烟。研究还发现，吸烟与肺炎球菌性肺炎的发病存在剂量-反应关系，每天吸烟1～14支、15～24支和≥25支的吸烟者患肺炎球菌性肺炎的风险分别为不吸烟者的2.3倍（OR 2.3，95% CI：1.3～4.3）、3.7倍（OR 3.7，95% CI：1.8～7.8）和5.5倍（OR 5.5，95% CI：2.5～12.9）。

2. 军团菌肺炎

吸烟者患军团菌肺炎（legionnaires pneumonia）的风险高于不吸烟者。Straus等开展的一项基于医院人群的病例对照研究的结果显示，现在吸烟者患军团菌肺炎的风险是不吸烟者的3.75倍（OR 3.75，95% CI：2.27～6.17），且每天吸烟量越大，患军团菌肺炎的风险越高。

（五）吸烟与结核感染

吸烟可以增加肺结核患病、复发和死亡风险，具体内容详见下一节。

（六）其他

人类免疫缺陷病毒（human immunodeficiency virus，HIV）感染的患者中，吸烟会增加患口腔念珠菌病和CAP的风险。HIV感染患者尸检中肺孢子菌定植率很高，吸烟与定植风险增加有关（OR 4.5，95% CI：1.27～15.6）。

（七）戒烟与预防感染

吸烟者的许多免疫学异常如$CD4^+$细胞计数下降、血清免疫球蛋白水平降低等均会于戒烟后6周恢复正常，这说明戒烟后在相对较短的时间内就可有效预防感染。

已戒烟者患CAP的风险低于现在吸烟者，且戒烟时间越长，发病风险越低。戒烟5年后CAP的风险降低50%，戒烟10年后，患肺炎球菌性肺炎的风险降至非吸烟者水平。

（白　晶）

六、肺结核

（一）概述

结核病（tuberculosis）是由结核分枝杆菌感染引起的一种慢性传染性疾病，在全球广泛流行，是全球关注的公共卫生和社会问题，也是我国重点控制的疾病之一，其中肺结核（pulmonary tuberculosis，TB）是结核病最主要的类型。

根据WHO发布的《2019年全球结核病报告》，结核病位列全球十大死因之一，也是最大的单一感染性病原体致死原因。我国是全球30个结核病高负担国家之一，2018年新发TB患者数量和耐多药/利福平耐药患者数量均位居全球第二位，分别占全球的9%（约90万人）和

14%（约7万人）。近年来，随着各项防控措施稳步推进，结核病流行情况持续缓解，发病率从2011年的71/10万下降到2018年的59/10万，但由于庞大的感染基数，近年来我国TB报告发病数仍一直位居各类传染病之首，防治形势仍然十分严峻。

结核病发病取决于宿主状况、入侵的细菌、传播途径、被侵犯器官及其范围。大部分免疫水平较高的感染者都能自愈，少数感染者发展成为活动性TB甚至涂阳TB患者。若接受正规的治疗和管理、坚持完成全疗程，TB是一种可治愈、可控制的疾病。没有治疗或治疗失败和/或临床治愈后仍有复发的患者，可导致肺部破坏性、不可逆性广泛性病变，严重影响患者的劳动能力和生活质量，甚至致残、致死。

吸烟是导致TB患者死亡的潜在危险因素。有充分证据说明吸烟可以增加感染结核分枝杆菌的风险，吸烟可以增加TB患病、复发和死亡风险，对TB的预后产生不利影响。

（二）吸烟与TB的关系

1. 生物学机制

吸烟增加结核分枝杆菌感染风险和潜在结核病感染灶重新活跃风险的具体机制目前尚不完全清楚。可能与以下机制有关。

（1）烟草中的苯并芘可导致巨噬细胞和T细胞等免疫细胞发生基因突变、DNA损伤甚或坏死，从而抑制机体的细胞免疫功能，使人体对结核分枝杆菌的易感性增强。

（2）近来发现肥大细胞在支气管黏膜对结核分枝杆菌防御力的形成中十分重要，而烟草烟雾可使肥大细胞内的铁过量聚积，肿瘤坏死因子和一氧化氮（nitric oxide，NO）的合成功能受损，导致其抑制结核分枝杆菌生长的能力削弱。

（3）烟草烟雾还能影响支气管上皮细胞的黏液分泌功能，降低气道对颗粒物质的廓清能力。

（4）吸烟使体内NO的合成和释放减少，造成体内氧化与抗氧化功能失衡，降低巨噬细胞和中性粒细胞等吞噬细胞的活性，使机体细胞免疫功能下降。

（5）吸烟还损害机体$CD4^+$、$CD8^+$T细胞的功能，导致其γ-干扰素、白介素-12及肿瘤坏死因子-α等细胞因子分泌减少。

2. 吸烟对TB发生发展的影响

（1）吸烟可增加感染结核分枝杆菌的风险：《美国卫生总监报告》指出，吸烟者发生结核病的风险是不吸烟者的1.27～5.00倍。Hussain等在6607名18～60岁的巴基斯坦男性中进行的横断面研究表明，调整年龄、经济社会状况和居住拥挤程度等影响因素后，每天吸烟量越大，出现结核菌素皮试反应阳性的风险越高，每天吸烟1～5支、6～10支和＞10支者出现结核菌素皮试反应阳性的风险分别为不吸烟者的2.6倍（OR 2.6，95% CI：1.6～4.4）、2.8倍（OR 2.8，95% CI：1.6～5.2）和3.2倍（OR 3.2，95% CI：1.3～8.2）。

（2）吸烟可以增加罹患TB的风险：WHO报告指出，吸烟是结核病发病的独立危险因素，吸烟可使患结核病的风险增加2.5倍以上，全球范围内20%以上的结核病可能归因于吸烟。多项研究发现，不论是主动吸烟还是被动吸烟都会增加患结核病的风险。被动吸烟是儿童发生活动性TB的重要危险因素。重度吸烟者（＞400支/年）患结核病的风险是不吸烟者的2.17倍（OR 2.17，95% CI：1.29～3.63）。与曾经吸烟者比较，现在吸烟者与活动性TB更具相关性。Lin等在中国台湾进行了一项纳入17 699人（≥12岁）的关于吸烟与活动性TB的前瞻性队列研究，经过3.3年随访发现，吸烟者患活动性TB的风险是不吸烟者的1.94倍（OR 1.94，95% CI：1.01 ～ 3.73），且吸烟量与肺结核发病之间存在明显的剂量－反应关系，即每天吸烟量越大、吸烟持续时间越长，患TB的风险越高。

（3）吸烟可以增加TB复发的风险：TB患者临床治愈后的复发现象是目前国内外临床防治TB的重点和难题，亦是TB发病率高的主要原因之一。Leung等在42 655名中国香港老年人中进行的队列研究发现，有结核病史的现在吸烟者发生结核病复发的风险较不吸烟者明显增高（OR 2.48，95% CI：1.04 ～ 5.89）。

（4）吸烟可以增加TB的死亡风险：吸烟加重结核分枝杆菌对肺组织和肺功能的损害，由此极大增加结核病患者发生呼吸衰竭而致残和致死的风险。多项大型研究均证实，吸烟可增加结核病的死亡风险。Sitas等在南非进行的一项病例对照研究发现，吸烟者因结核病死亡的风险为不吸烟的1.61倍（OR 1.61，95% CI：1.23 ～ 2.11）。Lin等对33项研究进行Meta分析发现，与不吸烟者相比，吸烟者发生结核菌素皮肤试验阳性、活动性结核病以及死于结核病的风险均高于不吸烟者。Slama等进行的Meta分析结果显示，吸烟者感染结核分枝杆菌、发生TB、死于TB的风险分别为不吸烟者的1.8倍、2.6倍和1.3倍。Basu等根据目前的烟草流行趋势和结核病的发病情况，利用数学模型预测出，从2010年到2050年，吸烟将导致全球新增结核病例1800万和结核病死亡病例4000万。

3. 吸烟对TB诊治的影响

（1）吸烟延误TB的诊治：吸烟者常有咳嗽、咳痰等症状，这些常可掩盖真正的肺结核症状，使得患者放松对疾病的警觉，导致患者就诊延误。其次，烟草烟雾中有毒物质刺激气道可导致气道痉挛、狭窄，继而可能导致痰菌假阴性。这些均可导致患者诊治延迟，疾病进展。

（2）吸烟影响抗结核治疗效果：有研究表明，吸烟结核病患者治疗的成功率及治疗后肺部空洞闭合率均低于非吸烟患者。这可能与烟雾中某些化合物能加速药物在肝内的代谢，降低异烟肼、利福平等主要抗结核药物的血药浓度峰值，缩短药物半衰期，进而降低药物在体内的吸收和利用有关。研究表明，吸烟者血液循环中利福平的药物浓度比不吸烟者降低30%。Abal等对科威特339例痰涂片阳性TB患者进行的研究发现，在痰涂片结果为3＋以上的患者以及胸部X线检查显示肺部存在进展性病变的患者中，吸烟者在治疗第2个月时痰菌阴转率较不吸烟者显著降低。谭守勇等在广州也有类似研究发现，经过两个月强化抗结核治疗后，吸烟患者的痰菌阴转率较不吸烟者明显下降，并且治疗前吸烟量越大，吸烟者的痰菌转阴率就越低。这说明吸烟能延长TB患者痰菌阴转的时间，不利于TB的治疗。

（三）戒烟是管理TB的一种可行性方法

与吸烟相关的机体炎症因子释放、免疫球蛋白水平下降、$CD4^+/CD8^+$T细胞比值下降等一系列免疫学变化在戒烟后的6周内可恢复到正常水平，提示戒烟可降低感染结核的风险，结核患者戒烟有益于结核病的治疗与预后。已有研究发现，戒烟10年以上者出现结核菌素皮试反应≥10mm的风险显著降低（OR 0.24，95% CI：0.06 ～ 0.93）。戒烟与抗结核药物联合治疗结核患者，可以提高结核患者健康相关生活质量、6个月痰菌转阴率、肺部空洞闭合率及治疗成功率。一项多因素模型研究结果显示，在直接督导短程化疗（directly observed treatment of short course，DOTS）覆盖率维持在80%的情况下，结核病患者如果完全戒烟并停止使用固体燃料，预计到2033年就可以将中国的结核病年发病率降至目前发病率的14%～52%，DOTS覆盖率为50%的情况下可降至27%～62%，DOTS覆盖率仅为20%的情况下可降至33%～71%。

（白　晶）

七、间质性肺疾病

（一）概述

间质性肺疾病（interstitial lung disease，ILD）是一组以肺泡单位的肺实质炎症和肺间质纤维化为病理基础，以渐进性呼吸困难、限制性肺通气功能障碍和低氧血症为临床表现的异质性、非肿瘤和非感染性肺部疾病的总称，现又称为弥漫性实质性肺疾病（diffuse parenchymal lung disease，DPLD）。

大量证据表明吸烟与部分ILD密切相关，我们将这些ILD按其与吸烟的相关性及起病的缓急分为四组（表5-1-1）。第一组是很可能由吸烟引起的慢性ILD，包括呼吸性细支气管炎伴间质性肺疾病（respiratory bronchiolitis-associated interstitial lung disease，RB-ILD）、脱屑性间质性肺炎（desquamative interstitial pneumonia，DIP）和肺朗格汉斯细胞组织细胞增生症（pulmonary Langerhans cell histiocytosis，PLCH）。这3种疾病在多项临床、流行病学调查及机制研究中被认为由吸烟引起，具体特征概括于表5-1-2。

第二组是与吸烟的相关性较第一组弱的急性ILD，如急性嗜酸性粒细胞性肺炎（acute eosinophilic pneumonia，AEP）等。第三组ILD中，有吸烟史的患者占比较高，吸烟可能为这些疾病的诱因或疾病进展的协同因素，但吸烟导致这些疾病的证据暂不确切。第四组ILD中，有吸烟史的患者占比较低。吸烟者中这类疾病发生率低不能理解为吸烟的“保护”作用，而应归因为吸烟导致的机体免疫力受损。吸烟可能是通过改变Th细胞的极化和削弱巨噬细胞的抗原提呈能力，减弱机体对吸入性抗原的免疫反应和抑制肺部肉芽肿形成。

表5-1-1　吸烟相关性间质性肺疾病（ILD）的分组

很可能由吸烟引起的慢性ILD	吸烟可能导致的急性ILD	统计学上此类ILD吸烟者占比较高	统计学上此类ILD吸烟者占比较低
呼吸性细支气管炎-间质性肺疾病	急性嗜酸性粒细胞性肺炎	特发性肺间质纤维化	变应性肺炎
脱屑性间质性肺炎	Goodpasture综合征（肺出血-肾炎综合征）	结缔组织疾病相关间质性肺疾病	结节病
肺朗格汉斯细胞组织细胞增生症			

表5-1-2　很可能由吸烟引起的慢性ILD的主要特征

	RB-ILD	DIP	PLCH
高发年龄（岁）	40～50	中老年	30～40
吸烟者比例（%）	＞98	80～90	90～100
临床特征	慢性咳嗽和呼吸困难，吸气时爆裂音	慢性咳嗽和呼吸困难，吸气时爆裂音	慢性咳嗽和呼吸困难，气胸占15%，可伴全身症状
高分辨率CT表现	中央和周围气道支气管壁增厚，中上肺小叶中心结节和磨玻璃影	中下肺磨玻璃影，不规则网格影、条索影	中上肺小叶中心结节和囊腔改变，晚期见纤维化肺和蜂窝肺
组织病理学	呼吸性细支气管、肺泡管和肺泡内见色素沉着的巨噬细胞	肺泡腔内弥漫均一分布的色素沉着的肺泡巨噬细胞	朗格汉斯细胞沿细支气管中心聚集，形成星状结节，晚期见蜂窝肺
治疗	戒烟，对糖皮质激素治疗反应不明确	戒烟，对糖皮质激素治疗反应较好	戒烟，对进展迅速患者可糖皮质激素治疗，晚期伴呼吸衰竭或肺动脉高压是肺移植的适应证
预后	良好	良好，偶见进展性纤维化	中位生存期12～13年，10年死亡率36%

（二）呼吸性细支气管炎伴间质性肺疾病

1．概述

1974年，Niewoehner等在对吸烟者尸检时发现了大量棕色色素沉着的巨噬细胞聚集于呼吸性细支气管内，并将这种改变定义为“呼吸性细支气管炎”（respiratory bronchiolitis，RB）。1987年，Myers等报告了6例吸烟的间质性肺疾病患者肺活检，发现RB这一病理表现的普遍存在，据此提出了“呼吸性细支气管炎伴间质性肺疾病（RB-ILD）”这一术语，区分临床无症状的RB。RB-ILD患者中男性患者约占59%，绝大多数为现在吸烟或曾经吸烟，高发年龄在40～50岁，通常表现为非特异性的慢性咳嗽、咳痰和劳力性呼吸困难。

2．吸烟与RB-ILD的关系

（1）RB-ILD的发生与烟草烟雾暴露明显相关：Fraig等报告了156例肺活检病例，其中109例呼吸性细支气管炎病例中，107例（98%）为吸烟者，并且巨噬细胞的色素沉着程度与吸烟史正相关。Ryu等回顾了12例经肺活检确诊为RB-ILD的患者，显示所有患者均有吸烟史。进一步研究提示，RB-ILD的发生可能与吸烟引起的氧化应激和细胞凋亡受损有关。烟草烟雾也可诱导肺泡上皮细胞衰老和凋亡，分泌多种趋化因子，致使巨噬细胞聚集浸润而引起RB-ILD。

（2）RB-ILD的病理改变与吸烟的关系密不可分，镜下可见“吸烟者巨噬细胞”：RB-ILD的组织病理学特征为主要累及呼吸性细支气管的炎症，表现为远端气道（即呼吸性细支气管和邻近肺泡）中可见含棕褐色色素沉积的巨噬细胞。这些棕褐色的色素颗粒是烟草烟雾的成分，因此含烟草烟雾成分的肺巨噬细胞也被称为“吸烟者巨噬细胞”。Agius等的研究显示，戒烟3年以上才能使含色素颗粒的巨噬细胞比例降至不吸烟者水平。

（3）RB-ILD的影像学表现与吸烟密切相关：RB-ILD患者在高分辨率CT（high resolution CT，HRCT）上最常见表现为小叶中央支气管和周围支气管壁增厚（90%），其次是中上肺小叶中心结节和磨玻璃影。约半数患者可见小叶中心型肺气肿。现在吸烟者通常磨玻璃影和小叶中心结节更多，戒烟可使小叶中心结节和磨玻璃影部分消退。

（4）戒烟是治疗RB-ILD的最重要措施：戒烟治疗有效的表现为症状显著减轻，影像学和肺功能改善。对于戒烟后未改善或进行性恶化的患者，可尝试口服糖皮质激素治疗，但疗效不确切。RB-ILD患者可长期生存，据报道75%的患者能存活7年或更长时间。

（三）脱屑性间质性肺炎

1. 概述

1965年，Liebow首次提出脱屑性间质性肺炎（DIP）概念，最初认为聚集于肺泡腔里的是脱落的上皮细胞，故而命名。然而，此后证实异常聚集的细胞为巨噬细胞，并非脱落的上皮细胞，但由于长期习惯用此命名，故沿用至今。

2. 吸烟与DIP的关系

（1）主动或被动吸烟是DIP发病机制中最主要的因素：Charles等报告40例DIP患者中90%（36例）的患者有吸烟史。烟草烟雾等刺激性物质吸入人体后，刺激机体产生IgG并与补体C3结合，使巨噬细胞向受累肺泡腔内聚集，所形成的免疫复合物沿肺泡壁沉积。此外，活化的巨噬细胞中溶酶体酶的释放，一方面诱导Ⅱ型肺泡细胞增殖修复，另一方面造成肺泡组织损伤，引起间质性肺炎。除吸烟以外，吸入其他有害刺激物质、既往用药史（如呋喃妥因）、病毒感染、血液病以及风湿免疫性疾病等均可导致DIP的发生。

（2）DIP的影像学表现与吸烟相关：有研究表明，持续吸烟5.5年，HRCT上肺气肿的发生率从26%增至40%，磨玻璃影的发生率从28%增至42%。DIP患者在HRCT的主要表现为中下肺磨玻璃影，以外周分布为主。亦可见双肺不规则线状、网状、结节状阴影，也有灶性片状浸润，蜂窝肺很少见。

（3）戒烟是DIP的主要治疗手段：DIP可能会在戒烟后自发消退，戒烟和密切观察是DIP起始治疗的基础。除戒烟外，DIP对糖皮质激素治疗反应较好。但糖皮质激素治疗的指征、具体剂量及疗程尚未达成共识。DIP的预后良好，平均生存期为12年。偶有部分患者因出现进展性肺纤维化而预后较差。

（四）肺朗格汉斯细胞组织细胞增生症

1. 概述

成人肺朗格汉斯细胞组织细胞增生症（PLCH）是一种与吸烟相关的罕见间质性肺疾病，主要在高加索人中发病，发病高峰年龄在30～40岁，其特征是肺组织中可见朗格汉斯细胞（Langerhans cell，LC）增生浸润。

2. 吸烟与PLCH的关系

（1）PLCH的发生与吸烟有关：90%～100%的PLCH患者是主动或被动吸烟者，且与吸烟量有关，更多为重度吸烟者。虽然PLCH发病机制不明，但烟草烟雾中的成分可能激活气道上皮细胞和其他细胞产生细胞因子，从而促进LC在气道上皮下区域的激活、趋化和募集。也有研究表明，无症状吸烟者肺LC增加，可能是因为吸烟促进肺树突状细胞向LC转换或

LC前体向肺内聚集。另外，烟草烟雾可诱导肺树突状细胞附近的细胞（肺泡巨噬细胞、气道上皮细胞和成纤维细胞）产生促纤维化细胞因子，如TGF-β，从而促进肺组织重塑和纤维化发展，这在晚期PLCH患者中尤为明显。支气管周围的活化LC和巨噬细胞进一步促进T细胞、浆细胞和嗜酸性粒细胞的二次募集，导致嗜酸性肉芽肿性炎症形成。此外，文献报道在70%的PLCH患者中存在BRAF-V600E、MAP2K1、NRAS基因突变，而烟草暴露可能促进这部分患者的LC在肺中聚集。

（2）吸烟与PLCH的进展关系密切，戒烟是PLCH最重要的治疗：戒烟可使部分患者的症状和影像学接近完全正常，并显著降低肺功能减退风险。对于症状严重或肺功能持续减退者，可口服糖皮质激素治疗。PLCH的治疗需兼顾其并发症，如气胸、肺动脉高压和呼吸衰竭。单纯的PLCH预后尚佳，10年死亡率为36%。中位生存期为12 ～ 13年。PLCH伴有呼吸衰竭或肺动脉高压是肺移植的适应证，1年、2年和5年生存率分别为63.6%、57.2%和53.7%。有报道移植肺中20%可再发PLCH。

（五）急性嗜酸性粒细胞性肺炎

1. 概述

急性嗜酸性粒细胞性肺炎（AEP）是一种急性呼吸系统疾病，以低氧血症、肺嗜酸性粒细胞增多以及胸片上弥漫性肺泡浸润影为特征。AEP发生率为（9.1 ～ 11.0）/100 000人·年。

2. 吸烟与AEP的关系

（1）吸烟是AEP最主要和最常见的原因：在AEP患者中，吸烟患者占比31% ～ 100%，且吸烟相关的AEP患者更年轻。新近吸烟者发生AEP的风险最大。美国部署在伊拉克的军事人员中发生的18例AEP病例中，78%的人为新近吸烟者（在发病前2周到2个月内开始吸烟）。此外，吸烟习惯的改变，包括戒烟后复吸、每天吸烟量增加、更换卷烟品牌等都可能增加患AEP的风险。吸雪茄或吸电子烟都能增加患AEP的风险。AEP发病机制不明，烟草烟雾是主要参与因素。新近烟草烟雾暴露及其他促敏性暴露可能促进细胞因子及趋化因子的产生（如IL-5），激活并招募肺内嗜酸性粒细胞，从而引发嗜酸性粒细胞性炎症。

（2）吸烟会影响AEP患者的实验室检查结果：AEP患者支气管肺泡灌洗液中嗜酸性粒细胞计数明显增高，外周血嗜酸性粒细胞计数在诊断时可正常或升高。外周血嗜酸性粒细胞计数增多在吸烟相关性AEP患者中则不常见。AEP的主要CT表现为双侧斑块状磨玻璃影，常伴实变、小叶间间隔增厚和胸腔积液。与吸烟相关的AEP出现胸腔积液的频率更高。

（3）吸烟会影响AEP患者病程：戒烟是治疗吸烟相关性AEP的基石。与药物相关的AEP患者和特发性AEP患者相比，吸烟相关性AEP病情更重，更有可能需要有创机械通气和更长的ICU住院时间。AEP患者一般预后良好，糖皮质激素治疗后复发很罕见。但AEP患者在戒烟后，复吸有可能导致AEP复发。

（六）特发性肺间质纤维化

1. 概述

特发性肺纤维化（idiopathic pulmonary fibrosis，IPF）是一种特殊类型的慢性、进展性、纤维化性间质性肺疾病，诊断依赖于病理学和影像学表现。IPF病因不明，好发于老年人，统计学上吸烟者占比高，达72% ～ 82%，但关于吸烟直接导致IPF的数据有限。

2. 吸烟与IPF的关系

（1）烟草暴露是IPF发生的危险因素之一：曾经吸烟者、重度吸烟者、职业环境中二手烟暴露者患IPF的风险显著增加，即使脱离烟草环境后，其IPF的风险仍比不吸烟者高。家族性IPF患者中，吸烟者患病的风险是不吸烟者的3.6倍。吸烟引发IPF的机制暂不明确，可能是由于烟草烟雾中的化学物质和活性氧颗粒引起氧化应激增加、细胞衰老加速、引发肺损伤等导致。

（2）吸烟会影响IPF患者的预后：相较于不吸烟者，现在或曾经吸烟者疾病进展更快。在IPF治疗过程中，吸烟者由于感染等因素发生IPF急性恶化的风险较不吸烟者更高。但一项队列研究发现与戒烟或从不吸烟的IPF患者相比，现在吸烟者可能具有生存优势。但这很可能归因于早期诊断带来的前置时间偏差，而不是真正的生物学机制，即这种“生存优势”可能是由于吸烟者或曾经吸烟者诊断时更年轻、病情较轻所致。

（七）结缔组织病相关间质性肺疾病

1. 概述

ILD常与风湿性疾病有关，这些疾病统称为结缔组织病相关性间质性肺疾病（connective tissue disease-associated interstitial lung disease，CTD-ILD）。

2. 吸烟与CTD-ILD的关系

（1）吸烟是CTD-ILD患者肺功能下降的危险因素：Chan等发现吸烟是CTD-ILD患者一氧化碳扩散容量（carbon monoxide diffusion capacity，DLCO）下降的独立预测因子，吸烟者的DLCO每年下降2.3%，而不吸烟者则为每年1.3%。目前关于吸烟是否会增加CTD-ILD患者死亡率仍存在争议。大部分研究中，吸烟不是CTD-ILD患者死亡或疾病进展的独立危险因素。但Jacob等发现现在或曾经吸烟与CTD-ILD患者死亡独立相关。

（2）吸烟影响类风湿关节炎相关ILD（RA-ILD）的发生及发展：ILD是类风湿关节炎（rheumatoid arthritis，RA）常见的关节外表现，大约有10%的RA患者在临床上出现明显的ILD。患有ILD的患者比未患有ILD的患者吸烟者比例更高。现在吸烟者患RA-ILD的风险是从不吸烟者的3.27倍，大量吸烟者（吸烟指数≥30包・年）患RA-ILD的风险更高。吸烟也会影响RA-ILD患者接受抗风湿药物的治疗疗效，且吸烟与其病情恶化显著相关。

（陈　琼　谢明萱）

八、静脉血栓栓塞症（肺栓塞）

（一）概述

肺血栓栓塞症（pulmonary thromboembolism，PTE）是肺栓塞（pulmonary embolism，PE）的一种，为来自静脉系统或者右心的血栓阻塞肺动脉或其分支所致的疾病，以肺循环和呼吸功能障碍为其主要临床和病理生理特征。引起PTE的血栓主要来源于深静脉血栓形成（deep venous thrombosis，DVT）。DVT与PTE实质上是一种疾病过程在不同部位、不同阶段的表现，两者合称为静脉血栓栓塞症（venous thromboembolism，VTE）。急性PTE为内科急症之一，病情凶险；慢性PTE主要由于反复发生的范围较小的PE所致，早期常无明显临床表现，但经过数月至数年可引起严重肺动脉高压。

全球范围内，VTE均有很高的发病率。美国VTE的发病率约为1.17/1000人·年，每年约有35万例VTE发生；住院率从2003年的93/10万上升到2013年的99/10万。在欧盟6个主要国家，症状性VTE发生例数每年大于100万，34%患者表现为突发致死性PTE，59%患者直到死亡仍未确诊，只有7%患者在死亡之前明确诊断。

亚洲国家VTE并不少见，以我国为例，近年来VTE诊断例数迅速增加，绝大部分医院诊断的VTE例数较20年前有10～30倍的增长。来自国内60家大型医院的统计资料显示，住院患者中PTE的比例从1997年的0.26‰上升到2008年的1.45‰。

任何可以导致静脉血流淤滞、血管内皮损伤和血液高凝状态的因素（Virchow三要素）均为VTE的危险因素，包括遗传性和获得性两类（表5-1-3）。遗传性危险因素由遗传变异引起，以反复发生的动、静脉血栓形成为主要临床表现。获得性危险因素指后天获得的易发生VTE的多种病理生理异常，多为暂时性或可逆性的，如手术、创伤、骨折、恶性肿瘤和口服避孕药等。吸烟是VTE与某些动脉性疾病，特别是动脉粥样硬化的共同危险因素。各种获得性因素可以单独致病，也可以同时存在，协同作用。

表5-1-3 静脉血栓栓塞常见危险因素

遗传性危险因素	获得性危险因素		
	血液高凝状态	血管内皮损伤	静脉血液淤滞
抗凝血酶缺乏	高龄	手术（多见于全髋关节或膝关节置换）	瘫痪
蛋白S缺乏	恶性肿瘤	创伤/骨折（多见于髋部骨折和脊髓损伤）	长途航空或乘车旅行
蛋白C缺乏	抗磷脂综合征	中心静脉置管或起搏器	急性内科疾病住院
V因子Leiden突变（活性蛋白C抵抗）	口服避孕药	吸烟	居家养老护理
凝血酶20210A基因变异（罕见）	妊娠期/产褥期	高同型半胱氨酸血症	
Ⅻ因子缺乏	静脉血栓个人史/家族史	肿瘤静脉内化疗	
纤溶酶原缺乏	肥胖		
纤溶酶原不良血症	炎症性肠病		
血栓调节蛋白异常	肝素诱导血小板减少症		
纤溶酶原激活物抑制因子过量	肾病综合征		
非“O”血型	真性红细胞增多症		
	巨球蛋白血症		
	植入人工假体		

（二）吸烟与VTE的关系

1. 生物学机制

（1）吸烟对血管内皮细胞影响：吸烟介导的氧化应激可致机体内脂质过氧化，烟草烟雾中的活性氧可使蛋白质的肽链断裂，从而致其生物功能受损，氧化自由基可严重损伤核酸。有研究表明吸烟者体内呼出气CO水平明显升高，反映体内脂质过氧化物水平升高。吸烟导致活性氧过度产生，使内皮NO的生物利用度降低。内皮NO不仅产生内皮依赖性血管舒张，而且可抑制血小板黏附和聚集，平滑肌增生，以及减少内皮细胞与白细胞之间的相互作用。烟草烟雾中的各种自由基以及自由基的载体，如氧化低密度脂蛋白胆固醇（oxLDL-C）均可诱导血管内皮细胞凋亡。血管内皮细胞异常凋亡不仅使内皮细胞的正常功能受损，局部抗凝和纤溶能力削弱，同时还具有致凝作用，从而启动凝血机制造成血管壁局部血栓形成。吸烟导致的内皮损伤机制较为复杂，往往是多种因素交织在一起发挥作用。

（2）吸烟对血流动力学影响：吸烟能使血浆中去甲肾上腺素和肾上腺素水平急剧升高，经常吸烟可导致短期及全天心率增加。烟草烟雾中的尼古丁有增加心率、升高血压和促进心肌收缩的作用。这些血流动力学改变导致心肌负荷增加，因此需要增加心肌供血量。烟草烟雾中尼古丁、多环芳烃和一氧化碳等主要有毒物质可降低红细胞的携氧能力，使红细胞代偿性增多，血液黏度增大，从而增加血小板的聚集性。

（3）吸烟与炎症：吸烟促进炎症反应的机制尚不清楚，氧化应激在其中可能起主要作用。oxLDL-C是一种促炎刺激物，脂质过氧化产物也可通过作用于血小板活化因子（platelet activating factor，PAF）受体产生促炎作用。仓鼠动物实验表明，抗氧化维生素C可防止白细胞黏附于血管内皮并阻止白细胞、血小板聚集。同一动物模型的另一个实验证明白细胞黏附和白细胞、血小板聚集物的形成是通过PAF类似物介导。尼古丁是中性粒细胞移行的趋化剂，促进炎症反应发生。在小鼠大脑微循环试验中，尼古丁增加白细胞与内皮间的相互作用，促进白细胞黏附。有研究显示，尼古丁可作用于人类单核细胞分化的树突状细胞，刺激炎症反应的发生。树突状细胞是一种抗原提呈细胞，可启动获得性免疫。在培养的树突状细胞中，尼古丁可强烈诱导多种共刺激分子的表达，增加促炎细胞因子白介素-12（IL-12）的分泌。尼古丁还可提高树突状细胞刺激T细胞增殖以及分泌促炎细胞因子的能力。这些研究均提示，尼古丁参与炎症激活。但观察尼古丁贴剂与烟草烟雾中的尼古丁对人体的影响是否不同时，发现使用尼古丁贴剂后，体内白细胞数量没有升高，反而明显下降，提示尼古丁不是吸烟导致炎症激活的主要因素。

（4）吸烟对血小板的影响：血小板黏附、聚集、膜流动性等功能对维持血管正常的生理功能起重要作用，吸烟通过上调PAF和环氧合酶-2（COX-2）表达，增加前列腺素E_2（PGE_2）和血栓素A_2（TXA_2）释放等多种途径增强血小板黏附、聚集及平均容积，降低膜流动性等。进一步激活血小板，导致血栓形成。

2. 吸烟对VTE发生发展的影响

（1）吸烟增加静脉血栓栓塞症的患病风险：Sweetland S等在英国开展的百万女性研究，基线纳入162 718名女性并开展6年的随访观察，其中4630例因VTE住院治疗或死亡。经统计分析发现，在没有手术的情况下，与不吸烟者相比，现在吸烟者的VTE发生风险增加（RR 1.38，95% CI：1.28 ～ 1.48）。Pomp ER等在荷兰开展大规模人群对照研究，对比3989例VTE患者和4900例健康对照人群，发现现在吸烟者VTE的发病风险是不吸烟者的1.43倍（OR 1.43，95% CI：1.28 ～ 1.60）。Severinsen MT等分析丹麦1993 ～ 1997年27 178例男性与29 875例女性的VTE发病情况，发现吸烟增加VTE的发生风险（女性HR 1.52，95% CI：1.15～2.00；男性HR 1.32，95% CI：1.00～1.74）。Holst AG等开展的哥本哈根市心脏研究分析了18 954人的VTE发病情况，发现每天使用25g及以上烟草的吸烟者的VTE发病风险是不吸烟者的1.52倍（OR 1.52，95% CI：1.15～2.01）。Enga KF等在挪威开展大型前瞻性人群队列研究，观察24 756例受试者的VTE发病情况，发现吸烟指数≥20包·年的吸烟者的VTE发病风险是不吸烟者的1.46倍（HR 1.46，95% CI：1.04～2.05）。

在我国人群中开展的研究也发现，吸烟是VTE发病的重要危险因素。欧永强等对广西地区2004～2014年肺栓塞发病情况及危险因素开展分析，发现吸烟是PE发病的重要危险因素（$P<0.05$）。此外，中华医学会呼吸病学分会肺栓塞与肺血管疾病学组、中国医师协会呼吸医师分会肺栓塞与肺血管病工作委员会、全国肺栓塞与肺血管病防治协作组发布的《肺血栓栓塞症诊治与预防指南（2018版）》明确指出，吸烟是我国VTE常见的危险因素之一。

（2）吸烟者的吸烟量越大、吸烟年限越长，静脉血栓栓塞症发病风险越高：Sweetland S等开展的英国百万女性研究发现，重度吸烟者的VTE发生风险高于轻度吸烟者（RR 1.47，95% CI：1.34～1.62）。Hansson PO等的研究发现，每天吸烟＞15支者发生VTE的风险是不吸烟者的2.82倍（RR：2.82，95% CI：1.30～6.13）。Pomp ER等的研究发现，吸烟指数越高，发病风险越高，其中吸烟指数≥20包·年的吸烟者发生VTE的风险是不吸烟者的4.30倍（OR 4.30，95% CI：2.59～7.14）。此外，Goldhaber SZ等在美国开展护士健康研究，从1976年起对112 822例女性开展16年的随访观察，发现每天吸烟25～34支的女性发生VTE的风险是不吸烟者的1.9倍（RR 1.9，95% CI：0.9～3.7），而每天吸烟＞35支的女性发生VTE的风险是不吸烟者的3.3倍（RR 3.3，95% CI：1.7～6.5）。

（时国朝　戴然然）

九、睡眠呼吸暂停

（一）概述

睡眠呼吸疾病是一个概括性术语，描述睡眠期间周期性发生的呼吸节律以及通气功能异常为主的一组疾病，包括阻塞性睡眠呼吸暂停低通气综合征（obstructive sleep apnea hypopnea syndrome，OSAHS）、中枢型睡眠呼吸暂停综合征（central sleep apnea syndrome，CSAS）、睡眠相关低通气疾病（sleep-related hypoventilation disorder，SHVD）、睡眠相关低氧血症、单独症候群和正常变异（鼾症和夜间呻吟）五个大类。其中最为常见、危害性最大的OSAHS是由多种原因导致睡眠状态下反复出现低通气和/或呼吸中断，引起慢性间歇性低氧血症伴高碳酸血症以及睡眠结构紊乱，进而使机体发生一系列病理生理改变的临床综合征。

不同的国家、地区，OSAHS发病率不同。随着肥胖和预期寿命的增长，OSAHS的患病率在世界范围内增加，影响了约1/4的男性和1/10的女性。在随着年龄增加，OSAHS发生率逐渐增加，在60～65岁出现一个平台期，老年人群中OSAHS患病率高达20%～40%。

（二）吸烟与OSAHS的关系

吸烟和OSAHS具有相互促进的关系。一方面，吸烟是OSAHS的常见危险因素，长期吸烟可加重OSAHS患者的夜间缺氧，同时吸烟可能与OSAHS以共同的发病路径机制增加如心脑血管功能障碍、认知功能障碍等系统性损伤的风险；另一方面，OSAHS可能是吸烟的易感因素，OSAHS患者因睡眠期间反复出现气道阻塞或塌陷，频繁出现觉醒，致使睡眠碎片化、睡眠连续性差、睡眠效率下降而出现日间嗜睡、易疲劳等症状，需要反复吸烟来提高注意力、维持清醒感。

1. 生物学机制

（1）扰乱正常睡眠-觉醒循环系统：烟草中含有大量的生物碱，其中含量最多的就是尼古丁，烟草中的尼古丁激活位于脑干网状结构前突触上神经元上的烟碱型受体，增加神经递质的释放从而扰乱正常睡眠-觉醒周期。血液中尼古丁水平在吸烟后10分钟内达到高峰，随后迅速下降，这种尼古丁撤退效应扰乱了正常睡眠-觉醒循环系统，导致患者睡眠结构紊乱，睡眠质量下降，出现睡眠障碍，进一步诱发OSAHS。

（2）损伤呼吸系统防御功能：烟草中的有害物质、有害气体（如一氧化碳、一氧化氮、硫化氢及氨等）以及具有很强成瘾性的尼古丁等损伤呼吸道黏膜，产生气道慢性炎症、黏膜充血水肿、上皮细胞增生、纤毛功能受损，使呼吸系统防御功能受损，诱发或加重OSAHS。

（3）气道阻力增加：烟草中的多种挥发性物质均会损害气道黏膜，导致痰量增加以及炎性物质释放等引起气道黏膜改变、气道重塑，尼古丁引起的神经反射促进气道收缩，气道阻力增加，通气气流受限，通气/血流比例失调，造成缺氧、二氧化碳潴留，严重者甚至危及生命。

（4）组织对缺氧的反应性减弱：睡眠-觉醒阈值异常参与OSAHS患者的疾病过程。觉醒阈值可随睡眠分期的变化而改变，通常在快动眼睡眠期更低，非快动眼睡眠期的2期觉醒阈值高于1期。吸烟OSAHS患者对自身缺氧状况敏感性降低，导致患者低氧状态下觉醒的能力下降，机体经历更长时间的低氧阶段，进而更严重地损害各系统组织。

（5）组织氧供不足：血液中的氧（O_2）以物理溶解的和化学结合两种形式存在，当血液流经氧分压（PO_2）低的组织时，氧合血红蛋白（oxyhemoglobin，HbO_2）迅速解离，释放O_2以满足机体需要。但烟草中的有害气体如一氧化碳导致氧解离曲线左移，血红蛋白与氧气难以解离，降低红细胞携氧能力，无法满足机体氧气需求，导致机体处于乏氧状态（图5-1-2）。

2. 吸烟对OSAHS发生发展的影响

（1）吸烟对睡眠质量的影响：吸烟与睡眠不佳有关，吸烟者需要花费更多的时间才能入睡，且发生睡眠障碍的风险更高。有研究表明吸烟和睡眠行为之间存在复杂的双向关系，二者有中度的遗传相关性，吸烟过多会影响昼夜节律，降低早起的概率，与睡眠不足或睡眠较差有关的基因突变会增加吸烟的概率，失眠也会增加吸烟量，使得戒烟更困难。

（2）吸烟引发或加重OSAHS：多项研究显示，吸烟是OSAHS的独立危险因素。2018年《成人阻塞性睡眠呼吸暂停多学科诊疗指南》中强调，吸烟可通过引起上气道的慢性炎症等因素及睡眠期一过性戒断效应引发或加重OSAHS病情。已经明确的是，烟草中的化学物质刺激气道黏膜内的外周传入神经纤维释放炎症反应所需要的速激肽、降钙素基因相关肽等物质，引起和加重上呼吸道慢性炎症，导致腭垂黏膜固有层水肿和厚度增加，从而加重上气道阻塞，加重OSAHS；上气道神经肌肉保护性反射减弱可能会加重OSAHS，长期吸烟会降低低氧敏感性、钝化低氧诱导的觉醒、削弱从呼吸暂停中苏醒的能力，这些改变能延长呼吸暂

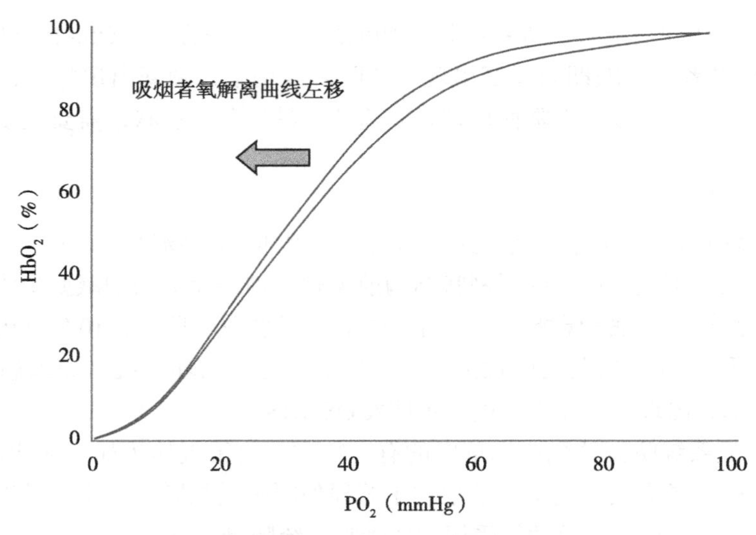

图5-1-2 吸烟使氧解离曲线左移

停伴血氧饱和度下降的持续时间，从而加重夜间缺氧。

（3）吸烟数量与OSAHS反应关系：吸烟数量与患OSAHS的风险成正比，吸烟者较非吸烟者更易出现打鼾，吸烟者患中度OSAHS风险是非吸烟者的1.34倍，吸烟者患重度OSAHS风险是非吸烟者的2.24倍。重度吸烟患者（＞40支·天）患OSAHS的风险最大，对于中、重度OSAHS风险，重度吸烟者是轻度吸烟者的10倍，是不吸烟者的40倍。二手烟暴露与主动吸烟者吸入的烟雾相比，其化学成分及各化学成分浓度有所不同，但大量证据表明主动吸烟与二手烟暴露均会对人体健康造成严重损害。接触二手烟的青少年比不接触者更易出现如入睡困难、睡眠维持困难、早醒等睡眠质量下降问题。

（4）吸烟与OSAHS的重要器官血管损害：吸烟和OSAHS均是心脑等重要器官系统疾病的独立危险因素。OSAHS引起患者心血管系统损害的主要机制为氧化应激、血管内皮功能障碍、异常炎症反应。与不吸烟的OSAHS患者相比，吸烟的OSAHS患者血中甘油三酯和炎症标志物（包括C反应蛋白、铜蓝蛋白、结合珠蛋白）水平明显升高，高密度脂蛋白（high-density lipoprotein，HDL）和胆固醇水平降低，吸烟与OSAHS共同增加心脑血管疾病的发病风险，具有协同作用。

（5）吸烟与OSAHS的认知功能损害：诸多研究证实，长期大量吸烟不仅不能健脑利智、提高记忆力，相反，烟草依赖是导致认知功能障碍的主要病因。烟草中的有毒物质（如尼古丁、重金属、自由基等）能通过增加氧化应激、激活全身炎症反应等机制产生如执行功能、言语记忆功能、整体认知功能损害等不良反应，这与未经治疗的OSAHS患者的认知功能损害非常相似。

（6）戒烟可以降低OSAHS的患病率：戒烟可以降低OSAHS的患病率，缓解OSAHS症状，提高睡眠质量。一项大型流行病学调查发现，与持续吸烟者相比，戒烟后睡眠质量明显改善。戒烟后与从未吸烟者OSAHS的患病率无统计学差异，由此可见戒烟有助于改善OSAHS患者睡眠质量，因此对烟草依赖或OSAHS患者及早筛查，正确指导，通过加大控烟宣传和健康教育力度，提高公众对烟草危害的正确认识，有利于提高患者生活质量，控制OSAHS与烟草依赖，减轻公共卫生负担。

（宁　康　刘　佳　付延鑫）

十、肺尘埃沉着病

（一）概述

肺尘埃沉着病（pneumoconiosis），又称“尘肺”，是指在职业活动中长期吸入不同致病性的生产性粉尘并在肺内潴留而引起的以肺组织弥漫性纤维化为主的一组职业性肺部疾病的统称，也是我国职业性疾病中影响面最广、危害最严重的一类疾病。

尘肺早期常无症状，诊断主要依据粉尘接触史及胸部X线影像学改变，随病情发展，患者可出现咳嗽、咳痰、胸闷、气促或咯血等症状，肺功能减退，晚期常并发肺气肿及肺心病。

据统计，尘肺病例数约占中国职业病总病例数的90%以上。截至2016年，我国尘肺患者累计约83.1万，近年来每年新增2万余名。全球疾病负担研究结果显示，2016年中国尘肺的失能调整生命年（disability-adjusted life year，DALY）为28.96万人·年，与1990年持平；伤残损失健康寿命年（years lived with disability，YLD）为9.84万年，相比1990年上升了119.4%。

（二）吸烟与尘肺的关系

有证据提示吸烟者发生尘肺的风险高于不吸烟者。早在20世纪70年代，Cohen等发现烟草烟雾能伤害支气管上皮，导致吸烟者肺部的粉尘清除功能低于不吸烟者。目前国内外多项研究表明，吸烟是尘肺发病的重要危险因素。1975年，Oldham等对6474名威尔士板岩工人开展的横断面调查，发现吸烟者发生尘肺的风险比不吸烟者高76%，首次提出吸烟是导致尘肺发病的重要危险因素。Graham等对972名花岗岩工人进行放射学调查，发现吸烟指数是尘肺发生的危险因素（OR 1.07，$P<0.05$）。Cherry等对1080名陶瓷工人进行的横断面研究结果显示，吸烟者发生尘肺的风险是不吸烟者的2.28倍（OR 2.28，95% CI：1.02～5.10）。Cavariani等在1974～1991年对意大利陶瓷行业2480名男性工人的硅沉着病（简称硅肺）发病情况进行调查并随访8年，每年进行一次X线检查，发现现在吸烟者罹患硅肺的风险是不吸烟者的1.8倍（HR 1.8，95% CI：1.2～2.6）。

在我国，关宏宇等对湖北省某国有大型铁矿1960～1974年在册且工作1年以上的所有3647名接尘工人开展调查，发现吸烟者的尘肺发病风险是不吸烟者的1.7倍（HR 1.7，95% CI：1.3～2.3，$P<0.01$）；谢德兴等调查闽西某国有煤矿2007名在职工人，发现吸烟者的尘肺发病率高于不吸烟者（$P<0.01$）；王海椒等调查江西省3个瓷厂1960～1974年在册且工作＞1年的所有2992名职工，发现在相同接尘水平下，吸烟者发生尘肺的风险是不吸烟者的1.6倍（RR 1.6，95% CI：1.3～1.9）。

此外，吸烟与煤尘、矽尘、棉尘等具有协同作用，吸烟尘肺患者的支气管黏膜进一步被破坏，肺泡巨噬细胞功能减弱，易发生肺和支气管感染，因此肺功能损伤更重，呼吸道症状发生率更高。张东辉等的研究发现，吸烟的尘肺患者各呼吸道症状发生率高于非吸烟尘肺患者（$P<0.01$），且烟龄、吸烟量与呼吸道症状发生率呈正相关。吸烟亦能增加尘肺患者罹患肺结核的风险。Leung等对435名硅沉着病患者进行前瞻性研究，发现现在吸烟者罹患肺结核的风险是不吸烟者的1.96倍（HR 1.96，95% CI：1.14～3.35，$P<0.05$）。

（三）戒烟与尘肺的关系

尘肺患者必须戒烟。美国肺协会（American Lung Association）建议，对于吸烟的尘肺患者，在治疗的同时应要求戒烟。中华预防医学会发布的《尘肺病治疗中国专家共识（2018年版）》明确指出，尘肺患者应加强自我健康管理能力，具体措施主要是戒烟、避免生活性粉尘接触、加强营养和养成健康良好的生活习惯。

（刘　朝　肖　丹）

参考文献

[1] U. S. Department of Health and Human Services. How Tobacco Smoke Causes Disease: The Biology and Behavioral Basis for Smoking-Attributable Disease: A Report of the Surgeon General. Washington, DC: Superintendent of Documents, U. S. Government Printing Office, 2010.

[2] Liu BQ, Peto R, Chen ZM, et al. Emerging tobacco hazards in China: 1. Retrospective proportional mortality study of one million deaths [J]. BMJ, 1998, 317 (7170): 1411-1422.

[3] Stampfli MR, Anderson GP. How cigarette smoke skews immune responses to promote infection, lung disease and cancer [J]. Nat Rev Immunol, 2009, 9 (5): 377-384.

[4] Bhat TA, Kalathil SG, Bogner PN, et al. Secondhand Smoke Induces Inflammation and Impairs Immunity to Respiratory Infections [J]. J Immunol. 2018, 200 (8): 2927-2940.

[5] Mcevoy CT, Spindel ER. Pulmonary Effects of Maternal Smoking on the Fetus and Child: Effects on Lung Development, Respiratory Morbidities, and Life Long Lung Health [J]. Paediatric Respiratory Reviews, 2016: 27.

[6] GBD Chronic Respiratory Disease Collaborators. Prevalence and attributable health burden of chronic respiratory diseases, 1990-2017: a systematic analysis for the Global Burden of Disease Study 2017 [J]. Lancet Respir Med, 2020, 8 (6): 585-596.

[7] Huang K, Yang T, Xu J, et al. Prevalence, risk factors, and management of asthma in China: a national cross-sectional study [J]. Lancet, 2019, 394 (10196): 407-418.

[8] Xiao D, Chen Z, Wu S, et al. Prevalence and risk factors of small airway dysfunction, and association with smoking, in China: findings from a national cross-sectional study [J]. Lancet Respir Med, 2020, 8 (11): 1081-1093.

[9] GBD 2015 Mortality and Causes of Death Collaborators. Global, regional, and national life expectancy, all-cause mortality, and cause-specific mortality for 249 causes of death, 1980-2015: a systematic analysis for the Global Burden of Disease Study 2015 [J]. Lancet, 2016, 388 (10053): 1459-1544.

[10] Wang C, Xu J, Yang L, et al. Prevalence and risk factors of chronic obstructive pulmonary disease in China(the China Pulmonary Health [CPH] study): a national cross-sectional study [J]. Lancet, 2018, 391 (10131): 1706-1717.

[11] U. S. Department of Health and Human Services. The health consequences of smoking: chronic obstructive lung disease. A Report of the Surgeon General. Washington, DC: Superintendent of Documents,

U．S．Government Printing Office，1984.
[12] Lokke A，Lange P，Scharling H，et al．Developing COPD a 25 year follow up study of the general population [J]．Thorax，2006，61（11）：935–939.
[13] Hulbert WC，Walker DC，Jackson A，et al．Airway permeability to horseradish peroxidase in guinea pigs：the repair phase after injury by cigarette smoke [J]．Am Rev Respir Dis，1981，123（3）：320–326.
[14] Drannik AG，Pouladi MA，Robbins CS，et al．Impact of cigarette smoke on clearance and inflammation after Pseudomonas aeruginosa infection [J]．Am J Respir Crit Care Med，2004，170（11）：1164–1171.
[15] Caramori G，Kirkham P，Barczyk A，et al．Molecular pathogenesis of cigarette smoking-induced stable COPD [J]．Ann N Y Acad Sci，2015，1340：55–64.
[16] Wang B，Xiao D，Wang C．Smoking and chronic obstructive pulmonary disease in Chinese population：a meta-analysis [J]．Clin Respir J，2015，9（2）：165–175.
[17] Silverman EK，Weiss ST，Drazen JM，et al．Gender-related differences in severe，early-onset COPD [J]．Am J Respir Crit Care Med，2000，162（6）：2152–2458.
[18] AMARAL AFS，STRACHAN DP，BURNEY PGJ，et al．Female smokers are at greater risk of airflow obstruction than male smokers．UK Biobank [J]．Am J Respir Crit Care Med，2017，195（9）：1226–1235.
[19] Pelkonen M，Notkola I-L，Tukiainen H，et al．Smoking cessation，decline in pulmonary function and total mortality：a 30 year follow up study among the Finnish cohorts of the Seven Countries Study [J]．Thorax，2001，56：703–707.
[20] Kessiler R，Faller M，Fourgaut G，et al．Predictive factors of hospitalization for acute exacerbation in a series of 64 patients with chronic obstructive pulmonary disease [J]．Am J Respir Crit Care Med，1999，159（1）：158–164.
[21] Scanlon PD，Conner JE，Wailer LA，et al．Smoking cessation and lung function in mild-to-moderate chronic obstructive pulmonary disease the Lung Health Study [J]．Am J Respir Crit Care Med，2000，161（2 Pt 1）：381–390.
[22] GBD Chronic Respiratory Disease Collaborators．Prevalence and attributable health burden of chronic respiratory diseases，1990-2017：a systematic analysis for the Global Burden of Disease Study 2017 [J]．Lancet Respir Med，2020，8（6）：585–596.
[23] The Global Asthma Report 2018．Auckland，New Zealand：Global Asthma Network（GAN）[EB/OL]，2018 [2021-02-12].
[24] Huang K，Yang T，Xu J，et al．Prevalence，risk factors，and management of asthma in China：a national cross-sectional study [J]．Lancet，2019，394（10196）：407–418.
[25] Limcher LH，Murphy KM．Lineage commitment in the immune system：the T helper lymphocyte grows up [J]．Genes Dev，2000，14（14）：1693–1711.
[26] Polosa R，Knoke JD，Russo C，et al．Cigarette smoking is associated with a greater risk of incident asthma in allergic rhinitis [J]．J Allergy Clin Immunol，2008，121（6）：1428–1434.
[27] Nouri-Shirazi M，Guinet E．A possible mechanism linking cigarette smoke to higher incidence of respiratory infection and asthma [J]．Immunol Lett，2006，103（2）：167–176.
[28] Saareks V，Riutta A，Alanko J，et al．Clinical pharmacology of eicosanoids nicotine induced changes in man [J]．J Physiol Pharmacol．2000，51（4 Pt 1）：631–642.
[29] Groneberg DA，Quarcoo D，Frossard N，et al．Neurogenic mechanisms in bronchial inflammatory diseases

[J]. Allergy, 2004, 59 (11): 1139-1152.

[30] Breton CV, Byun HM, Wenten M, et al. Prenatal tobacco smoke exposure affects global and gene-specific DNA methylation [J]. Am J Respir Crit Care Med, 2009, 180 (5): 462-467.

[31] Gibbs K, Collaco JM, McGrath-Morrow SA. Impact of Tobacco Smoke and Nicotine Exposure on Lung Development [J]. Chest, 2016, 149 (2): 552-561.

[32] Li YF, Langholz B, Salam MT, et al. Maternal and grandmaternal smoking patterns are associated with early childhood asthma [J]. Chest, 2005, 127 (4): 1232-1241.

[33] Jaakkola JJ, Gissler M. Maternal smoking in pregnancy, fetal development, and childhood asthma [J]. Am J Public Health, 2004, 94 (1): 136-140.

[34] Polosa R, Russo C, Caponnetto P, et al. Greater severity of new onset asthma in allergic subjects who smoke: a 10-year longitudinal study [J]. Respir Res, 2011, 12 (1): 16.

[35] Lin J, Wang W, Chen P, et al. Prevalence and risk factors of asthma in mainland China: The CARE study [J]. Respir Med, 2018, 137: 48-54.

[36] Macklem PT. The physiology of small airways [J]. Am J Respir Crit Care Med, 1998, 157: S181-S183.

[37] Stockley JA, Cooper BG, Stockley RA, et al. Small airways disease: time for a revisit? [J]. Int J Chron Obstruct Pulmon Dis, 2017, 12: 2343-2353.

[38] Xiao D, Chen ZM, Wu SN, et al. Prevalence and risk factors of small airway dysfunction and its association with smoking in China: findings from a national cross-sectional study [J]. Lancet Respir Med, 2020, 8 (11): 1081-1093.

[39] Chen YS, Li XQ, Li HR, et al. Risk factors for small airway obstruction among Chinese island residents: a case-control study [J]. PLoS One, 2013, 8 (7): e68556.

[40] Manoharan A, Anderson WJ, Lipworth J, et al. Assessment of spirometry and impulse oscillometry in relation to asthma control [J]. Lung, 2015, 193 (1): 47-51.

[41] Karlinsky JB, Blanchard M, Alpern R, et al. Late prevalence of respiratory symptoms and pulmonary function abnormalities in Gulf War I Veterans [J]. Arch Intern Med, 2004, 164 (22): 2488-2491.

[42] Mori S, Koga Y, Sugimoto M. Small airway obstruction in patients with rheumatoid arthritis [J]. Mod Rheumatol, 2011, 21 (2): 164-173.

[43] Llontop C, Garcia-Quero C, Castro A, et al. Small airway dysfunction in smokers with stable ischemic heart disease [J]. PLoS One, 2017, 12 (8): e0182858.

[44] Verbanck S, Schuermans D, Paiva M, et al. Small airway function improvement after smoking cessation in smokers without airway obstruction [J]. Am J Respir Crit Care Med, 2006, 174 (8): 853-857.

[45] Arcavi L, Benowitz NL. Cigarette smoking and infection [J]. Arch Intern Med, 2004, 164: 2206-2216.

[46] Lawrence H, Hunter A, Murray R, et al. Cigarette smoking and the occurrence of influenza-systematic review [J]. J Infect, 2019, 79: 401-406.

[47] Costabel U, Bross KJ, Reuter C, et al. Alterations in immunoregulatory T-cell subsets in cigarette smokers: a phenotypic analysis of bronchoalveolar and blood lymphocytes [J]. Chest, 1986, 9039-9044.

[48] Blake GH, Abell TD, Stanley WG. Cigarette smoking and upper respiratory infection among recruits in basic combat training [J]. Ann Intern Med, 1988, 109: 198-239.

[49] Baskaran V, Murray RL, Hunter A, et al. Effect of tobacco smoking on the risk of developing community acquired pneumonia: A systematic review and meta-analysis [J]. PLoS One. 2019, 14 (7):

e0220204.

[50] Morris A，Kingsley LA，Groner G，et al. Prevalence and clinical predictors of Pneumocystis colonization among HIV-infected men [J]. AIDS，2004，18（5）：793–798.

[51] Kark JD，Lebiush M，Rannon L. Cigarette smoking as a risk factor for epidemic A（H1N1）influenza in young men [J]. N Engl J Med，1982，307（17）：1042–1046.

[52] Straus WL，Plouffe JF，File TM Jr，et al. Risk factors for domestic acquisition of legionnaires disease [J]. Ohio legionnaires Disease Group. Arch Intern Med，1996，156（15）：1685–1692.

[53] Doebbeling BN，Wenzel RP. The epidemiology of Legionella pneumophila infections [J]. Semin Respir Infect，1987，2（4）：206–221.

[54] Nuorti JP，Butler JC，Farley MM，et al. Cigarette smoking and invasive pneumococcal disease [J]. Active Bacterial Core Surveillance Team. N Engl J Med，2000，342（10）：681–689.

[55] Baik I，Curhan GC，Rimm EB，et al. A prospective study of age and lifestyle factors in relation to community-acquired pneumonia in US men and women [J]. Arch Intern Med，2000，160（20）：3082–3088.

[56] Almirall J，Bolíbar I，Balanzó X，et al. Risk factors for community-acquired pneumonia in adults：a population-based case-control study [J]. Eur Respir J，1999，13（2）：349–355.

[57] Almirall J，Bolíbar I，Serra-Prat M，et al. New evidence of risk factors for community-acquired pneumoni：a population-based study [J]. Eur Respir J，2008，31（6）：1274–1284.

[58] Tas D，Sevketbeyoglu H，Aydin AF，et al. The relationship between nicotine dependence level and community-acquired pneumonia in young soldiers：a case control study [J]. Intern Med，2008，47（24）：2117–2120.

[59] Ahmed N，Maqsood A，Abduljabbar T，et al. Tobacco smoking a potential risk factor in transmission of COVID-19 infection [J]. Pak J Med Sci，2020，36：S104–S107.

[60] Gaiha SM，Cheng J，Halpern-Felsher B. Association between youth smoking，electronic cigarette use and coronavirus disease 2019 [J]. J Adolesc Health，2020，67：519–523.

[61] Guan WJ，Ni ZY，Hu Y，et al. Clinical characteristics of coronavirus disease 2019 in China [J]. N Engl J Med，2020，382：1708–1720.

[62] Vardavas C，Nikitara K. COVID-19 and smoking：a systematic review of the evidence [J]. Tob Induc Dis，2020，18：20

[63] Patrizia R，Stefano B，Robertina G，et al. COVID-19 and smoking：is nicotine the hidden link? [J]. Eur Respir J，2020，55（6）：2001116.

[64] Chiang CY，Slama K，Enarson DA. Associations between tobacco and tuberculosis [J]. Int J Tuberc Lung Dis，2007，11（3）：258–262.

[65] Wang J，Shen H. Review of cigarette smoking and tuberculosis in China：intervention is needed for smoking cessation among tuberculosis patients [J]. BMC Public Health，2009，9：292.

[66] Boelaert JR，Gomes MS，Gordeuk VR. Smoking，iron，and tuberculosis [J]. Lancet，2003，362（9391）：1243–1244.

[67] den Boon S，Verver S，Marais BJ，et al. Association between passive smoking and infection with mycobacterium tuberculosis in children [J]. Pediatrics. 2007，119（4）：734–739.

[68] Leung CC，Lam TH，Ho KS et al. Passive smoking and tuberculosis [J]. Arch Intern Med，2010，170（3）：287–292.

[69] Yu GP，Hsieh CC，Peng J. Risk factors associated with the prevalence of pulmonary tuberculosis among

sanitary workers in Shanghai [J]. Tubercle，1988，69 (2) : 105–112.

[70] Leung CC，Li T，Lam TH，et al. Smoking and tuberculosis among the elderly in Hong Kong [J]. Am J Respir Crit Care Med，2004，170 (9) : 1027–1033.

[71] Lin HH，Ezzati M，Chang HY，et al. Association between tobacco smoking and active tuberculosis in Taiwan: prospective cohort study [J]. Am J Respir Crit Care Med，2009，180 (5) : 475–480.

[72] Sitas F，Urban M，Bradshaw D，et al. Tobacco attributable deaths in South Africa [J]. Tob Control，2004，13 (4) : 396–399.

[73] Lin HH，Ezzati M，Murray M. Tobacco smoke，indoor air pollution and tuberculosis: a systematic review and meta-analysis [J]. PLoS Med，2007，4 (1) : e20.

[74] Slama K，Chiang CY，Enarson DA，et al. Tobacco and tuberculosis: a qualitative systematic review and meta-analysis [J]. Int J Tuberc Lung Dis，2007，11 (10) : 1049–1061.

[75] Reimann M，Schaub D，Kalsdorf B，et al. Cigarette smoking and culture conversion in patients with susceptible and M/XDR-TB [J]. Int J Tuberc Lung Dis，2019，23 (1) : 93–98.

[76] Awaisu A，Nik Mohamed MH，Mohamad Noordin N，et al. The SCIDOTS Project: evidence of benefits of an integrated tobacco cessation intervention in tuberculosis care on treatment outcomes [J]. Subst Abuse Treat Prev Policy，2011，6: 26.

[77] Awaisu A，Haniki Nik Mohamed M，Noordin NM，et al. Impact of connecting tuberculosis directly observed therapy short-course with smoking cessation on health-related quality of life [J]. Tob Induc Dis，2012，10: 2.

[78] Lin HH，Murray M，Cohen T，et al. Effects of smoking and solid-fuel use on COPD，lung cancer，and tuberculosis in China: a time-based，multiple risk factmodeling study [J]. Lancet，2008，372 (9648) : 1473–1483.

[79] Muhunthan T，David RM，Keith CM，et al. Clinical Handbook of Interstitial Lung Disease [J]. Boca Raton: CRC Press，2018: 289–309.

[80] Harold R，Luca R，et al. Interstitial Lung Disease [J]. Philadelphia: ElSEVIER，2018: 39–53.

[81] Niewoehner DE，Kleinerman J，Rice DB. Pathologic changes in the peripheral airways of young cigarette smokers [J]. N Engl J Med，1974，291 (15) : 755–758.

[82] Myers JL，Veal CF JR，Shin MS，et al. Respiratory bronchiolitis causing interstitial lung disease. A clinicopathologic study of six cases [J]. Am Rev Respir Dis，1987，135 (4) : 880–884.

[83] Portnoy J，Veraldi KL，Schwarz MI，et al. Respiratory bronchiolitis-interstitial lung disease: long-term outcome [J]. Chest，2007，131 (3) : 664–671.

[84] Fraig M，Shreesha U，Savici D，et al. Respiratory bronchiolitis: a clinicopathologic study in current smokers，ex-smokers，and never-smokers [J]. Am J Surg Pathol，2002，26 (5) : 647–653.

[85] Ryu JH，Myers JL，Capizzi SA，et al. Desquamative interstitial pneumonia and respiratory bronchiolitis-associated interstitial lung disease [J]. Chest，2005，127 (1) : 178–184.

[86] Lunghi B，De Cunto G，Cavarra E，et al. Smoking p66Shc knocked out mice develop respiratory bronchiolitis with fibrosis but not emphysema [J]. PLoS One，2015，10 (3) : e0119797.

[87] Kawabata Y，Takemura T，Hebisawa A，et al. Desquamative interstitial pneumonia may progress to lung fibrosis as characterized radiologically [J]. Respirology，2012，17 (8) : 1214–1221.

[88] Vassallo R，Ryu JH. Pulmonary Langerhans' cell histiocytosis [J]. Clin Chest Med，2004，25 (3) : 561–571.

[89] De Giacomi F，Vassallo R，Yi E S，et al. Acute Eosinophilic Pneumonia. Causes，Diagnosis，and

Management [J]. Am J Respir Crit Care Med，2018，197（6）：728–736.
[90] Shorr A，Scoville S，Cersovsky S，et al. Acute eosinophilic pneumonia among US Military personnel deployed in or near Iraq [J]. JAMA，2004，292（24）：2997–3005.
[91] De Giacomi F，Decker PA，Vassallo R，et al. Acute Eosinophilic Pneumonia：Correlation of Clinical Characteristics with Underlying Cause [J]. Chest，2017，152（2）：379–385.
[92] Uchiyama H，Suda T，Nakamura Y，et al. Alterations in smoking habits are associated with acute eosinophilic pneumonia [J]. Chest，2008，133（5）：1174–1180.
[93] Steele MP，Speer MC，Loyd JE，et al. Clmical and pathologic feature of familial interstitial pneumonia. Am J Respir Crit Care Med，2005，172（9）：1146–1152.
[94] 中华人民共和国卫生健康委员会. 中国吸烟危害健康报告2020 [M]. 北京：人民卫生出版社，2021.
[95] 黄洁夫. 烟草危害与烟草控制 [M]. 北京：新华出版社，2012.
[96] 中华人民共和国卫生部. 中国吸烟危害健康报告 [M]. 北京：人民卫生出版社，2012.
[97] 钟南山，刘又宁. 呼吸病学 [M]. 第2版. 北京：人民卫生出版社，2012.
[98] 中华人民共和国国家卫生健康委员会. 中国吸烟危害健康报告2020 [M]. 北京：人民卫生出版社，2021.
[99] 中华医学会呼吸病学分会肺栓塞与肺血管病学组，中国医师协会呼吸医师分会肺栓塞与肺血管病工作委员会，全国肺栓塞与肺血管病防治协作组. 肺血栓栓塞症诊治与预防指南 [J]. 中华医学杂志，2018，98（14）：1060–1087.
[100] 钟南山，刘又宁. 呼吸病学（第二版）[M]. 北京：人民卫生出版社，2012.
[101] Sweetland S，Parkin L，Balkwill A，et al. Smoking, surgery, and venous thromboembolism risk in women：United Kingdom cohort study [J]. Circulation，2013，127（12）：1276–1282.
[102] Severinsen MT，Johnsen SP，Tjønneland A，et al. Body height and sex-related differences in incidence of venous thromboembolism：a Danish follow-up study [J]. Eur J Intern Med，2010，21（4）：268–272.
[103] Enga KF，Braekkan SK，Hansen-Krone IJ，et al. Cigarette smoking and the risk of venous thromboembolism：the Tromsø Study [J]. J Thromb Haemost，2012，10（10）：2068–2074.
[104] Holst AG，Jensen G，Prescott E. Risk factors for venous thromboembolism：results from the Copenhagen City Heart Study [J]. Circulation，2010，121（17）：1896–1903.
[105] Wetter DW，Young TB，Bidwell TR，et al. Smoking as a risk factor for sleep-disordered breathing [J]. Arch Intern Med，1994，154（19）：2219–2224.
[106] Ancoli-Israel S，Klauber MR，Stepnowsky C，et al. Sleep-dis-ordered breathing in African-American elderly [J]. Am J Respir Crit Care Med，1995，152：1946–1949.
[107] Young T，Peppard PE，Gottlieb DJ. Epidemiology of obstruc-tive sleep apnea：a population health perspective [J]. Am J Respir Crit Care Med，2002，165：1217–1239.
[108] Ancoli-Israel S，Gehrman P，Kripke DF，et al. Long-term fol-low-up of sleep disordered breathing in older adults [J]. Sleep Med，2001，2：511–516.
[109] Lin YN，Zhou LN，Zhang XJ，et al. Combined effect of obstr uctive sleep apnea and chronic smoking on cognitive im pairment [J]. Sleep Breath，2016，20（1）：51–59.
[110] Neruntarat C，Chantapant S. Prevalence of sleep apnea in HRH Princess Maha Chakri Srinthorn Medical Center，Thailand [J]. Sleep Breath，2011，15（4）：641–648.
[111] Conway SG，Roizenblatt SS，Palombini L，et al. Effect of smoking habits on sleep [J]. Braz J Med Biol Res，2008，41（8）：722–727.

[112] Victor H. Relationship between smoking and sleep apnea in clinic population [J]. Sleep, 2002 (5): 519-524.

[113] Mcnamara JPH, Wang J, Holiday DB, et al. Sleep disturbances associated with cigarette smoking [J]. Psychology Health & Medicine, 2014, 19 (4): 410-419.

[114] Deleanu OC, Pocora D, Mihalcuta S, et al. Influence of smoking on sleep and obstructive sleep apnea syndrome [J]. Pneumologia, 2016, 65 (1): 28-35.

[115] Detorakis E, Illing R, Lasithiotaki I, et al. Role of smoking in the evolution of cardiovascular magnetic resonance and laboratory findings of acute myocarditis [J]. Heart Views, 2020, 21 (1): 22-30.

[116] Perlik F. Impact of smoking on metabolic changes and effectiveness of drugs used for lungcancer [J]. Cent Eur J Public Health, 2020, 28 (1): 53-58.

[117] Strollo PJ, Jr., Rogers RM. Obstructive sleep apnea [J]. N Engl J Med, 1996, 334 (2): 99-104.

[118] 中华医学会呼吸病学分会睡眠呼吸障碍学组. 阻塞性睡眠呼吸暂停低通气综合征诊治指南（2011年修订版）[J]. 中华结核和呼吸杂志，2012，35（1）：9-12.

[119] Fewell JE, Smith FG. Perinatal nicotine exposure impairs ability of newborn rats to autoresuscitate from apnea during hypoxia [J]. J Appl Physiol (1985), 1998, 85 (6): 2066-2074.

[120] 中国医学科学院，中国疾病预防控制中心，中华预防医学会，等. 中国慢性呼吸疾病流行状况与防治策略. 北京：人民卫生出版社，2018.

[121] GBD 2016 Disease and Injury Incidence and Prevalence Collaborators. Global, regional, and national incidence, prevalence, and years lived with disability for 328 diseases and injuries for 195 countries, 1990-2016: a systematic analysis for the Global Burden of Disease Study 2016 [J]. Lancet, 2017, 390 (10100): 1211-1259.

[122] Cohen D, Arai SF, Brain JD. Smoking impairs long-term dust clearance from the lung [J]. Science, 1979, 204 (4392): 514-517.

[123] Oldham PD, Bevan C, Elwood PC, et al. Mortality of slate workers in north Wales [J]. Br J Ind Med, 1986, 43: 550-555.

[124] Graham WG, Ashikaga T, Hemenway D, et al. Radiographic abnormalities in Vermont granite workers exposed to low levels of granite dust [J]. Chest, 1991, 100 (6): 1507-1514.

[125] Cherry NM, Burgess GL, Turner S, et al. Crystalline silica and risk of lung cancer in the potteries [J]. Occup Environ Med, 1998, 55: 779-785.

[126] Cavariani F, Di Pietro A, Miceli M, et al. Incidence of silicosis among ceramic workers in central Italy [J]. Scand J Work Environ Health, 1995, 21 (Suppl 2): 58-62.

[127] 关宏宇，张浩，苏良平. 铁矿工人尘肺发病及影响因素分析 [J]. 中华劳动卫生职业病杂志，2012，30（1）：36-40.

[128] 谢德兴，温建斌. 闽西煤矿尘肺发病状况及影响因素研究 [J]. 中国卫生工程学，2018，17（4）：523-525.

[129] 王海椒，张小康，祝笑敏，等. 瓷厂陶工尘肺发病规律探讨及影响因素分析 [J]. 工业卫生与职业病，2008，34（5）：280-285.

[130] 张东辉. 吸烟对矽尘作业工人影响的初步探讨 [J]. 职业医学，1985，12（6）：8-10.

[131] Leung CCL, Yew WW, Law WS, et al. Smoking and tuberculosis among silicotic patients [J]. Eur Respir J, 2007, 29 (4): 745-750.

[132] 中华预防医学会劳动卫生与职业病分会职业性肺部疾病学组. 尘肺病治疗中国专家共识（2018年版）[J]. 环境与职业医学，2018，35（8）：677-689.

第二节　吸烟与恶性肿瘤

一、概述

肿瘤（tumor）是机体在各种致瘤因子作用下，局部组织细胞在基因水平上失去了对其生长的正常调控，引起细胞异常增殖而形成的新生物，有良恶性之分。恶性肿瘤（malignant tumor）的基本特征：细胞失去控制的异常增殖，生长迅速，呈浸润性扩张；组织分化程度差；病变破坏原发部位组织，侵袭邻近组织，并可经淋巴、血液或种植途径向其他组织器官播散，形成转移病变；若得不到有效控制，将侵犯要害器官，引起功能衰竭，导致死亡。在病理学上的癌（caircinoma）是指上皮组织来源的恶性肿瘤，占全部恶性肿瘤的90%以上。通常所说的癌症（cancer）则泛指所有恶性肿瘤，包括癌、肉瘤和其他特殊命名的恶性肿瘤。

癌症是最常见的慢性病之一，在我国人群中造成了严重的疾病负担和经济负担。据最新全国肿瘤登记数据显示，2015年我国癌症的发病率粗率为285.8/10万，世界人口年龄标化率（age standardized rate，ASR，简称世标率）为186.4/10万；死亡率的粗率和世标率分别为170.1/10万和105.8/10万。国际癌症研究署（International Agency for Research on Cancer，IARC）估算了2020年全球肿瘤流行病负担，显示中国2020年癌症世标发病率为203.8/10万，肺癌最为高发（34.8/10万），其余常见癌种依次为肝癌、胃癌、食管癌和结直肠癌等；所有癌种的世标死亡率为129.4/10万，肺癌亦最高（30.3/10万），其余依次为胃癌、乳腺癌、肝癌和食管癌等。IARC也预测，中国癌症发病和死亡人数在2035年将分别达到637.8万和458.7万，较2020年将分别增加39.6%和52.7%。癌症所致经济负担巨大，据估计，我国癌症患者产生的住院诊疗费用在2015年达1771亿元（与2011年相比增长了84.1%），占当年全国卫生总费用的4.3%。系统综述和全国多中心大样本调查结果也均显示，我国常见癌症的例均诊治费用在过去十余年翻倍，部分癌种费用涨幅更大，导致大多家庭感到较重压力。

吸烟对不同癌种发生发展的影响强度不同，随着更高级别证据的出现，对二者关联强度的认知也在不断更新。现在有“充分证据”表明，吸烟可以导致肺癌、胃癌、肝癌、食管癌、宫颈癌、卵巢癌、胰腺癌、膀胱癌、肾癌、口腔癌和咽部癌、喉癌等恶性肿瘤，且吸烟量越大、年限越长，癌症风险越高；更多具体癌种对应的2015年粗发病率及其与吸烟的关联强度汇总见图5-2-1，文献选取综合考虑研究设计、样本量、人群、随访时长等，指标包括相对危险度（relative risk，RR）、风险比（hazard ratio，HR）或比值比（odds ratio，OR）（因证据可获得性存在差异）。此外，还有“有证据提示”吸烟可以导致的癌种，包括乳腺癌、结直肠癌、急性白血病和鼻咽癌；以及“待进一步证据明确”的癌种——前列腺癌等。

相比人乳头状瘤病毒与宫颈癌、乙型肝炎病毒与肝癌等的关系，吸烟与癌症的关联度相对较低，但吸烟在我国人群中的高暴露，使得人群癌症疾病负担较为沉重。2017年发表在《肿瘤学年鉴》（*Annals of Oncology*）的一项基于人群归因分值（population attributable

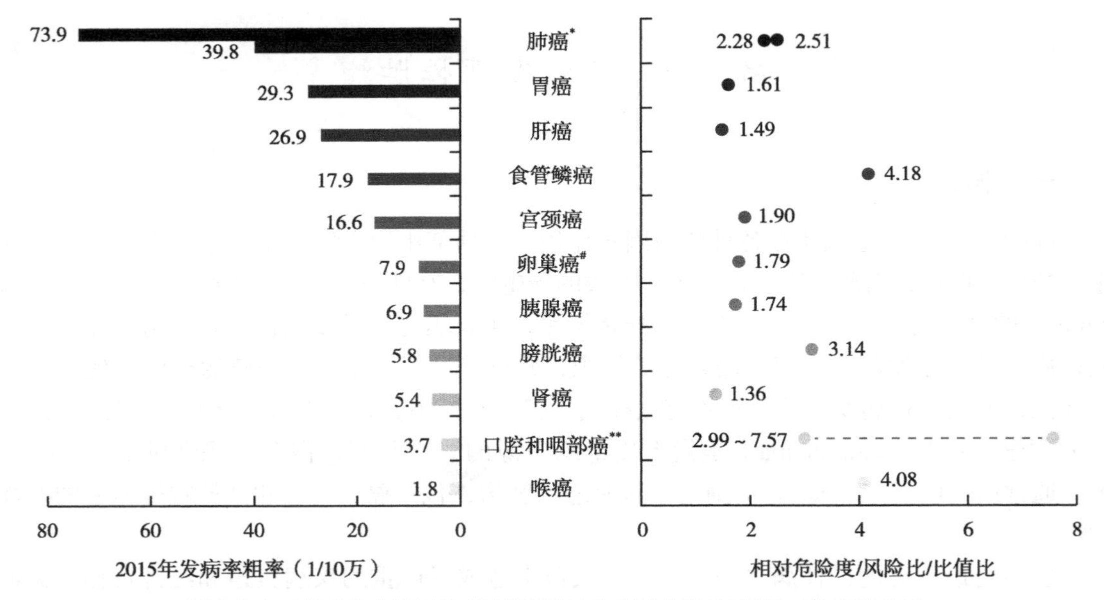

图5-2-1　有"充分证据"说明吸烟可致癌种的发病率及二者关联强度

注：*肺癌为分性别数值，其中73.9为男性肺癌，39.8为女性肺癌，右半图同色点图值为对应癌种与吸烟关联的相对危险度、风险比或比值比；#卵巢癌仅黏液性亚型；**右图所示2.99和7.57分别为男性和女性口腔癌与吸烟关联的风险比，对应咽部癌男女性的风险比分别为5.29和11.39（图中未展示）。

fraction，PAF）的研究估计，2013年我国癌症所有死亡病例中，有18.1%因吸烟导致，也是所有生活方式因素中导致死亡比例最大的因素；其中全部男性癌症死亡病例中，有26.4%因吸烟所致；其中以肺癌、喉癌、口咽癌和膀胱癌死亡病例中因吸烟导致的比例最大，分别为42.7%、29.4%、26.4%和25.2%。2018年发表在《烟草控制》（*Tobacco Control*）的一项分省份PAF分析显示，在所有癌症死亡病例中，2014年我国有342 854例男性癌症病例和40 313例女性癌症病例归因于吸烟；同时发现各省份间PAF存在差别：男性中最低的是新疆，最高的是天津，女性中最低为江西，最高在黑龙江；换言之，西南地区的患癌男性和东北地区的患癌女性归因于吸烟暴露的比例更高。伴随的经济负担亦如是，举例说明：2020年发表在*Tobacco Control*的一项基于患病率的模型研究显示，我国肺癌2015年归因于吸烟的经济负担约为365亿元（其中63.1%为早死和伤残所致间接经济负担），占当年我国生产总值的0.05%。

吸烟诱发癌症的主要生物学机制如下：①首先是机体暴露于烟草致癌物中，具体烟草中的多种致癌物在前文已有详细介绍，不再赘述；大部分致癌物本身不具备生物学活性，必须经过代谢酶的代谢被激活从而启动致癌过程，该过程同时伴随致癌物代谢解毒的竞争，高代谢和低解毒能力者患癌风险更高。②形成DNA加合物：致癌物直接或代谢激活后，与DNA之间形成共价键，即形成DNA加合物，是整个致癌过程的关键；当机体无法清除持续存在的加合物，就会发生体细胞中关键基因的损伤和永久性突变并逐渐积累。③由DNA损伤导致基因突变，引发原癌基因激活和抑癌基因失活，进而使正常细胞生长控制功能丧失，导致细胞异常增殖，同时伴随细胞凋亡调控机制的失调，最终导致恶性肿瘤的发生。④基因启动子区域甲基化等表观遗传改变，会导致基因转录的抑制和基因功能的静默（若甲基化发生在肿瘤抑癌基因，则会导致不受调控的细胞增殖）。⑤对疾病易感性造成个体差异的基因多态性等因素，也与其他因素一起，对吸烟导致肿瘤的发生发展产生作用。更多生物学机制见图5-2-2和具体癌种的详细介绍。

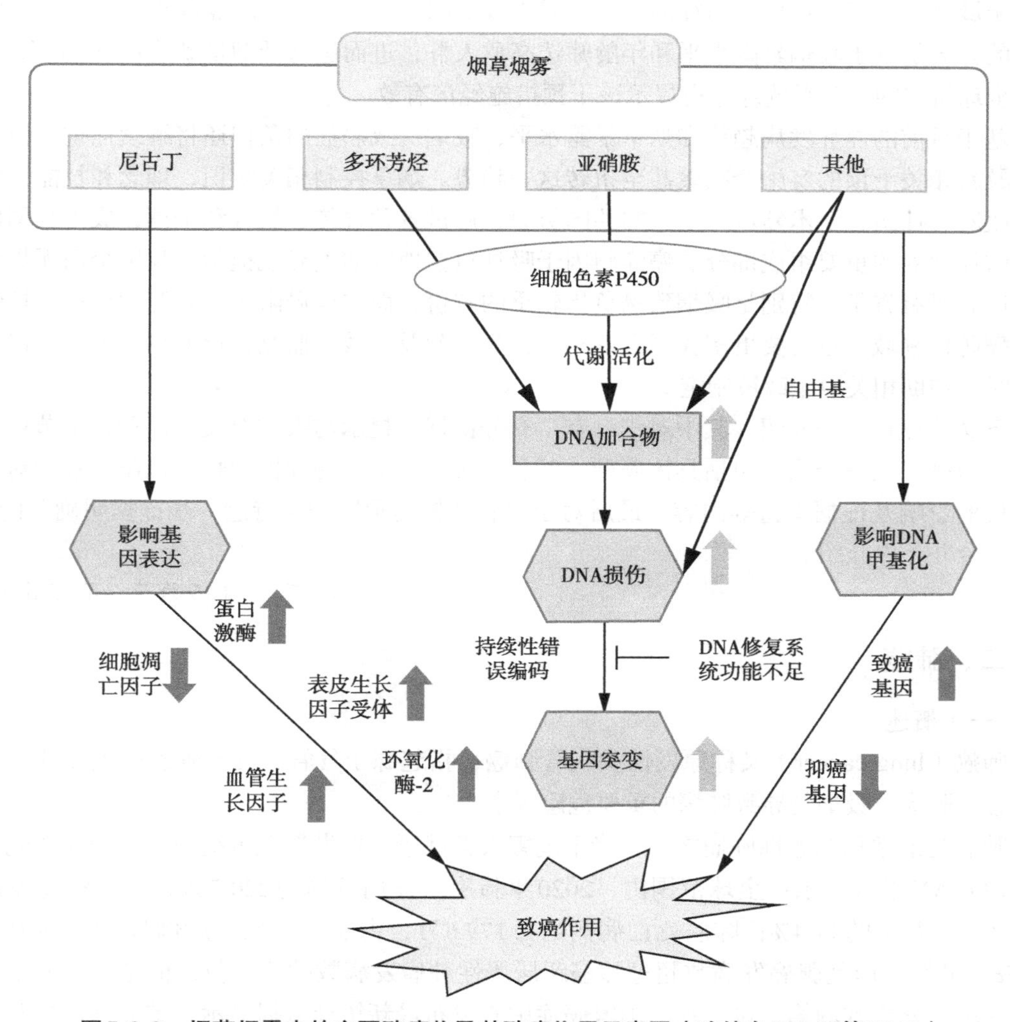

图5-2-2　烟草烟雾中的主要致癌物及其致癌作用示意图（改编自Toh Y等2010）

我国政府已在全国层面将控烟作为癌症控制的重要途径。国家卫生健康委员会2019年印发了“健康中国行动——癌症防治实施方案（2019—2022年）”，要求落实实施危险因素控制行动，降低癌症患病风险，特别提出要“积极推进无烟环境建设，努力通过强化卷烟包装标识的健康危害警示效果、价格调节、限制烟草广告等手段减少烟草消费”。国家卫生健康委员会疾病预防控制局在每年组织的肿瘤防治宣传周活动，要求开展居民癌症防治核心知识知晓率调查，其中也包括了烟草控制相关内容，如吸烟是癌症发生的危险因素、避免接触烟草和戒烟可有效降低癌症的发生风险、癌症可以通过控烟等方式预防等知识点。

社团和学术领域也在持续研究控烟预防癌症的相关证据，如中国控烟协会于2016年成立的肺癌防治控烟专业委员会的专业社团。国内外学者们也在探索将烟草使用干预（如戒烟）与癌症二级预防相结合的干预方案，评价其有效性和经济性，且初步结果向好，提示在癌症防控领域可有更多烟草控制途径的选择。对于吸烟归因风险较大的肺癌筛查，国内外目前较推崇的方案是基于吸烟暴露水平和年龄筛选高危人群，进而进行低剂量螺旋CT的临床筛查，基于全球研究的一项系统综述也提示该干预措施经济有效。

基于目前的癌症发病趋势和烟草暴露水平，吸烟所致癌症的负担还将继续加重，但有效控烟及其相关干预的实施会减缓甚至扭转这一趋势。烟草控制相关知识、理念和技能，应该通过政府、社团、学术领域、个人的共同努力，通过各种宣传、教育和干预，成为我国国民癌症防控素养的重要组成部分。癌症归因于吸烟负担地区的差异也提示，我国全面无烟政策应推广到所有省份，特别是吸烟致癌负担较重的省份，而非仅局限于北京等大城市。控烟相关肿瘤防控领域，也需要更多我国人群相关行为干预及其效果监测评价的科学证据，以更有效及时地辅助相关卫生政策制定。

下文分癌种展开介绍，其中对于已有“充分证据”提示与吸烟有关的癌种，本节依据其疾病负担排序逐一介绍，包括具体癌种的概念、疾病负担、特异性生物学机制、吸烟对其发生发展的影响及证据支持等内容。最后对于“有证据提示”和“待进一步证据明确”的5个癌种，合并予以介绍。

（*石菊芳　陈万青*）

二、肺癌

（一）概述

肺癌（lung cancer）又称原发性支气管肺癌，指起源于气管、支气管黏膜上皮或肺泡上皮的恶性肿瘤。吸烟是导致肺癌的重要危险因素。

肺癌是最常见的恶性肿瘤之一，严重危害人类健康。据世界卫生组织国际癌症研究机构GLOBOCAN报告显示：全球范围内，2020年肺癌新发病例约为220.7万，占癌症总发病例数（1929.3万）的11.4%；肺癌死亡病例约为179.6万，占癌症总死亡病例数（995.8万）的18.0%。虽然全球乳腺癌发病数超过肺癌跃居恶性肿瘤发病数的第一位，但是肺癌死亡数仍居恶性肿瘤死亡数的第一位。我国国家癌症中心发布最新统计数据显示，肺癌发病数和死亡数均居恶性肿瘤发病数和死亡数的首位。2015年我国肺癌新发病例约为78.7万，占癌症总发病例数（392.9万）的20.0%；肺癌死亡病例约为63.1万，占癌症总死亡例数（233.8万）的27.0%。尽管近年来我国癌症患者的生存、预后得到了明显的改善，然而肺癌患者5年生存率仍不足20%。

已有充分证据证实，吸烟可导致肺癌发病风险增加。吸烟与肺癌的发生存在显著的剂量-反应关系，即吸烟者吸烟量越大、吸烟年限越长、开始吸烟年龄越小，肺癌发病风险越高。吸“低焦油卷烟”不能降低肺癌发生的风险。卷烟设计和成分的改变与吸烟者肺癌病理类型的构成密切相关。在烟草控制较好的地区，伴随吸烟率的下降，肺癌发病率和死亡率呈现下降趋势，其中以肺鳞癌更为显著。

在欧美等国家，约有80%的肺癌发病和死亡归因于吸烟。在我国超过40%的肺癌由吸烟所致，这一比例在男性中更高。我国由吸烟引发的肺癌所导致的直接和间接经济损失巨大，据估计，2015年我国由吸烟引起的肺癌所致经济支出超过50亿美元。针对吸烟开展一级预防，即防止不吸烟者吸烟和促进吸烟者戒烟，是预防肺癌发生及降低肺癌相关负担的最经济有效的措施。

（二）吸烟与肺癌的关系

1. 生物学机制

（1）致癌物暴露与代谢：烟草烟雾中含有的多环芳烃类（PAHs）、N-亚硝胺类、芳香胺类、醛类、易挥发有机物及金属元素等化合物具有较强的致癌性，在诱发癌症的过程中发挥了重要作用。小鼠动物实验研究发现PAHs（如苯并芘），N-亚硝胺类等化合物可诱发肺癌。这些致癌物本身不具备生物活性，需要经过代谢酶的代谢和激活后才能与DNA发生加合，造成基因损伤从而启动致癌过程。参与致癌物活化的代谢酶种类繁多，在代谢物激活和解毒的过程中扮演重要角色。细胞色素氧化酶P450可催化芳香胺类等化合物的活化进而诱导癌症的发生。谷胱甘肽-S-转移酶（GSTs）等酶类参与代谢解毒过程。致癌物的代谢激活和代谢解毒过程相互竞争。参与代谢激活的酶活性增加，或者参与代谢解毒过程的酶活性下降都会导致癌症风险的增加。

（2）DNA加合物形成与DNA损伤修复：致癌物代谢激活后进一步诱导DNA加合物的形成是癌变过程中的关键环节。需要注意的是一部分致癌物可以不经过代谢活化而直接形成DNA加合物。大量研究发现，吸烟者肺部及其他组织内的DNA加合物水平显著高于非吸烟者。在吸烟者体内DNA加合物的持续作用下可能会导致基因损伤的发生。然而，机体具有DNA修复系统可清除DNA加合物并维护机体的正常功能。当DNA损伤严重或者DNA修复系统无法发挥有效作用时，DNA加合物便会残留并累积导致基因突变进而增加癌变风险。

（3）基因突变及生长调控机制失衡：烟草烟雾中的致癌物诱发的基因突变可能会导致抑癌基因TP53的失活和癌基因KRAS的激活，含有这些基因突变的癌症患者生存期缩短。吸烟的肺癌患者体内携带的KRAS及TP53基因突变反映了被代谢激活后的PAHs等致癌物所造成DNA损伤的累积效应。细胞增殖和细胞凋亡的失衡会促进肿瘤的发生发展。烟草烟雾通过激活抗凋亡蛋白、抑制促凋亡蛋白等生物学行为来对抗细胞凋亡。尼古丁及烟草中特有的亚硝胺类物质在细胞生长关键信号通路的激活中发挥重要作用，从而导致细胞的异常增殖。

（4）基因启动子区域甲基化：P16基因启动子区域甲基化在肿瘤发生早期就已出现，其程度与吸烟剂量显著相关。基因甲基化可使非小细胞肺癌患者携带TP53相关位点的基因突变增加。抑癌基因启动区域的酶过度甲基化可诱发细胞异常增殖。

（5）基因多态性：大量分子流行病学研究结果证实基因多态性与肺癌的发生具有相关性。基因遗传易感性与烟草烟雾中致癌物的协同作用，在肺癌的发生发展过程中扮演重要角色。伴随全基因组关联分析（genome wide association study，GWAS）研究的广泛开展，基因多态性与肿瘤易感性病因研究取得了突破性的进展。我国权威学者沈洪兵团队发现19个与我国非小细胞肺癌患者相关的遗传易感位点。基于GWAS和吸烟状况构建的肺癌多基因遗传风险评分（polygenic risk scores，PRS）可有效地鉴别肺癌高危人群。

2. 吸烟对肺癌发生发展的影响

（1）有充分证据说明吸烟可以导致肺癌：自20世纪50年代以来，国内外开展的大量流行病学研究证实了吸烟是导致肺癌发生的主要危险因素。针对英国男性医师开展的长达50年的前瞻性队列研究结果充分表明，吸烟与肺癌发生密切相关。美国自1964年开始发布一系列关于烟草问题的《卫生总监报告》汇总并不断更新吸烟与健康危害相关研究及政策报告，以大量的科学证据详细阐述了吸烟与肺癌等多种疾病的因果关系及其发病机制，并一直致力于通过有效控制烟草来降低相关疾病负担、改善健康水平。

全球各地区开展的大型人群队列研究及Meta分析都表明吸烟可使男性和女性的肺癌发生风险增加，在一些人群中高达10倍之多。中国在20世纪70年代开始开展的吸烟与肺癌关系研究证实吸烟可使肺癌的发病和死亡风险增加。尽管在我国女性吸烟率明显低于男性，但是这并不意味女性吸烟对肺癌不敏感。同时吸烟导致的肺癌发生风险在不同地区之间亦没有明显差别。刘伯齐等学者在对中国城乡地区100万人进行的死因调查被认为是在发展中国家进行的第一项针对吸烟危害的全国性调查。男性吸烟者死于肺癌的风险是不吸烟者的2.72倍，其中在城市地区为2.98倍，在农村地区为2.57倍；女性吸烟者死于肺癌的风险是不吸烟者的2.64倍，其中在城市地区为3.24倍，在农村地区为1.98倍。涵盖50万人群的中国慢性病前瞻性队列研究（China Kadoorie Biobank，CKB）发现男性吸烟者发生肺癌的风险是不吸烟者的2.51倍（95% CI：2.18～2.90），女性吸烟者发生肺癌的风险是不吸烟者的2.28倍（95% CI：1.84～2.81）。吸烟与肺癌发生的风险在不同病理类型之间存在一定的差异性。按照病理类型进行分类，吸烟者患肺腺癌的风险是不吸烟者的1.78倍（95% CI：1.36～2.34），患腺癌之外的肺癌的风险是不吸烟者的5.83倍（95% CI：5.02～6.77）。

大量流行病学调查研究还进一步表明，吸烟与肺癌的发生存在显著的剂量-反应关系。肺癌发生的风险与吸烟者烟龄成负相关关系，开始吸烟年龄越小其肺癌发病风险越高。开始吸烟年龄≥25岁、20～24岁和＜20岁的吸烟者患肺癌的风险分别是不吸烟者的1.90倍（95% CI：1.72～2.10）、2.64倍（95% CI：2.43～2.87）和3.17倍（95% CI：2.91～3.46）。肺癌发生的概率与每天吸烟量，即吸烟的支数成正相关关系。每天吸烟＜15支、15～24支、≥25支的吸烟者患肺癌的风险分别是不吸烟者的1.90倍（95% CI：1.72～2.10）、2.68倍（95% CI：2.49～2.89）和3.59倍（95% CI：3.22～3.99）。吸烟年限是反应吸烟剂量的另一个重要衡量指标，吸烟年限越高其发生肺癌的风险越高。吸烟年限＜30年者和≥30年者患肺癌的风险分别为不吸烟者的1.10倍（95% CI：0.62～2.16）和2.49倍（95% CI：1.73～3.57）。随着戒烟年限的增加，发生肺癌的风险降低，但是这种风险仍然高于不吸烟者。

吸烟是导致肺癌疾病负担的主要原因。在欧美约有80%的肺癌新发病例可归因于吸烟，归因占比在男性和女性之间差别不大。在我国，约有42.7%的肺癌死亡病例（25.1万）由吸烟所致，其中包括22.8万男性（人群归因分值：56.8%）和2.3万女性（人群归因分值：12.5%）肺癌死亡病例。

（2）吸“低焦油卷烟”不能降低肺癌风险：近年来烟草商虽不断推出具有长过滤嘴、含有更低煤焦油的卷烟，在燃吸过程中会产生大量致癌物质。这些致癌物质同样可通过不同机制导致支气管上皮细胞受损，并且可激活致癌基因，引起抑癌基因的突变和失活，最终导致癌变。当吸烟者吸这类卷烟时会导致吸入程度更加深入，进而使致癌物和细颗粒物进入更小的细支气管。因此吸“低焦油卷烟”不仅不能降低肺癌风险，在某种程度上反而加剧了危险性。无论使用任何品牌、何种焦油含量的卷烟，吸烟者死于肺癌的风险均高于不吸烟者和戒烟者，吸极低焦油含量、低焦油含量卷烟者死于肺癌的风险与吸中等焦油含量卷烟者无显著差异。我们必须明确：没有安全的卷烟，吸烟也不存在安全剂量，所有的烟草制品都含有致癌物。

（3）烟草的流行趋势及特征与不同病理类型的肺癌发生风险显著相关：在烟草流行所致肺癌的初期阶段，肺鳞癌是吸烟者中最为常见的病理类型，其次为小细胞肺癌。而后自1970年以来，在美国吸烟者中肺腺癌的发病风险不断上升。在不吸烟的人群中肺腺癌死亡率及肺癌各组织学类型占比随时间推移保持相对稳定。同时，吸烟与肺腺癌之间的RR值亦随之升高，这就提示在吸烟者中存在使这一效应值上升的危险因素。有研究表明，卷烟结构设计和成分的改变可能与吸烟所导致的肺癌病理类型的变化趋势相关。在美国无论男性还是女性肺鳞癌发病率的下降趋势均早于肺腺癌，可能与该国烟草的流行得到相应的控制有关。伴随吸烟率的下降，肺癌发病率和死亡率呈现下降趋势，其中肺鳞癌的下降更为显著。

吸烟是导致肺癌的重要原因。中国的研究结果显示吸烟者患肺癌的相对危险度低于欧美等国家，可能与中国烟草流行年代总体晚于欧美国家，而烟草对人体健康损害有滞后性有关。因此，仍需继续开展大规模研究，深入了解烟草危害的变化趋势。由吸烟所导致的肺腺癌发病风险有所增加，卷烟的设计和成分改变可能是造成这种现象的主要原因之一。吸烟率的下降与肺鳞癌发病率的下降趋势呈现正相关趋势。防止不吸烟者吸烟和促进吸烟者戒烟是预防肺癌发生的最为经济有效的措施。

（林春青　陈万青）

三、胃癌

（一）概述

胃癌（gastric cancer）是指源于胃黏膜上皮细胞的恶性肿瘤，绝大多数是腺癌。

胃癌是最常见的恶性肿瘤之一，据IARC发布的最新报告显示：2020年，全球胃癌新发病例约为108.9万，占癌症总发病例数（1929.3万）的5.6%；胃癌死亡病例约为76.9万，占癌症总死亡病例数（995.8万）的7.7%；胃癌发病数和死亡数分别居恶性肿瘤谱的第五位和第四位。我国国家癌症中心发布的最新统计数据显示：2015年我国胃癌新发病例约为40.3万，占癌症总发病例数（392.9万）的10.3%；胃癌死亡病例约为29.1万，占癌症总死亡例数（233.8万）的12.4%；胃癌发病数和死亡数分别列居恶性肿瘤的第二位和第三位。尽管近年来我国胃癌患者的生存情况有所改善，然而胃癌患者5年生存率仍较低，约为35.1%。

有充分证据表明，吸烟可使胃癌发病风险增加。2002年，IARC发布吸烟与胃癌之间存在因果关系，证据等级“充分”。自1964年开始发布的关于烟草问题的美国《卫生总监报告》指出，有充分证据表明，吸烟与胃癌之间存在因果关系。且吸烟与胃癌的发生存在显著的剂量-反应关系，即吸烟者的吸烟量越大、吸烟年限越长、开始吸烟年龄越小，胃癌的发病风险越高。

（二）吸烟与胃癌的关系

1. 生物学机制

除癌症共性生物学机制外，烟草烟雾中的致癌物还可通过其他途径诱发胃癌，相关生物学机制包括以下几个方面。

（1）对胃黏膜的损害：烟草中的有害物质，如苯并芘、二甲基亚硝胺、尼古丁等，可随唾液、食物等进入胃部，直接刺激胃黏膜，促进胃炎、胃溃疡的发生，并延缓其愈合，而经久不愈的胃炎、胃溃疡会促进胃癌的发生。吸烟又可以使胃黏膜血管收缩，减少胃黏膜前列腺素的合成，同时还可以刺激胃酸分泌，加重对胃黏膜的破坏作用。

（2）其他：除了烟草中的亚硝胺直接进入胃部，吸烟也是促进内生性亚硝胺的生成因子。吸烟可使胃中硫氰基明显增多，它是生成亚硝胺的触媒剂。这种外来的和内生的亚硝胺共同作用诱导胃癌的发生。吸烟可增加胃－十二指肠反流的概率，从而减少胃液和胰液的分泌。吸烟还会加速血清和血浆中β胡萝卜素和维生素C的代谢，这些维生素对胃癌的发生起保护作用。另外，世界卫生组织已将幽门螺杆菌列为Ⅰ型致癌物，而吸烟则可增加幽门螺杆菌感染的概率，也会影响药物对于幽门螺杆菌的治疗效果，从而间接促使胃癌的发生。吸烟也与胃癌癌前病变（即异型增生、慢性萎缩性胃炎和肠上皮化生）的发生显著相关。

2. 吸烟对胃癌发生发展的影响

（1）有充分证据说明吸烟可以导致胃癌：美国《卫生总监报告》对吸烟与疾病健康关系证据的汇总分析显示，有大量证据表明吸烟与胃癌存在因果关系。

Poorolajal J等的Meta分析中针对吸烟与胃癌的发病风险研究纳入了1985～2018年的77项研究，结果显示，现在吸烟者和曾经吸烟者胃癌的患病风险分别是不吸烟者的1.61倍（OR 1.61，95% CI：1.49～1.75）和1.43倍（OR 1.43，95% CI：1.29～1.59）。Ordonez-Mena等对来自欧洲和美国的19项前瞻性队列研究（包括897 021位参与者）进行Meta分析发现，在调整了性别、年龄、体质指数（body mass index，BMI）、受教育水平、剧烈运动、糖尿病史、饮酒等因素后，现在吸烟者和曾经吸烟者胃癌的患病风险分别是不吸烟者的1.74倍（HR 1.74，95% CI：1.50～2.02）和1.18倍（HR 1.18，95% CI：0.95～1.46）。一项Meta分析针对1997～2006年发表的病例对照研究（包括14 422名病例和73 918名对照）进行研究表明，吸烟者胃癌的患病风险是不吸烟者的1.69倍（OR 1.69，95% CI：1.35～2.11）；另外，白种人和亚洲人中有吸烟史者的胃癌患病风险分别是不吸烟者的1.46倍（OR 1.46，95% CI：1.25～1.70）和1.47倍（OR 1.47，95% CI：1.13～1.91），由此可见，吸烟对胃癌的影响并不存在人种差异。

Butt J等对来自中国、韩国和日本的1446名非贲门胃癌病例和1796名健康对照进行研究发现，现在吸烟者和曾经吸烟者胃癌的患病风险分别是不吸烟者的1.33倍（OR 1.33，95% CI：1.07～1.65）和1.01倍（OR 1.01，95% CI：0.77～1.32）。Lin YL等针对中国胃癌高发区在2013～2017年利用年龄、性别、居住地进行1∶1配对病例对照研究（包括622名胃癌患者和622名健康对照）发现，吸烟者胃癌的患病风险是不吸烟者的1.83倍（OR 1.83，95% CI：1.19～2.80）。Chuang YS等在中国台湾对2008～2013年接受内镜检查的9275名参与者进行研究分析发现，吸烟者胃溃疡和胃腺癌的发病风险分别是不吸烟者的1.61倍（OR 1.61，95% CI：1.31 ～ 1.98）和0.81倍（OR 0.81，95% CI：0.30 ～ 2.18）。

（2）吸烟者的吸烟量越大、吸烟年限越长、开始吸烟年龄越小，胃癌的患病风险越高：Moy KA等在上海对18 244名45 ～ 64岁男性进行前瞻性队列研究，随访20年研究结果表明，在调整受教育水平、BMI、饮酒年限以及腌制食品、新鲜水果与蔬菜的总摄入量后，开始吸烟年龄为＜20岁、20 ～ 24岁、≥25岁的吸烟者胃癌的发病风险分别是不吸烟者的1.62倍（95% CI：1.18 ～ 2.22）、1.48倍（95% CI：1.11 ～ 1.97）和1.64倍（95% CI：1.27 ～ 2.13）（趋势检验P值＝0.002），吸烟指数（每天吸烟包数×吸烟年数）＜30包·年和≥30包·年者胃癌的发病风险分别是不吸烟者的1.58倍（95% CI：1.24 ～ 2.02）和1.59倍（95% CI：1.21 ～ 2.10）（趋势检验P值＝0.0005）。

Praud D等对来自北美、欧洲及亚洲地区的23项研究（包括10 290名病例和26 145名对照）进行Meta分析，发现现在吸烟者和曾经吸烟者胃癌的患病风险分别是不吸烟者的1.25倍（95% CI：1.11 ～ 1.40）和1.20倍（95% CI：1.09 ～ 1.32）；并且现在每天吸烟0 ～ 10支、11 ～ 20支和＞20支的吸烟者，患胃癌风险分别是不吸烟者的1.08倍（95% CI：0.91 ～ 1.28）、1.30倍（95% CI：1.16 ～ 1.45）和1.32倍（95% CI：1.10 ～ 1.58）（趋势检验P值＝0.0001）；吸烟年数＜30年、30 ～ 40年和＞40年的吸烟者胃癌的患病风险分别是不吸烟者的1.04倍（95% CI：0.94 ～ 1.16）、1.32倍（95% CI：1.17 ～ 1.49）和1.33倍（95% CI：1.14 ～ 1.54）（趋势检验P值＜0.0001）。

孙晓东等对2008年10月前发表的51项针对中国人群吸烟与胃癌关系的病例对照研究进行Meta分析表明，吸烟者胃癌的患病风险是不吸烟者的1.66倍（95% CI：1.47 ～ 1.87），其中男性吸烟者胃癌的患病风险是不吸烟者的1.93倍（95% CI：1.35 ～ 2.76），而在女性中并未发现吸烟是胃癌的危险因素（OR 1.05，95% CI：0.67 ～ 1.64）；每天吸烟1 ～ 10支、11 ～ 20支和＞20支者胃癌的患病风险分别是不吸烟者的1.01倍（95% CI：0.52 ～ 1.95）、1.50倍（95% CI：1.25 ～ 1.79）和2.39倍（95% CI：1.94 ～ 2.94）。Zhao JK等对江苏2003 ～ 2010年确诊的2216名胃癌新发病例和8019名健康对照进行的病例对照研究发现，有吸烟史者患胃癌的风险是不吸烟者的1.61倍（95% CI：1.43 ～ 1.81）；吸烟指数＜20包·年、20 ～ 39包·年和≥40包·年者，其胃癌患病风险分别是不吸烟者的1.49倍（95% CI：1.25 ～ 1.76）、1.37倍（95% CI：1.17 ～ 1.61）和1.95倍（95% CI：1.68 ～ 2.27）（趋势检验P值＜0.001）。

Ji BT等基于上海对新确诊的1124名胃癌患者和1451名对照进行病例对照研究发现，现在吸烟者胃癌的患病风险是不吸烟者的1.35倍（OR 1.35，95% CI：1.06 ～ 1.71）。其中，男性参与者每天吸烟1 ～ 9支、10 ～ 19支、20 ～ 29支和≥30支者胃癌的患病风险分别是不吸烟者的0.97倍（95% CI：0.66 ～ 1.41）、1.06倍（95% CI：0.79 ～ 1.42）、1.77倍（95% CI：1.35 ～ 2.33）和1.35倍（95% CI：0.88 ～ 2.06）（趋势检验P值＝0.0002）；吸烟年数为0.5 ～ 19年、20 ～ 29年、30 ～ 39年和≥40年者胃癌的患病风险分别是不吸烟者的1.02倍（95% CI：0.72 ～ 1.46）、1.43倍（95% CI：1.02 ～ 2.02）、1.25倍（95% CI：0.91 ～ 1.71）和1.64倍（95% CI：1.21 ～ 2.24）（趋势检验P值＝0.002）；吸烟指数＜10包·年、10 ～ 19包·年、20 ～ 39包·年和≥40包·年者患胃癌的风险分别是不吸烟者的1.00倍（95% CI：

0.71 ～ 1.42)、1.05倍（95% CI：0.75 ～ 1.47)、1.54倍（95% CI：1.15 ～ 2.06）和1.68倍（95% CI：1.22 ～ 2.30)（趋势检验*P*值＝0.0002)。

（3）男性吸烟者患胃癌的风险高于女性：国内外多项研究结果表明，男性吸烟者患胃癌的风险高于女性。例如，CKB队列对中国10个地区的30 ～ 79岁的210 259名男性和302 632名女性随访7年进行前瞻随访后发现，男性吸烟者的食管癌患病风险是不吸烟者的1.34倍（RR 1.34，95% CI：1.16 ～ 1.55)，但在女性中吸烟者和不吸烟者胃癌的患病风险无统计学意义（RR 1.19，95% CI：0.81 ～ 1.75)。Li WY等对2018年12月前发表的研究开展Meta分析，纳入来自日本、韩国、美国、英国、挪威等的9项队列研究和1项巢式病例对照研究，共3 381 345名对象，随访时间为5 ～ 28年，结果显示，男性中，现在吸烟者和曾经吸烟者患胃癌的风险分别是不吸烟者的1.63倍（95% CI：1.44 ～ 1.85）和1.42倍（95% CI：1.31 ～ 1.54)；女性中，现在吸烟者和曾经吸烟者患胃癌的风险分别是不吸烟者的1.30倍（95% CI：1.06 ～ 1.60）和1.19倍（95% CI：0.96 ～ 1.47)；性别差异方面，发现男性现在吸烟者患胃癌的风险高于女性吸烟者（RR：1.30，95% CI：1.05 ～ 1.63)。Ladeiras-Lopes R等对1958 ～ 2007年发表的32项研究（包括27项队列研究和5项巢式病例对照研究）进行Meta分析发现，现在吸烟者胃癌的患病风险相比于不吸烟者明显升高53%（RR 1.53，95% CI：1.42 ～ 1.65)；其中，男性和女性吸烟者患胃癌的风险分别是不吸烟男性和女性的1.62倍（95% CI：1.50 ～ 1.75）和1.20倍（95% CI：1.01 ～ 1.43)。

（宋　颂　张　瑞　陈万青）

四、肝癌

（一）概述

肝细胞癌（hepatocellular carcinoma）简称“肝癌”（liver cancer)，是肝最常见的恶性肿瘤，约占90%，常见于我国东南沿海地区，大体病理形态可分为结节性、巨块型和弥漫型。临床表现可能有肝区疼痛、肝大或右上腹肿块、乏力、食欲减退等全身及消化道症状，早期临床症状不明显。

肝癌是全球常见的恶性肿瘤，GLOBOCAN数据显示，2020年肝癌是全球发病数第六位的恶性肿瘤，男性和女性的标化发病率分别为14.1/10万和5.2/10万。肝癌预后较差，是全球第三位常见的癌症死因，男性和女性的标化死亡率分别为12.9/10万和4.8/10万。GLOBOCAN数据也显示，我国2020年肝癌的发病数和死亡数分别位列恶性肿瘤发病和死亡顺位的第五位和第二位；男性和女性的标化发病率分别为27.6/10万和9.0/10万，标化死亡率分别为26.1/10万和8.6/10万，均显著高于全球水平。

前述美国《卫生总监报告》自1990年开始发布系统分析吸烟与肝癌关系的研究结果，2004年指出吸烟与肝癌的发生可能存在因果关系，这与国际癌症研究机构（International Agency for Regearch on Cancer，IARC）关于吸烟与肝癌关系的论点一致。除乙型肝炎病毒（hepatitis B virus，HBV）感染、丙型肝炎病毒（hepatitis C virus，HCV）感染、黄曲霉毒素等主要危险因素外，吸烟被认为是与肝癌发生和死亡密切相关的又一主要危险因素。

（二）吸烟与肝癌的关系

1. 生物学机制

吸烟对肝的损伤作用主要表现为直接或间接的毒性作用、免疫损伤和致癌作用。

（1）吸烟可损伤人体抗氧化防御机制：吸烟与羧基血红蛋白的增加和红细胞的氧气携带能力降低有关，从而导致组织缺氧。缺氧刺激促红细胞生成素释放，从而使得肠道吸收铁的能力增强。过量的分解、代谢铁和铁的吸收增加最终导致其在巨噬细胞中积累，随后聚集于肝细胞，从而促使肝细胞氧化应激。在吸烟过程中会产生大量的自由基和活性氧，当细胞内自由基生成过多，超出抗氧化系统自由基清除能力时，可导致肝内组织氧化－抗氧化系统失衡，氧化应激发生，自由基还可引起细胞膜发生脂质过氧化，从而促使星状细胞和纤维化的发展活化，并促进肝癌的发生发展。

（2）吸烟导致促炎细胞因子的释放增加进而加重肝炎症：吸烟增加了涉及肝细胞损伤作用的促炎细胞因子，如白介素（IL-1、IL-6）和肿瘤坏死因子-α（TNF-α）的产生，其介导坏死性炎症和脂肪变性。

（3）吸烟所产生的化学毒素具有致癌性：烟草中含有大量的致癌物的代谢物，包括苯并芘、尼古丁、焦油、亚硝胺、4-氨基联苯等。4-氨基联苯是一种肝致癌物，已被认为是肝癌的致病危险因素。尼古丁和焦油通过抑制T细胞反应，降低免疫细胞对肿瘤细胞的监视，此外，尼古丁在人体内主要是靠肝代谢，吸烟者血液中的尼古丁浓度会增高，进而加重肝的工作负担。

（4）吸烟可加重肝炎病毒对肝的致病作用：吸烟可使合并有病毒性肝炎患者的原发性肝癌发生率增加。吸烟可通过诱导CD^{+}细胞毒性T细胞数量升高，外周血中自然杀伤细胞的数量减少，导致NK细胞功能下降、活性受损。NK细胞是执行免疫监视作用的细胞，通过识别人类白细胞抗原Ⅰ（human leucocyte antigen Ⅰ，HLA-Ⅰ）类分子受体，以保证在生理条件下，对自身组织细胞不产生杀伤作用。NK细胞数量的下降促使病毒载量和丙氨酸转氨酶（alanine aminotransferase，ALT）含量增加。此外，肝中含有丰富的NK细胞，约占肝内淋巴细胞的1/3，是IFN-γ的有效来源，而IFN-γ对于HBV感染期间非细胞溶解性病毒清除至关重要。HBV的持久性也与NK细胞的功能性损伤密切相关。

2. 吸烟对肝癌发生发展的影响

（1）有充分证据说明吸烟可以导致肝癌：IARC表明有充足证据认为吸烟与肝癌发生存在因果联系。自20世纪70年代起，国内外开展了大量关于吸烟与肝癌发生的前瞻性队列研究和病例对照研究，多数研究开展于东南亚地区（其中以中国人群研究最多），结果提示吸烟会增加肝癌的发病风险。

Liu X等于2003～2010年在江苏北部多个县区开展的病例对照研究中，共纳入2011名新发肝癌患者及7933名健康对照，患者和对照要求性别和年龄匹配。根据吸烟状态分为曾经吸烟者（即戒烟者）、现在吸烟者和从不吸烟者，结果显示现在吸烟者患肝癌的风险是从不吸烟者的1.43倍（95% CI：1.19～1.73）；其中男性现在吸烟者患肝癌的风险是从不吸烟者的1.60倍（95% CI：1.29～1.96）。此外，该研究发现吸烟和HBV感染可相互作用进而导致肝癌发生。从不吸烟且乙型肝炎表面抗原（hepatitis B surface antigen，HBsAg）阳性人群和既往吸烟但HBsAg阴性人群的患肝癌风险分别是从不吸烟且HBsAg阴性人群的7.66倍（95% CI：6.05 ～ 9.71）和1.25倍（95% CI：1.03 ～ 1.52）。而既往吸烟且HBsAg阳性人群患肝癌风险是从不吸烟且HBsAg阴性人群的15.68倍（95% CI：12.06 ～ 20.39）。

多项Meta分析结果亦支持吸烟是肝癌发生的重要危险因素。Abdel-Rahman O等对81篇吸烟与肝癌相关的研究论文进行系统综述（含24项队列研究，48项病例对照研究）；对其中的21项队列研究的量化分析表明，现在吸烟者患肝癌的风险是不吸烟者的1.66倍（合并OR 1.66，95% CI：1.53 ～ 1.80）；对其中的32项病例对照研究的量化分析发现，现在吸烟者发生肝癌的风险是不吸烟者的1.40倍（合并OR 1.40，95% CI：1.27 ～ 1.55）。

（2）有证据显示吸烟与肝癌发生风险呈剂量–反应关系：研究表明吸烟与肝癌发病风险存在剂量–反应关系，即吸烟的起始年龄越小、吸烟量越多、吸烟年限越长，肝癌的发病风险则越高。张薇等在18 244名45 ～ 64岁上海男性中开展巢式病例对照研究，以队列中213例新发肝癌患者作为病例组，按照患者年龄、采样日期、居住地区等匹配，随机从队列中抽取1 094名健康者作为对照，结果表明调整肝炎、肝硬化、胆石症或其他胆囊病史及HBsAg阳性等因素后，吸烟男性发生肝癌的风险是不吸烟男性的1.91倍（95% CI：1.28 ～ 2.86）；且该风险随着每天吸烟量、吸烟年限、吸烟指数的增加而增加，每天吸烟≥20支、吸烟年限≥40年、吸烟指数＞37包·年、在20岁前开始吸烟的男性发生肝癌的风险分别是不吸烟男 性 的2.16倍（95% CI：1.37 ～ 3.40）、2.14倍（95% CI：1.18 ～ 3.87）、2.12倍（95% CI：1.21 ～ 3.74）和2.57倍（95% CI：1.50 ～ 4.40）。

刘银梅等人对国内外50篇关于吸烟与肝癌的研究进行Meta分析，纳入病例数和对照人数分别为10 228名和22 312名，采用随机效应模型分析发现，相比于不吸烟者，吸烟者患肝癌的风险增加43%（合并OR 1.43，95% CI：1.25 ～ 1.63）；当按地区划分时，亚洲、中北美洲和欧洲的吸烟者发生肝癌的风险分别增加46%（合并OR 1.46，95% CI：1.24 ～ 1.72）、65%（合并OR 1.65，95% CI：1.29 ～ 2.10）和14%（合并OR 1.14，95% CI：0.83 ～ 1.57）；其中中国人群的亚组分析发现，吸烟者患肝癌的风险是不吸烟者的1.32倍（合并OR 1.32，95% CI：1.07 ～ 1.63）。同时，刘银梅等研究也发现肝癌发生风险与吸烟呈现显著的剂量–反应关系（Z＝4.76，P＜0.0001）：每天吸烟＜20支和≥20支者患肝癌的风险分别是不吸烟者的1.54倍（合并OR 1.54，95% CI：1.21 ～ 1.97）和1.92倍（95% CI：1.62 ～ 2.28），吸烟指数≤20包·年和＞20包·年者患肝癌的风险分别是不吸烟者的1.26倍（95% CI：1.02 ～ 1.57）和1.94倍（95% CI：1.03 ～ 3.63）。

（3）有充分证据说明吸烟可以增加肝癌的死亡风险：吸烟是导致肝癌死亡的重要原因。为明确吸烟能否导致肝癌死亡，Tseng CH等于1995 ～ 1998年在我国台湾地区招募了88 694名25岁及以上的糖尿病患者（男性40 820人，女性47 874人）并随访至2006年，采用多因素模型对胰岛素使用分别处理为二分类和连续性变量时，均发现吸烟可增加肝癌的死亡风险，HR分别为1.216（95% CI：1.062 ～ 1.394）和1.217（95% CI：1.062 ～ 1.394）。

（4）有证据显示吸烟与肝癌死亡风险呈剂量–反应关系：Hsing AW等对25万美国退伍军人随访26年的前瞻性队列研究发现，现在吸烟者死于肝癌的风险是不吸烟者的2.4倍（RR 2.4，95% CI：1.6 ～ 3.5），并且吸烟量越大、吸烟年限越长、吸烟起始年龄越早，肝癌死亡风险越高，每天吸烟10～20支、21～39支和≥40支者死于肝癌的风险分别是不吸烟者的2.0倍（RR 2.0，95% CI：1.3～3.0）、2.9倍（95% CI：1.8～4.5）和3.8倍（95% CI：1.9～8.0）（趋势检验*P*值<0.001）；吸烟年限在35～39年和≥40年者死于肝癌的风险分别是不吸烟者的2.6倍（RR 2.6，95% CI：1.4～4.9）和2.7倍（95% CI：1.5～4.9）；开始吸烟年龄<20岁和20～24岁者死于肝癌的风险分别是不吸烟者的2.9倍（RR 2.9，95% CI：1.6～5.3）和2.3倍（95% CI：1.2～4.3）（趋势检验*P*值<0.001）。

（曹毛毛　陈万青）

五、食管癌

（一）概述

食管癌（esophageal cancer）是食管黏膜上皮或腺体发生的恶性肿瘤，按照组织类型主要分为鳞状细胞癌（squamous cell carcinoma，简称鳞癌）和腺癌（adenocarcinoma）两类。

GLOBOCAN数据显示，2020年全世界约有食管癌新发病例60.4万，标化发病率为6.3/10万，位居恶性肿瘤发病顺位第八位；食管癌死亡病例约54.4万，标化死亡率为5.6/10万，位居恶性肿瘤死亡顺位第六位。据IARC评估，食管癌疾病负担将继续增加，2040年全世界将有88.0万人死于食管癌。中国是世界范围内食管癌疾病负担最重的国家（占全世界食管癌新发病例和死亡病例的一半以上），且以鳞癌为主。中国人群食管癌流行病学的主要特征：男性发病率及死亡率高于女性，农村高于城市，发病及死亡年龄多在40岁以上，高发地区主要分布于太行山地区、淮河流域、鄂豫陕三省交界的大片地区、四川盆地以及甘肃、内蒙古和福建的部分地区。2003～2015年，我国食管癌患者的预后得到了明显改善，生存率平均每年上升2.9%，但预后效果仍然较差，2012～2015年食管癌患者的5年相对生存率仅为30.3%。食管癌所致经济负担亦逐年加重，2015年我国居民因食管癌住院治疗相关经济负担已达76.0亿元人民币。

吸烟是导致食管癌发生的重要危险因素。目前，已有充分证据说明吸烟可以导致食管癌，且吸烟量越大、吸烟年限越长，食管癌的发病风险越高；其中男性吸烟者患食管癌的风险高于女性，吸烟与鳞癌的关系比腺癌更加明显。此外，吸烟与饮酒也存在协同作用。

（二）吸烟与食管癌的关系

1. 生物学机制

吸烟促使食管癌发病的机制可能主要与烟草烟雾中的致癌物诱导DNA加合物、谷胱甘肽S-转移酶P1（glutathione S-transferase P1，GSTP1）、谷胱甘肽S-转移酶M1（glutathione S-transferase M1，GSTM1）、细胞色素P450酶等的表达异常，基因甲基化及基因突变有关。

（1）主要机制：烟草烟雾致癌的主要途径是烟雾中的致癌物与DNA形成共价键，产生DNA加合物，导致体细胞中的致癌基因、抑癌基因等关键基因发生永久突变。烟草烟雾中的大多数致癌物会被细胞色素P450酶氧化，然而，某些中间体与DNA的反应性很强，导致DNA加合物的形成，这个过程称为致癌物质的代谢激活，是致癌过程的核心。GST基因、细胞色素P450酶基因、P53基因等均为参与致癌物代谢的食管癌相关基因。DNA加合物可以通过复杂的DNA修复系统在正常细胞中被消除，但若这些修复系统不足或被大量的DNA损伤所淹没，DNA加合物就会持续存在。在DNA复制过程中，如果DNA聚合酶不正确地绕过持续的DNA加合物，则可能会发生突变，进而导致正常细胞生长和凋亡的失调，基因组不稳定，以及促进其他致癌作用。其中，P53基因的异常表达与食管黏膜细胞的癌变密切相关，其突变蛋白产物的聚集先于肿瘤的浸润，是食管癌发生过程中的一个早期事件。

（2）其他机制：烟草烟雾中的致癌物还通过其他途径致食管癌发生。尼古丁是烟草烟雾中的主要成瘾成分，其也促进了食管癌的发生与发展。尼古丁可以激活丝氨酸/苏氨酸激酶（serine/threonine kinase，STK）及口腔上皮细胞的表皮生长因子受体（epidermal growth factor receptor，EGFR）酪氨酸激酶，进而刺激环氧合酶-2（cyclooxygenase-2，COX-2），导致细胞凋亡功能减弱和血管生成功能增强，并增加肿瘤细胞的侵袭性。研究显示，EGFR蛋白过度表达在过度增殖和间变的食管基底细胞中的发生率分别约为39%和80%，而在正常食管黏膜中未见该蛋白的过度表达，提示EGFR与食管癌癌前病变的发生、发展等密切相关。

2. 吸烟对食管癌发生发展的影响

（1）有充分证据说明吸烟可以导致食管癌：美国《卫生总监报告》其中关于吸烟与食管癌关联的研究所得出的结论为：有充分证据表明吸烟与食管癌存在因果关系。

一项Meta分析研究纳入了北美洲、欧洲、大洋洲、亚洲及南美洲地区于1987～2015年开展的8项队列研究和44项病例对照研究，结果显示，现在吸烟者和曾经吸烟者食管鳞癌的患病风险分别是不吸烟者的4.18倍（95% CI：3.42～5.12）和2.05倍（95% CI：1.71～2.45）。针对非西班牙裔人群的一项Meta分析（纳入2项队列研究和10项病例对照研究）显示，吸烟者患食管腺癌的风险明显增加，是不吸烟者的1.96倍（95% CI：1.64～2.34）。在中国人群中开展的相关研究也支持吸烟是食管癌的危险因素的观点。谭淼等对1990～2014年针对中国人群的36篇关于食管癌发病危险因素的研究进行Meta分析，结果显示，吸烟者患食管癌的风险是不吸烟者的2.41倍（95% CI：1.82～3.21）。此外，国内外多项大型队列研究表明，吸烟会增加食管癌（包括鳞癌和腺癌）的发病风险。

（2）吸烟者的吸烟量越大、吸烟年限越长，食管癌的发病风险越高：国内外多项人群病例对照研究、队列研究及Meta分析结果均表明吸烟与食管癌的发病风险之间存在剂量-反应关系。Vioque J等对202例食管癌患者和455例对照开展的病例对照研究发现，食管癌的发病风险随每天吸烟量的增加而增加，调整性别、年龄、受教育程度、地区及饮酒因素后，每天吸烟15～29支和≥30支者患食管癌的风险分别为不吸烟者的2.45倍（95% CI：1.11～5.44）和5.07倍（95% CI：2.06～12.47）（趋势检验P值＝0.002）。Cook等针对白种非西班牙裔人群的10项人群病例对照研究和2项队列研究进行了Meta分析，结果表明，吸烟指数＜15包·年、15～29包·年、30～44包·年和≥45包·年者患食管腺癌的风险分别是不吸烟者的1.25倍（95% CI：1.02～1.53）、1.96倍（95% CI：1.58～2.45）、2.07倍（95% CI：1.66～2.58）和2.71倍（95% CI：2.16～3.40）（趋势检验P值＜0.001），提示吸烟者的吸烟量越大、吸烟年限越长，患食管癌的风险越高。

基于中国人群开展的研究也表明，食管癌的发病风险与吸烟量及吸烟年限有关。廖震华等对25篇1993～2008年开展的针对中国人群吸烟与食管癌关联的研究进行了Meta分析，结果表明，每天吸烟量为1～9支、10～19支和≥20支者患食管癌的风险分别是不吸烟者的1.36倍（95% CI：1.10～1.68）、1.38倍（95% CI：1.08～1.77）和3.53倍（95% CI：1.56～7.98）；吸烟年限为20～29年、30～39年和≥40年者患食管癌的风险分别是不吸烟者的1.78倍（95% CI：1.34～2.37）、1.89倍（95% CI：1.44～2.48）和2.15倍（95% CI：1.56～2.94）。

（3）男性吸烟者患食管癌的风险高于女性：国内外多项研究表明吸烟对男性的影响明显高于女性。例如，一项对121余万韩国居民随访9年的前瞻性队列研究显示，男性吸烟者的食管癌死亡风险是不吸烟者的3.6倍（95% CI：2.6～4.9），但在女性中吸烟与食管癌的关联无统计学意义。在中国人群中，基于CKB队列的50万名30～79岁成年人随访7年的研究也发现，男性吸烟者的食管癌患病风险是不吸烟者的1.47倍（95% CI：1.24～1.73），但女性的差异无统计学意义（RR 1.24，95% CI：0.71～2.17）。2019年，陈万青等学者系统分析了中国大陆31个省、市、自治区各癌种由于外在致癌因素导致的癌症负担，纳入包括主动吸烟在内的23种被IARC或世界癌症研究基金会确定的常见致癌因素，研究结果显示，2014年中国20岁及以上男性食管癌疾病负担归因于主动吸烟的PAF为18.60%，约为女性（1.70%）的10倍。

（4）国内外大量研究表明吸烟与食管鳞癌的关联比食管腺癌更强，且欧美人群中吸烟与鳞癌的关系明显强于亚洲人群：Freedman等对47万名美国人群前瞻性随访4.6年，发现与非吸烟者相比，现在吸烟者食管鳞癌的发生风险（RR 9.27，95% CI：4.04～21.29）约为食管腺癌的2.5倍（RR 3.70，95% CI：2.20～6.22）。一项Meta分析结果也表明，吸烟与食管鳞癌的关联强度（男性RR 5.1，女性RR 3.1）明显高于食管腺癌（男性RR 2.1，女性RR 1.7）。

吸烟与食管癌发病风险的关联强度在不同种族的人群中存在差异。Prabhu等对全球34项研究（其中欧洲13项，亚洲14项，南美洲5项，非洲2项）进行的Meta分析发现，欧洲人群吸烟与食管鳞癌的关联强度（OR 4.21，95% CI：3.13～5.66）比亚洲人群约高80%（OR 2.31，95% CI：1.78～2.99）。尽管针对中国人群开展的Meta分析显示吸烟是食管癌发生的危险因素，但在中国食管癌高发区开展的研究显示，吸烟与食管鳞癌的发病关联较弱，甚至在许多研究中尚未发现吸烟与食管鳞癌之间存在关联。国外食管癌高发区（如伊朗的戈勒斯坦）关于吸烟与食管鳞癌关系的研究结果与我国研究一致。

（5）吸烟同时饮酒，尤其是大量饮酒，可使食管癌的发生危险成倍上升：2014年美国《卫生总监报告》指出，吸烟与饮酒存在协同作用，可能增加食管癌的发病风险。Oze等基于日本的8项大型队列研究，对16万男性前瞻性随访12.6年，发现与不吸烟者相比，吸烟者发生食管癌的风险增加1.92倍（HR 2.92，95% CI：1.59～5.36），而吸烟合并饮酒者发生食管癌的风险增加7.86倍（HR 8.86，95% CI：4.82～16.30）。此外，吸烟合并饮酒者的食管癌PAF为81.4%，明显高于单纯吸烟者（55.4%）。此外，国内研究表明吸烟与饮酒的交互作用是食管癌的重要危险因素，其与食管癌发生风险的关联强度约为单纯吸烟的2.1～33.2倍。

（李　贺　何思怡　陈万青）

六、宫颈癌

（一）概述

宫颈癌（cervical cancer）是全球女性第二大常见的生殖系统恶性肿瘤，严重威胁女性的健康和生命。根据国际癌症研究署GLOBOCAN报告，2020年全球新发宫颈癌病例合计60.4万例，粗发病率是15.6/10万；2020年全球宫颈癌死亡病例合计34.2万例，粗死亡率是8.8/10万。与发达国家和地区相比，发展中国家和地区宫颈癌发病率较高。

2020年，我国宫颈癌新发和死亡病例分别占全球的18.2%和17.3%。我国肿瘤登记数据显示，2015年宫颈癌新发病例11.1万例，位列女性第六位，粗发病率为16.6/10万，中国人口年龄标化率（简称中标率）为11.8/10万；宫颈癌死亡病例3.4万例，位列女性第八位，粗死亡率5.0/10万，中标率为3.3/10万。宫颈癌的发病率和死亡率存在地区差异，其中城市高于农村，高发区主要分布在中西部地区。近几十年来，我国宫颈癌的发病率和死亡率呈现逐年升高趋势。此外，2012～2015年，我国宫颈癌患者5年生存率为59.8%（95% CI：57.1%～62.5%），且在不同年龄段患者间差异较大（＜45岁患者：83.4% *vs.* ≥75岁患者：36.4%）。

吸烟是宫颈癌的重要危险因素，有充分证据说明吸烟可以导致宫颈癌，且吸烟者的吸烟量越大、吸烟年限越长，宫颈癌的发病风险就越高。2004年关于烟草问题的美国《卫生总监报告》显示，有充分的证据表明吸烟与宫颈癌存在因果关系。尽管人乳头状瘤病毒（human papilloma virus，HPV）疫苗可有效预防HPV传播，是最有效的宫颈癌预防措施，但是明确宫颈癌其他病因，对于制定系统的防控策略、开展全面的防控行动是十分必要的。

（二）吸烟与宫颈癌的关系

1. 生物学机制

尽管国内外众多研究已经证实吸烟可以导致宫颈癌，二者之间关联背后的生物学机制仍不明确。现有研究提示，吸烟在宫颈癌发生发展中起到促进作用，相关生物学机制可能包括以下几个方面。

（1）DNA改变：有研究提示，宫颈上皮细胞的DNA可直接暴露在尼古丁和可替宁中，还可能与烟草的其他代谢产物如多环芳烃和芳香胺发生反应。吸烟者的宫颈内膜细胞中可以检测数量可观的烟草成分及其代谢产物，如苯并芘、尼古丁、4-N-亚硝基甲基氨-1-（3-吡啶基）丁酮。苯并芘促使HPV基因扩增，增加干扰宿主的病毒量。由苯并芘诱发的细胞异常增殖DNA损伤在HPV16持续感染的宫颈细胞中明显高于正常组织细胞。此外，有研究提出，吸烟人群中宫颈组织DNA错配修复和DNA损伤均明显增加。

（2）免疫系统异常：不平衡的系统产物如促炎细胞因子和抗炎细胞因子，升高细胞毒性/抑制性T细胞，抑制T细胞的活性，减少Th细胞的数量，减少自然杀伤细胞，降低除IgE以外的免疫球蛋白水平。

（3）其他：也有研究认为，长期的尼古丁暴露可以导致细胞持续增殖，抑制凋亡，刺激血管内皮生长因子增多，增加微血管的密度。另外，体外实验证据提示，短期的尼古丁和烟草暴露会导致Ⅰ型DNA甲基化酶（type Ⅰ DNA methyltransferase，DNMT1）、DNMT3A和DNMT3B的表达。

2. 吸烟对宫颈癌发生发展的影响

（1）有充分证据说明吸烟可以导致宫颈癌：国内外多项大样本队列研究、病例对照研究结果均表明，吸烟者患宫颈癌的风险较不吸烟者明显升高。Nordlund等以26 000名瑞典女性为对象进行的前瞻性队列研究（随访26年）发现，现在吸烟者患浸润性宫颈癌的风险是不吸烟者的2.54倍（95% CI：1.74 ～ 3.70）。欧洲癌症和营养前瞻性调查研究（European Prospective Investigation into Cancer and Nutrition，EPIC）对308 036名女性随访9年发现类似的结果：现在吸烟女性患宫颈癌的风险是不吸烟者的1.9倍（95% CI：1.4 ～ 2.5）。此外，Appleby等对23项病例对照研究进行了汇总分析（共纳入13 541例宫颈癌患者和23 017例对照），结果表明现在吸烟女性患宫颈鳞状细胞癌的风险是不吸烟女性的1.60倍（95% CI：1.48 ～ 1.73）。在HPV阳性女性中，吸烟者患宫颈鳞状细胞癌的风险是不吸烟者的1.95倍（95% CI：1.43 ～ 2.65）。Kapeu等开展了一项巢式病例对照研究（共纳入588例浸润性宫颈癌患者和2861例健康对照），对病例组和对照组的血清样本进行可替宁浓度以及HPV16型、HPV18型、Ⅱ型单纯疱疹病毒和沙眼衣原体抗体的检测；该研究结果发现，吸烟与浸润性宫颈癌的发生显著相关，在血清HPV16型和HPV18型单独阴性或二者同时阴性的吸烟者中，重度吸烟者（可替宁浓度≥100μg/L）患浸润性宫颈癌的风险明显增加，为不吸烟女性的2.6倍（95% CI：2.0 ～ 3.4）；即使是轻度吸烟者（可替宁浓度＜20μg/L），患浸润性宫颈癌的风险也增加，为不吸烟女性的2.0倍（95% CI：1.6 ～ 2.6）；调整Ⅱ型单纯疱疹病毒和沙眼衣原体感染情况后，重度吸烟者患浸润性宫颈癌的风险仍是不吸烟女性的2.3倍（95% CI：1.8 ～ 3.0）。

国内开展的多项研究也表明，吸烟是宫颈癌发病的危险因素之一。张淞文等以在北京病理确诊的286例宫颈癌患者和858例对照为研究对象，开展了一项病例对照研究，结果表明吸烟者患宫颈癌的风险为不吸烟者的1.91倍（95% CI：1.09 ～ 3.36）。阚士锋等以山东省立医院纳入的893例宫颈癌患者和1786例对照为研究对象进行的病例对照研究也发现，吸烟者患宫颈癌的风险是不吸烟者的2.95倍（95% CI：1.76 ～ 6.28）。何林等对国内外关于吸烟与宫颈癌的13项前瞻性或回顾性病例对照研究（纳入2496名患者及4931名对照）进行Meta分析，结果显示吸烟者发生宫颈癌的风险是不吸烟者的1.98倍（95% CI：1.74 ～ 2.25）。胡春霞等对10项关于中国已婚女性宫颈癌发病危险因素的病例对照研究（纳入1173名患者及2901名对照）进行Meta分析，也得到类似结果：吸烟者发生宫颈癌的风险是不吸烟者的2.36倍（95% CI：1.64 ～ 3.37）。张晶晶等基于多项病例对照研究（病例数6717，对照数10 499）开展的Meta分析也表明，吸烟会增加女性宫颈癌的发病风险（合并OR 2.50，95% CI：1.74 ～ 3.59）。

研究表明，感染HPV是宫颈癌发病的重要危险因素之一，吸烟可能通过增加感染HPV的风险，从而增加宫颈癌发病的风险。Vaccarella等在11个国家的10 577名女性中开展的一项流行病学调查发现：吸烟可增加女性感染HPV的风险，在有固定性伴侣的女性中，每天吸烟≥15支者感染HPV的风险是不吸烟者的3.03倍（95% CI：1.60 ～ 5.73）。

（2）女性吸烟量越大、吸烟年限越长，宫颈癌的发病风险越高：Nordlund等在瑞典开展的队列研究结果显示，女性吸烟量越大，患宫颈癌的风险越高，每天吸烟1 ～ 7支、8 ～ 15支和≥16支的女性患宫颈癌的风险分别是不吸烟女性的2.32倍（95% CI：1.45 ～ 3.73）、2.39倍（95% CI：1.37 ～ 4.17）和4.00倍（95% CI：1.97 ～ 8.12）。Roura等在欧洲开展的EIPC队列研究结果也提示吸烟与宫颈癌之间存在剂量-反应关系：吸烟20 ～ 29年和≥30年的女性患宫颈上皮内瘤变和宫颈原位癌的风险分别是不吸烟女性的2.0倍（95% CI：1.6 ～ 2.5）

和2.3倍（95% CI：1.8～3.0）（趋势检验P值＜0.001）；吸烟指数分别为10～19包·年和≥20包·年的女性患宫颈上皮内瘤变和宫颈原位癌的风险分别是不吸烟女性的1.8倍（95% CI：1.4～2.4）和2.8倍（95% CI：2.1～3.7）（趋势检验P值=0.001）。

（吕章艳　石菊芳　陈万青）

七、卵巢癌

（一）概述

卵巢癌（ovarian cancer）指发生在卵巢的恶性肿瘤。根据肿瘤组织病理学特点，卵巢癌可大致分为三大类。①卵巢上皮细胞肿瘤：大多数卵巢肿瘤起源于卵巢上皮组织，多发于绝经期和绝经后期，主要包括4种组织类型，分别是浆液性癌、黏液性癌、子宫内膜样癌和透明细胞癌；②恶性生殖细胞肿瘤：多发生于青少年，在亚洲和非洲国家相对常见，欧美国家较少见，通常为生殖细胞来源；③性索间质肿瘤：相对少见，可发生于任何年龄。

卵巢癌是威胁女性健康的常见恶性肿瘤之一。GLOBOCAN报告显示，2020年全球范围内卵巢癌新发病例约为31.4万，居女性生殖系统恶性肿瘤发病数第三位，位于宫颈癌和宫体癌之后；卵巢癌死亡病例约为20.7万，仅次于宫颈癌，居女性生殖系统恶性肿瘤死亡数第二位。我国肿瘤登记统计数据显示，2015年我国卵巢癌新发病例约为5.3万，居我国女性生殖系统恶性肿瘤发病数的第三位，位于宫颈癌和子宫体癌之后；卵巢癌死亡病例约为2.5万，居我国女性生殖系统恶性肿瘤死亡数第二位，仅次于宫颈癌。据17个肿瘤登记点的统计数据显示，我国2003～2015年卵巢癌5年相对生存率波动在37.0%～39.1%，而同期乳腺癌的5年相对生存率从73.1%升至82.0%（美国等发达国家的卵巢癌5年生存率约为47%，远低于乳腺癌的约85%）。

深入研究卵巢癌病因学及发病机制对制定有效的卵巢癌防控策略进而降低卵巢癌疾病负担至关重要。现有研究证据证实，卵巢癌的危险因素包括基因变异、家族史、生育史、口服避孕药使用史及生活方式等。不同类型卵巢癌因起源细胞类型不同，其与各危险因素之间是否关联及关联方向和强度也有所不同。

目前已有充分研究证据表明，吸烟可以导致黏液性卵巢癌发病风险增加。但若不考虑组织学分型，现有研究对于吸烟与卵巢癌的总体发生风险是否存在关联尚无统一结论，目前研究结论普遍认为吸烟与卵巢癌发生的关联因卵巢癌组织学分型而异，因而对于吸烟与其他类型卵巢癌发病风险之间的关联，仍待进一步证据明确。也有证据提示吸烟可能增加卵巢癌患者死亡风险。

（二）吸烟与卵巢癌的关系

1. 生物学机制

各种类型卵巢上皮癌在病因学及发病机制等方面存在较大的异质性。因全球范围内卵巢癌患者绝大多数为卵巢上皮细胞癌，因此目前针对卵巢上皮细胞癌变机制研究较多，但仍需要进一步的探索和验证。目前卵巢上皮细胞癌相关的理论假说主要包括连续排卵理论、促性腺激素－雌激素理论、黄体酮和雄激素理论。烟草烟雾可能通过介导这些生理过程，进而增加机体卵巢上皮细胞发生癌变的风险。

（1）连续排卵理论：周期性的重复排卵使得卵巢上皮始终处于反复的破坏和修复过程，细胞分裂增殖过程中易受到内外环境因素的刺激，增加DNA损伤的风险，进而促进肿瘤形成。吸烟可能通过作用于卵巢的排卵过程，从而改变卵巢癌发病风险。研究表明吸入体内的烟草烟雾可能通过降低卵巢对促性腺激素刺激的反应，进而干扰排卵。此外，动物实验表明烟草中的多环芳烃可以引起啮齿类动物的卵巢闭锁；人群研究提示吸烟会导致绝经年龄提前，使得吸烟女性的终生排卵时间短于不吸烟女性。

（2）促性腺激素－雌激素理论：垂体促性腺激素作用于卵巢细胞，促进雌激素分泌，过多的雌激素刺激卵巢上皮细胞不断进行增殖、分化，进而增加细胞癌变的风险，诱发卵巢癌的发生。人群流行病学研究提示外源性雌激素使用可能与卵巢癌发病风险增加有关。烟草烟雾吸入体内，进入血液循环后可能对体内雌激素水平造成干扰，通过促性腺激素－雌激素调节机制，介导卵巢上皮细胞癌的发生。研究表明女性吸烟者尿液中雌激素水平较不吸烟者偏低。

（3）雄激素理论：卵巢上皮细胞表面存在雄激素受体，研究表明雄激素可能参与卵巢上皮细胞癌变过程，雄激素受体激活与卵巢癌发生发展有关。绝经后女性中吸烟者体内的雄激素水平更高；绝经前女性中吸烟者的卵巢卵泡液中雄激素与雌激素水平比值更高。小样本的临床病例研究显示，64%的卵巢肿瘤中可以检测出雄激素受体的免疫活性；与正常卵巢组织相比，浆液性卵巢肿瘤组织中雄激素受体基因表达水平更高。

此外，DNA加合物形成是烟草致癌中的重要一步，烟草烟雾中所含致癌物在体内经过代谢转化后，所形成的加合物可直接作用于卵巢细胞发挥致癌作用，如多环芳烃类等。研究证实吸烟女性卵巢滤泡细胞中可检测出苯并芘加合物，这些加合物的直接致癌作用增加了体细胞DNA损伤和变异的风险。且此类直接致癌作用在不同类型卵巢癌发生发展中扮演的角色有所不同，如与浆液性卵巢肿瘤相比，黏液性卵巢肿瘤中可检测出更高水平的KRAS基因突变，相反，BRCA和TP 53基因突变频率相对较低。

2. 吸烟对卵巢癌发生发展的影响

（1）有充分证据说明吸烟可以导致黏液性卵巢癌发病风险增加：全球范围内，在不同地区及不同人群中开展的大型人群队列研究及Meta分析结果均表明吸烟会增加黏液性卵巢癌的发病风险。2003年，Terry等对加拿大89 835名40～59岁女性队列的随访数据（中位随访时间16.5年）分析发现，现在吸烟者患黏液性卵巢癌的风险是不吸烟者的2.29倍（95% CI：1.00～5.28）。2008年，Tworoger等对纳入110 454名美国女性护士的随访数据（1976～2004年）分析发现，现在吸烟者患黏液性卵巢癌的风险是不吸烟者的2.22倍（95% CI：1.16～4.24）；吸烟年限、吸烟指数与黏液性卵巢癌发病风险有剂量－反应关系（$P=0.02$）。2012年，Gram等发表其以326 831名欧洲女性为对象的队列研究（中位随访时间8.8年）结果，发现现在吸烟者患黏液性卵巢癌的风险是不吸烟者的1.85倍（95% CI：1.08～3.16）。2017年，Licaj等发表对挪威300 398名19～67岁女性随访19年的研究成果，该研究指出现在吸烟者患黏液性卵巢癌的风险可达到不吸烟者的2.09倍（95% CI：1.67～2.62），且吸烟年限、吸烟指数、每天吸烟量与黏液性卵巢癌发病风险之间存在剂量－反应关系（$P<0.001$）。卵巢癌流行病学研究合作小组（Collaborative Group on Epidemiological Studies of Ovarian Cancer）对1977～2012年发表的19项队列研究和21项病例对照研究进行的Meta分析提示，

现在吸烟者患黏液性卵巢癌的风险是不吸烟者的1.79倍（95% CI：1.60 ～ 2.00）。Santucci等对1986 ～ 2018年发表的17项队列研究和20项病例对照研究进行Meta分析，发现现在吸烟者的黏液性卵巢癌发病风险是不吸烟者的1.78倍（95% CI：1.52 ～ 2.07），且吸烟量越大、吸烟年限越长，患黏液性卵巢癌的风险越高。目前，IARC已将烟草烟雾列为黏液性卵巢癌的致癌物之一（证据充分）。

（2）待进一步证据明确吸烟与其他类型卵巢癌之间的关联：现有研究对于吸烟与其他类型卵巢癌发生之间是否存在关联及关联方向尚无统一结论。一项对1977 ～ 2012年发表的19项队列研究和21项病例对照研究开展的Meta分析结果表明，现在吸烟者患卵巢癌（不区分亚型）风险是不吸烟者的1.06倍（95% CI：1.01 ～ 1.11），但亦有多项队列研究和Meta分析结果并未提示吸烟会增加卵巢癌发病风险。

一些人群流行病学研究结果提示，吸烟与浆液性、子宫内膜样及其他类型卵巢癌的发生无明确关联。但Kelemen等于2017年在非裔美国人中开展的病例对照研究发现吸烟者患浆液性卵巢癌的风险是不吸烟者的1.46倍（95% CI：1.11 ～ 1.92）。卵巢癌流行病学研究合作小组开展的Meta分析研究结果显示，现在吸烟者患子宫内膜样卵巢癌和卵巢透明细胞癌的风险分别是不吸烟者的0.81倍（95% CI：0.72 ～ 0.92）和0.80倍（95% CI：0.65 ～ 0.97）。

截至目前，在中国人群中开展的吸烟与卵巢癌发病风险相关研究较少。戴奇等于1984 ～ 1990年在上海地区先后进行了基于全人群的肺癌、卵巢癌、肾癌、膀胱癌、喉癌、口腔癌、胃癌及结肠癌的病例对照研究，并未发现吸烟者患卵巢癌的风险增加（OR 1.90，95% CI：0.90 ～ 3.90）。此外，目前也缺乏基于中国人群的吸烟与不同组织学分型卵巢癌发病风险关联的研究证据。

（3）有证据提示吸烟可能增加卵巢癌患者死亡风险：目前有研究提示卵巢癌患者的预后可能与患者吸烟状态有关。2019年，Praestegaard等对19项病例对照研究所开展的Meta分析结果表明，卵巢癌患者中现在吸烟者和已戒烟者的死亡风险分别是不吸烟者的1.17倍（95% CI：1.08 ～ 1.28）和1.10倍（95% CI：1.02 ～ 1.18）。

（张愉涵　石菊芳　陈万青）

八、胰腺癌

（一）概述

胰腺癌（pancreatic cancer）主要指胰外分泌腺的恶性肿瘤，是常见的消化系统恶性肿瘤之一，其组织学类型以导管细胞癌最多见，通常胰腺癌指导管细胞癌。由于受胰腺解剖学和胰腺癌生物学特征等因素的影响，胰腺癌早期容易侵犯周围组织器官和发生远处转移，加之早期并无明显和特异的症状和体征，缺乏简便和可靠的诊断方法，往往在明确诊断时已属晚期，故手术切除率低和5年生存率低是本病的特点。

GLOBOCAN报告显示，2020年全球范围内，胰腺癌新发病例约为49.6万，占癌症总发病例数（1929.3万）的2.6%；胰腺癌死亡病例约为46.6万，占癌症总死亡病例数（995.8万）的4.7%；胰腺癌发病数居恶性肿瘤发病数的第十二位，死亡数居恶性肿瘤死亡数的第七位。我国国家癌症中心发布的最新统计数据显示：2015年我国胰腺癌新发病例约为9.5万，占癌症总发病例数（392.9万）的2.4%；胰腺癌死亡病例约为8.5万，占癌症总死亡例数（233.8万）的3.6%；胰腺癌发病数居恶性肿瘤发病数的第十位，死亡数居恶性肿瘤死亡数的第六位。近年来，尽管我国癌症患者的总体生存预后得到明显的改善，但胰腺癌患者5年生存率仍呈下降趋势，2003～2005年的5年生存率为11.7%，2012～2015年的5年生存率下降到7.2%。即使在美国，胰腺癌的5年生存率也仅为10.0%，可以说是预后最差的恶性肿瘤。

自1972年起，关于烟草问题的美国《卫生总监报告》对吸烟与胰腺癌的关系进行了系列研究。目前，有充分证据证实吸烟可导致胰腺癌发病风险增加；且吸烟与胰腺癌的发生存在显著的剂量-反应关系，即吸烟者吸烟量越大、吸烟年限越长，胰腺癌的发病风险越高。

（二）吸烟与胰腺癌的关系

1. 生物学机制

（1）致癌物的暴露与代谢：烟草中的亚硝胺类代谢产物能激活致癌因子，从而诱发实验动物发生胰腺癌。有研究认为吸烟可能通过以下途径促进胰腺癌的发生和发展：①烟草中致癌物由胆汁反流至胰管；②烟草中致癌物经血流至胰腺；③吸烟使血脂升高。此外，吸烟可因干扰维生素B_{12}和叶酸代谢而影响DNA甲基稳定性，DNA甲基化异常将导致基因易发生突变，低甲基化可增强致癌基因的表达，过度甲基化则减弱抑癌基因的表达。尸检结果提示吸烟者胰腺细胞发生形态学改变，胰腺导管细胞增生、细胞核出现不典型改变。

（2）基因突变及生长调控机制失调：由DNA损伤导致的基因突变会引发原癌基因的激活和抑癌基因的失活，进而使正常的细胞生长调控功能丧失，导致细胞异常增殖及肿瘤形成。近年来，有人从分子生物学的角度证实烟草中的尼古丁可增强实验动物胰腺腺泡细胞P21蛋白合成和H-ras原癌基因的激活，临床分子流行病学研究亦显示在一些非肿瘤性胰腺病变的吸烟者中存在Ki-ras原癌基因的异常激活。

（3）基因启动子区域甲基化：基因启动子的甲基化是一种与启动子区域内CpG岛5′碳原子广泛甲基化有关的表观遗传改变，并经常延伸至调控基因的1号外显子。这一过程最终会导致基因转录的抑制和基因功能的静默，包括P16在内的一些基因的启动子甲基化在肿瘤形成的早期就会出现。P16基因的甲基化与吸烟指数之间有显著关联性，并且是早期可切除胰腺癌患者生存期缩短的独立危险因素。

（4）吸烟与单核苷酸多态性（single nucleotide polymorphism，SNP）的交互作用：有研究表明，常见的SNP可能导致胰腺癌易感性的改变。目前多数研究认为，N-乙酰基转移酶（N-acetyl transferase，NAT）1、NAT2、P450、FasL、XRCC2、XRCC3 SNPs与吸烟的交互作用可使胰腺癌发病风险有不同程度的提高。NAT编码人体中的一种参与外源性代谢的细胞质酶即N-乙酰转移酶，它可以通过催化N-乙酰化反应，参与苯并芘、芳香胺等外源性遗传毒性物质的代谢和生物转化。人体中，芳香胺和杂环胺致癌物质的激活要经过两个步骤：通过细胞色素P450氧化酶的氧化作用和NAT基因NAT1和NAT2的乙酰化。N-乙酰氧基代谢物是不稳定的，可和DNA反应形成共价加合物，这被认为是芳香胺诱发癌变的第一个事件。NAT修饰的基因多态性使个人易患胰腺癌。另外，外周血中淋巴细胞的Fas和FasL表达升高可以降低胰腺癌的发病风险，但FasL SNP可导致FasL表达减低，从而可能增加胰腺癌的发病风险。

（5）其他：胰腺导管上皮细胞中致癌的原代microRNA-25（miR-25）可以被烟草烟雾冷凝物通过NKAP介导的m6A修饰过度成熟。成熟的miR-25-3p抑制富含亮氨酸的重复蛋白磷酸酶2（PHLPP2），导致致癌的AKT-p70S6K信号的激活，从而引起胰腺细胞的癌变。在吸烟者胰腺癌组织中检测到高水平的miR-25-3p与胰腺癌患者的不良预后相关，这些结果共同表明烟草烟雾通过m6A修饰诱导miR-25-3p过度成熟促进胰腺癌的发生和发展。另外，有研究表明吸烟可使人体血液中髓过氧化物酶（myeloperoxidase，MPO）的浓度升高，从而使胰腺癌发病风险升高。MPO存在于大多数白细胞亚种（包括中性粒细胞和单核细胞）的嗜苯胺蓝颗粒和一些组织细胞的亚型中，与炎症和氧化应激关系密切，在机体免疫功能方面起着重要作用。MPO浓度的升高使机体内产生更强的氧化剂，能促进更强的炎症反应发生，对宿主组织造成更大的破坏，因此，MPO浓度的升高可能会使个体患胰腺癌的风险升高。也有研究提出MPO是组成抗菌系统中吞噬体的一部分，是MPO-H_2O_2-氯化物系统的重要组成部分。这一系统的最初产物是次氯酸（hypochlorite，HCLO），接着生成氯气、氯胺类、羟基、单态氧和臭氧，这些毒性物质被释放到细胞外，可攻击正常组织从而导致炎性疾病甚至肿瘤的发生。

2. 吸烟对胰腺癌发生发展的影响

（1）有充分证据说明吸烟可以导致胰腺癌：全球多项Meta分析和大型人群队列研究都表明吸烟会增加胰腺癌的发病风险。Iodice等对1950～2007年发表的82项关于吸烟与胰腺癌的研究（42项病例对照研究、35项队列研究和5项巢式病例对照研究）进行Meta分析，结果表明现在吸烟者患胰腺癌的风险为不吸烟者的1.7倍。Lynch等对8项队列研究进行的Meta分析表明，现在吸烟者发生胰腺癌的风险是不吸烟者的1.77倍。Bosetti等对来自国际胰腺癌病例控制联盟的12项关于吸烟与胰腺癌的病例对照研究进行Meta分析，结果表明现在吸烟者患胰腺癌的风险为不吸烟者的2.2倍。Gallicchio等分别在1963年（45 749人，随访15年）和1975年（48 172人，随访19年）对华盛顿马里兰地区进行队列研究，结果表明吸烟者发生胰腺癌的风险明显增加。

国内进行的多项队列研究和病例对照研究也表明，吸烟可使男性和女性的胰腺癌发生风险均有所增加。中国慢性病前瞻性队列研究的分析发现，在男性人群中，现在吸烟者患胰腺癌的风险是不吸烟者的1.3倍，且这种关联在城市比农村更明显。Li W等报道的上海纺织女工队列研究发现，现在吸烟女性患胰腺癌的风险是不吸烟女性的1.9倍。Zheng Z等开展的多中心病例对照研究发现，在调整年龄、性别、种族、居住地区等因素后，吸烟者患胰腺癌的风险是不吸烟者的1.6倍。Ji BT等以中国上海451名30～74岁新确诊胰腺癌患者及1 552名健康对照为对象的病例对照研究发现，调整年龄、收入、受教育程度和绿茶饮用情况等因素后，男性吸烟者患胰腺癌的风险是男性不吸烟者的1.6倍。陆星华等在119例新发胰腺癌病例和238例对照中开展的病例对照研究表明，大量吸烟者（＞17包·年）发生胰腺癌的风险增加，其中男性大量吸烟者发生胰腺癌的风险更高。Wang Y等在307例胰腺癌病例和1 228例对照中开展的病例对照研究表明，现在吸烟者患胰腺癌的风险是不吸烟者的1.7倍。

（2）吸烟者的吸烟量越大、吸烟年限越长，胰腺癌的发病风险越高：国外多项研究均表明，吸烟者的吸烟量越大、吸烟年限越长，胰腺癌的发病风险越高。Zou L等对42项研究（30项回顾性研究和12项前瞻性研究）进行的Meta分析表明，每天吸烟量与胰腺癌患病风险之间存在剂量－反应关系，每天吸烟10支、20支、30支和40支者患胰腺癌的风险分别是不吸烟者的1.5倍、1.9倍、2.0倍和2.1倍，且吸烟年限和累计吸烟量与胰腺癌发病风险间存在剂量－反应关系。Lynch等进行的汇总分析显示，每天吸烟10～19支和≥30支者患胰腺癌风险分别是不吸烟者的1.3倍和1.8倍；吸烟年限为21～40年、41～50年和＞50年者患胰腺癌的风险分别是不吸烟者的1.3倍、1.6倍和2.1倍；吸烟指数为30～40包·年和＞40包·年者患胰腺癌的风险分别是不吸烟者的1.5倍和1.8倍。Bosetti等进行的汇总分析研究结果显示，每天吸烟量＜15支、15～24支、25～34支以及≥35支者患胰腺癌的风险分别是不吸烟者的1.6倍、2.3倍、2.8倍和3.4倍。

我国的多项病例对照研究也提示，吸烟与胰腺癌发病风险间存在剂量－反应关系。Zheng Z等开展的多中心病例对照研究表明，调整年龄、性别、种族、居住地区等因素后，每天吸烟20～29支和≥30支者患胰腺癌的风险分别是每天吸烟＜20支者的2.0倍和3.9倍。施健等对1978～2003年发表的关于我国胰腺癌发病危险因素的8篇病例对照研究进行Meta分析，结果表明，吸烟者发生胰腺癌的风险是不吸烟者的2.4倍，在男性吸烟者中，每天吸烟10～19支、20～29支和≥30支者发生胰腺癌的风险分别是不吸烟者的1.8倍、2.0倍和4.6倍。Ji BT等在上海开展的病例对照研究也显示，每天吸烟20～29支和≥30支的男性患胰腺癌的风险分别是不吸烟男性的1.7倍和5.0倍；而吸烟年限为30～39年和≥40年的男性患胰腺癌的风险分别是不吸烟男性的1.7倍和2.3倍。因此，吸烟与胰腺癌发病风险之间存在明确的剂量－反应关系。

（王　红　刘成成　石菊芳）

九、膀胱癌

（一）概述

膀胱癌（bladder cancer）是发生在泌尿系统的恶性肿瘤。临床上主要分为两种类型：一种是乳头状的表浅肿瘤，即浅表性膀胱癌，约占膀胱癌的80%，大多数具有良性病程，但其中10%～15%会发展成浸润性肿瘤；另一种是在诊断之初即表现为浸润性生长的恶性肿瘤，即浸润性膀胱癌，约占20%，预后不佳。

根据GLOBOCAN报告，2020年全球新发膀胱癌病例合计57.3万例，粗发病率为7.4/10万，且男性高于女性；死亡病例合计21.3万例，粗死亡率为2.7/10万，男性也高于女性；中国人群膀胱癌新发和死亡病例分别占全球的14.9%和18.5%。中国肿瘤登记数据显示，2015年我国膀胱癌新发病例为8.0万例，粗发病率为5.80/10万；死亡病例数为3.3万例，粗死亡率2.37/10万；男性发病率和死亡率分别约为女性的3.4倍和3.2倍，城市人群均高于农村地区。2006～2015年膀胱癌发病率和死亡率的长期波动较小。有研究报道，2003～2015年，我国膀胱癌5年生存率有所提高，从2003～2005年的67.3%（95% CI：65.3%～69.4%）升至2012～2015年的72.9%（95% CI：71.6%～74.1%）。

吸烟是膀胱癌的最重要危险因素，有充分证据说明吸烟可以导致膀胱癌，且吸烟者的吸烟量越大、吸烟年限越长、开始吸烟年龄越早，膀胱癌的发病风险越高。而戒烟可以降低膀胱癌的发病风险。2004年关于烟草问题的美国《卫生总监报告》显示，有充分的证据表明吸烟与膀胱癌存在因果关系。

（二）吸烟与膀胱癌的关系

1. 生物学机制

尽管国内外众多研究已经证实吸烟可以导致膀胱癌，二者之间关联背后的生物学机制仍不明确。基于现有研究，推测其可能机制有如下几种可能性。

（1）DNA加合物形成：烟草中的致癌物代谢激活后诱导DNA加合物的形成，而DNA加合物的形成是癌变过程中的关键环节。DNA加合物的形成可干扰细胞凋亡，影响细胞修复，进而影响癌症的发生和发展。有研究结果表明，长期暴露于各种各样的烟草成分（如芳香胺类，包括2-萘胺和4-氨基联苯），不仅会促进DNA加合物的形成，还会诱导原发性癌症相关基因的突变，如永生化的尿路上皮细胞RUNX3和IGF2-H19位点，导致癌症的发生。

（2）DNA损伤：分子学研究显示，某些烟草中含有的致癌物可导致DNA损伤，包括TP53基因突变和9号染色体缺陷，这二者也是膀胱癌病因中常见的分子畸变。

（3）基因多态性或可改变烟草中致癌物的代谢：如GSTM1或NAT2，乙酰基化过程减慢或缺乏GSTM1活性可能会升高膀胱中的烟草致癌物浓度，因而增加了吸烟者膀胱癌的患病风险。

（4）其他：也有研究认为，烟草中的致癌物可能会引起尿路上皮的基因毒性，吸烟与尿路上皮细胞的增生有关，因此推测吸烟可能会加速细胞增殖。

2. 吸烟对膀胱癌发生发展的影响

（1）有充分证据说明吸烟可以导致膀胱癌：膀胱癌的发生是在遗传和环境因素交互作用下导致的复杂的、多阶段和多因素的过程。目前公认的膀胱癌危险因素有地方性饮用水中砷浓度过高、化学致癌物的职业暴露、血吸虫感染，以及吸烟、降糖药物使用、膀胱癌家族史、遗传易感性等因素，其中吸烟是最主要的危险因素。

2004年版的美国《卫生总监报告》显示，有充分证据表明吸烟与膀胱癌存在因果关系。基于在美国马里兰州华盛顿县开展的两项队列研究，一是1963年队列，建于1963年，共纳入45 749人，随访15年，研究期间共发生93例新发膀胱癌病例；二是1975年队列，建于1975年，共纳入48 172人，随访19年，研究期间共发生172例新发膀胱癌病例。以上两项队列研究结果均支持吸烟是膀胱癌发病的危险因素这一假设：调整年龄、受教育程度和婚姻状况后，与不吸烟者相比，发现现在吸烟者的膀胱癌发病风险分别升高了1.70倍（1963年队列，RR 2.70，95% CI：1.60 ～ 4.70）和1.60倍（1975年队列，RR 2.60，95% CI：1.70 ～ 3.90）。

2006年，韩瑞发等收集汇总了1979年1月至2005年6月在国内外公开发表的膀胱癌发病危险因素的研究文献，经过筛选后最终纳入23项在中国人群中开展的分析性流行病学研究，累计病例7600例，健康对照5002例；研究发现吸烟为中国人群膀胱癌发病的危险因素之一，吸烟者患膀胱癌的风险是不吸烟者的1.38倍（95% CI：1.22 ～ 1.57）。Chen和Xia等基于中国978个区县的癌症死亡数据、全国吸烟调查数据以及来自50万中国人群队列研究的相对危险度数据进行分析发现，吸烟对男性和女性膀胱癌的人群归因分值分别为23.8%和4.8%，男性的人群归因分值显著高于女性。

（2）吸烟与膀胱癌的剂量－反应关系：国内外多项研究表明，吸烟与膀胱癌之间存在剂量－反应关系，吸烟者的吸烟量越大、吸烟年限越长，患膀胱癌的风险越高。欧洲癌症和营养前瞻性调查EPIC研究是在欧洲23个中心开展的一项多中心前瞻性队列研究，研究对象入组时（1991～2000年）均为25～70岁，Bjerregaard等对纳入该队列中的429 906名（其中女性占72%）有吸烟和被动吸烟数据的人群，开展了吸烟与膀胱癌发病风险的相关分析；平均随访6.3年后，新发膀胱癌病例633例；当调整蔬菜和水果摄入量等因素后，与从不吸烟者相比，现在吸烟者的膀胱癌发病风险升高2.96倍［发病率比（incidence rate ratio，IRR）3.96，95% CI：3.07～5.09）］，每天吸烟量在＜10支、10～16支、16～20支和＞20支者膀胱癌发病风险分别是从不吸烟者的2.38倍（IRR 2.38，95% CI：1.65～3.45）、4.13倍（95% CI：3.03～5.64）、5.25倍（95% CI：3.76～7.33）和5.32倍（95% CI：3.73～7.59）。该研究还发现，在现在吸烟者中，每天吸烟量每增加5支，其膀胱癌发病风险升高16%（IRR 1.16，95% CI：1.07～1.26）。而在吸烟者中，开始吸烟年龄每增加5岁，膀胱癌发病风险可降低25%（IRR 0.75，95% CI：0.66～0.85），表明开始吸烟年龄越早，膀胱癌发病风险也越高。

基于美国SEER项目（Surveillance，Epidemiology，and End Results）的洛杉矶肿瘤登记数据，Castelao等选取1987～1996年收集的1582名25～64岁经病理学检查确诊的膀胱癌患者，并且根据性别、年龄（±5年）、种族（非西班牙裔白种人、西班牙裔和非裔美国人）、癌症确诊时居住地区，按照1∶1匹配健康对照者，最终膀胱癌患者和健康对照各1514名纳入分析。该研究显示，每天吸烟10～19支、20～29支、30～39支和≥40支者患膀胱癌的风险分别是不吸烟者的1.60倍（95% CI：1.20～2.10）、2.40倍（95% CI：2.00～3.00）、3.50倍（95% CI：2.60～4.60）和4.20倍（95% CI：3.20～5.40）（趋势检验P值＜0.001）；吸烟年数为10～19年、20～29年、30～39年和≥40年者患膀胱癌的风险分别是不吸烟者的1.50倍（OR 1.50，95% CI：1.10～1.90）、2.40倍（95% CI：1.90～3.10）、3.60倍（95% CI：2.90～4.60）和4.50倍（95% CI：3.40～5.80）（趋势检验P值＜0.001）。

中国关于吸烟与膀胱癌关联的研究结果与国外研究一致。苏耀武等在湖北开展的基于医院人群的病例对照研究表明，吸烟指数为20～39包·年和≥40包·年的吸烟者患膀胱癌的风险分别是不吸烟者的2.69倍（95% CI：1.28～5.64）和3.88倍（95% CI：1.82～8.28）；吸烟年限在20～39年和≥40年者患膀胱癌的风险分别是不吸烟者的3.13倍（95% CI 1.38～7.11）和3.35倍（95% CI：1.76～6.94）。

（3）男性吸烟者患膀胱癌的风险高于女性：2016年，van Osch等开展的一项Meta分析研究，纳入全球72项病例对照研究和17项队列研究，纳入膀胱癌患者共计57 145例。结果表明，与不吸烟者相比，现在吸烟者及曾经吸烟者的膀胱癌患病风险分别增加了1.96倍（合并OR 1.96，95% CI：2.67～3.25）和0.90倍（95% CI：1.78～2.03）。进一步按性别分层后发现，男性吸烟者患膀胱癌的风险高于女性；在男性中，与不吸烟者相比，现在吸烟者和曾经吸烟者的膀胱癌患病风险分别增加了1倍（合并OR 2.00，95% CI：1.79～2.21）和2.30倍（合并OR 3.30，95% CI：2.90～3.70）；同样在女性中，与不吸烟者相比，现在吸烟者（合并OR

1.65，95% CI：1.38 ～ 1.93）和曾经吸烟者（合并OR 3.10，95% CI：2.61 ～ 3.58）患膀胱癌的风险均升高，但吸烟与膀胱癌患病风险之间的关联强度低于男性。

（温　艳　陈万青）

十、肾癌

（一）概述

肾癌（kidney cancer）是起源于肾实质泌尿小管上皮系统的恶性肿瘤，又称肾细胞癌、肾腺癌，是泌尿系统常见的恶性肿瘤之一。

根据国际癌症研究署GLOBOCAN报告显示，在全球范围内，2020年肾癌的发病例数为43.1万例，占癌症总发病例数（1929.3万例）的2.2%，发病率为4.6/10万；肾癌的死亡例数为17.9万例，占癌症总死亡例数（995.8万例）的1.8%，死亡率为1.8/10万。男性肾癌年龄标化发病率为6.1/10万，高于女性的3.2/10万；男性肾癌年龄标化死亡率为2.5/10万，高于女性的1.2/10万；按照人类发展指数（Human Development Index，HDI）分类，结果提示，非常高和高HDI国家的男性肾癌发病率为7.8/10万，死亡率为3.0/10万，均高于中低HDI国家男性肾癌数据，分别为1.8/10万和1.1/10万。

我国肿瘤登记的最新统计数据显示，2015年我国肾癌的发病例数为7.4万例，粗发病率为5.4/10万，其中男性发病率为6.7/10万，女性为4.1/10万；肾癌的死亡例数为2.7万例，死亡率为2.0/10万，其中男性死亡率为2.4/10万，女性为1.5/10万，肾癌的发病率和死亡率男性均高于女性。在城乡分布上，2015年中国城市地区肾癌的发病率为4.3/10万，高于农村地区2.4/10万；在地区分布上，中国北方地区肾癌的发病率（5.3/10万）高于南方地区（2.8/10万），其中2015年北方城市地区肾癌的发病率最高，为6.7/10万，而西南农村地区肾癌发病率最低，为1.2/10万。中国肿瘤登记数据显示，肾癌的发病率逐年增长。1998 ～ 2008年，年均增长率为7.9%，男性发病率的增长率（8.1%）高于女性（7.5%）。肾癌的死亡率在城乡和地区分布上同样存在差异，2015年中国城市地区肾癌死亡率为1.5/10万，高于农村地区0.8/10万；中国北方地区肾癌死亡率（1.7/10万）高于南方地区（0.9/10万）；肾癌死亡率最高的地区为北方农村地区，为2.1/10万，最低地区为西南农村地区，为0.3/10万。

2004年关于烟草问题的美国《卫生总监报告》指出，吸烟与肾癌发生存在因果关系。大量研究证据表明，吸烟会增加患肾癌的风险。多项研究结果表明，吸烟与肾癌之间存在剂量-反应关系，吸烟量越大、吸烟年限越长、开始吸烟年龄越小，患肾癌的风险越高。

（二）吸烟与肾癌的关系

1. 生物学机制

烟草导致肾癌发生的发病机制目前尚不清楚，可能由多种因素引起，基于现有研究，推测其可能机制有如下几种。

（1）DNA加合物形成与DNA损伤修复：烟草烟雾中含有超过7000种化合物，其中有69种为已知的致癌物，机体暴露于上述这些烟草致癌物中，致癌物与DNA形成共价键，即DNA加合物，吸烟者体内DNA加合物的持续存在可能导致基因损伤；这些致癌物中，如多环芳烃和β-萘胺，以及高度成瘾的神经递质调节物质尼古丁，致癌物通过肾单位滤过时，这些微粒经过代谢，促进机体炎症反应，引发DNA损伤，继而引发细胞癌变。如果DNA的损伤过于严重或由于其他原因无法修复时，DNA加合物就会留存。留存的DNA加合物在DNA复制中被DNA聚合酶错误地处理，导致编码错误，从而增加体细胞突变的可能。

（2）NNK分子机制：4-（甲基亚硝胺基）-1-（3-吡啶基）-1-丁酮［4-（methylnitrosamino）-1-（3-pyridyl）-1-butanone，NNK］是烟草烟雾中含量较高的致癌物质之一。有研究表明，NNK加合物引发抑癌基因K-Ras的突变，上调c-Myc、Bcl-2和cyclin-D1的表达，激活肾上腺素能受体信号并增加DNA的合成。一些体内研究还表明，NNK暴露可导致特定染色体区域的丢失或增加，从而导致染色体不稳定。例如，11号和14号染色体的丢失以及6号和8号染色体的增加。然而，这些研究大多是针对肺组织的分子机制进行的。今后对肾组织发生的分子事件的研究将有助于进一步了解NNK暴露诱导肾癌的分子过程，及其引发肾细胞癌的风险。

（3）氧化应激损伤：吸烟可引起机体局部缺氧和活性氧增加，继而引发机体氧化应激损伤；有研究发现，氧化应激在促进肾癌发生中可能通过影响三羧酸循环，从而驱动氧化磷酸化缺氧细胞调控基因的遗传和获得性的突变，这提示了氧化应激在肾癌发生中可能也有一定的促进作用。

（4）其他机制：有研究证明，尼古丁会增加血管内皮细胞的数量、毛细血管网络的形成和血管生成反应，导致部分由血管内皮生长因子介导的肿瘤数目上调，从而引起肾癌发生。研究证实这些变化可能是由于氧化应激诱导的血管内皮功能障碍和血管损伤引起的。

2. 吸烟对肾癌发生发展的影响

（1）有充分证据说明吸烟可以导致肾癌：大量研究证据表明，吸烟会增加肾癌的发病风险。Cumberbatch等对关于吸烟与肾癌的10项队列研究与13项病例对照研究进行的Meta分析，共纳入11 429例肾癌病例和12 340例对照，结果显示，现在吸烟者患肾癌的风险是不吸烟者的1.36倍（95% CI：1.19～1.56，$P<0.001$），其中男性吸烟者患肾癌的风险高于女性（男性RR 1.46，95% CI：1.29～1.65；女性RR 1.36，95% CI：1.17～1.58）；按地区分层分析显示，大洋洲吸烟者患肾癌的风险较高（RR 1.77，95% CI：1.13～2.75），亚洲吸烟者患肾癌的风险较低（RR 1.15，95% CI：0.97～1.36）。

Hunt等对涉及吸烟与肾癌的19项病例对照研究与5项队列研究进行的Meta分析，共纳入1 471 554例对照和9358例肾癌病例，结果显示，有吸烟史者患肾癌的风险是不吸烟者的1.38倍（RR 1.38，95% CI：1.27～1.50），其中男性吸烟者患肾癌的风险高于女性（男性RR 1.54，95% CI：1.42～1.68；女性RR 1.22，95% CI：1.09～1.36）；按照吸烟状态分层分析显示，现在吸烟者和曾经吸烟者，患肾癌的风险分别为不吸烟者的1.45倍（95% CI：1.26～1.66）和1.21倍（95% CI：1.07～1.36）。

美国国立卫生研究院-退休人员协会饮食与健康前瞻性队列研究（the National Institutes of Health-American Association of Retired Persons Diet and Health Study，NIH-AARP）对186 057名退休女性和266 074名退休男性的11年随访结果显示，调整年龄、受教育程度、酒精摄入量、种族和吸烟类型等混杂因素后，在男性中，现在吸烟者和曾经吸烟者患肾癌的风险，分别是不吸烟者的1.70倍（95% CI：1.40～2.00）和1.10倍（95% CI：1.00～1.30）；在女性中，现在吸烟者和曾经吸烟者患肾癌的风险，分别是不吸烟者的1.30倍（95% CI：1.00 ～ 1.70），1.20倍（95% CI：1.00 ～ 1.50）；按照受教育程度分层分析，结果显示，在男性中，大学及以上学历者，高中及以下学历者，现在吸烟者患肾癌的风险分别是不吸烟者的1.40倍（95% CI：0.80 ～ 2.70）和1.70倍（95% CI：1.20 ～ 2.50）。还有多项前瞻性队列研究及病例对照研究结果证实吸烟者患肾癌的风险升高。

（2）吸烟量越大、吸烟年限越长、开始吸烟年龄越小，患肾癌的风险越高：多项研究表明，吸烟与肾癌之间存在着剂量-反应关系，吸烟量越大、吸烟年限越长、开始吸烟年龄越小，患肾癌的风险越高。Liu等对24项队列研究和32项病例对照研究（共计25 751例肾癌病例）进行Meta分析发现，在有吸烟史的男性中，每天吸烟5支、10支、20支和30支者（吸烟支数是在线性函数估计后，取各区间中点得到），患肾癌的风险分别是不吸烟者的1.18倍（95% CI：1.11 ～ 1.26）、1.36倍（95% CI：1.22 ～ 1.52）、1.61倍（95% CI：1.40 ～ 1.86）和1.72倍（95% CI：1.52 ～ 1.95）；吸烟10年和25年者患肾癌的风险分别是不吸烟者的1.24倍（95% CI：1.04 ～ 1.47）和1.70倍（95% CI：1.10 ～ 2.64）。

Hunt等对5项队列研究和15项病例对照研究进行Meta分析，发现吸烟者的吸烟量越大，患肾癌的风险越高。在有吸烟史的男性中，每天吸烟1 ～ 9支、10 ～ 20支和＞20支的吸烟者患肾癌的风险分别是不吸烟者的1.60倍（95% CI：1.21 ～ 2.12）、1.83倍（95% CI：1.30 ～ 2.57）和2.03倍（95% CI：1.51 ～ 2.74）；轻度吸烟者、中度吸烟者和重度吸烟者患肾癌的风险分别是不吸烟者的1.48倍（95% CI：1.16 ～ 1.88）、1.52倍（95% CI：1.23 ～ 1.88）和1.76倍（95% CI：1.52 ～ 2.04）。

McLaughlin等对来自澳大利亚、丹麦、德国、瑞士和美国的1732例肾癌患者和2309例对照进行病例对照研究，调整性别、年龄、研究中心和BMI后，结果显示现在吸烟者患肾癌的风险是不吸烟者的1.4倍（95% CI：1.2 ～ 1.7）。肾癌的发病风险随着吸烟量的增加和吸烟年限的延长而升高，现在吸烟者中吸烟指数＞15.9包·年和＞42.2包·年者的患肾癌的风险分别是不吸烟者的1.1倍（95% CI：0.8 ～ 1.5）和2.0倍（95% CI：1.6 ～ 2.7）（趋势检验P值＜0.001）。La Vecchia等对意大利北部的131例肾癌患者和394例对照进行病例对照研究，发现吸烟量越大、开始吸烟年龄越小，患肾癌的风险越高；调整年龄、性别、居住地、受教育程度和BMI等因素后，每天吸烟15 ～ 24支和≥25支者患肾癌的风险分别是不吸烟者的1.9倍（95% CI：1.0 ～ 3.6）和2.3倍（95% CI：1.0 ～ 5.3）；20岁前与20岁后开始吸烟者患肾癌的风险分别是不吸烟者的2.0倍（95% CI：1.1 ～ 3.7）和1.7倍（95% CI：1.0 ～ 3.0）。

（李　鑫　陈万青）

十一、口腔癌和咽部癌

（一）概述

口腔癌（oral cavity cancer）和咽部癌（pharyngeal cancer）均属于头颈部肿瘤。口腔癌狭义指口内癌，广义则包括唇癌、口内癌和口咽癌，而咽部癌则包括发生在鼻咽、口咽和喉咽部的恶性肿瘤。我国肿瘤登记系统对鼻咽癌做单独报道，因此后文表述的口腔癌和咽部癌主要包括发生在唇、口内、口咽和喉咽部的恶性肿瘤。

据GLOBOCAN报告显示，2020年全球范围内口腔癌和咽部癌新发病例为56.0万，占癌症总发病数（1929.3万）的2.9%；口腔癌和咽部癌死亡病例为26.5万，占癌症总死亡病例数（995.8万）的2.7%；男性口腔癌和咽部癌的新发病和死亡病例数分别为41.3万和19.7万，均高于女性（分别是14.7万和6.8万）。我国最新肿瘤登记报道显示，2015年我国口腔癌和咽部癌的新发病例为5.2万，占癌症总发病例数（392.9万）的1.32%；死亡病例为2.4万，占癌症总死亡例数（233.8万）的1.0%；发病数和死亡数分别居恶性肿瘤谱的第20位和第19位；男性新发病例数和死亡例数（分别为3.5万和1.7万）也均高于女性（分别为1.7万和0.7万）。近年来，我国癌症患者的生存预后得到明显的改善，其中口腔癌和咽部癌患者的5年生存率达到50.4%。

有充分证据证实，吸烟可以导致口腔癌和咽部癌发病风险增加。2004年关于烟草问题的美国《卫生总监报告》指出，有充分证据表明吸烟与口腔和咽部恶性肿瘤存在因果关系。吸烟与口腔癌和咽部癌的发生存在显著的剂量-反应关系，即吸烟者吸烟量越大、年限越长，口腔癌和咽部癌的发病风险越高。

（二）吸烟与口腔癌和咽部癌的关系

1. 生物学机制

口腔癌和咽部癌主要起源于上皮，其中约90%为鳞状细胞癌。大多数口腔癌发生前会出现癌前病变和不典型增生的进行性发展，正常黏膜会转化为原位癌，并最终转化为浸润性癌。典型癌前病变表现包括口腔黏膜白斑（口腔黏膜上凸起的白色斑块，直径至少5 mm，并且无法刮除）和红斑（白斑伴有红斑或红色成分）。

（1）烟草致癌物的暴露和代谢异常：烟草产生的烟雾中有多种致癌物质，包括多环芳烃类（如苯并芘）、烟草特异性亚硝胺、亚硝基去甲烟碱等化合物，具有较强的致癌性，其代谢异常与口腔癌和咽部癌的发生有一定的关系。苯并芘在体内代谢活化形成反式环氧二醇，通过嵌入DNA碱基间导致DNA损伤。在动物实验中，将苯并芘局部用于口腔黏膜可诱发口腔癌；向兔子牙龈注射烟草烟雾冷凝也可诱发白斑；经烟草特异性亚硝胺培养的大鼠口腔组织中会发生DNA异常甲基化。在吸烟者中，癌前病变可能在戒烟后消退；但如果持续暴露，则会增加病变的不典型程度。研究发现吸卷烟诱发的白斑更易发生恶变。

（2）基因突变及生长控制机制失调：健康黏膜进展到浸润性癌的背后，是基因突变的积累破坏了正常细胞的生长控制。染色体9p21区段的缺失是口腔癌和其他头颈部肿瘤中最常见的遗传改变。该缺失伴随着p16INK4a基因的失活，包括启动子甲基化、点突变和纯合缺失。此外抑癌基因p14及其可变阅读框（alterative reading frame，ARF）也位于9p21区段，p14 ARF与MDM2癌基因结合，使p53降解减少，导致p53水平升高。研究发现p53基因突变通常发生在吸烟者的白斑病变中，而非吸烟者的口腔癌前病变中则不存在；与非吸烟者相比，吸烟者肿瘤中的某些基因改变可能更常见，且头颈部肿瘤进展过程中一些染色体缺失在吸烟者中更常见。

（3）基因多态性与易感性：对烟草致癌物的代谢活化、解毒和清除能力有关的基因研究发现，一些人谷胱甘肽S-转移酶基因中的无效基因型（GST1、GSTM1、GSTP1等）为口腔癌的危险因素，提示在烟草相关致癌过程可能有遗传易感性。

2. 吸烟对口腔癌和咽部癌发生发展的影响

（1）有充分证据说明吸烟可以导致口腔癌和咽部癌：既往大量流行病学研究证实，吸烟与口腔和口咽部恶性肿瘤存在因果关系。早在2004年版美国《卫生总监报告》中指出，吸烟者比不吸烟者患口腔癌和咽部癌的风险更高；口腔癌和咽部癌的发病率和死亡率随着每天吸烟量的增加而增加，随着戒烟年数的增加而减少，并且任何种类的烟草（如卷烟、雪茄、无烟烟草及其他烟草制品和鼻咽、咀嚼等使用方式）均可引发口腔癌和咽部癌。在47.7万名50～71岁美国居民中（其中男性28.4万名，女性19.3万名）进行的前瞻性研究随访5年发现，在男性中，现在吸烟者患口腔癌、口咽和下咽癌的风险分别是从不吸烟者的2.99倍（95% CI：2.05～4.38）和5.29倍（95% CI：2.88～9.73）；在女性中，现在吸烟者患口腔癌、口咽和下咽癌的风险分别是从不吸烟者的7.57倍（95% CI：4.02～14.28）和11.39倍（95% CI：3.21～40.40）。一项对6.1万名45～74岁华裔新加坡居民进行的前瞻性队列研究发现，现在吸烟者患口腔及咽部恶性肿瘤的风险是不吸烟者的3.5倍（95% CI：1.9～6.4）。英国百万女性队列研究结果表明，女性吸烟者患口腔癌、喉癌、咽癌、鼻腔癌或鼻窦癌的风险是从不吸烟女性的4.83倍（95% CI：3.72～6.29）。美国开展的一项病例对照研究，纳入1114例口腔癌和咽部癌患者和1268例对照，在调整饮酒、年龄、种族和研究地区等因素后，男性中，吸烟者患癌的风险为从不吸烟者的1.9倍（95% CI：1.3～2.9），女性中对应风险则为3.0倍（95% CI：2.0～4.5）。

我国本土开展研究的结果同样支持这一观点。戴奇等于1984～1990年先后进行了基于全人群的肺癌、卵巢癌、肾癌、膀胱癌、喉癌、口腔癌、胃癌等多癌种的病例对照研究，研究发现女性吸烟者发生口腔癌的风险是不吸烟女性的2.2倍（95% CI：1.0～4.9）。

吸烟还会增加口腔癌的死亡风险。1985～2011年在美国开展的一项入组35.7万名研究对象的前瞻性队列研究发现，吸烟者因口腔癌死亡的风险是不吸烟者的9.02倍（95% CI：5.78～14.09），其中每天吸烟者比偶尔吸烟者因口腔癌死亡的风险更高，这两类人群因口腔癌死亡的风险分别是不吸烟者的9.74倍（95% CI：6.20～15.30）和4.62倍（95% CI：1.84～11.58）。

（2）吸烟者的吸烟量越大、吸烟年限越长，口腔癌和咽部癌的发病风险越高：一项Meta分析对17项在美国和欧洲人群开展的病例对照研究进行分析发现，调整年龄、性别、受教育程度、种族、研究中心等因素后，在不饮酒者中，每天吸烟1～20支者患口腔癌和口咽癌的风险分别是不吸烟者的1.72倍（95% CI：1.17～2.53）和1.90倍（95% CI：1.34～2.68），每天吸烟≥20支者患口腔和口咽癌的风险分别是不吸烟者的3.13倍（95% CI：1.14～8.59）和2.83倍（95% CI：1.66～4.82）。对45～74岁华裔新加坡居民进行的前瞻性队列研究发现，吸烟者患口腔和咽部恶性肿瘤的发病风险随吸烟量的增加而增加，每天吸烟1～12支、13～22支和≥23支者口腔癌和咽部癌的发生风险分别是不吸烟者的2.6倍（95% CI：1.2～5.7）、3.6倍（95% CI：1.7～7.6）及6.5倍（95% CI：2.9～14.6）；吸烟年数为1～39年和≥40年者患口腔癌和咽部癌的风险分别是不吸烟者2.5倍（95% CI：1.2～5.3）和4.8倍（95% CI：2.4～9.5）。对50～71岁美国居民开展的前瞻性队列研究也得出相似结论。Di Credico等进行的一项病例对照研究，评估了吸烟量和吸烟年限的联合效应与患头颈部肿瘤风险的剂量－反应关系，发现每天吸烟16～25支且持续26～35年者患口腔和咽部癌的风险是不吸烟者的5.1倍（95% CI：4.9～5.4）。

在我国福建开展的病例对照研究发现（纳入978例口腔癌患者和2646例对照），男性吸烟者口腔癌的发病风险随吸烟量的增加而增加，吸烟指数＜20包·年、20～40包·年和≥40包·年的男性吸烟者患口腔癌的风险分别是不吸烟者的1.47倍（95% CI：1.04～2.08）、1.62倍（95% CI：1.17～2.24）和2.84倍（95% CI：2.05～3.93）。中国本土人群研究目前仍相对较少，需继续开展能产生更高级别证据的研究，以深入了解烟草对中国人群口腔癌和咽部癌的影响。

（严鑫鑫　白方舟　石菊芳）

十二、喉癌

（一）概述

喉癌（laryngocarcinoma）是一种较常见的头颈部恶性肿瘤，严重损害患者咽喉功能和生活质量。

根据GLOBOCAN报告显示，全球范围内，2020年喉癌的新发病例约为18.5万，占全部恶性肿瘤新发病例数（1929.3万）的1.9%；死亡病例约为10.0万，占全部恶性肿瘤死亡病例数（995.8万）的1.0%；喉癌发病例数和死亡例数分别位列全球恶性肿瘤发病例数和死亡例数的第20位和第18位。我国肿瘤登记数据显示，2015年我国喉癌的新发病例约为2.5万，占恶性肿瘤总发病例数（392.9万）的0.6%，死亡病例约为1.4万，占恶性肿瘤总死亡病例数（233.8万）的0.6%，发病例数和死亡例数均位列中国恶性肿瘤发病例数和死亡例数的第21位。我国喉癌发病年龄主要集中在40岁以上年龄段，男性发病率和死亡率均明显高于女性；喉癌发病也存在地区差异，如东北地区女性发病率较高等。2012～2015年我国喉癌患者的5年相对生存率为57.5%，预后效果优于全国所有癌种平均水平。

从全世界范围来看，绝大多数喉癌患者有长期大量吸烟史，吸烟是喉癌发病的独立危险因素。已有充分证据说明吸烟可以导致喉癌，吸烟者的吸烟量越大、吸烟年限越长，喉癌的发病风险越高。

（二）吸烟与喉癌的关系

1. 生物学机制

（1）修复基因的改变：目前认为喉癌发生过程中致癌基因，抑癌基因和修复基因具有协同作用。其中基因的修复功能非常重要，因为有效基因的修复功能在喉癌发生的多个阶段起到保护作用，甚至可以逆转肿瘤的发生。烟草及其代谢物将对人类DNA造成氧化损伤，导致DNA双链断裂。如果损伤不能及时修复，将促进癌症的发生。人8-羟基鸟嘌呤DNA糖苷酶1（hOGG1）是碱基切除修复（base excision repair，BER）途径中的主要酶，负责去除暴露于活性氧中的7,8-二氢-8-羟基鸟嘌呤（8-oxoG），诱变基质副产物。hOGG1基因在人类中高度多态，并在癌细胞中发生突变。hOGG1突变可增加喉癌的风险，并且发现hOGG1突变可在吸烟者体内积聚更多的8-羟基脱氧鸟嘌呤（8-OHdG）。8-OHdG可以用作早期诊断喉癌的生物标志物。

（2）基因表达的改变：CYP1A1基因的改变与吸烟导致喉癌的发生密切相关。CYP1A1是一种由细胞色素基因编码的酶，并且具有芳香烃羟化酶的活性，CYP1A1衍生的芳香族碳氢化合物在烟草的代谢过程中起着至关重要的作用。

（3）DNA甲基化：烟草中亚硝胺使DNA甲基化表达上调，DNA甲基化的过表达是引起喉癌的原因以及喉癌恶性进展和转移的重要因素。

（4）血管因子激活蛋白1（activator protein，AP-1）和NF-κB的上调：依赖性血管因子AP-1和NF-κB调节涉及从癌前病变到转移癌发生发展的多个步骤。烟草致癌物增加了AP-1的活性并上调AP-1依赖性IL-8和VEGF在头颈部肿瘤中的表达。

（5）内源性化学物质结构改变：烟草可以改变人体内的内源性化学物质的结构，使其变异并致癌。这些内源性化学物质会渗入细胞并引起遗传变化。突变基因的积累将导致肿瘤的形成，甚至是远处转移。研究发现，在重度吸烟的喉癌患者中基质金属蛋白酶2、增殖细胞核抗原和Ki-67的基因表达显著上调。

2. *吸烟对喉癌发生发展的影响*

（1）有充分证据说明吸烟可以导致喉癌：大量研究表明，吸烟与喉癌之间存在因果关系。Raitiola在芬兰进行的一项前瞻性队列研究（40万人，随访近30年）结果显示，男性吸烟者患喉癌的风险是男性不吸烟者的15.9倍（95% CI：10.0～25.4），女性吸烟者患喉癌的风险是女性不吸烟者的12.4倍（95% CI：3.9～39.5）。Wynder等对美国6个城市的1034名白种人进行的一项病例对照研究发现，调整吸烟年限和每天吸烟量后，吸烟者患喉癌的风险明显升高，且女性高于男性，女性吸烟者患喉癌的风险是女性不吸烟者的4.19倍（95% CI：2.66～6.61），男性吸烟者患喉癌的风险是男性不吸烟者的1.65倍（95% CI：1.16～2.34）。Jayalekshmi等对印度65 553名男性开展的队列研究（1990～2009年）显示，吸烟者患喉癌的风险是不吸烟者的1.7倍（95% CI：1.1～2.7）。

在中国人群中进行的病例对照研究也表明，吸烟可增加喉癌的发病风险。耿敬等对国内外1980～2014年发表的9项关于中国人群喉癌发病率影响因素的病例对照研究进行Meta分析，共纳入1373例喉癌病例和1598例对照，结果显示吸烟者患喉癌的风险是不吸烟者的6.35倍（95% CI：2.74～14.71）。部隽等对1992～2011年发表的16项关于中国人群吸烟与喉癌关系的病例对照研究进行Meta分析，结果显示，吸烟者患喉癌的风险是不吸烟者的4.08倍（95% CI：2.90～5.26）。

（2）吸烟者的吸烟量越大、吸烟年限越长，喉癌的发病风险越高：Talamini等在意大利和瑞士进行的病例对照研究，纳入79岁以下的527名喉癌患者和1297名对照，结果发现吸烟是喉癌发病的独立危险因素，且与饮酒具有协同作用；调整年龄、性别和居住地等因素后，每天吸烟1～14支、15～24支和＞24支者发生喉癌的风险分别是不吸烟且少量饮酒者的8.0倍（95% CI：2.82～22.80）、31.5倍（95% CI：11.96～82.94）和52.5倍（95% CI：18.28～150.62）；每天吸烟量越大且饮酒量越多者患喉癌的风险越大，每天吸烟≥25支且每周饮酒≥56个酒精单位（1个酒精单位约相当于12g纯乙醇）者，发生喉癌的风险为不吸烟且少量饮酒者的177.2倍（95% CI：64.99～483.28）。Tavani等在意大利北部367名喉癌患者和1931名对照者中进行的病例对照研究发现，戒烟者和每天吸烟＜15支者患喉癌的风险是不吸烟者的3.3倍（95% CI：1.9 ～ 5.5），而每天吸烟≥15支者患喉癌的风险增至不吸烟者的8.8倍（95% CI：5.2 ～ 14.8）。Dosemeci等在土耳其开展的病例对照研究（共纳入832例喉癌患者和829名对照）也证明吸烟量越大患喉癌风险越高，有吸烟史者患喉癌的风险是不吸烟者的3.5倍（95% CI：2.6 ～ 4.4），每天吸烟11 ～ 20支和≥21支者发生喉癌的风险分别是不吸烟者的3.5倍（95% CI：2.6 ～ 4.8）和6.6倍（95% CI：4.2 ～ 10.3）。

Zhu等2018年在上海对200例喉癌患者和190名对照者进行的病例对照研究发现，吸烟指数≥30包・年者患喉癌的风险是吸烟指数＜30包・年者的1.82倍（95% CI：1.06 ～ 3.11）。Zheng等在上海开展的另一项病例对照研究也发现（纳入201名喉癌患者和414名对照），每天吸烟＜10支、10 ～ 19支和≥20支者发生喉癌的风险分别是不吸烟者的1.6倍（95% CI：0.5 ～ 4.9）、7.1倍（95% CI：3.1 ～ 16.6）和25.1倍（95% CI：9.9 ～ 63.2）。

（于欣阳　陈万青）

十三、其他恶性肿瘤

（一）概述

目前“有证据提示”吸烟可以导致的癌种有4个，即乳腺癌、结直肠癌、急性白血病和鼻咽癌，本小节以癌种发病率排序，对吸烟与各癌种发生发展的关系依次予以介绍。同时，也在最后对目前仍然“待进一步证据明确”吸烟可以导致的一个癌种——前列腺癌，进行介绍。

乳腺癌（breast cancer）是发生于乳腺上皮或导管上皮的恶性肿瘤，为女性常见恶性肿瘤之一。GLOBOCAN统计数据显示，2020年全球新增女性乳腺癌患者约226.1万例，位居恶性肿瘤发病数首位；死亡约68.5万例，位居恶性肿瘤死亡数的第五位。2015年我国乳腺癌新发病例约为30.4万，位居女性恶性肿瘤发病数首位。近年来，我国女性乳腺癌发病率逐年上升，且存在年轻化趋势，乳腺癌已成为对女性健康威胁最大的疾病。

结直肠癌（colorectal cancer）是胃肠道中常见的恶性肿瘤，可以发生在结肠或直肠的任何部位。2020年全球新发结直肠癌病例数约为188.1万，位居恶性肿瘤发病数第三位；死亡病例数为91.6万例，位居恶性肿瘤死亡数的第二位。欧洲、澳洲、北美洲等地结直肠癌发病率高于亚洲国家，而东亚地区的直肠癌发病率已位列全球首位。在我国，结直肠癌发病率逐年上升。2015年结直肠癌的发病率和死亡率分别位列全国恶性肿瘤发病率和死亡率的第三位和第五位。

白血病（leukemia）是因造血干/祖细胞于不同阶段发生分化阻滞、凋亡障碍和恶性增殖而引起的造血系统恶性肿瘤，严重威胁人类，尤其是青少年的生命与健康。2020年全球新增白血病患者约47.5万例，死亡约31.2万例，位居恶性肿瘤死亡数的第十位。在中国，2015年白血病新发病例数为8.7万，死亡病例数为5.4万。2012 ～ 2015年统计数据表明我国白血病患者的5年生存率仅为25.4%。根据白血病的分化程度、自然病程的长短可分为急性和慢性白血病；急性白血病又主要以急性髓细胞性白血病为主。

鼻咽癌（nasopharyngeal cancer）为鼻咽部上皮及黏膜腺体的恶性肿瘤。GLOBOCAN数据显示，2020年全球新发鼻咽癌约13.3万例，西方国家人群中鼻咽癌发病率较低，中国鼻咽癌的发病率和死亡率高于全球平均水平，2015年我国鼻咽癌新发病例数为5.10万，死亡病例数为2.70万。

前列腺癌（prostate cancer）是发生在前列腺的上皮性恶性肿瘤，威胁男性健康。2020年全球新增前列腺癌患者约141.4万例，位居恶性肿瘤发病数第四位；死亡约37.5万例，位居恶性肿瘤死亡数的第八位。前列腺癌发病率较高的国家主要为欧美发达国家，非洲国家前列腺癌的死亡率有所上升。2015年，我国前列腺癌的发病和死亡数位居我国男性癌症谱的第六位和第十位。目前，关于吸烟与前列腺癌的相关研究主要在欧美国家开展，鲜有我国人群的相关报道。

（二）吸烟与其他恶性肿瘤的关系

1. 生物学机制

（1）乳腺癌：目前，吸烟导致乳腺癌患者发病和死亡风险增加的生物学机制尚不明确。现有研究表明，烟草中的烟雾化合物在进入血液循环后，形成吸烟特异性DNA加合物，可能会导致女性乳腺癌相关的p53基因突变，进而诱导乳腺癌的发生。

（2）结直肠癌：目前吸烟导致结直肠癌患者发病和死亡风险增加的生物学机制尚不明确，可能与吸烟诱导肿瘤血管生成、免疫抑制有关。

（3）急性白血病：目前吸烟导致急性白血病发生的机制尚不清楚。吸烟与急性髓细胞性白血病发病间的关联可能是由于烟草中存在致白血病物质，如苯、甲醛或放射性成分等，这些物质可能通过染色体修饰作用致癌。另外，吸烟也可能会导致免疫系统异常，引起血液中的白细胞数量的改变，自然杀伤细胞数量的减少和$CD4^{+}$T细胞数量的增加，从而增加急性白血病的发病风险。

（4）鼻咽癌：吸烟是促进肿瘤生长的因素，可作为诱变剂和DNA损伤剂，在正常鼻咽上皮细胞中驱动肿瘤的发生。此外，Epstein-Barr病毒（EBV）感染是鼻咽癌发病的重要危险因素之一。研究表明，吸烟可能通过增加EBV感染风险，从而增加鼻咽癌的发病风险。也有研究发现，吸烟与口腔EBV DNA载量明显正相关，并且存在剂量-反应关系。

（5）前列腺癌：目前吸烟导致前列腺癌患者发病和死亡风险增加的生物学机制尚不明确，可能与DNA甲基化、免疫抑制、炎症反应、血管生成等有关。

2. 吸烟对其他恶性肿瘤发生发展的影响

（1）乳腺癌：有证据提示吸烟可以导致乳腺癌发病风险增加。2017年，Gaudet等对全球14个队列的934 681名女性进行Meta分析，纳入队列包括美国护士队列、瑞典女性生活方式与健康研究等，中位随访时间为12年，结果显示：吸烟可使女性乳腺癌发生的风险增加11%（HR 1.11，95% CI：1.08～1.13）。在吸烟率较低的亚裔女性中，陶苹等汇总10项关于吸烟与乳腺癌的发病关联的研究（3项队列研究和7项病例对照研究）进行Meta分析，样本量达223 609例，结果提示吸烟使亚裔女性乳腺癌的发病风险增加50%（OR 1.50，95% CI：1.03～2.20）。然而对覆盖中国17个省份的51项关于中国女性吸烟和乳腺癌发病关联的研究进行Meta分析，结果显示吸烟者患乳腺癌风险升高无统计学意义（OR 1.04，95% CI：0.89～1.20，$P=0.248$）。

此外，乳腺癌发生的风险与吸烟者吸烟时间密切相关，开始吸烟年龄越小乳腺癌发病风险越高。吸烟年限在20年以上且每天吸烟量超过10支的女性，其乳腺癌的发病风险是不吸烟女性的1.34倍（95% CI：1.06 ～ 1.70），15岁之前开始吸烟者乳腺癌的发病风险是不吸烟者的1.48倍（95% CI：1.03 ～ 2.13）。挪威和瑞典纳入102 098名30 ～ 50岁女性开展的一项队列研究结果也显示，吸烟者的吸烟时间越长、每天吸烟量越大、吸烟开始年龄越小，患乳腺癌的风险越高。

吸烟量与乳腺癌的发病风险存在剂量-反应关系，吸烟指数≤10包·年、11 ～ 20包·年和＞20包·年者发生乳腺癌的风险分别是不吸烟者的1.12倍（95% CI：0.97 ～ 1.30）、1.14倍（95% CI：0.96 ～ 1.36）和1.32倍（95% CI：1.12 ～ 1.55）（趋势检验*P*值＝0.002）。

此外，吸烟会增加乳腺癌患者死亡的风险。Wang等对2007 ～ 2016年发表的11项队列研究进行Meta分析，结果显示，与不吸烟者相比，吸烟者的日吸烟量每增加10支、吸烟指数每增加10包·年、吸烟年限每增加10年，乳腺癌死亡风险分别增加10%（HR 1.10，95% CI：1.04 ～ 1.16）、9%（HR 1.09，95% CI：1.06 ～ 1.12）和10%（HR 1.10，95% CI：1.06 ～ 1.14）。

（2）结直肠癌：有证据提示吸烟可以导致结直肠癌。19世纪60年代起，全球范围内的研究者针对吸烟与结直肠癌之间的关系进行了大量研究，结果表明吸烟可增加结直肠癌的发病风险。Botteri等合并分析欧洲、北美和亚洲开展的188项原始研究发现，现在吸烟者患结直肠癌的风险是不吸烟者的1.14倍（95% CI：1.10 ～ 1.18），曾经吸烟者患结直肠癌的风险是不吸烟者的1.17倍（95% CI：1.15 ～ 1.20）。此外，研究发现直肠癌发病与吸烟的关联性强于结肠癌，且男性吸烟者患结直肠癌的风险更高。合并分析在美洲、欧洲及亚洲人群中开展的研究结果显示：吸烟者发生直肠癌的风险（RR 1.36，95% CI：1.15 ～ 1.61）高于结肠癌（RR 1.11，95% CI：1.02 ～ 1.21），且男性吸烟者患结直肠癌的风险更高（RR 1.38，95% CI：1.22 ～ 1.56）。

吸烟者的吸烟量越大、吸烟年限越长，结直肠癌的发病风险越高。有Meta分析的结果表明，结直肠癌的发病风险与吸烟量存在剂量-反应关系。日吸烟量每增加10支，结直肠癌的发病风险增加7.8%（95% CI：5.7% ～ 10.0%）；吸烟指数每增加10包·年，结直肠癌的发病风险增加4.4%（95% CI：1.7% ～ 7.2%）。美国一项前瞻性队列研究（随访超过12年）表明，在综合考虑年龄、BMI、饮酒、剧烈运动、维生素摄入、阿司匹林和β胡萝卜素治疗及蔬菜摄入等因素后，结直肠癌的发病风险随着吸烟量的增加而升高，吸烟指数为0 ～ 10包·年、11 ～ 20包·年、21 ～ 40包·年和＞40包·年的吸烟者患结直肠癌的风险分别为不吸烟者的1.51倍（95% CI：1.05 ～ 2.18）、1.56倍（95% CI：1.12 ～ 2.16）、1.21倍（95% CI：0.86 ～ 1.72）和1.68倍（95% CI：1.20 ～ 2.35）（趋势检验*P*值＝0.009）。

吸烟可能会增加结直肠癌患者的死亡风险。根据英国百万女性队列研究12年的随访结果显示，现在吸烟者结直肠癌死亡风险比不吸烟者高25%（RR 1.25，95% CI：1.14 ～ 1.37）。

（3）急性白血病：有证据提示吸烟可以导致急性白血病。2004年美国《卫生总监报告》指出，有充分证据说明吸烟可导致急性髓细胞性白血病。Colamesta等汇总5项前瞻性队列研究（包括1191例急性白血病病例），结果显示现在吸烟者及曾经吸烟者急性白血病的发病风险分别是不吸烟者的1.52倍（95% CI：1.10 ～ 2.14）和1.45倍（95% CI：1.08 ～ 1.94）。而在我国人群中，目前针对吸烟与急性白血病的致病性关联的研究缺乏，缺少相关疾病证据，尚需后续深入研究证实。

此外，有证据提示，吸烟者的吸烟量越大，急性白血病的发病风险越高。2014年Sophia等汇总瑞典等4项队列研究与10项病例对照研究分析结果显示：与不吸烟者相比，吸烟强度为＜10支/天、10～19支/天、20～29支/天和≥30支/天者，急性白血病的发病风险增加，RR值分别为1.27（95% CI：1.03～1.56）、1.36（95% CI：1.12～1.64）、1.55（95% CI：1.25～1.92）和1.77（95% CI：1.44～2.18）（趋势检验P值＜0.001）。

（4）鼻咽癌：有证据提示吸烟可以导致鼻咽癌，且可能增加鼻咽癌的死亡风险。Xue等对32项既往研究进行Meta分析（包括10 274例鼻咽癌病例），结果显示，吸烟者患鼻咽癌的风险是不吸烟者的1.60倍（95% CI：1.38～1.87），对病例对照研究进行合并的亚组Meta分析也得到了类似结果（OR 1.63，95% CI：1.38～1.92），但对4项队列研究合并分析提示：吸烟与鼻咽癌无统计学意义的相关性（OR 1.38，95% CI：0.96～1.98）。Lin等在广州进行的一项10万余人的大型队列研究发现，吸烟者的鼻咽癌死亡风险是不吸烟者的2.95倍（HR 2.95，95% CI：1.01～8.68）。

此外，吸烟者的吸烟量越大、吸烟年限越长，鼻咽癌的发病或死亡风险越高。在我国广东男性中开展的病例对照研究结果显示，吸烟指数为20～40包·年和＞40包·年者患鼻咽癌的风险分别是不吸烟者的1.52倍（95% CI：1.22～1.88）、1.76倍（95% CI：1.34～2.32）。鼻咽癌死亡风险随着每天吸烟量（趋势检验P值＝0.01）和吸烟指数（趋势检验P值＝0.01）的增加而增加。

（5）前列腺癌：现有研究对于吸烟与前列腺癌发生的关联尚无统一结论，待进一步证据明确吸烟可以导致前列腺癌。吸烟可能会增加前列腺癌的发病风险。Cerhan等在美国老年男性中开展的前瞻性队列研究，经过11年随访结果提示，每天吸烟≥20支者前列腺癌的发病风险是不吸烟者的2.9倍（95% CI：1.3～6.7）。但是，仍有多数研究尚未提示吸烟与前列腺癌发生的关联：Hickey等对64项前瞻性队列研究及病例对照研究进行Meta分析发现，在54项关于吸烟与前列腺癌发生关系的研究中，绝大部分（40/54）研究未提示二者之间的关联性。由于目前的研究对于吸烟与前列腺癌的发生无法得到明确结论，IARC尚未将吸烟列为前列腺癌发生的致癌因素。此外，吸烟可能会增加前列腺癌患者的死亡风险。多项Meta分析结果也表明现在吸烟者的前列腺癌相关死亡风险比从未吸烟者增加14%～24%，且吸烟量与死亡风险存在一定剂量-反应关系。

（杨卓煜　石菊芳　陈万青）

参考文献

[1] 周彩存，王绿化，周道安. 肿瘤学［M］. 上海：同济大学出版社，2010：79-89.

[2] 赫捷. 2018中国肿瘤登记年报［M］. 北京：人民卫生出版社，2019.

[3] Zhang S，Sun K，Zheng R，et al. Cancer incidence and mortality in China，2015［J］. J Natl Cancer Center，2021，1（1）：2-11.

[4] Ferlay J，Lam F，Colombet M，et al. Global Cancer Observatory：Cancer Today［EB］. Lyon，France：International Agency for Research on Cancer，2020［2021-02-01］. https：//gco. iarc. fr/today.

[5] Ferlay J，Ervik M，Lam F，et al．Global Cancer Observatory：Cancer Tomorrow［EB］．Lyon，France：International Agency for Research on Cancer，2020［2021-02-01］．https：//gco.iarc.fr/tomorrow．

[6] Cai Y，Xue M，Chen W，et al．Expenditure of hospital care on cancer in China，from 2011 to 2015［J］．Chin J Cancer Res，2017，29（3）：253−262．

[7] Islami F，Chen W，Yu XQ，et al．Cancer deaths and cases attributable to lifestyle factors and infections in China，2013［J］．Ann Oncol，2017，28（10）：2567−2574．

[8] Xia C，Zheng R，Zeng H，et al．Provincial-level cancer burden attributable to active and second-hand smoking in China［J］．Tob Control，2019，28（6）：669−675．

[9] Shi JF，Liu CC，Ren JS，et al．Economic burden of lung cancer attributable to smoking in China in 2015［J］．Tob Control，2020，29（2）：191−199．

[10] Toh Y，Oki E，Ohgaki K，et al．Alcohol drinking，cigarette smoking，and the development of squamous cell carcinoma of the esophagus：molecular mechanisms of carcinogenesis［J］．Int J Clin Oncol，2010，15（2）：135−144．

[11] 中华人民共和国卫生健康委员会．中国吸烟危害健康报告2020［M］．北京：人民卫生出版社，2021．

[12] Doll R，Peto R，Boreham J，et al．Mortality in relation to smoking：50 years’ observations on male British doctors［J］．BMJ，2004，328（7455）：1519．

[13] Liu BQ，Peto R，Chen ZM，et al．Emerging tobacco hazards in China：1．retrospective proportional mortality study of one million deaths［J］．BMJ，1998，317（7170）：1411−1422．

[14] Chen ZM，Peto R，Iona A，et al．Emerging tobacco-related cancer risks in China：a nationwide，prospective study of 0.5 million adults［J］．Cancer，2015，121（Suppl 17）：3097−3106．

[15] Harris JE，Thun MJ，Mondul AM，et al．Cigarette tar yields in relation to mortality from lung cancer in the cancer prevention study prospective cohort，1982-8［J］．BMJ，2004，328（7431）：72．

[16] Poorolajal J，Moradi L，Mohammadi Y，et al．Risk factors for stomach cancer：a systematic review and meta-analysis［J］．Epidemiol Health，2020，42：e2020004．

[17] Ordonez-Mena JM，Schöttker B，Mons U，et al．Quantification of the smoking-associated cancer risk with rate advancement periods：meta-analysis of individual participant data from cohorts of the CHANCES consortium［J］．BMC Med，2016，14：62．

[18] Butt J，Varga MG，Wang T，et al．Smoking，helicobacter pylori serology，and gastric cancer risk in prospective studies from China，Japan，and Korea［J］．Cancer Prev Res（Phila），2019，12（10）：667−674．

[19] Chuang YS，Wu MC，Yu FJ，et al．Effects of alcohol consumption，cigarette smoking，and betel quid chewing on upper digestive diseases：a large cross-sectional study and meta-analysis［J］．Oncotarget，2017，8（44）：78011−78022．

[20] Liu X，Baecker A，Wu M，et al．Interaction between tobacco smoking and hepatitis B virus infection on the risk of liver cancer in a Chinese population［J］．Int J Cancer，2018，142（8）：1560−1567．

[21] Abdel-Rahman O，Helbling D，Schöb O，et al．Cigarette smoking as a risk factor for the development of and mortality from hepatocellular carcinoma：An updated systematic review of 81 epidemiological studies［J］．Journal of evidence-based medicine，2017，10（4）：245−254．

[22] 张薇，高玉堂，王学励，等．吸烟与原发性肝癌关系的巢式病例对照研究［J］．中华肿瘤杂志，2009，31（1）：20−23．

[23] 刘银梅，沈月平，刘娜，等．吸烟与肝癌关系的Meta分析［J］．现代预防医学，2010，37（20）：3801−3807．

[24] Hsing AW，Mclaughlin JK，Hrubec Z，et al. Cigarette smoking and liver cancer among US veterans [J]. Cancer Causes Control，1990，1 (3)：217-221.
[25] Wang QL，Xie SH，Li WT，et al. Smoking cessation and risk of esophageal cancer by histological type：systematic review and meta-analysis [J]. J Natl Cancer Inst，2017，109 (12). dio：10. 1093/jnci/djx115.
[26] Cook MB，Kamangar F，Whiteman DC，et al. Cigarette smoking and adenocarcinomas of the esophagus and esophagogastric junction：a pooled analysis from the international BEACON consortium [J]. J Natl Cancer Inst，2010，102 (17)：1344-1353.
[27] 谭淼，熊文婧，朱宗玉，等. 中国人群食管癌发病影响因素的系统综述和Meta分析 [J]. 现代预防医学，2014，41 (23)：4310-4316.
[28] Oze I，Charvat H，Matsuo K，et al. Revisit of an unanswered question by pooled analysis of eight cohort studies in Japan：Does cigarette smoking and alcohol drinking have interaction for the risk of esophageal cancer? [J]. Cancer Med，2019，8 (14)：6414-6425.
[29] Roura E，Castellsagué X，Pawlita M，et al. Smoking as a major risk factor for cervical cancer and pre-cancer：results from the EPIC cohort [J]. Int J Cancer，2014，135 (2)：453-466.
[30] Haverkos HW，Soon G，Steckley SL，et al. Cigarette smoking and cervical cancer：Part I：a meta-analysis[J]. Biomed Pharmacother，2003，57 (2)：67-77.
[31] Clarke EA，Morgan RW，Newman AM. Smoking as a risk factor in cancer of the cervix：additional evidence from a case-control study [J]. Am J Epidemiol，1982，115 (1)：59-66.
[32] Su B，Qin W，Xue F，et al. The relation of passive smoking with cervical cancer：A systematic review and meta-analysis [J]. Medicine (Baltimore)，2018，97 (46)：e13061.
[33] Zeng XT，Xiong PA，Wang F，et al. Passive smoking and cervical cancer risk：a meta-analysis based on 3230 cases and 2982 controls [J]. Asian Pac J Cancer Prev，2012，13 (6)：2687-2693.
[34] Boyle PGN，Henningfield J，Seffrin J，et al. Tobacco and Public Health：Science and Policy [M]. New York：Oxford University Press，2004：511-521.
[35] Mizushima T，Miyamoto H. The role of androgen receptor signaling in ovarian cancer [J]. Cells，2019，8 (2)：176.
[36] Zenzes MT，Puy LA，Bielecki R. Immunodetection of benzo [a] pyrene adducts in ovarian cells of women exposed to cigarette smoke [J]. Mol Hum Reprod，1998，4 (2)：159-165.
[37] Beral V，Gaitskell K，Hermon C，et al. Ovarian cancer and smoking：individual participant meta-analysis including 28，114 women with ovarian cancer from 51 epidemiological studies [J]. Lancet Oncol，2012，13 (9)：946-956.
[38] Praestegaard C，Jensen A，Jensen SM，et al. Cigarette smoking is associated with adverse survival among women with ovarian cancer：results from a pooled analysis of 19 studies [J]. Int J Cancer，2017，140 (11)：2422-2435.
[39] Iodice S，Gandini S，Maisonneuve P，et al. Tobacco and the risk of pancreatic cancer：a review and meta-analysis [J]. Langenbecks Arch Surg，2008，393 (4)：535-545.
[40] Lynch SM，Vrieling A，Lubin JH，et al. Cigarette smoking and pancreatic cancer：a pooled analysis from the pancreatic cancer cohort consortium [J]. Am J Epidemiol，2009，170 (4)：403-413.
[41] Pang Y，Holmes MV，Guo Y，et al. Smoking，alcohol，and diet in relation to risk of pancreatic cancer in China：a prospective study of 0.5 million people [J]. Cancer Med，2018，7 (1)：229-239.
[42] Zheng Z，Zheng R，He Y，et al. Risk factors for pancreatic cancer in China：a multicenter case-control study

[J]. J Epidemiol, 2016, 26 (2): 64-70.

[43] Zou L, Zhong R, Shen N, et al. Non-linear dose-response relationship between cigarette smoking and pancreatic cancer risk: evidence from a meta-analysis of 42 observational studies [J]. Eur J Cancer, 2014, 50 (1): 193-203.

[44] Zeegers MP, Tan FE, Dorant E, et al. The impact of characteristics of cigarette smoking on urinary tract cancer risk: a meta-analysis of epidemiologic studies [J]. Cancer, 2000, 89 (3): 630-639.

[45] Alberg AJ, Kouzis A, Genkinger JM, et al. A prospective cohort study of bladder cancer risk in relation to active cigarette smoking and household exposure to secondhand cigarette smoke [J]. Am J Epidemiol, 2007, 165 (6): 660-666.

[46] Chen W, Xia C, Zheng R, et al. Disparities by province, age, and sex in site-specific cancer burden attributable to 23 potentially modifiable risk factors in China: a comparative risk assessment [J]. Lancet Glob Health, 2019, 7 (2): e257-e269.

[47] Bjerregaard BK, Raaschou-Nielsen O, Sorensen M, et al. Tobacco smoke and bladder cancer—in the European Prospective Investigation into Cancer and Nutrition [J]. Int J cancer, 2006, 119 (10): 2412-2416.

[48] Van Osch FH, Jochems SH, Van Schooten FJ, et al. Quantified relations between exposure to tobacco smoking and bladder cancer risk: a meta-analysis of 89 observational studies [J]. Int J Epidemiol, 2016, 45 (3): 857-870.

[49] Cumberbatch MG, Rota M, Catto JW, et al. The role of tobacco smoke in bladder and kidney carcinogenesis: a comparison of exposures and meta-analysis of incidence and mortality risks [J]. Eur Urol, 2016, 70 (3): 458-466.

[50] Hunt JD, Van der Hel OL, Mcmillan GP, et al. Renal cell carcinoma in relation to cigarette smoking: meta-analysis of 24 studies [J]. Int J Cancer, 2005, 114 (1): 101-108.

[51] Freedman ND, Abnet CC, Caporaso NE, et al. Impact of changing U. S. cigarette smoking patterns on incident cancer: risks of 20 smoking-related cancers among the women and men of the NIH-AARP cohort [J]. Int J Epidemiol, 2016, 45 (3): 846-856.

[52] Blakely T, Barendregt JJ, Foster RH, et al. The association of active smoking with multiple cancers: national census-cancer registry cohorts with quantitative bias analysis [J]. Cancer Causes Control, 2013, 24 (6): 1243-1255.

[53] Liu X, Peveri G, Bosetti C, et al. Dose-response relationships between cigarette smoking and kidney cancer: a systematic review and meta-analysis [J]. Crit Rev Oncol Hematol, 2019, 142: 86-93.

[54] U. S. Department of Health and Human Services. The health consequences of smoking: a report of the surgeon general. Washington, DC: Superintendent of Documents, U. S. Government Printing Office, 2004.

[55] Freedman ND, Abnet CC, Leitzmann MF, et al. Prospective investigation of the cigarette smoking head and neck cancer association by sex [J]. Cancer, 2007, 110 (7): 1593-1601.

[56] Christensen CH, Rostron B, Cosgrove C, et al. Association of cigarette, cigar, and pipe use with mortality risk in the US population [J]. JAMA Intern Med, 2018, 178 (4): 469-476.

[57] Hashibe M, Brennan P, Chuang SC, et al. Interaction between tobacco and alcohol use and the risk of head and neck cancer: pooled analysis in the International Head and Neck Cancer Epidemiology Consortium [J]. Cancer Epidemiol Biomarkers Prev, 2009, 18 (2): 541-550.

[58] 黄兆选，汪吉宝，孔维佳，等. 实用耳鼻咽喉头颈外科学 [M]. 北京：人民卫生出版社，2008:

488-493.
[59] Talamini R, Bosetti C, La VC, et al. Combined effect of tobacco and alcohol on laryngeal cancer risk: a case-control study [J]. Cancer Causes Control, 2002, 13 (10): 957-964.
[60] 朱奕，王胜资. 吸烟相关性喉癌发生机制的研究进展 [J]. 中国眼耳鼻喉科杂志，2015，15（3）：213-215.
[61] Raitiola HS, Pukander JS. Etiological factors of laryngeal cancer [J]. Acta Otolaryngol Suppl, 1997, 529: 215-217.
[62] 郜隽，李爱东，黄育北，等. 中国人群吸烟与喉癌关系的Meta分析 [J]. 中国健康教育，2013，(8): 699-703.
[63] Gaudet MM, Carter BD, Brinton LA, et al. Pooled analysis of active cigarette smoking and invasive breast cancer risk in 14 cohort studies [J]. Int J Epidemiol, 2017, 46 (3): 881-893.
[64] Botteri E, Borroni E, Sloan EK, et al. Smoking and colorectal cancer risk, overall and by molecular subtypes: a meta-analysis [J]. Am J Gastroenterol, 2020, 115 (12): 1940-1949.
[65] Islami F, Moreira DM, Boffetta P, et al. A systematic review and meta-analysis of tobacco use and prostate cancer mortality and incidence in prospective cohort studies [J]. Eur Urol, 2014, 66 (6): 1054-1064.
[66] Colamesta V, D'aguanno S, Breccia M, et al. Do the smoking intensity and duration, the years since quitting, the methodological quality and the year of publication of the studies affect the results of the meta-analysis on cigarette smoking and Acute Myeloid Leukemia (AML) in adults? [J]. Crit Rev Oncol Hematol, 2016, 99: 376-388.
[67] Xue WQ, Qin HD, Ruan HL, et al. Quantitative association of tobacco smoking with the risk of nasopharyngeal carcinoma: a comprehensive meta-analysis of studies conducted between 1979 and 2011 [J]. Am J Epidemiol, 2013, 178 (3): 325-338.

第三节　心脑血管疾病

一、概述

（一）心脑血管疾病流行趋势

心脑血管疾病是心血管和脑血管疾病的总称，主要包括冠心病、脑卒中、高血压、外周动脉疾病和心力衰竭等。

心脑血管疾病已经成为全球的首要死因，2019年全球约1860万人的死亡可归因于心脑血管疾病，较1990年升高了53.7%。近30年来，随着社会经济发展、人口老龄化加剧，以及膳食模式和生活行为方式的转变，以冠心病、脑卒中为代表的心脑血管疾病造成了我国巨大的疾病负担。《中国心血管健康与疾病报告2020》指出，我国心脑血管疾病患病率仍处于持续上升阶段。据估算，心脑血管疾病现患人数达3.3亿，其中冠心病1139万，脑卒中1300万。自1990年以来，我国城乡居民心脑血管疾病死亡率逐年增长，2019年城市上升至277.92/10万，农村上升至323.29/10万。GBD研究显示，2019年我国因心脑血管疾病死亡人数达399万，占总死亡人数的37.53%，位于死因首位。因此，《健康中国行动（2019—2030年）》明确指出，心脑血管疾病是我国公共卫生和社会发展的重大挑战，应关注吸烟等行为方式以及环境因素对健康的影响，坚持预防为主，推动实现健康中国目标。

（二）吸烟与心脑血管疾病的关系

既往研究已经证实，心脑血管疾病由遗传和环境因素及其交互作用共同决定，其中吸烟是心脑血管疾病最主要的可预防危险因素。

国内外大量流行病学研究以及近期的大规模遗传学研究均表明，吸烟可以导致心脏损伤、脑血管和颈动脉损害，会显著增加冠心病、脑卒中、心力衰竭等主要心脑血管疾病发病和死亡风险，并且吸烟量越大、年限越长、开始吸烟年龄越小，心脑血管疾病发病及死亡风险越高。研究还发现，烟草暴露导致的心脑血管健康危害没有安全阈值，即使每天只吸一支烟也会使男性冠心病和脑卒中发病风险分别增加48%和25%，女性风险分别增加57%和31%。二手烟暴露也可迅速损伤心脑血管系统，导致冠心病风险增加25%～30%，脑卒中风险增加20%～35%。除冠心病、脑卒中等主要心脑血管疾病以外，还有研究发现主动或被动暴露于烟草烟雾可能增加亚临床期动脉粥样硬化、高血压和血脂异常等心脑血管危险因素的发生风险。国内外心脑血管疾病防治指南均明确提出，应向吸烟者强调戒烟的健康获益，帮助其戒烟。

研究显示，吸烟可通过多种病理生理学机制影响心脑血管疾病的发生发展，并且参与心脑血管疾病发生发展的整个过程。吸烟可引起急性血流动力学改变，如心率、冠状动脉血管阻力、心肌耗氧量增加。吸烟能导致内皮细胞损伤和功能障碍、引发炎症反应和促进血栓形成因子的改变，参与诱发和加重动脉粥样硬化和心脑血管事件的发生。吸烟还能刺激交感神经系统，促进肾上腺素和去甲肾上腺素分泌，导致每搏量增加，全身小血管痉挛，引起血压升高。还可以通过减少心肌供氧量，诱发心肌缺血缺氧，导致心绞痛和心肌梗死。

（三）吸烟导致的心脑血管疾病负担

GBD研究显示，2019年吸烟造成的疾病负担位列第二位，仅次于高血压。全球每年因吸烟造成的死亡人数达871万，占总死亡人数的15.41%，其中死于心脑血管疾病的人数达319万。目前，我国已成为世界上吸烟人数最多的国家，2018年中国成人烟草调查显示，中国15岁及以上人群现在吸烟率为26.6%，其中男性吸烟率甚至达到50.5%。多项研究和调查报告显示，吸烟是造成我国居民心脑血管疾病负担的主要危险因素之一。2019年，我国吸烟导致的心脑血管疾病死亡达97.5万，伤残调整寿命年损失达2359万。

总之，吸烟是公认的心脑血管疾病危险因素，可增加冠心病、脑卒中、外周动脉疾病等多种心脑血管疾病发病和死亡的风险，而戒烟可以获得巨大的健康益处，包括心脑血管疾病发病和死亡风险的下降、疾病预后改善和寿命延长。面对我国当前严峻的吸烟流行状况，应呼吁全社会参与戒烟，创造无烟环境，降低烟草带来的心脑血管疾病及其相关经济负担。

（鲁向锋　黄克勇）

二、吸烟引起心脑血管疾病的生物学机制

（一）概述

吸烟是心脑血管疾病的重要危险因素，可导致高血压、冠心病和脑卒中等多种心脑血

管疾病。吸烟没有安全剂量，即使少量暴露，心脑血管疾病风险也会显著增加，而且随着吸烟量和吸烟年限的增加，这一风险会持续升高。研究显示，吸烟时产生的烟草烟雾可诱导炎症和氧化应激反应，影响脂质代谢，损伤血管内皮功能，导致动脉粥样硬化，造成血管腔狭窄并引起血流动力学改变，从而增加心脑血管疾病的发生风险。吸烟除对心脑血管系统造成直接危害，还可影响心脑血管疾病的相关危险因素。例如，吸烟可增加高血压发病风险，烟草烟雾也可影响胰岛素敏感性，引起胰岛素抵抗，造成体内血糖、血脂代谢紊乱等问题。此外，吸烟还与高血压、血脂异常、糖尿病等心脑血管疾病的主要危险因素产生协同作用，对心血管健康产生更大的危害。

（二）烟草烟雾中不同成分对心脑血管健康的危害

烟草燃烧产生的烟雾是包含大量有毒有害物质的悬浮颗粒气溶胶，其化学成分非常复杂。这些物质以不同形式分布于烟雾的气相及颗粒相中，广泛地影响着心脑血管系统健康。其中尼古丁、一氧化碳和氧化性物质等有毒有害成分，因与心脑血管疾病的发生密切相关而备受关注。

1. 尼古丁

尼古丁，俗称烟碱，化学式$C_{10}H_{14}N_2$，是烟草烟雾的主要活性成分，具有刺激性和辛辣性气味，易致人成瘾或产生依赖性。尼古丁是拟交感神经物质，进入体内后可迅速作用于烟碱型受体，促进肾上腺和神经元释放儿茶酚胺类物质。吸入小剂量尼古丁可出现头晕、血压降低和心悸等症状。大剂量使用时，尼古丁可引起呕吐和恶心，甚至引起死亡。吸烟后尼古丁被机体迅速吸收，吸一支烟后动脉血中的尼古丁水平即可达到40～100μg/L。尼古丁可引起内皮功能障碍、脂质代谢异常和胰岛素抵抗等健康问题。研究发现，即使在很低的摄入量下，尼古丁对交感神经系统的持续刺激也可导致血管收缩和心率加快，而长期吸烟可显著增加吸烟者发生心脑血管疾病的风险。

2. 一氧化碳

一氧化碳也是烟草烟雾的主要成分，它与血红蛋白的亲和力比氧大200～300倍。吸烟后，烟草烟雾中的一氧化碳可经肺泡进入血液循环，并迅速与血红蛋白结合生成碳氧血红蛋白，竞争性减少氧分子结合的血红蛋白数量，进而降低红细胞的携氧能力。此外，动物实验和人群研究均表明，长期接触低浓度一氧化碳还会增加红细胞数量，导致血液黏滞度上升，进而造成血液的高凝状态。国外研究发现，当血液中碳氧血红蛋白的饱和度达到8%时，静脉血氧张力即明显下降，随之导致心肌氧摄取量显著降低，一些胞内氧化酶系统活动停止，进而造成细胞损伤；若血液中碳氧血红蛋白的饱和度上升至15%，体内大血管内膜中胆固醇的沉积量显著增加，会造成动脉粥样硬化症状恶化，并可加重局部缺血症状。动物实验结果显示，吸入一氧化碳还可以降低心室颤动的临界值。而且，一氧化碳还可以加重阻塞性冠状动脉疾病患者因运动引起的室性心律失常。

3. 氧化性物质

烟草烟雾中含有大量氧化性物质，主要包括氮氧化物和氧自由基。这些氧化性物质可引起体内氧化还原体系失衡并趋向氧化状态，使机体细胞发生氧化应激，从而对机体细胞内DNA、蛋白质和脂类等生物大分子的结构和功能造成氧化性损伤。由烟草烟雾引起的氧化应激反应可通过诱发炎症、内皮功能障碍、脂质代谢异常和血小板激活等潜在机制，参与心脑血管疾病的发生与发展。烟草烟雾中氧化性物质可消耗吸烟者血液中抗氧化物质储备，造成维生素C等抗氧化剂的含量下降。还有研究发现，吸烟可导致体液中脂质过氧化产物的含量显著上升。

4. 其他有毒有害物质

烟草烟雾中还含有多环芳烃类化合物、颗粒物、金属及放射性物质等一系列有毒有害物质。研究显示，多环芳烃、颗粒物等可促进动脉粥样硬化的形成，进而诱发心脑血管疾病。烟草烟雾中含有的铅、镉、汞、砷等多种有害金属，亦可对心血管系统产生危害。另外，烟草种植中各种来源的放射性核素可在吸烟时被带入并沉积于体内，对心血管、肺、肝、肾等器官造成损害。

（三）吸烟对心脑血管系统的影响

大量实验室和流行病学证据均表明，吸烟是心脑血管疾病的重要可干预危险因素，烟草的泛滥直接导致冠心病患病率的上升和发病年龄的提前。研究显示，吸烟可以对血流动力学产生影响，吸烟还可以损伤血管内皮细胞，诱发炎症反应，促进血栓形成和脂质代谢异常。因此，全面了解吸烟危害心脑血管健康的生物学机制，有利于制定针对性的预防治疗措施，对控制吸烟带来的心脑血管健康危害具有重要的意义。

1. 吸烟对血流动力学的影响

吸烟对血流动力学的影响主要表现在吸烟使心肌血流量、心肌氧及营养物质的需求增加，同时也造成了冠状动脉受损，引起血流供应不足，从而导致供需失衡，引发心肌缺血。研究指出，吸烟可使血液中肾上腺素和去甲肾上腺素水平快速上升，引起心率增加，同时，烟草烟雾中的尼古丁进一步导致心率增快、血压升高，心肌收缩增强。这一系列血流动力学的改变使心肌负荷增加，因此对心肌供血量的需求也相应增加，而且，烟草烟雾中的一氧化碳也会提高冠状动脉对血液的需求，尤其是在体力劳动时。然而，烟草烟雾中的尼古丁进入体内后，迅速作用于α受体，引起冠状动脉收缩，并与氧化性物质共同作用，诱发内皮功能障碍；氧化性物质还可通过引起血小板激活和血栓形成，损伤冠状动脉血流对心肌需求增加的反应能力，即造成冠状动脉的血管扩张储备减少。

2. 吸烟诱发血管内皮细胞损伤

烟草烟雾中存在多种有毒有害成分，可以引起冠状动脉内皮损伤，表现为血流介导的血管扩张受损和功能障碍，进而增加心脑血管疾病的发生风险。尼古丁可减少一氧化氮的产生，进而降低其生物利用度，造成内皮功能障碍。氧自由基也是吸烟导致冠状动脉内皮细胞损伤的重要原因，有研究认为吸烟时产生的超氧阴离子可通过抑制一氧化氮生物活性，并降低内皮细胞中内皮型一氧化氮合酶（endothelial nitric oxide synthase，eNOS）的表达，从而导致吸烟者血管内皮功能受损。另外，还有研究发现，烟草提取物可与血小板产生协同作用，通过蛋白激酶诱导缩血管物质内皮素-1在内皮细胞中的大量表达，导致血管痉挛。

3. 吸烟与炎症

烟草烟雾进入体内，可激活单核细胞，促进白细胞聚集和黏附，继而诱导血管炎症反应，最终导致持续慢性炎症状态。研究显示，烟草烟雾中氧化性物质诱导的细胞氧化应激状态可能是其导致炎症反应的关键因素。另外，脂质过氧化产物可通过作用于血小板活化因子（platelet activating factor，PAF）受体促进炎症发生，同时低密度脂蛋白被氧化后亦可引发炎症。而且，烟草烟雾中的一氧化氮可以促进血液中内皮细胞和单核细胞的黏着，引发内皮细胞炎症反应。既往研究发现，炎症状态时，白细胞计数、C反应蛋白和纤维蛋白原水平等指标的上升可导致动脉粥样硬化形成，这些指标还可以预测心脑血管疾病的发生。

4. 吸烟促进血栓形成

大量循证医学证据表明，吸烟者血液表现出趋向高凝状态的改变。首先，烟草烟雾中的氧化性物质可参与血小板激活，促进血栓形成，继而导致血液高凝状态的产生。其次，尼古丁还可促使血浆内的中性粒细胞活化并与内皮细胞黏附，而后引发内皮细胞炎症反应，导致内皮功能失调，引起血栓形成。最后，动物实验和临床研究均发现，烟草烟雾暴露还可以通过升高血液中纤维蛋白原、组织型纤溶酶原激活物（tissue-type plasminogen activator，t-PA）抗原、D-二聚体等物质水平，促进血小板黏附性聚集增加，导致血栓形成。

5. 吸烟与脂质代谢异常

脂质代谢异常是冠心病的重要危险因素，既往研究发现吸入烟草烟雾后可引起机体肝酯酶的活性增强、脂肪细胞脂质溶解增加、血液非酯化脂肪酸水平改变并在肝中再酯化，进而导致血液中低密度脂蛋白胆固醇、总胆固醇和甘油三酯等脂类水平上升。相关研究还发现，烟草烟雾中的尼古丁成分可模拟乙酰胆碱的作用，促使肾上腺和神经元释放儿茶酚胺类物质，使血浆中游离脂肪酸增多，随之加剧极低密度脂蛋白胆固醇和低密度脂蛋白的积聚，但高密度脂蛋白胆固醇水平反而降低，导致冠心病的发生发展。另外，尼古丁引起的细胞氧化应激状态还可以促使氧化修饰低密度脂蛋白的产生，这些氧化修饰低密度脂蛋白被吞噬细胞摄取后形成的泡沫细胞相应增多，脂质斑块的形成亦随之增加。

（四）吸烟的遗传易感性与心脑血管疾病的因果联系

吸烟行为不仅与个人因素、生活环境、文化水平密切相关，而且与遗传因素有着千丝万缕的联系。近年来通过现代基因组学研究技术手段，科学家系统筛选和鉴定了人类基因组中与吸烟相关的易感基因和遗传标记。研究证实遗传因素影响着吸烟行为、吸烟量、开始吸烟和戒烟年龄、戒烟行为等。一项在120万人群中开展的全基因组关联研究发现与吸烟相关的400余个易感基因，这些基因涉及尼古丁代谢、多巴胺受体、谷氨酸和乙酰胆碱等多个代谢通路，影响尼古丁代谢速度和烟草成瘾性。

虽然传统流行病学研究包括病例对照和队列研究已经明确了吸烟对心脑血管疾病的作用，但是结果通常受到混杂因素的影响，难以做出病因学的判断。由于等位基因遵循随机分配原则，不受混杂因素和反向因果的影响，因此，可以借助吸烟基因组学研究定位吸烟遗传易感标记，通过孟德尔随机化研究方法，使用SNP等遗传变异作为工具变量，解析吸烟与心血管疾病的因果关系。有学者利用英国生物样本库近37万名个体研究人员开展了吸烟和14种心血管疾病的孟德尔随机化研究（图5-3-1）。研究选用吸烟相关的400余个遗传标记作为工具变量，发现吸烟与多种心脑血管疾病之间存在因果关系，尤其是冠心病、心力衰竭、腹主动脉瘤、缺血性脑卒中、短暂性脑缺血发作、外周动脉疾病和高血压等。吸烟可使发生外周动脉疾病的风险增加81%（OR 1.81，95% CI：1.56 ～ 2.11），发生冠心病的风险增加36%

（OR 1.36，95% CI：1.27 ～ 1.45），发生缺血性脑卒中的风险增加30%（OR 1.30，95% CI：1.15 ～ 1.48），发生高血压的风险增加21%（OR 1.21，95% CI：1.14 ～ 1.28）。此外，也有孟德尔随机化研究证实遗传因素预测的吸烟也可显著增加甘油三酯水平。

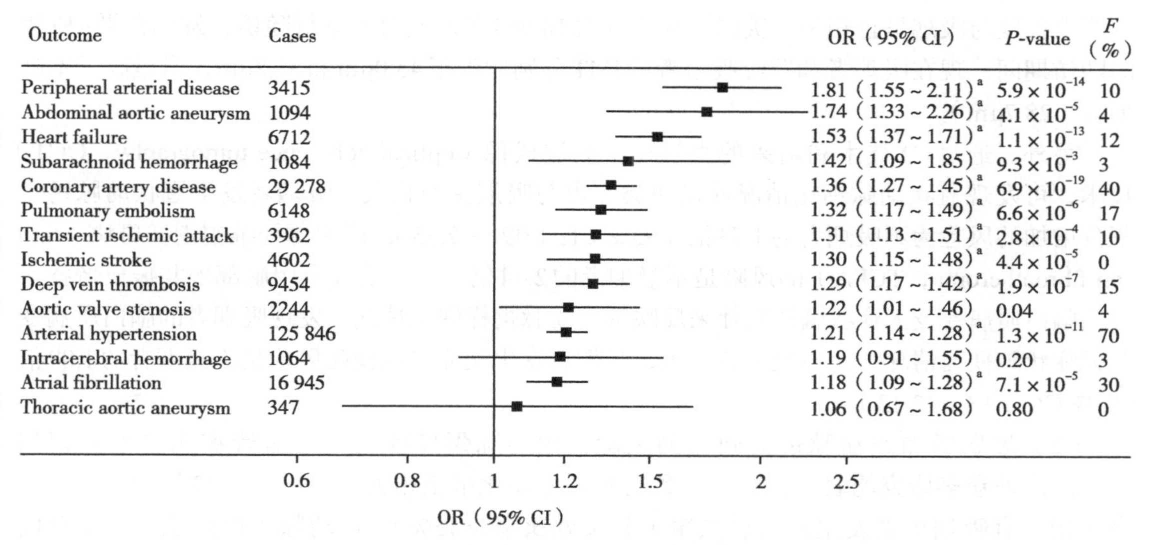

图5-3-1　吸烟与14种心脑血管疾病的孟德尔随机化研究

（鲁向锋　阮增良）

三、亚临床动脉粥样硬化

（一）概述

动脉粥样硬化（atherosclerosis）指动脉内膜有脂质积聚、纤维组织增生和钙质沉着形成粥样硬化斑块，导致动脉狭窄，是动脉血管阻塞最常见的原因，好发于冠状动脉、主动脉、颈动脉、肾动脉等大中动脉。不同部位的动脉发生粥样硬化后，若造成血管阻塞，会表现出相应症状。动脉粥样硬化进展较缓慢，无症状过程可持续数十年，而有一半心血管病猝死者发病前从未表现出任何症状。因此，识别亚临床动脉粥样硬化并进行早期干预对于心血管疾病防治具有重要意义。目前有一些常用的临床和亚临床检测指标可以用来评估动脉粥样硬化，主要指标包括颈动脉内中膜厚度（intima-media thickness，IMT）、颈动脉斑块、动脉钙化等。

吸烟是导致动脉粥样硬化的重要危险因素，其与亚临床动脉粥样硬化指标的关系已被广泛报道。有证据表明，吸烟与亚临床动脉粥样硬化呈正相关，吸烟量越大、时间越长，动脉粥样硬化发生风险越高、严重程度越高。

（二）吸烟对动脉粥样硬化发生发展的影响

1. 有充分证据说明吸烟可以导致动脉粥样硬化

吸烟与动脉粥样硬化的关系自20世纪60年代起受到研究人员关注。《美国卫生总监报告》通过系统收集人群和实验室研究相关证据，详细阐述了吸烟和动脉粥样硬化的关系。

（1）吸烟增加冠状动脉、脑部动脉粥样硬化的风险：吸烟可以影响动脉粥样硬化的发生和病变进展。一项研究对比了50名吸烟者和50名不吸烟者的尸检结果，发现吸烟者冠状动脉粥样硬化的严重程度明显高于不吸烟者。在年轻人中，也发现动脉粥样硬化病变的发生及其严重程度与吸烟呈正相关。美国一项研究对10 914名研究对象进行随访，发现在平均3年的随访期间，现在吸烟者和曾经吸烟者的IMT分别增加了43.0μm和35.8μm，明显高于不吸烟者（28.7μm）。

另外，通过CT技术和新兴的光学相干断层成像（optical coherence tomography，OCT）技术，可发现冠状动脉钙化情况或斑块类型也与吸烟密切相关。吸烟者发生冠状动脉钙化积分增加的风险为不吸烟者的1.73倍（95% CI：1.09 ～ 2.73），产生薄纤维帽粥样斑块（thin cap fibroatheroma，TCFA）的风险是不吸烟者的2.44倍。一些研究利用脑部磁共振成像技术检测脑白质病变及无症状脑梗死灶来反映脑部动脉粥样硬化情况，发现吸烟者的脑白质病变和无症状脑梗死情况均比不吸烟者严重，吸烟者发生无症状脑梗死风险是不吸烟者的1.88倍（95% CI：1.13 ～ 3.13）。

（2）吸烟增加颈动脉粥样硬化的风险：颈动脉粥样硬化与心血管疾病发生密切相关，国内外众多研究均表明，吸烟与颈动脉粥样硬化呈正相关。一项随访12年的双胞胎研究发现，有吸烟史者发生颈动脉狭窄（分叉处狭窄＞15%）、颈动脉斑块面积增加（总面积≥10mm^2）和IMT增加（IMT≥1.2mm）的风险分别是不吸烟者的6.24倍（95% CI：1.15 ～ 33.8）、3.91倍（95% CI：1.29 ～ 11.9）和6.96倍（95% CI：1.79 ～ 27.1）。日本的一项横断面研究还显示，吸烟者出现颈动脉高危易损斑块的比例显著高于不吸烟者。我国天津农村地区45岁以上中老年人群的横断面调查结果显示，在调整年龄、性别、糖尿病、高血压及低密度脂蛋白胆固醇等因素后，现在吸烟者颈动脉斑块患病风险是不吸烟者的1.45倍。

（3）吸烟增加主动脉粥样硬化的风险：吸烟也是主动脉粥样硬化的重要危险因素。一项研究对1412名男性进行尸检发现，随着吸烟量的增加，胸主动脉和腹主动脉发生粥样硬化及血栓的比例呈升高趋势。我国学者的研究发现，无论男女，发生主动脉弓钙化的风险都与吸烟呈正相关。与不吸烟者相比，既往吸烟和现在吸烟男性发生主动脉弓钙化的风险分别升高29%（OR 1.29，95% CI：1.06 ～ 1.56）和47%（OR 1.47，95% CI：1.20 ～ 1.80），女性分别升高19%（OR 1.19，95% CI：0.88 ～ 1.63）和75%（OR 1.75，95% CI：1.29 ～ 2.38）。

吸烟还会加速主动脉粥样硬化的病变进程。过往研究建立的脂质条纹与吸烟关系模型结果显示，吸烟可促进腹主动脉脂质条纹的形成，加速病变进展。而一项日本研究则发现，当前吸烟者主动脉钙化积分进展的风险为不吸烟者的2.47倍（OR 2.47，95% CI：1.38 ～ 4.44）。

（4）吸烟增加外周动脉硬化的风险：脉搏波传导速度（pulse wave velocity，PWV）也可用于评估动脉僵硬度。通过测定不同部位（如颈动脉－股动脉、颈动脉－足背动脉、颈动脉－桡动脉）的PWV，评价动脉不同节段的硬化情况。一项包含39项研究的系统性文献综述评估了吸烟对动脉硬化的影响，各研究采用的PWV指标主要包括颈－股PWV（carotid-femoral PWV，cfPWV）、颈－桡PWV（carotid-radial PWV，crPWV），心－股PWV（heart-femoral PWV，hfPWV）、臂－踝PWV（brachial-ankle PWV，baPWV）等。结果显示，无论是吸烟后短期的急性效应还是长期吸烟的慢性效应，均可导致PWV指标的明显升高，增加动脉粥样硬化发生风险。我国一项研究对2624名平均54岁的研究对象进行横断面调查，通过检测crPWV评价外周动脉僵硬度，发现调整年龄、性别、BMI、腰围、脉压、空腹血糖、高密度脂蛋白胆固醇、低密度脂蛋白胆固醇后，吸烟与外周动脉粥样硬化明显相关。

2. 吸烟与亚临床动脉粥样硬化的剂量－反应关系

国内外多项研究表明，吸烟与亚临床动脉粥样硬化之间存在剂量－反应关系，吸烟量越大、吸烟时间越长，IMT水平越高、颈动脉斑块数量越多。意大利一项包含4793名40～79岁居民的前瞻性队列研究发现，与不吸烟者相比，每天吸烟1～5支、6～10支和＞10支者发生颈动脉狭窄程度＞40%的风险分别为不吸烟者的2.5倍（95% CI：1.1～6.3）、3.2倍（95% CI：1.3～8.2）和4.3倍（95% CI：1.7～10.4）。国内的一项横断面研究发现，当前吸烟者的IMT水平及斑块数量明显高于不吸烟者。此外，研究还发现，吸烟者的冠状动脉内膜增厚程度、动脉粥样硬化严重程度以及钙化程度显著高于不吸烟者，并且吸烟量越大，严重程度越高。

（刘芳超　陈恕凤）

四、冠状动脉粥样硬化性心脏病

（一）概述

冠状动脉性心脏病（coronary heart disease，CHD），简称冠心病，又称缺血性心脏病（ischemic heart disease，IHD），是冠状动脉粥样硬化性心脏病与冠状动脉功能性改变（即冠状动脉痉挛）的统称。其中冠状动脉粥样硬化性心脏病是指冠状动脉因发生粥样硬化病变而引起血管腔狭窄或阻塞，造成心肌缺血、缺氧或坏死而导致的心脏病，是最主要的冠心病。WHO将冠心病分为无症状心肌缺血（隐匿性冠心病）、心绞痛、心肌梗死、缺血性心力衰竭（缺血性心脏病）和猝死5种临床类型。

据全球疾病负担（Global burden of disease，GBD）研究报道，2019年全球范围内冠心病患病人数约1.97亿，约914万人死于冠心病，带来了1.82亿的伤残调整生命年（disability-adjusted life year，DALY）。我国冠心病流行趋势也日益严峻，国家卫生健康委员会统计年鉴的数据显示，2020年中国城市居民冠心病粗死亡率为126.91/10万，农村居民为135.88/10万，继续2012年以来的上升趋势。

吸烟是冠心病的重要可改变行为危险因素。大量研究证据表明，吸烟可以促进冠心病的发生发展，且吸烟者的吸烟量越大、吸烟年限越长、开始吸烟年龄越早，冠心病的发病和死亡风险越高，且预后越差。

（二）吸烟与冠心病的关系

1. 有充分证据说明吸烟可以导致冠心病

既往欧美地区开展的研究发现，吸烟可以增加冠心病发生和死亡风险。一项Meta分析纳入25项欧美地区的前瞻性队列研究，其中最早的一项研究开展于20世纪70年代，所有队列的平均随访时间为1.6～13年，总样本量达到50万人，结果表明，与非吸烟者相比，曾经吸烟者和现在吸烟者发生急性冠脉事件的风险分别增加18%（HR 1.18，95% CI：1.06～1.32）

和98%（HR 1.98，95% CI：1.75 ～ 2.25）。加拿大一项队列研究发现，轻度吸烟者和重度吸烟者发生心肌梗死的风险分别是不吸烟者的3.15倍（95% CI：2.11 ～ 4.71）和6.80倍（95% CI：3.73 ～ 12.4）。

在亚洲人群中开展的大量研究同样支持吸烟是冠心病发病和死亡的重要危险因素。亚太队列研究协作组（Asia-Pacific Cohort Studies Collaboration，APCSC）整合了来自中国、日本、韩国、新加坡、泰国等的40项队列研究，其中包含超过40余万亚洲人群和10万澳大利亚人群。研究发现，吸烟者发生冠心病和心肌梗死的风险分别是不吸烟者的1.60倍（95% CI：1.49 ～ 1.72）和2.33倍（95% CI：1.39 ～ 3.90）。

我国从20世纪80年代起陆续开展的多项研究也支持吸烟增加冠心病发病和死亡风险。Gu D等基于全国高血压调查流行病学随访研究（China National Hypertension Survey Epidemiology Follow-up Study，CHEFS）开展的分析发现，吸烟者因冠心病死亡的风险较不吸烟者明显升高，男性增加21%（RR 1.21，95% CI：1.03 ～ 1.42），女性增加41%（RR 1.41，95% CI：1.15 ～ 1.71）。发布于2006年的一项研究估算了WHO西太平洋地区和南亚地区吸烟对于缺血性心脏病的人群归因风险，在男性和女性人群中分别为13% ～ 33%和（＜1%）～ 28%。

2. 吸烟与冠心病的剂量-反应关系

国外多项研究均发现，吸烟与冠心病之间存在明显的剂量-反应关系，即吸烟者的吸烟量越大、吸烟年限越长，冠心病的发病和死亡风险越高。队列研究发现，每天吸烟1 ～ 4支、5 ～ 14支和15 ～ 24支的吸烟者患冠心病的风险分别是不吸烟者的2.8倍（OR 2.8，95% CI：1.7 ～ 4.7）、2.8倍（OR 2.8，95% CI：2.0 ～ 3.9）和3.1倍（OR 3.1，95% CI：2.2 ～ 4.4）。美国社区动脉粥样硬化风险（Atherosclerosis Risk In Communnities，ARIC）研究发现，与不吸烟者相比，吸烟指数＜10包·年、10 ～＜25包·年、25 ～＜40包·年和≥40包·年的吸烟者发生冠心病的风险分别增加12%、37%、73%和114%。

亚洲及我国的研究也明确了吸烟与冠心病的剂量-反应关系。日本一项纳入3个队列人群的研究发现，与不吸烟的男性相比，每天吸烟1 ～ 9支、10 ～ 19支和20支及以上的男性发生冠心病死亡的风险分别增加62%（HR 1.62，95% CI：0.97 ～ 2.07）、80%（HR 1.80，95% CI：1.21 ～ 2.68）和128%（HR 2.28，95% CI：1.56 ～ 3.34）；而在女性群体中，每天吸烟≥20支者发生冠心病死亡的风险是不吸烟者的3.09倍（HR 3.09，95% CI：1.44 ～ 6.63）。在我国西安开展的一项研究表明，吸烟指数＜35包·年和≥35包·年的吸烟者发生冠心病死亡的风险是不吸烟者的2.13倍（RR 2.13，95% CI：1.15 ～ 3.95）和2.73倍（RR 2.73，95% CI：1.44 ～ 5.16）。CHEFS也发现，冠心病死亡风险随吸烟指数的增加而增加。

吸烟开始年龄显著影响冠心病的发生风险。古巴一项队列研究表明，吸烟开始年龄越小，发生缺血性心脏病死亡的风险越高，与不吸烟者相比，在5 ～ 9岁、10 ～ 14岁、15 ～ 19岁和20岁以上开始吸烟者，发生缺血性心脏病死亡的风险分别升高176%（RR 2.76，95% CI：2.10 ～ 3.62）、98%（RR 1.98，95% CI：1.76 ～ 2.23）、67%（RR 1.67，95% CI：1.50 ～ 1.86）和56%（RR 1.56，95% CI：1.33 ～ 1.83）。

吸烟量与冠心病的关系并不存在安全阈值，即使吸烟量很小，也会增加冠心病的风险。

一项纳入141项队列研究的Meta分析结果显示，与不吸烟的男性和女性相比，每天只吸1支烟的男性和女性发生冠心病的风险分别增加48%（RR 1.48，95% CI：1.30～1.69）和57%（RR 1.57，95% CI：1.29～1.91），该Meta分析同样发现，随着吸烟量的进一步增加，冠心病的发生风险持续升高。

3. 吸烟对冠心病的影响在不同人群中的差异

吸烟对冠心病的影响在不同人群中存在差异。吸烟对女性的危害更大。挪威人群的一项前瞻性队列研究发现，女性吸烟者心肌梗死的发病风险是不吸烟女性的3.3倍（95% CI：2.1～5.1），高于男性的1.9倍（95% CI：1.6～2.3）；在45岁以下人群中，这种性别差异更加明显（女性RR 7.1，95% CI：2.6～19.1；男性RR 2.3，95% CI：1.6～3.2）。一项纳入86项前瞻性队列研究共391.3万例研究对象的Meta分析表明，与不吸烟者相比，女性现在吸烟者发生冠心病的风险是男性现在吸烟人群的1.25倍（RRR 1.25，95% CI：1.12～1.39），而既往吸烟与冠心病的关系在男性和女性中基本一致（RRR 0.96，95% CI：0.86～1.08）。因此，尽管女性吸烟率相对较低，在吸烟防控中也不容忽视。不同地区或种族的人群因吸烟而发生冠心病的风险也存在差异。例如，INTERHEART研究提示，来自北美、西欧、非洲和中国的吸烟人群急性心肌梗死人群归因危险度百分比分别为45.4%、34.6%、39.3%和33.1%。

4. 吸烟与其他危险因素具有联合作用

吸烟与其他冠心病危险因素具有联合作用，通过放大其他危险因素的效应促进冠心病的发生。针对亚太地区34项队列的3298名新发冠心病患者的回顾性分析发现，相比于不吸烟者，现在吸烟的冠心病患者总胆固醇水平显著升高、高密度脂蛋白胆固醇水平显著降低。He Y等在北京社区人群中开展的队列研究也发现，吸烟与血脂异常、代谢综合征等心脑血管疾病危险因素有较明确的联合作用，导致冠心病发病风险增加。亚太研究队列基于37.9万例研究对象的分析发现，吸烟者的冠心病发病风险随着BMI水平的增加而升高，且明显高于不吸烟者。例如，BMI每增加2kg/m^2，吸烟者和不吸烟者冠心病发病风险分别增加13%（HR 1.13，95% CI：1.10～1.17）和9%（HR 1.09，95% CI：1.06～1.11）。丹麦一项前瞻性队列研究发现，与体重正常的不吸烟者相比，体重正常、超重和肥胖的重度吸烟者发生急性冠脉综合征的风险分别增加1.06倍（HR 2.06，95% CI：1.54～2.78）、1.95倍（HR 2.95，95% CI：2.24～3.90）和2.74倍（HR 3.74，95% CI：2.71～5.15）。一项纳入日本10项前瞻性队列的研究也发现，与血压正常的不吸烟者相比，血压正常的男性和女性吸烟者冠心病的发病风险分别增加58%（HR 1.58，95% CI：0.91～2.74）和143%（HR 2.43，95% CI：1.09～5.42）；而在患有高血压的男性和女性吸烟者中，这一风险分别升至157%（HR 2.57，95% CI：1.51～4.38）和514%（HR 6.14，95% CI：3.49～10.79）。

5. 吸烟对冠心病患者预后的影响

冠心病患者的预后效果受到吸烟状态的影响，持续吸烟的患者更易发生不良结局。德国的一项研究发现，冠心病患者发病后继续吸烟，其再发心血管事件、心血管病死亡和全因死亡的风险分别是从不吸烟者的2.10倍（95% CI：1.29～3.44）、2.22倍（95% CI：1.06～4.62）和1.86倍（95% CI：1.08～3.20）。美国一项研究发现，即使经皮冠状动脉腔内成形术治疗成功，治疗后继续吸烟的冠心病患者发生全因死亡和Q波心肌梗死的风险比不吸烟者分别增加76%（RR 1.76，95% CI：1.37～2.26）和108%（RR 2.08，95% CI：1.16～3.72）。以色列一项超过20年的随访研究发现，持续吸烟的心肌梗死患者与不吸烟的患者相比，发生癌症和全因死亡的风险分别升高75%（HR 1.75，95% CI：1.22～2.50）和64%（HR 1.64，95% CI：1.32～2.03），如果在心肌梗死后戒烟，这一风险则降至14%和19%。

（鲁向锋　刘芳超）

五、脑卒中

（一）概述

脑卒中（stroke）又称脑血管意外，俗称“中风”，是由于脑部血管突然破裂或阻塞，导致血液不能流入大脑，继而引起器质性脑损伤的一组急性脑血管疾病，包括缺血性脑卒中和出血性脑卒中。脑卒中以突然发病、迅速出现局限性或弥散性脑功能缺损为共同临床特征，临床症状持续超过24小时。

脑卒中是全球第二大死因，具有高发病率、高死亡率和高致残率的特点。GBD研究显示，2019年全球脑卒中患病人数共约1.01亿，因脑卒中死亡者达655万，造成了1.43亿DALY损失。我国脑卒中防控形势严峻，现有患者1300万人，每年新发脑卒中约240万，2019年中国居民脑卒中死亡率城市和农村分别达到129.41/10万和158.53/10万，占总死亡人数的20.61%和22.94%。脑卒中过早死亡生命损失年（years of life lost，YLL）跃居首位，高达2633/10万，而且住院费用不断攀升，给我国带来了沉重的疾病负担。

国内外指南均明确指出，吸烟是脑卒中的重要可干预危险因素。大量研究证据表明，吸烟可以导致脑卒中，而且存在剂量-反应关系，即吸烟量越大、吸烟年限越长，脑卒中的发病风险越高。

（二）吸烟与脑卒中的关系

1. *有充分证据说明吸烟可以导致脑卒中*

早在20世纪50年代，英国学者就曾利用对医务人员的调查数据，探讨了吸烟与脑卒中的关系。1988年，美国Framingham心脏研究对4255人进行了长达26年的随访，期间共发生459例脑卒中，对这一资料进行分析后发现，吸烟能够显著增加脑卒中发病风险，且存在明显的剂量-反应关系，因此提出吸烟是脑卒中的独立危险因素。根据这一证据，美国心脏协会（American Heart Association，AHA）卒中委员会于2001年发表科学声明，将吸烟作为脑卒中的重要可干预危险因素，并于2006年写入AHA和美国卒中协会（American Stroke Association，ASA）的脑卒中一级预防指南。大量研究证据显示，烟草中的有害成分不仅可以影响血管内皮功能和血流动力学，促进动脉粥样硬化和血液高凝状态，引发脑卒中，吸烟还可以诱发高血压、糖尿病、心房颤动等疾病，从而间接增加脑卒中发病风险。

1988年，研究人员对美国Framingham心脏研究26年随访数据进行分析，发现调整年龄和高血压患病后，男女性吸烟者脑卒中发病风险分别是不吸烟者的2.2倍和2.5倍，进一步调整其他潜在混杂因素后，仍是不吸烟者的1.4倍和1.6倍。美国另一项以2.2万名男性医生为研究对象，进行近10年前瞻性随访后的研究结果也表明，经多因素调整后吸烟者非致死性脑卒中发病风险是不吸烟者的近2倍。另外，一项Meta分析综合10个西方国家的前瞻性队列研究结果，发现西方人群中吸烟者的脑卒中发病风险是不吸烟者的2.05倍（HR 2.05，95% CI：1.68～2.49）。此外，APCSC研究整合了亚太地区40个队列56万人的研究数据，结果发现，亚太人群中吸烟者脑卒中发病风险是不吸烟者的1.32倍（HR 1.32，95% CI：1.24～1.40）。

我国学者早在2004年就利用首钢男工13.5年的随访资料，明确了吸烟与脑卒中的关系。其后，CHEFS研究对我国17个省市16.9万40岁以上成人进行了平均8.3年的随访，期间新发脑卒中6780例，多因素调整后，发现吸烟者脑卒中发病风险是不吸烟者的1.25倍（RR 1.25，95% CI：1.18～1.33）。国内一项涉及46万人的大型队列研究——中国慢性病前瞻性研究项目（China Kadoorie Biobank，CKB）在分析其7.2年随访数据时也得到了相似结果。因此，我国学者将吸烟作为重要的危险因素，开发了10年和终生脑卒中发病风险预测模型。

2. 吸烟与脑卒中的剂量-反应关系

1988年，美国Framingham心脏研究发现吸烟量与脑卒中发病存在剂量-反应关系，即脑卒中发病风险随着每天吸烟量的升高而升高。对美国2.2万男性医师的随访研究也指出，脑卒中发病风险与每天吸烟量呈明显的线性剂量-反应关系。一项对全球范围内队列随访研究进行的荟萃分析同样显示，吸烟不存在安全阈值，每天吸烟量越大，发生脑卒中的风险越高，每天吸烟1支、5支和20支者发生脑卒中的风险分别是不吸烟者的1.52倍（95% CI：1.10～2.10）、1.63倍（95% CI：1.19～2.21）和1.90倍（95% CI：1.54～2.35）。此外，ARIC研究对1.3万美国成人26年随访结果显示，脑卒中发病风险不仅随每天吸烟量的升高而升高，还随吸烟年限的增加而升高；与不吸烟者相比，吸烟年限＜20年的曾经吸烟者、≥20年的曾经吸烟者、＜35年的现在吸烟者和≥35年的现在吸烟者发生脑卒中的风险分别升高4%、28%、67%和91%；有研究整合了每天吸烟量和吸烟年限，以吸烟指数为指标评估吸烟暴露量，发现随着吸烟指数的增加，脑卒中发病风险逐渐升高，吸烟指数＜10包·年、10～25包·年、25～40包·年和≥40包·年者脑卒中发病风险分别是不吸烟者的1.17倍、1.20倍、1.64倍和1.81倍。美国AHA/ASA脑卒中一级预防指南也明确指出，不同性别、年龄和种族人群吸烟对脑卒中的作用均存在剂量-反应关系。

我国研究也明确了每天吸烟量、吸烟指数与脑卒中的剂量-反应关系。CHEFS研究显示，与不吸烟者相比，每天吸烟1～9支、10～19支和≥20支者脑卒中发病风险分别升高21%（RR 1.21，95% CI：1.12～1.31）、21%（RR 1.21，95% CI：1.11～1.32）和36%（RR 1.36，95% CI：1.25～1.47）（趋势检验P值＜0.0001），吸烟指数为1～11包·年、12～26包·年和＞26包·年者脑卒中发病的风险分别升高18%（RR 1.18，95% CI：1.09～1.28）、25%（RR 1.25，95% CI：1.15～1.35）和34%（RR 1.34，95% CI：1.24～1.44）（趋势检验P值＜0.0001）。另外，我国CKB研究进一步验证了这一剂量-反应关系。

3. 吸烟对不同脑卒中结局的影响

研究显示，无论缺血性脑卒中，还是出血性脑卒中（脑出血和蛛网膜下腔出血），其发病都与吸烟密切相关，但是吸烟对不同类型脑卒中的影响有所不同。APCSC研究显示，吸烟对缺血性脑卒中发病的影响更大，与不吸烟者相比，吸烟使出血性脑卒中发病风险升高19%（HR 1.19，95% CI：1.06～1.33），而缺血性脑卒中发病风险升高38%（HR 1.38，95% CI：1.24～1.54）。我国研究也显示，与不吸烟人群相比，吸烟指数为1～11包·年、12～26包·年和＞26包·年者，出血性脑卒中发病风险分别升高20%、17%和18%，而缺血性脑卒中发病风险分别升高19%、36%和47%（趋势检验P值＜0.0001），吸烟与缺血性脑卒中的剂量-反应关系更加明显。

另外，CHEFS研究还发现，与脑卒中死亡相比，吸烟对脑卒中发病的作用更强，吸烟使脑卒中死亡风险升高14%（RR 1.14，95% CI：1.06～1.23），而脑卒中发病风险升高25%（RR 1.25，95% CI：1.18～1.33）。而且，随着吸烟量的升高，脑卒中发病风险升高的趋势也更加明显，吸烟指数为1～11包·年、12～26包·年和＞26包·年者脑卒中死亡风险是不吸烟者的1.13倍、1.15倍和1.13倍，而脑卒中发病风险是不吸烟者的1.18倍、1.25倍和1.34倍（趋势检验P值＜0.0001）。

4. 不同人群中吸烟对脑卒中影响的差异

吸烟对脑卒中的作用强度存在明显的人群差异。整合了全球22项前瞻性队列研究的Meta分析结果显示，西方人群中，吸烟者脑卒中发病风险是不吸烟者的2.05倍（95% CI：1.68～2.49），而亚洲人群较低，为1.27倍（95% CI：1.04～1.55）。另外，APCSC研究还发现，亚洲人群中，吸烟对脑卒中发病的影响也略低于澳大利亚和新西兰人群。

吸烟对脑卒中的作用也存在性别差异。美国ARIC研究显示，女性吸烟指数每增加10包·年，脑卒中发病风险升高15%（HR 1.15，95% CI：1.10～1.20），明显高于男性的7%（HR 1.07，95% CI：1.03～1.10）。一项纳入全球141个队列研究的大型Meta分析发现，男性每天吸烟20支者脑卒中发病风险是不吸烟者的1.64倍（95% CI：1.48～1.82），而女性是2.16倍（95% CI：1.69～2.75），可见，大量吸烟对女性脑卒中发病的作用更强。然而，这一现象尚未在亚洲人群以及我国人群中被证实。由于男性吸烟率较高，造成男性吸烟的归因风险更高，10.8%的男性脑卒中死亡可归因于吸烟，而女性仅为1.7%，据估算，每1000名男性脑卒中死亡者中，有82.5人可归因于吸烟，而女性仅为9.8人。

吸烟对年轻人脑卒中发病的影响更高。美国ARIC研究显示，55岁以下人群吸烟指数每增加10包·年，脑卒中发病风险升高14%（HR 1.14，95% CI：1.08～1.20），明显高于≥55岁人群的7%（HR 1.07，95% CI：1.04～1.11）。此外，在高血压患者、糖尿病患者和具有脑卒中家族史的人群中，吸烟导致脑卒中的作用明显更强。APCSC研究发现，血压与吸烟具有协同作用，收缩压每升高10mmHg，吸烟者发生出血性脑卒中的风险升高81%（HR 1.81，95% CI：1.73～1.90），明显高于不吸烟者的66%（HR 1.66，95% CI：1.59～1.73）（P＝0.003）。我国研究显示，与非糖尿病的不吸烟人群相比，非糖尿病吸烟者患脑卒中的风险升高65%（OR 1.65，95% CI：1.36～2.00），而患有糖尿病的吸烟者升高245%（OR 3.45，95% CI：2.30～5.16）。我国CKB研究发现，无脑卒中家族史吸烟者和有家族史吸烟者的缺血性脑卒中发病风险分别是无家族史不吸烟者的1.17倍（HR 1.17，95% CI：1.13～1.21）和1.45倍（HR 1.45，95% CI：1.38～1.52）。

5. 吸烟对脑卒中患者预后的影响

吸烟对脑卒中患者的预后具有重要影响，持续吸烟的患者预后更差。澳大利亚的一项研究发现，与不吸烟的脑卒中患者相比，现在吸烟的患者发生血管事件或死亡的风险增加30%（HR 1.30，95% CI：1.06～1.60）。欧洲的一项研究表明，与不吸烟的脑卒中患者相比，吸烟者发生死亡的风险增加127%（RR 2.27，95% CI：1.12～4.57），而曾经吸烟者发生死亡的风险与不吸烟者无显著差异。吸烟也会增加脑卒中再发风险。我国研究发现，在脑卒中患者中，与从不吸烟者相比，持续吸烟（发生脑卒中时吸烟，且3个月随访时仍吸烟者）的患者脑卒中再发风险升高93%（HR 1.93，95% CI：1.43～2.61），且吸烟量与脑卒中再发风险存在剂量-反应关系，每天吸烟1～20支、20～40支和40支以上的患者脑卒中再发的风险分别升高68%（HR 1.68，95% CI：1.14～2.48）、121%（HR 2.21，95% CI：1.45～3.37）和172%（HR 2.72，95% CI：1.36～5.43）。

（李建新　鲁向锋）

六、外周动脉疾病

（一）概述

外周动脉疾病（peripheral arterial disease，PAD）包括主动脉和肢体动脉狭窄和阻塞性病变，一般是由于动脉粥样硬化导致下肢或上肢动脉血供受阻，进而产生肢体缺血症状和体征的一类疾病。该病下肢受累多于上肢，大多数PAD患者临床症状并不明显，10%～30%的患者有间歇性跛行的临床表现。据估算全世界PAD患者超过2亿人，我国的流行病学调查显示，年龄＞35岁的自然人群PAD患病率为6%，＞60岁的老年人PAD患病率为15%，据此推算，我国有3000万以上的PAD患者。

动脉粥样硬化是累及主动脉和分支动脉的主要原因。现有研究证据表明，PAD患者发生心肌梗死和脑卒中的风险明显增高，若同时伴有高血压、糖尿病或代谢综合征等疾病，其全因死亡率及心血管病死亡率显著增加。PAD可有多种急性和慢性临床表现，患者的功能状态和生活质量下降，如间歇性跛行，还会发生肢端坏疽（严重者可导致截肢）等并发症。PAD已成为危害中老年人健康的重要疾病之一。

PAD的危险因素包括年龄、高血压、糖尿病、血脂异常、高同型半胱氨酸血症、肌纤维发育不良等。近年来，吸烟对PAD的影响也越来越受到人们的重视，吸烟可以导致PAD发病率增加2～4倍，吸烟量越大、吸烟年限越长、开始吸烟年龄越小，PAD的发病风险越大。

（二）吸烟与外周动脉疾病的关系

1. 有充分证据说明吸烟可以导致外周动脉疾病

吸烟是导致PAD最主要的危险因素之一。基于人群的大型回顾性研究显示，吸烟和PAD之间存在显著关联。一项纳入17项研究的Meta分析结果显示，现在吸烟者患PAD的风险是不吸烟者的2.3倍。美国卫生职业随访研究（Health Professionals Follow-up Study，HPFS）显示，44%的男性PAD发病由吸烟造成。苏格兰一项研究发现，吸烟同样会增加无症状PAD的风险，这提示吸烟者在出现临床症状的数年前，PAD的风险就一直处于升高之中，必须引起高度重视。

不仅如此，研究还发现吸烟对PAD发病的影响比对其他动脉粥样硬化性心血管疾病更显著。ARIC研究对13 355名45～64岁的研究对象进行了平均26年的随访，分别从累计吸烟量、吸烟年限和吸烟强度三个维度对3种主要动脉粥样硬化性疾病（PAD、冠心病、脑卒中）的影响开展研究。在调整了其他影响因素后，发现吸烟与这3种疾病发病均具有强相关性，且吸烟对PAD的影响远超冠心病和脑卒中。从吸烟量上看，吸烟指数≥40包·年者发生PAD的风险是不吸烟者的3.7倍，明显高于冠心病和脑卒中的2.1倍和1.8倍；从吸烟年限上看，当前吸烟持续时间≥35年者PAD发病风险是不吸烟者的5.56倍，也明显高于冠心病和脑卒中的2.30倍和1.91倍；另外从吸烟强度上看，现在吸烟且每天≥20支者PAD发病风险是不吸烟者的5.36倍，亦明显高于冠心病和脑卒中的2.38倍和1.88倍（图5-3-2）。

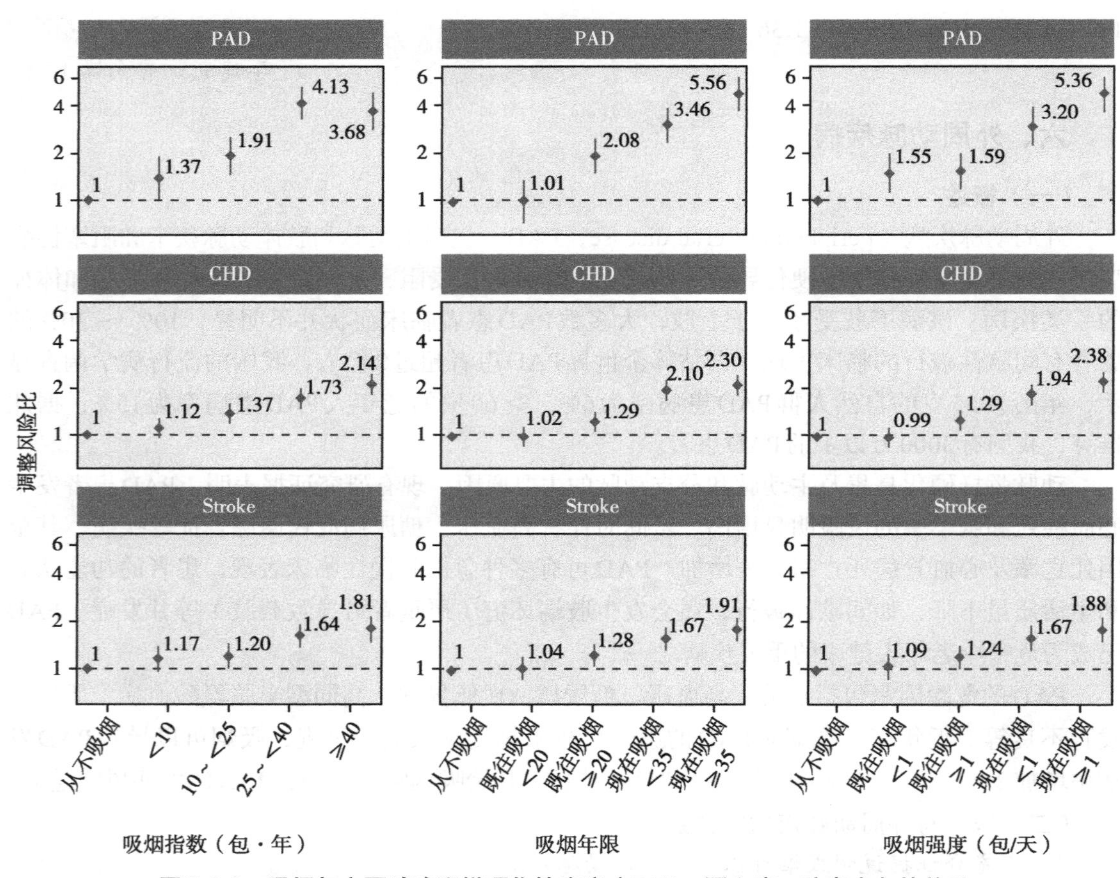

图5-3-2 吸烟与主要动脉粥样硬化性疾病（PAD、冠心病、脑卒中）的关系

除欧美研究外，亚洲研究也发现吸烟与PAD明显相关。韩国2517名50岁及以上男性中开展的研究发现，现在吸烟者发生PAD的风险是不吸烟者的4.30倍（OR 4.30，95% CI：2.13～8.66）。在我国河南4716名40～75岁高血压患者及833名年龄、性别匹配的无高血压患者中开展的横断面研究发现，调整年龄、性别和其他心血管危险因素后，现在吸烟者患

PAD的风险为不吸烟者的1.65倍（OR 1.65，95% CI：1.18～2.29）。针对北京地区2334名年龄≥60岁社区人群开展的一项横断面研究也发现，在调整年龄、性别、生育情况、受教育程度、饮酒、锻炼、BMI、高血压、糖尿病等因素后，现在吸烟者PAD的患病风险比不吸烟者高54%。

此外，对于PAD患者，吸烟还会加重其临床症状。一项对607名无并发症间歇性跛行患者开展的6年前瞻性随访研究发现，现在吸烟者出现严重下肢缺血症状（如静息痛或坏疽）的比例更高。另外，在415名42～88岁间歇性跛行PAD患者中开展的研究发现，相较不吸烟人群，吸烟者6分钟可步行的步数和距离均明显缩短。

2. 吸烟与踝-臂指数/踝-肱指数的关系

由于80%的PAD患者不会表现出临床症状，因此临床研究中常用踝-臂指数/踝-肱指数（ankle-brachial index，ABI，胫后动脉或足背动脉收缩压与肱动脉收缩压的比值）筛查下肢动脉疾病有无粥样硬化狭窄、阻塞，通常认为ABI＜0.90可判断为PAD（正常：1.00～1.40；临界：0.91～0.99；异常：≤0.90；＞1.40表明血管严重钙化或弹性减低）。多项研究表明，吸烟与ABI密切相关。在一项对2327名荷兰人平均进行7.2年随访的前瞻性队列研究中，研究人员通过ABI判断PAD情况，并使用问卷对间歇性跛行症状进行评分。研究结果表明，现在吸烟者发生PAD的风险是不吸烟者的2.2倍（95% CI：1.5～3.1），其中发生有症状及无症状PAD的风险分别为不吸烟者的4.3倍（95% CI：1.9～10.1）和1.9倍（95% CI：1.3～2.8）。我国的研究也发现吸烟与ABI密切相关。

3. 吸烟与外周动脉疾病剂量-反应关系

（1）吸烟量和吸烟年限与外周动脉疾病的关系：一项对13项横断面研究和4项前瞻性研究开展的Meta分析发现，PAD发病风险可随吸烟量和吸烟年限的增加而上升，二者之间具有明显的剂量-反应关系。美国女性健康研究（Women's Health Study，WHS）通过对39 835名无心血管危险因素的女性开展平均12.7年的前瞻性随访，发现不吸烟者、曾经吸烟者、吸烟＜15支/天者和吸烟≥15支/天者中，年龄调整的PAD发病率分别为0.12/1000人·年、0.34/1000人·年、0.95/1000人·年、1.63/1000人·年，曾经吸烟者、吸烟＜15支/天者、吸烟≥15支/天者发生PAD的风险分别为不吸烟者的3.14倍（95% CI：2.01～4.90）、8.93倍（95% CI：5.02～15.89）和16.96倍（95% CI：10.77～26.67）。我国在北京地区老年人群中开展的研究也发现，调整年龄、性别、生育情况、受教育程度、饮酒、锻炼、体重指数、高血压、糖尿病等因素后，吸烟指数为1～10包·年、21～40包·年及＞40包·年者发生PAD的风险分别为不吸烟者的1.10倍（95% CI：0.79～1.54）、1.53倍（95% CI：1.05～2.23）和2.50倍（95% CI：1.60～3.91）。

（2）开始吸烟年龄与外周动脉疾病的关系：在573名55～74岁西班牙有吸烟史者中开展的一项横断面研究发现，吸烟起始年龄≤16岁者的PAD患病率明显高于起始年龄＞16岁者（15.6% *vs.* 5.4%，$P<0.001$），调整年龄、吸烟指数、糖尿病、高血压以及血脂水平等因素后，16岁以前开始吸烟者发生PAD的风险为16岁以后开始吸烟者的2.19倍（95% CI：1.15～4.16，$P=0.016$）。

（曹 杰 刘芳超）

七、心脑血管疾病危险因素

（一）高血压

1. 概述

高血压是一种以动脉血压持续升高为特征的进行性心血管损害性疾病，是心脑血管疾病最主要的危险因素。在未使用降压药物的情况下，非同天3次测量诊室血压，收缩压（systolic blood pressure，SBP）≥140 mmHg和/或舒张压（diastolic blood pressure，DBP）≥90 mmHg即诊断为高血压。

2019年GBD研究显示，高血压是导致全球疾病负担首要危险因素，每年导致1084.5万人死亡，带来的DALY达到2.35亿。最新的中国高血压调查数据显示，2012～2015年我国18岁及以上居民高血压标化患病率为23.2%，高血压现患病人数达2.45亿，并且呈现持续增长的趋势。我国每年因高血压死亡者约260万人，占全部死因的24.4%。可见，高血压是我国面临的重要公共卫生问题。

高血压的发生发展受到遗传和环境因素的共同影响，现有研究提示，吸烟能使血压水平升高，增加高血压发生风险，但是吸烟量、吸烟年限与高血压发病风险的剂量－反应关系仍需进一步明确。

2. 吸烟与高血压的关系

（1）吸烟对高血压的影响：吸烟对血压的影响过程十分复杂，烟草烟雾可在短期内导致交感神经系统过度激活，引起血压急性升高、心率加快。长期吸烟可以增加高血压发病风险。美国医师健康研究（Physicians' Health Study，PHS）对13 529名无高血压病史的男性医师进行了平均14.5年的长期随访调查，期间共新发4904例高血压事件，经多因素调整后发现，现在吸烟者的高血压发病风险是不吸烟者的1.15倍（95% CI：1.03～1.27）。另一项在美国开展的杰克逊心脏研究（Jackson Heart Study，JHS），对5306名20岁以上黑种人进行了平均8年的随访调查，发现现在吸烟者发生高血压的风险是从不吸烟者的1.35倍（95% CI：1.11～1.61）。此外，在8251名日本钢铁厂工人中开展的前瞻性队列研究同样发现吸烟能够显著增加高血压发病风险，吸烟者发生高血压的风险是不吸烟者的1.13倍（95% CI：1.03～1.23）。

CHEFS研究对我国10 525名40岁以上既往无高血压病史者进行平均8.2年的随访调查，发现女性吸烟者发生高血压的风险是不吸烟者的1.48倍（RR 1.48，95% CI：1.30～1.68）。此外，在6667名无高血压45～80岁中老年人群中开展的中国健康与养老追踪调查研究（China Health and Retirement Longitudinal Survey，CHARLS）发现，相对于不吸烟者，吸烟者的SBP平均升高1.81mmHg（95% CI：0.55～3.07），DBP平均升高0.85 mmHg（95% CI：0.10～1.60）。

（2）吸烟与高血压的剂量－反应关系：吸烟量和吸烟年限与高血压发病的剂量－反应关系尚存在争议，有待进一步明确。美国WHS队列对28 326名无高血压女性进行跟踪调查，在平均9.8年的随访期间，共发生8571例高血压。经过多因素调整后，每天吸烟≥15支女性发生高血压的风险是从不吸烟者的1.11倍（95% CI：1.03～1.21），而每天吸烟≥25支者发生高血压的风险升至1.21倍（95% CI：1.06～1.39）。然而，另一项对7715名西班牙裔美国人的6年随访中，并未发现吸烟量与高血压发病风险存在剂量–反应关系；与不吸烟者相比，吸烟指数为5～10包·年、10～20包·年、≥20包·年者发生高血压的风险分别增加47%（HR 1.47，95% CI：1.05～2.06）、40%（HR 1.40，95% CI：1.00～1.96）、34%（HR 1.34，95% CI：1.09～1.66）。

我国学者也对吸烟与高血压风险的剂量–反应关系进行过探讨，然而现有证据多源自横断面研究，亟待更多前瞻性队列研究结论支持。我国昆山3.8万成人横断面调查发现，男性每天吸烟数量与高血压患病风险呈线性剂量–反应关系，此外，吸烟年限及吸烟指数与高血压患病风险呈非线性剂量–反应关系。2010年中国慢性病监测调查纳入98 658名具有全国代表性的18岁以上成人，发现随着吸烟指数增加，男性SBP、DBP水平逐渐增加，并且高血压患病率也逐渐上升，吸烟指数为0～10.2包·年、10.2～20.5包·年、20.5～33.3包·年和＞33.3包·年者的高血压患病率分别为4.3%、12.5%、37.6%和56.1%。

（3）不同人群中吸烟对高血压影响的差异：现有研究提示，吸烟对DBP较低人群的影响更大。美国PHS研究发现，在DBP为80～89 mmHg的人群中，现在吸烟者高血压发病风险是不吸烟者的1.07倍（95% CI：0.94～1.21），而DBP＜80 mmHg人群中这一风险升高至1.30倍（95% CI：1.09～1.55）。美国WHS研究在女性中也有相似的发现。

另外，不同年龄阶段人群吸烟对高血压的影响可能存在差异。中国健康和营养调查研究（Chinese Health and Nutrition Survey，CHNS）纳入9个省市的28 577名男性，发现＜35岁成人每天吸烟量与高血压患病之间无显著关联，而在36～55岁人群中，吸烟量每增加10支/天，患高血压的风险较不吸烟者增加7.54%，在56～80岁人群中，这一风险增至10.46%。

（二）血脂异常

1. 概述

血脂异常（dyslipidemia）通常指血浆中一种或几种脂蛋白的含量出现异常。根据《中国成人血脂异常防治指南（2016年修订版）》，总胆固醇（total cholesterol，TC）≥6.2 mmol/L，和/或甘油三酯（triglyceride，TG）≥2.3 mmol/L，和/或低密度脂蛋白胆固醇（low density lipoprotein cholesterol，LDL-C）≥4.1 mmol/L，和/或高密度脂蛋白胆固醇（high density lipoprotein cholesterol，HDL-C）＜1.0 mmol/L即可被诊断为血脂异常。

近年来，我国成年人血脂异常患病率大幅上升，已从2002年的18.6%上升至2012年的40.4%。GBD研究显示，2019年全球因LDL-C水平升高导致的死亡人数达440万，占总死亡人数的7.78%。其中，我国因LDL-C升高导致的死亡人数达92万，占总死亡人数的8.6%，位于所有危险因素的第六位。

现有关于吸烟和血脂异常关系的证据主要来自横断面研究，提示吸烟可以导致血浆TC、LDL-C和TG水平上升，HDL-C水平降低，增加血脂异常患病风险，并且可能存在剂量–反应关系。

2. 吸烟与血脂异常的关系

（1）吸烟对血脂异常的影响：烟草烟雾中的多种有毒有害物质可以影响血脂代谢。例如，尼古丁可以刺激交感神经释放儿茶酚胺，促进脂质释放，刺激肝大量合成TG和极低密度脂蛋白胆固醇（very low density lipoprotein cholesterol，VLDL-C），导致血浆TG浓度上升，同时增加载脂蛋白A的分解，导致HDL-C的下降。Framingham心脏研究于1978年在4107名成人中发现吸烟能显著降低男女性的HDL-C水平。对54项研究进行的Meta分析发现，相比于不吸烟者，吸烟者血浆TC、TG、VLDL-C和LDL-C水平分别上升3%、9.1%、10.4%和1.7%，而HDL-C下降5.7%。

我国学者也发现吸烟显著增加血脂异常风险。2013年全国慢性病及其危险因素监测研究对31个省≥18岁的175 386人进行了调查，发现男女性吸烟者高TG和高TC患病率均显著高于不吸烟者。多因素分析结果显示，相比于不吸烟者，我国男女性吸烟者高TG血症患病风险分别升高19%（OR 1.19，95% CI：1.10 ～ 1.30）和40%（OR 1.40，95% CI：1.15 ～ 1.70）。另一项在我国江苏35 ～ 75岁83 530人中开展的横断面调查，同样发现吸烟能显著增加血脂异常患病风险。

（2）吸烟与血脂异常的剂量-反应关系：1983年，Framingham心脏研究在6328名20 ～ 79岁研究对象中，发现吸烟与血浆HDL-C水平存在剂量-反应关系，随着每天吸烟数量的增加，HDL-C水平逐渐下降。Meta分析结果显示，每天吸烟量与多种血脂指标存在剂量-反应关系，相比于不吸烟者，轻度、中度和重度吸烟者血浆TC水平分别增加1.8%、4.3%和4.5%；血浆TG水平分别增加10.7%、11.5%和18.0%；血浆LDL-C水平分别增加1.1%、1.4%和11.0%；血浆HDL-C水平分别下降4.6%、6.3%和8.9%。除了每天吸烟量以外，部分研究还发现吸烟年限与血脂水平呈剂量-反应关系。美国一项纳入1500余名研究对象的研究发现，每天吸烟量和吸烟指数与血浆TG、TC、LDL-C增加呈剂量-反应关系。

我国研究也发现了吸烟可能与血脂水平呈剂量-反应关系。在我国吉林省9个城市开展的一项涉及18 ～ 79岁17 114人的大规模横断面调查显示，与不吸烟者相比，每天吸烟1 ～ 10支、11 ～ 20支、≥20支者血脂异常的患病风险分别增加19%（OR 1.19，95% CI：1.08 ～ 1.32）、29%（OR 1.29，95% CI：1.16 ～ 1.42）和51%（OR 1.51，95% CI：1.25 ～ 1.83）；吸烟1 ～ 5年、6 ～ 10年、11 ～ 15年者血脂异常的患病风险分别增加12%（OR 1.12，95% CI：0.91 ～ 1.38）、75%（OR 1.75，95% CI：1.51 ～ 2.03）和85%（OR 1.85，95% CI：1.51 ～ 2.26）。

（3）不同特征人群中吸烟对血脂异常影响的差异：吸烟对血脂异常的影响可能存在性别差异。墨尔本一项队列研究显示，相比不吸烟者，女性吸烟者LDL-C显著上升，HDL-C显著下降，而男性未见明显关联。另一项在5169名年龄≥20岁韩国人群中开展的横断面研究显示，女性吸烟者血脂异常患病风险是不吸烟者的1.92倍，而男性仅为1.35倍，性别与吸烟存在显著的交互作用；进一步按照不同类别血脂异常分析的结果发现，女性吸烟者患高TG和高LDL-C的风险明显高于男性吸烟者，可见吸烟导致女性血脂异常的作用更大。吸烟对血脂的影响还可能存在年龄差异。我国一项对26 516名45 ～ 75岁农村居民开展的横断面调查发现，≥60岁男性吸烟者血TG水平显著高于不吸烟者，而<60岁男性吸烟与血脂无显著关联。

（黄克勇　李建新）

参考文献

[1] Roth GA，Mensah GA，Johnson CO，et al. Global Burden of Cardiovascular Diseases and Risk Factors，1990-2019：Update From the GBD 2019 Study [J]. J Am Coll Cardiol，2020，76（25）：2982-3021.

[2] 国家心血管病中心. 中国心血管健康与疾病报告2020 [M]. 北京：科学出版社，2021.

[3] 国家卫生健康委员会. 中国卫生健康统计年鉴2020 [M]. 北京：中国协和医科大学出版社，2021.

[4] Gu D，Kelly TN，Wu X，et al. Mortality attributable to smoking in China [J]. N Engl J Med，2009，360（2）：150-159.

[5] Hackshaw A，Morris JK，Boniface S，et al. Low cigarette consumption and risk of coronary heart disease and stroke：meta-analysis of 141 cohort studies in 55 study reports [J]. BMJ，2018，360：j5855.

[6] Banks E，Joshy G，Korda RJ，et al. Tobacco smoking and risk of 36 cardiovascular disease subtypes：fatal and non-fatal outcomes in a large prospective Australian study [J]. BMC Med，2019，17（1）：128.

[7] Levin MG，Klarin D，Assimes TL，et al. Genetics of Smoking and Risk of Atherosclerotic Cardiovascular Diseases：A Mendelian Randomization Study [J]. JAMA Netw Open，2021，4（1）：e2034461.

[8] Arnett DK，Blumenthal RS，Albert MA，et al. 2019 ACC/AHA Guideline on the Primary Prevention of Cardiovascular Disease：A Report of the American College of Cardiology/American Heart Association Task Force on Clinical Practice Guidelines [J]. Circulation，2019，140（11）：e596-e646.

[9] 中华预防医学会，中华预防医学会心脏病预防与控制专业委员会，中华医学会糖尿病学分会，等. 中国健康生活方式预防心血管代谢疾病指南 [J]. 中华预防医学杂志，2020，54（3）：256-277.

[10] 中华医学会心血管病学分会，中国康复医学会心脏预防与康复专业委员会，中国老年学和老年医学会心脏专业委员会，中国医师协会心血管内科医师分会血栓防治专业委员会. 中国心血管病一级预防指南 [J]. 中华心血管病杂志，2020，48（12）：1000-1038.

[11] Duncan MS，Freiberg MS，Greevy RA，Jr.，et al. Association of Smoking Cessation With Subsequent Risk of Cardiovascular Disease [J]. JAMA，2019，322（7）：642-650.

[12] Mons U，Muezzinler A，Gellert C，et al. Impact of smoking and smoking cessation on cardiovascular events and mortality among older adults：meta-analysis of individual participant data from prospective cohort studies of the CHANCES consortium [J]. BMJ，2015，350：h1551.

[13] Kalkhoran S，Benowitz NL，Rigotti NA. Prevention and Treatment of Tobacco Use：JACC Health Promotion Series [J]. J Am Coll Cardiol，2018，72（9）：1030-1045.

[14] Messner B，Bernhard D. Smoking and Cardiovascular Disease [J]. Arteriosclerosis，Thrombosis，and Vascular Biology，2014，34（3）：509-515.

[15] 中国疾病预防控制中心. 2018中国成人烟草调查. http：//www.chinacdc.cn/jkzt/sthd_3844/slhd_4156/201908/t20190814_204616.html.

[16] U. S. Department of Health and Human Services. How Tobacco Smoke Causes Disease：The Biology and Behavioral Basis for Smoking-Attributable Disease：A Report of the Surgeon General. Washington，DC：Superintondent of Document，U. S. Goverment printing Office，2010.

[17] Ambrose JA，Barua RS. The pathophysiology of cigarette smoking and cardiovascular disease：an update [J]. J Am Coll Cardiol，2004，43（10）：1731-1737.

[18] Sheps DS，Herbst MC，Hinderliter AL，et al. Production of arrhythmias by elevated carboxyhemoglobin in patients with coronary artery disease [J]. Ann Intern Med，1990，113（5）：343-351.

[19] Allred EN，Bleecker ER，Chaitman BR，et al. Short-term effects of carbon monoxide exposure on the exercise

performance of subjects with coronary artery disease [J]. N Engl J Med, 1989, 321 (21): 1426–1432.

[20] Burke A, Fitzgerald GA. Oxidative stress and smoking-induced vascular injury [J]. Progress in cardiovascular diseases, 2003, 46 (1): 79–90.

[21] Morrow JD, Frei B, Longmire AW, et al. Increase in circulating products of lipid peroxidation (F2-isoprostanes) in smokers. Smoking as a cause of oxidative damage [J]. N Engl J Med, 1995, 332 (18): 1198–1203.

[22] Brook RD, Franklin B, Cascio W, et al. Air pollution and cardiovascular disease: a statement for healthcare professionals from the Expert Panel on Population and Prevention Science of the American Heart Association [J]. Circulation, 2004, 109 (21): 2655–71.

[23] 中华人民共和国卫生部. 中国吸烟危害健康报告 [M]. 北京：人民卫生出版社，2012.

[24] Nicod P, Rehr R, Winniford MD, et al. Acute systemic and coronary hemodynamic and serologic responses to cigarette smoking in long-term smokers with atherosclerotic coronary artery disease [J]. J Am Coll Cardiol, 1984, 4 (5): 964–971.

[25] Czernin J, Waldherr C. Cigarette smoking and coronary blood flow [J]. Progress in cardiovascular diseases, 2003, 45 (5): 395–404.

[26] Lehr HA, Frei B, Arfors KE. Vitamin C prevents cigarette smoke-induced leukocyte aggregation and adhesion to endothelium in vivo [J]. Proceedings of the National Academy of Sciences of the United States of America, 1994, 91 (16): 7688–7692.

[27] Virmani R, Burke A, Farb A. Coronary risk factors and plaque morphology in men with coronary disease who died suddenly [J]. Eur Heart J, 1998, 19 (5): 678–680.

[28] Liu M, Jiang Y, Wedow R, et al. Association studies of up to 1. 2 million individuals yield new insights into the genetic etiology of tobacco and alcohol use [J]. Nature genetics, 2019, 51 (2): 237–244.

[29] Larsson SC, Mason AM, Bäck M, et al. Genetic predisposition to smoking in relation to 14 cardiovascular diseases [J]. Eur Heart J, 2020, 41 (35): 3304–3310.

[30] Rosoff DB, Davey Smith G, Mehta N, et al. Evaluating the relationship between alcohol consumption, tobacco use, and cardiovascular disease: A multivariable Mendelian randomization study [J]. PLoS Med, 2020, 17 (12): e1003410.

[31] Relationship of Atherosclerosis in Young Men to Serum Lipoprotein Cholesterol Concentrations and Smoking. A Preliminary Report From the Pathobiological Determinants of Atherosclerosis in Youth (PDAY) Research Group [J]. JAMA, 1990, 264: 3018–3024.

[32] Berenson GS, Srinivasan SR, Bao W, et al. Association between multiple cardiovascular risk factors and atherosclerosis in children and young adults. The Bogalusa Heart Study [J]. N Engl J Med, 1998, 338 (23): 1650–1656.

[33] Howard G, Wagenknecht LE, Burke GL, et al. Cigarette smoking and progression of atherosclerosis: The Atherosclerosis Risk in Communities (ARIC) Study [J]. JAMA, 1998, 279 (2): 119–124.

[34] Abtahian F, Yonetsu T, Kato K, et al. Comparison by Optical Coherence Tomography of the Frequency of Lipid Coronary Plaques in Current Smokers, Former Smokers, and Nonsmokers [J]. The American Journal of Cardiology, 2014, 114 (5): 674–680.

[35] Longstreth WT, Manolio TA, Arnold A, et al. Clinical Correlates of White Matter Findings on Cranial Magnetic Resonance Imaging of 3301 Elderly People [J]. Stroke, 1996, 27 (8): 1274–1282.

[36] Salonen R, Salonen JT. Progression of carotid atherosclerosis and its determinants: a population-based ultrasonography study [J]. Atherosclerosis, 1990, 81 (1): 33–40.

[37] Haapanen A，Koskenvuo M，Kaprio J，et al. Carotid arteriosclerosis in identical twins discordant for cigarette smoking [J]. Circulation，1989，80（1）：10–16.

[38] Auerbach O，Garfinkel L. Atherosclerosis and Aneurysm of Aorta in Relation to Smoking Habits and Age [J]. Chest，1980，78（6）：805–809.

[39] Jiang CQ，Lao XQ，Yin P，et al. Smoking，smoking cessation and aortic arch calcification in older Chinese：The Guangzhou Biobank Cohort Study [J]. Atherosclerosis，2009，202（2）：529–534.

[40] Clark D，Cain LR，Blaha MJ，et al. Cigarette Smoking and Subclinical Peripheral Arterial Disease in Blacks of the Jackson Heart Study [J]. Journal of the American Heart Association，2019，8（3）：e010674.

[41] Curb JD，Masaki K，Rodriguez BL，et al. Peripheral artery disease and cardiovascular risk factors in the elderly. The Honolulu Heart Program [J]. Arterioscler Thromb Vasc Biol，1996，16（12）：1495–1500.

[42] Fabsitz RR，Sidawy AN，Go O，et al. Prevalence of peripheral arterial disease and associated risk factors in American Indians：the Strong Heart Study [J]. Am J Epidemiol，1999，149（4）：330–338.

[43] Newman AB，Siscovick DS，Manolio TA，et al. Ankle-arm index as a marker of atherosclerosis in the Cardiovascular Health Study [J]. Cardiovascular Heart Study（CHS）Collaborative Research Group. Circulation，1993，88（3）：837–845.

[44] Kiechl S，Werner P，Egger G，et al. Active and Passive Smoking，Chronic Infections，and the Risk of Carotid Atherosclerosis [J]. Stroke，2002，33（9）：2170–2176.

[45] Woodward M，Lam TH，Barzi F，et al. Smoking，quitting，and the risk of cardiovascular disease among women and men in the Asia-Pacific region [J]. Int J Epidemiol，2005，34（5）：1036–1045.

[46] Ding N，Sang Y，Chen J，et al. Cigarette Smoking，Smoking Cessation，and Long-Term Risk of 3 Major Atherosclerotic Diseases [J]. J Am Coll Cardiol，2019，74（4）：498–507.

[47] He Y，Jiang B，Li LS，et al. Changes in smoking behavior and subsequent mortality risk during a 35-year follow-up of a cohort in Xi'an，China [J]. Am J Epidemiol，2014，179（9）：1060–1070.

[48] Huxley RR，Woodward M. Cigarette smoking as a risk factor for coronary heart disease in women compared with men：a systematic review and meta-analysis of prospective cohort studies [J]. Lancet，2011，378（9799）：1297–1305.

[49] Teo KK，Ounpuu S，Hawken S，et al. Tobacco use and risk of myocardial infarction in 52 countries in the INTERHEART study：a case-control study [J]. The Lancet，2006，368（9536）：647–658.

[50] Nakamura K，Barzi F，Huxley R，et al. Does cigarette smoking exacerbate the effect of total cholesterol and high-density lipoprotein cholesterol on the risk of cardiovascular diseases? [J]. Heart，2009，95（11）：909–916.

[51] He Y，Lam TH，Jiang B，et al. Combined effects of tobacco smoke exposure and metabolic syndrome on cardiovascular risk in older residents of China [J]. J Am Coll Cardiol，2009，53（4）：363–371.

[52] Asia Pacific Cohort Studies Collaboration. Impact of cigarette smoking on the relationship between body mass index and coronary heart disease：a pooled analysis of 3264 stroke and 2706 CHD events in 378579 individuals in the Asia Pacific region [J]. BMC Public Health，2009，9：294.

[53] Jensen MK，Chiuve SE，Rimm EB，et al. Obesity，behavioral lifestyle factors，and risk of acute coronary events [J]. Circulation，2008，117（24）：3062–3069.

[54] Breitling LP，Salzmann K，Rothenbacher D，et al. Smoking，F2RL3 methylation，and prognosis in stable coronary heart disease [J]. Eur Heart J，2012，33（22）：2841–2848.

[55] Hasdai D，Garratt KN，Grill DE，et al. Effect of smoking status on the long-term outcome after successful percutaneous coronary revascularization [J]. N Engl J Med，1997，336 (11)：755−761.

[56] Wolf PA，D'Agostino RB，Kannel WB，et al. Cigarette smoking as a risk factor for stroke [J]. The Framingham Study，JAMA，1988，259 (7)：1025−1029.

[57] Robbins AS，Manson JE，Lee IM，et al. Cigarette smoking and stroke in a cohort of U. S. male physicians [J]. Ann Intern Med，1994，120 (6)：458−462.

[58] Chen X，Zhou L，Zhang Y，et al. Risk factors of stroke in Western and Asian countries：a systematic review and meta-analysis of prospective cohort studies [J]. BMC Public Health，2014，14：776.

[59] Zhang XF，Attia J，D'Este C，et al. Prevalence and magnitude of classical risk factors for stroke in a cohort of 5092 Chinese steelworkers over 13.5 years of follow-up [J]. Stroke，2004，35 (5)：1052−1056.

[60] Kelly TN，Gu D，Chen J，et al. Cigarette smoking and risk of stroke in the chinese adult population [J]. Stroke，2008，39 (6)：1688−1693.

[61] Lv J，Yu C，Guo Y，et al. Adherence to Healthy Lifestyle and Cardiovascular Diseases in the Chinese Population [J]. J Am Coll Cardiol，2017，69 (9)：1116−1125.

[62] Xing X，Yang X，Liu F，et al. Predicting 10-Year and Lifetime Stroke Risk in Chinese Population [J]. Stroke，2019，50 (9)：2371−2378.

[63] Meschia JF，Bushnell C，Boden-Albala B，et al. Guidelines for the primary prevention of stroke：a statement for healthcare professionals from the American Heart Association/American Stroke Association [J]. Stroke，2014，45 (12)：3754−3832.

[64] Nakamura K，Barzi F，Lam TH，et al. Cigarette smoking，systolic blood pressure，and cardiovascular diseases in the Asia-Pacific region [J]. Stroke，2008，39 (6)：1694−1702.

[65] Kim J，Gall SL，Dewey HM，et al. Baseline smoking status and the long-term risk of death or nonfatal vascular event in people with stroke：a 10-year survival analysis [J]. Stroke，2012，43 (12)：3173−3178.

[66] Chen J，Li S，Zheng K，et al. Impact of Smoking Status on Stroke Recurrence [J]. J Am Heart Assoc，2019，8 (8)：e011696.

[67] Willigendael EM，Teijink JA，Bartelink ML，et al. Influence of smoking on incidence and prevalence of peripheral arterial disease [J]. J Vasc Surg，2004，40 (6)：1158−1165.

[68] Joosten MM，Pai JK，Bertoia ML，et al. Associations between conventional cardiovascular risk factors and risk of peripheral artery disease in men [J]. Jama，2012，308 (16)：1660−1667.

[69] Lee YH，Shin MH，Kweon SS，et al. Cumulative smoking exposure，duration of smoking cessation，and peripheral arterial disease in middle-aged and older Korean men [J]. BMC Public Health，2011，11：94.

[70] Smith FB，Lowe GD，Lee AJ，et al. Smoking，hemorheologic factors，and progression of peripheral arterial disease in patients with claudication [J]. J Vasc Surg，1998，28 (1)：129−135.

[71] Cahan MA，Montgomery P，Otis RB，et al. The effect of cigarette smoking status on six-minute walk distance in patients with intermittent claudication [J]. Angiology，1999，50 (7)：537−546.

[72] Lu L，Mackay DF，Pell JP. Association between level of exposure to secondhand smoke and peripheral arterial disease：cross-sectional study of 5686 never smokers [J]. Atherosclerosis，2013，229 (2)：273−276.

[73] Lu L，Mackay DF，Pell JP. Secondhand smoke exposure and intermittent claudication：a Scotland-wide study of 4231 non-smokers [J]. Heart，2013，99 (18)：1342−1345.

[74] Hooi JD，Kester AD，Stoffers HE，et al. Incidence of and risk factors for asymptomatic peripheral arterial occlusive disease：a longitudinal study [J]. Am J Epidemiol，2001，153（7）：666–672.
[75] Doonan RJ，Hausvater A，Scallan C，et al. The effect of smoking on arterial stiffness [J]. Hypertens Res，2010，33（5）：398–410.
[76] Fu S，Wu Q，Luo L，et al. Relationships of drinking and smoking with peripheral arterial stiffness in Chinese community-dwelling population without symptomatic peripheral arterial disease [J]. Tob Induc Dis，2017，15：39.
[77] Conen D，Everett BM，Kurth T，et al. Smoking，smoking cessation，[corrected] and risk for symptomatic peripheral artery disease in women：a cohort study [J]. Ann Intern Med，2011，154（11）：719–726.
[78] He Y，Jiang Y，Wang J，et al. Prevalence of peripheral arterial disease and its association with smoking in a population-based study in Beijing，China [J]. J Vasc Surg，2006，44（2）：333–338.
[79] Planas A，Clará A，Marrugat J，et al. Age at onset of smoking is an independent risk factor in peripheral artery disease development [J]. J Vasc Surg，2002，35（3）：506–509.
[80] 中国高血压防治指南修订委员会. 中国高血压防治指南（2018年修订版）[J]. 中国心血管杂志，2019，24（1）：24–55.
[81] Kondo T，Nakano Y，Adachi S et al. Effects of Tobacco Smoking on Cardiovascular Disease [J]. Circ J，2019，83（10）：1980–1985.
[82] Halperin RO，Michael，Gaziano J et al. Smoking and the Risk of Incident Hypertension in Middle-aged and Older Men [J]. American Journal of Hypertension，2008，21（2）：148–152.
[83] Booth JN，3rd，Abdalla M，Tanner RM，et al. Cardiovascular Health and Incident Hypertension in Blacks：JHS（The Jackson Heart Study）[J]. Hypertension，2017，70（2）：285–292.
[84] Dochi M，Sakata K，Oishi M，et al. Smoking as an Independent Risk Factor for Hypertension：A 14-Year Longitudinal Study in Male Japanese Workers [J]. The Tohoku Journal of Experimental Medicine，2009，217（1）：37–43.
[85] Gu D，Wildman RP，Wu X，et al. Incidence and predictors of hypertension over 8 years among Chinese men and women [J]. J Hypertens，2007，25（3）：517–523.
[86] 周筠，郑鸿尘，薛恩慈，等. 中老年人群中吸烟与血压关联的前瞻性队列研究 [J]. 中华流行病学杂志，2020，41（6）：896–901.
[87] Bowman TS，Gaziano JM，Buring JE，et al. A Prospective Study of Cigarette Smoking and Risk of Incident Hypertension in Women [J]. Journal of the American College of Cardiology，2007，50（21）：2085–2092.
[88] 胡文斌，张婷，史建国，等. 男性吸烟与高血压病的剂量–反应关系 [J]. 中华心血管病杂志，2014，42（9）：773–777.
[89] Van Oort S，Beulens JWJ，van Ballegooijen AJ，et al. Association of Cardiovascular Risk Factors and Lifestyle Behaviors With Hypertension：A Mendelian Randomization Study [J]. Hypertension，2020，76（6）：1971–1979.
[90] Craig WY，Palomaki GE，Haddow JE. Cigarette smoking and serum lipid and lipoprotein concentrations：an analysis of published data [J]. BMJ，1989，298（6676）：784–788.
[91] 尚婕，张梅，赵振平，等. 2013年中国成年人吸烟状况与多种慢性病的关联研究 [J]. 中华流行病学杂志，2018，39（4）：433–438.

第四节　吸烟与糖尿病

（一）概述

糖尿病（diabetes mellitus，DM）是一种以高血糖为特征的慢性代谢紊乱性疾病，主要由胰岛素分泌和/或胰岛素作用缺陷所导致，遗传因素、环境因素和自身免疫等共同影响其发生与进展。长期糖类、脂肪及蛋白质代谢紊乱可引起多系统损害，导致糖尿病患者出现心血管、神经、肾等各组织器官的慢性损害、功能障碍甚至衰竭。

目前，全球约有9%的成年人患有糖尿病，其中90%为2型糖尿病。据统计，截至2019年，我国20～79岁人群中糖尿病患者超过1.164亿人，65岁以上人群中糖尿病患者超过0.355亿人，每年因糖尿病而导致死亡的人数达到83.4万，均居世界首位。我国20～79岁人群中未确诊糖尿病人数超过0.652亿万人，即每10个糖尿病患者中，只有3～4人知道自己患有糖尿病，而已接受治疗者，糖尿病的控制状况也很不理想。糖尿病及其并发症严重影响患者的生活质量，造成了巨大的社会经济压力和负担，已成为重要的公共卫生问题。

（二）吸烟与糖尿病的关系

2014年美国《卫生总监报告》得出核心结论：吸烟可以损伤几乎人体所有器官和系统。现已有研究提示吸烟可以增加糖尿病的发病风险，并加速糖尿病患者的血管损伤。由于糖尿病患者的吸烟率与一般人群的吸烟率较为接近，因此控制吸烟这一危险因素以预防和延缓糖尿病及其并发症的发生发展尤为重要。

1. 吸烟导致糖尿病的生物学机制

尼古丁是烟草的主要成分，可与烟碱型受体结合发挥作用。胰岛B细胞上也存在烟碱型受体，尼古丁作用于烟碱型受体，激活氧化应激或死亡受体途径介导B细胞功能受损和凋亡过程，导致胰岛素分泌异常。尼古丁暴露使胰岛素受体底物酪氨酸磷酸化减弱，而使丝氨酸磷酸化增强，从而促进胰岛素抵抗。此外，吸烟增加腹部脂肪堆积，导致腹型肥胖。这些过程共同促进机体从正常血糖向糖耐量受损状态的进展，增加吸烟者罹患糖尿病的风险。

2. 吸烟对糖尿病发生发展的影响

早在20世纪90年代，国际上就开始关注吸烟与糖尿病因果关系的研究。研究者分别在美国、韩国、瑞典等人群中开展前瞻性研究，证实吸烟可以增加发生2型糖尿病的风险。2014年美国《卫生总监报告》发布广泛收集世界开展的相关流行病学研究和实验研究数据得出的结论，以大量的科学证据指出：有充分证据说明吸烟可增加糖尿病的发病风险，持续吸烟者患糖尿病的风险比不吸烟者高30%～40%。我国对全国糖尿病流行特点研究的资料进行分析后发现，糖尿病的发病风险随吸烟指数的增加而增加（$P < 0.01$）。

有研究指出吸烟对糖尿病风险的影响存在性别差异。欧洲一项大型队列研究数据显示：在校正年龄、受教育程度、运动量、饮酒量、咖啡与肉类摄入量后，男性曾经吸烟者和现在吸烟者患糖尿病的风险分别是从不吸烟者的1.40倍（95% CI：1.26～1.55）和1.43倍（95% CI：1.27～1.61）；女性曾经吸烟者和现在吸烟者患糖尿病的风险分别是从不吸烟者的1.18倍（95% CI：1.07 ～ 1.30）和1.13倍（95% CI：1.03 ～ 1.25），总体较男性稍低。研究者对比了该研究中男性与女性吸烟量的差别，发现男性的每天和每年吸烟量均高于女性，这可能是导致男性吸烟患糖尿病的风险略高于女性的主要原因。2018年，研究者对我国近0.5亿30 ～ 79岁的人群进行了流行病学调查，结果发现，男性吸烟者和女性吸烟者的糖尿病发病风险与从不吸烟者相比都是增加的（男性HR 1.18，95% CI：1.12 ～ 1.25；女性HR 1.33，95% CI：1.20 ～ 1.47），但女性的发病风险稍高于男性。该研究观察到肥胖者吸烟与发生糖尿病的风险的关联性更强，由于女性的体脂比例高于男性，这可能有助于解释该研究在一定吸烟量下女性吸烟导致糖尿病风险略高于男性，但确切机制有待进一步阐明。不同研究可能根据种族、地区和纳入研究人群特点不同导致结论尚且存在一定差异，但总体而言，不论男性或女性，与从不吸烟者相比，吸烟都可以显著增高糖尿病的发病风险。

吸烟与糖尿病之间还存在明显的剂量-反应关系，即吸烟者的吸烟量越大、起始吸烟年龄越小、吸烟年限越长，糖尿病的发病风险越高。2014美国《卫生总监报告》指出，与从不吸烟者相比，已戒烟者的糖尿病相对风险增加1.14倍（95% CI：1.09 ～ 1.19），轻度吸烟者的糖尿病相对风险增加1.25倍（95% CI：1.14 ～ 1.37），重度吸烟者的糖尿病相对风险增加1.54倍（RR：1.54，95% CI：1.40 ～ 1.68）（图5-4-1）。我国对30 ～ 79岁人群的大型流行病学调查进一步证实，糖尿病发病风险不仅随着起始吸烟年龄的降低而增加，也随着吸烟量的增加而增加：起始吸烟年龄≥25岁、20 ～ 24岁和＜20岁者患糖尿病的风险分别是不吸烟者的1.12倍（95% CI：1.02 ～ 1.23）、1.20倍（95% CI：1.10 ～ 1.31）和1.27倍（95% CI：1.16 ～ 1.40）；每天吸烟＜20支、20 ～ 29支、30 ～ 39支和≥40支者患糖尿病的风险分别是不吸烟者的1.11倍（95% CI：1.03 ～ 1.21）、1.15倍（95% CI：1.06 ～ 1.25）、1.42倍（95% CI：1.19 ～ 1.69）和1.63倍（95% CI：1.38 ～ 1.93）。

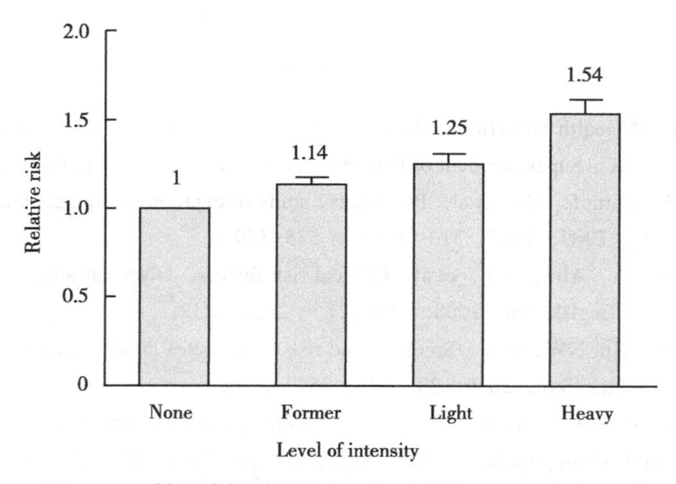

图5-4-1　糖尿病相对风险与不同程度的吸烟强度的关联

注：None smoker：从不吸烟者；Former smokers：曾经吸烟者；Light smokers：每天吸烟0 ～ 19支者；Heavy smokers：每天吸烟＞20支者。

（三）吸烟对糖尿病血管并发症的影响

1. 吸烟对糖尿病大血管并发症的影响

糖尿病大血管并发症主要为心血管疾病，包括冠心病、外周血管疾病和脑血管疾病等，是导致糖尿病患者死亡的主要原因之一。现有研究支持吸烟促进糖尿病大血管并发症的进展和死亡率。对2693例无动脉粥样硬化的新确诊2型糖尿病患者进行的前瞻性队列研究发现，吸烟的2型糖尿病患者发生冠状动脉疾病的风险是不吸烟者的1.41倍（HR 1.41，95% CI：1.06 ～ 1.88）。一项纳入89项队列研究的Meta分析结果显示，吸烟增加糖尿病患者患冠心病的风险（RR 1.51，95% CI：1.41 ～ 1.62），并增加糖尿病患者心血管疾病的死亡风险（RR 1.49，95% CI：1.29 ～ 1.71）。

2. 吸烟对糖尿病微血管并发症的影响

糖尿病微血管并发症主要包括肾病、视网膜病变和周围神经病变。芬兰一项队列研究发现吸烟是1型糖尿病患者糖尿病肾病进展的危险因素之一，且随着吸烟剂量的增加，其危险程度也随之增加。英国一项研究数据显示，吸烟与2型糖尿病患者视网膜病变的发病率无显著相关。后期一项Meta分析指出，与非吸烟者相比，1型糖尿病吸烟者的视网膜病变风险显著增加（RR 1.23，95% CI：1.14 ～ 1.33），而2型糖尿病吸烟者的视网膜病变风险显著降低（RR 0.92，95% CI：0.86 ～ 0.98）。有研究者对吸烟与糖尿病周围神经病变进行了系统综述和Meta分析，文章共纳入10项前瞻性队列研究和28项横断面研究。前瞻性研究的亚组分析显示，吸烟与糖尿病周围神经病变之间存在显著的正相关。横断面研究的分析结果也支持这一结果（OR 1.42，95% CI：1.21 ～ 1.65），但仍需要进一步的研究来验证这种联系是否具有因果关系。

总体而言，关于吸烟对糖尿病微血管病变的影响因糖尿病类型等不同而存在差异，尚无较为明确的定论，需要更多严谨可靠的前瞻性研究提供更多可靠的证据。

（丁 露 肖新华）

参考文献

[1] U. S. Department of Health and Human Services. The health consequences of smoking-50 years of progress. Washington，DC：Superintendent of Documents，U. S. Government Printing Office，2014.

[2] Rimm EB，Chan J，Stampfer MJ，et al. Prospective study of cigarette smoking，alcohol use，and the risk of diabetes in men [J]. BMJ，1995，310（6979）：555-559.

[3] Lyssenko V，Jonsson A，Almgren P，et al. Clinical risk factors，DNA variants，and the development of type 2 diabetes [J]. N Engl J Med，2008，359（21）：2220-2232.

[4] Jee SH，Foong AW，Hur NW，et al. Smoking and risk for diabetes incidence and mortality in Korean men and women [J]. Diabetes Care，2010，33（12）：2567-2572.

[5] Interact C，Spijkerman AM，van der A DL，et al. Smoking and long-term risk of type 2 diabetes：the EPIC-InterAct study in European populations [J]. Diabetes Care，2014，37（12）：3164-3171.

[6] Liu X，Bragg F，Yang L，et al. Smoking and smoking cessation in relation to risk of diabetes in Chinese men and women：a 9-year prospective study of 0.5 million people [J]. Lancet Public Health，2018，3（4）：e167-e176.

[7] Turner RC，Millns H，Neil HA，et al．Risk factors for coronary artery disease in non-insulin dependent diabetes mellitus：United Kingdom Prospective Diabetes Study [J]．BMJ，1998，316（7134）：823-828.
[8] Pan A，Wang Y，Talaei M，et al．Relation of smoking with total mortality and cardiovascular events among patients with diabetes mellitus：a meta-analysis and systematic review [J]．Circulation，2015，132（19）：1795-1804.
[9] Feodoroff M，Harjutsalo V，Forsblom C，et al．Smoking and progression of diabetic nephropathy in patients with type 1 diabetes [J]．Acta Diabetol，2016，53（4）：25-533.
[10] Stratton IM，Kohner EM，Aldington SJ，et al．UKPDS 50：risk factors for incidence and progression of retinopathy in Type II diabetes over 6 years from diagnosis [J]．Diabetologia，2001，44（2）：156-163.
[11] Cai X，Chen Y，Yang W，et al．The association of smoking and risk of diabetic retinopathy in patients with type 1 and type 2 diabetes：a meta-analysis [J]．Endocrine，2018，62（2）：299-306.
[12] Pan A，Wang Y，Talaei M，et al．Relation of active，passive，and quitting smoking with incident type 2 diabetes：a systematic review and meta-analysis [J]．Lancet Diabetes Endocrinol，2015，3（12）：958-967.
[13] Hu Y，Zong G，Liu G，et al．Smoking cessation，weight change，type 2 diabetes，and mortality [J]．N Engl J Med，2018，379（7）：623-632.

第五节　吸烟与生殖和发育异常

一、生物学机制

（一）概述

烟草烟雾含有尼古丁、一氧化碳（CO）、多环芳烃类物质（polycyclic aromatic hydrocarbon，PAH）及多种重金属（镉、铅及汞等）等有害成分，可通过损伤生殖细胞的遗传物质和改变机体内分泌水平等机制，导致生殖力、妊娠率和分娩率下降；还可通过对胎盘和胎儿的影响，导致胎儿生长受限、早产、畸胎甚至流产。

1．尼古丁

尼古丁和可替宁（尼古丁代谢产物）主要通过以下机制影响生殖和胎儿发育，包括影响睾丸的微环境，降低生殖细胞（精子和卵细胞）的质量，干扰下丘脑-垂体-性腺（hypothalamic-pituitary-gonad，HPG）轴，降低输卵管拾卵功能及其平滑肌收缩，从而影响受精卵着床，妨碍胎盘与胎儿之间的物质交换，以及直接对胎儿主要脏器（肺和脑等）的损害。

2．PAH

主要通过对胎盘发育和胎盘-胎儿物质交换的影响以及损害卵母细胞和遗传物质，影响生殖和发育。

3．镉

损害生殖细胞（精子和卵细胞）及胎儿的生长；并积聚在卵泡液，影响卵母细胞的转运。

4．铅

主要造成胎儿的神经毒性。

5. CO

主要通过造成胎儿的慢性缺氧，影响其生长发育。

除以上物质，烟草烟雾还可通过其他途径对生育功能、妊娠结局和胎儿发育造成极大的伤害。

（二）吸烟对男性生殖系统的影响

1. 吸烟对睾丸功能的影响

睾丸具有生精和内分泌双重功能，吸烟可导致生精能力低下和体内性激素水平变化。烟草烟雾中尼古丁、可替宁、CO、镉和铅等物质通过干扰睾丸的微循环与环境的物质交换，引起睾丸水肿、淤血及变形坏死，睾丸精原细胞线粒体崩解，精曲小管各级生精细胞层次减少，生精上皮脱落以及精子畸形或丧失。吸烟量和时间对睾丸功能的影响呈明显的剂量-反应关系。

2. 吸烟对精液质量的影响

尼古丁、苯并芘、镉及烟草烟雾的氧化损伤，可导致精子细胞的易损伤性增加和自我修复能力降低，从而降低精子质量，影响男性生殖力，增加父源性多倍体综合征患儿的概率。具体包括DNA损伤、DNA链断裂、染色体畸变、不稳定位点的失活和DNA加合物显著增加等遗传物质损伤；精子的多倍体率显著提高；精子的直线运动能力减弱；“圆头”精子数增加；总的精子数量下降及相对活跃的精子数显著减少。吸烟与精液质量（精子浓度、活动能力和形态特征等）下降存在明显的剂量-反应关系。

精子细胞成熟分裂期间，数量大且扩增迅速，相比于每月只有一个（或几个）成熟的卵母细胞，前者的易感性更高，所以吸烟对精子的损害比对卵母细胞大。男性吸烟是体外受精怀孕率下降的主要原因。此外，男性生殖力下降与其父亲吸烟有一定关系；父源性吸烟在儿童先天异常和儿童癌症的病因学中也扮演重要角色。戒烟后男性的精液质量将明显提高并逐渐恢复正常。

3. 吸烟对男性生殖内分泌功能的影响

尼古丁和可替宁对HPG轴有急性或慢性干扰作用，使吸烟男性血清中17-β-雌二醇（17-β-estradiol，17-β-E2）、皮质类固醇、尿雌三醇（estriol，E3）水平显著上升，而卵泡刺激素（follicle-stimulating hormone，FSH）、黄体生成素、催乳素（prolactin，PRL）和睾酮水平显著下降。低水平PRL同时伴有较低的精子活动能力。所以吸烟可通过改变男性内分泌水平降低生殖能力。

4. 吸烟对精索静脉的影响

烟草烟雾可诱发精索静脉曲张，导致精子发育不良。此外，相较于不吸烟者，吸烟者的精索静脉曲张所致的少精症发生率增加10倍。

（三）吸烟对女性生殖系统的影响

1. 吸烟对卵巢功能的影响

烟草烟雾可致卵巢功能早衰，后者与激素水平和卵泡数量有密切关系。①芳香化酶是雄激素转化为雌激素的必需酶。尼古丁竞争性抑制芳香化酶，使雌激素分泌降低；②高浓度的尼古丁可直接抑制孕激素分泌；③线粒体提供卵母细胞成熟所需的能量。烟草烟雾通过紊乱自噬途径，降低线粒体的功能并妨碍其修复，导致卵泡生成减少并耗尽其储备。上述机制均可致卵巢功能下降，绝经期提前。

2. 吸烟对卵细胞质量的影响

①尼古丁和可替宁可与卵巢颗粒黄体细胞的细胞核和细胞质蛋白结合，影响卵泡成熟，导致卵母细胞减数分裂的成熟期延迟和减数分裂停止，造成卵细胞数量下降；②PAH可损伤静止期的卵巢-滤泡复合物，导致卵母细胞破坏；③尼古丁、可替宁、苯并芘、镉、铅、汞及烟草烟雾的氧化损伤可引起卵细胞的易损伤性增加和自我修复能力下降，导致非整倍染色体细胞产生。成熟卵母细胞数和具有受精能力的卵母细胞数与年龄和卵巢滤泡液中可替宁含量呈负相关，所以年龄和吸烟量是影响女性生殖能力的重要因素。此外，可替宁对年轻女性（＜36岁）的影响大于高龄女性，所以吸烟年龄越小伤害越大。

3. 吸烟对女性生殖内分泌功能的影响

尼古丁和可替宁作用于HPG轴，使血清FSH显著上升，导致卵巢功能减退，雌激素分泌减少；还可致E2显著下降，影响卵母细胞成熟；以及影响性功能的正常发育。尼古丁还可直接抑制孕酮的合成，抑制排卵后孕酮的及时释放。上述机制可致月经紊乱、闭经，甚至不孕。

4. 吸烟对输卵管的影响

包括以下几方面。①烟草烟雾（其中氰化物、吡啶、吡嗪和后两者衍生物）可减少纤毛上皮细胞数量、干扰与纤毛运动有关的蛋白复合物及类固醇生成，以及使卵丘复合体-上皮细胞黏附过于紧密，从而影响纤毛运动；②烟草暴露导致输卵管微环境异常，输卵管上皮雌激素核内受体表达下降，异位妊娠率增高；③尼古丁和可替宁可致输卵管拾卵功能下降；④尼古丁可减缓输卵管的平滑肌收缩，限制输卵管血流量；⑤可替宁可诱发输卵管促动素受体1的产生，后者可影响平滑肌收缩和着床相关基因表达，延迟宫内着床；⑥镉积聚在卵泡液，减少卵母细胞转运，延迟宫内着床。以上作用均可影响卵子通过输卵管的时间，导致异位妊娠或不孕症。

（四）吸烟对胎盘和胎儿发育的影响

1. 吸烟对胎盘的影响

烟草烟雾的有害成分（如尼古丁、PAH和CO等）对胎盘的形态和功能均有不利作用，病理改变：绒毛面的微绒毛变短，外形增粗，分支减少，胎盘中血管形成减少，绒毛基质的胶原含量增加，合体细胞滋养层及细胞滋养层下的基底膜增宽，绒毛内毛细血管受压或血管内皮细胞水肿，导致毛细血管关闭、胎盘过早钙化和梗死，造成过期产及死胎死产。

（1）PAH对胎盘的影响：①PAH与细胞色素P450（cytochrome P450，CYP450）相互作用：一方面，PAH通过诱导胎盘中的芳香烃受体增强CYP450的基因表达。CYP450是代谢内、外源性化合物的重要酶系，参与一系列的生化反应，影响胚胎发育；另一方面，CYP450促进PAH合成亲电子化合物，攻击DNA，引起DNA碱基错配，导致DNA单链或双链断裂。由于DNA的损伤，导致细胞生长停滞和细胞凋亡；②PAH可直接封闭胎盘细胞的表皮生长因子和胰岛素样生长因子1和2，影响早期滋养层植入，损伤胎儿-胎盘间的物质交换，导致胎儿营养素缺乏和生长受损。

（2）尼古丁对胎盘的影响：①尼古丁和CO可损伤胎盘滋养层细胞及绒毛血管内皮，使滋养层来源的一氧化氮（NO）合成减少，降低母血及脐血NO水平。NO生成不足，直接影响胎盘血流；②尼古丁直接引起子宫胎盘血管收缩，减少胎盘血流灌注量。上述作用均可通过减少胎盘血流，影响胎盘－胎儿之间的物质交换和能量供给，而致胎儿发育迟缓。

2. 吸烟对胎儿的影响

（1）尼古丁对胎儿肺的影响：尼古丁可影响胎儿肺的发育，导致肺重量、容积和功能的下降。

（2）尼古丁对胎儿脑发育的影响：尼古丁对胎儿脑发育的影响顺序为脑干、前脑、小脑。通过对脑内神经递质受体的特异性作用，引起非正常的细胞增殖和分化，使细胞数目减少，最终导致突触活性改变。此外，尼古丁还影响胎儿大脑对突触感受性的程序控制，在儿童期或青春期出现认知和学习障碍。

（3）烟草烟雾成分对胎儿生长和代谢的影响：①CO易通过胎盘进入胎儿血流与血红蛋白结合，形成碳氧血红蛋白，减少氧和血红蛋白结合，并抑制碳酸酐酶的活性，影响细胞呼吸，造成慢性轻度缺氧。②氰化物在人体内被解毒成为硫氰酸盐，此解毒过程需要维生素B_{12}和含硫氨基酸，故使胎儿的维生素B_{12}和氨基酸减少，影响蛋白质合成。③镉可蓄积于胎盘，引起胎盘末端绒毛密度降低。此外，镉是锌的拮抗剂，胎盘高镉将阻碍对锌的转运，而锌参与体内多种酶的组成，是胎儿生长发育必需的微量元素。④铅对胎儿具有神经毒性。它主要通过结合蛋白的-SH或通过取代其他必需金属离子而使相关酶失活。宫内低水平的铅暴露对新生儿神经发育的危害大于出生后。⑤PAH有致畸作用，导致胎儿畸形。以上机制可致胎儿生长受限及发育异常，严重时可致自然流产。

吸烟对生殖功能和胎儿的生长发育伤害极大，严重危害人类的生殖健康，造成人口质量下降。故戒烟工作刻不容缓，它对整个人类健康具有重大意义。

（童 瑾）

二、吸烟对受孕的影响

（一）概述

吸烟会增加受孕相关的过早绝经、阴茎勃起功能障碍以及男性和女性生育能力减退的风险。WHO的一项研究纳入8500对不孕不育夫妇，结果显示发达国家中女性因素不孕占不孕不育夫妇的37%，男性因素不育占8%。数据表明多达13%的生育能力减退和延迟受孕归因于吸烟。与不吸烟者相比，女性吸烟者的不孕风险显著增加，受孕所需的时间明显延长，且与每天吸烟量呈现剂量－反应关系。同时，生活习惯方面，吸烟的女性通常会比不吸烟的女性摄入更多的酒精和咖啡因。烟草、酒精和咖啡因的摄入都会对生育力造成不良的影响。吸烟同样可以降低男性的生育能力。

（二）吸烟与不孕的关系

1. 吸烟影响受孕的生物学机制

（1）对卵母细胞老化的影响：卵母细胞老化是影响女性生育能力的重要因素。随着年龄的增长，卵母细胞的数量和质量都开始下降，生育能力也随之下降。吸烟会额外损伤卵巢，烟草烟雾中的多种化学物质，包括重金属、多环芳烃、亚硝胺和芳香胺等，会加速卵泡的消耗。卵巢卵泡池耗竭的女性可能继续规律排卵，但由于残留在终末卵泡池中的卵母细胞质量不良而出现不孕。

卵母细胞质量变差是影响女性生育能力的另一个重要因素。胎儿卵巢的发育主要分为3个阶段：生殖细胞分化、持续的卵泡生长和持续的卵泡闭锁。烟草烟雾中的成分可能造成卵泡氧化应激和DNA损伤，因此，妊娠女性吸烟会损伤胎儿的卵巢。研究发现，在胎儿期暴露于烟草的女性生育能力降低。烟草暴露除对女性在胎儿期形成的生殖细胞质量存在影响外，还会造成对生殖细胞的累积损害，从而导致卵母细胞质量变差。

（2）原发性卵巢功能不全（卵巢功能早衰）：原发性卵巢功能不全，指的是在40岁以下女性中发生以卵母细胞丢失、卵泡发生和卵巢雌激素生成缺乏，以及不孕为特征的原发性性腺功能减退。卵泡完全耗竭表明为卵巢中没有剩余的原始卵泡。多数女性发生卵泡完全耗竭的年龄约为51岁（平均绝经年龄）。吸烟与过早停经关系的研究提示，吸烟可导致卵巢的卵母细胞池过早耗尽和卵巢提前1～4年衰老。二手烟暴露也可能与绝经年龄提前有关。

（3）配子损伤：体外受精（in vitro fertilization，IVF）是一种通过干预直接克服不孕障碍从而妊娠的治疗。一般一个体外受精周期为2～3周，又称IVF周期。吸烟可降低每个IVF周期的受孕成功率。在接受体外受精治疗的低生育能力女性中，吸烟者的生育能力更低，每次体外受精治疗周期的妊娠率更低。因此，辅助生殖技术对女性吸烟者生育能力减退的治疗效果欠佳。

（4）卵巢、输卵管或宫颈的不良病变：卵巢、输卵管或宫颈的不良病变均会对女性受孕产生不良影响。现在或既往吸烟的女性患黏液性卵巢癌的风险增加，且吸烟越多，黏液性卵巢癌风险越高。吸烟的女性中，原发性输卵管性不孕的发生率增加，可能的原因是吸烟者的输卵管运动性受损或免疫力降低，不能行使正常的拾卵及运输功能。烟草烟雾的分解产物，如尼古丁、可替宁及尼古丁衍生的亚硝胺酮，可集聚在宫颈黏膜，在此处诱导宫颈上皮发生细胞学异常反应并削弱局部免疫。吸烟和HPV感染对宫颈上皮内瘤变和宫颈癌的发生发展具有协同效应。有研究报道，与HPV阴性的非吸烟者相比，未感染HPV的吸烟者、不吸烟的HPV感染者以及既感染HPV又吸烟的女性发生宫颈上皮内瘤变2级和宫颈上皮内瘤变3级的风险分别为前者的2倍、15倍和66倍。吸烟的累积暴露情况与发生宫颈上皮内瘤变的风险密切相关。

（5）自然流产和异位妊娠：自然流产和异位妊娠是受孕失败的重要原因。自然流产是妊娠早期的最常见并发症，指在妊娠20周前发生且经临床确认的妊娠丢失。每天吸烟超过10支自然流产的风险明显增加。如果孕妇在儿童期曾经暴露于二手烟也会增加自然流产的风险，即父亲吸烟会增加女儿自然流产的风险。

异位妊娠是指子宫外的妊娠。异位妊娠大部分都发生在输卵管，也可能发生在其他部位，包括宫颈、间质、剖宫产瘢痕、卵巢或腹腔。在围避孕期吸烟可导致异位妊娠风险出现剂量依赖性升高。而既往吸烟史则导致异位妊娠风险升高至2～3倍，现在吸烟则使风险升高至2～4倍。输卵管切除术是异位妊娠发生破裂后最常用的手术方式，手术本身及破裂出血导致的盆腔粘连将进一步影响吸烟女性的生育能力。

2. 吸烟对受孕的影响

（1）有充分证据说明吸烟可以导致不育：吸烟对生殖健康的负面影响是众所周知的，有充分证据说明吸烟影响生育。欧洲一项基于人口样本的研究显示，各个国家女性的吸烟情况和生育能力减退存在着显著的相关性，吸烟的夫妇受孕需要等待更长的时间。一项Meta分析纳入12项研究，与不吸烟女性相比，吸烟女性发生不孕风险的OR为1.60（95% CI 1.34 ～ 1.91）。对接受IVF治疗的不孕女性的研究也表明，吸烟女性的生育能力下降。一项对9项研究的Meta分析发现，与不吸烟者相比，吸烟者在每一个IVF治疗周期内的妊娠成功的OR为0.66（95% CI 0.49 ～ 0.88）。而且，在针对IVF治疗的女性人群研究发现，主动吸烟和被动吸烟者的着床率和妊娠率显著低于不吸烟者。数据表明，被动吸烟与主动吸烟对生育能力的影响是一样的。

（2）吸烟与不育的剂量－反应关系：许多来自不孕症夫妇的研究表明，女性吸烟量与不孕存在着剂量－反应关系。研究发现，女性吸烟量为5 ～ 15支/天对生育能力开始产生负面影响，吸烟年限越长对生育能力的影响越大。1998年的一项Meta分析纳入了来自近11 000例吸烟女性和19 000多例非吸烟者的数据，发现与非吸烟者相比，女性吸烟者的不孕发生风险增加60%（OR 1.60，95% CI：1.34 ～ 1.91）。随着每天吸烟量的增加，受孕所需的时间延长（图5-5-1）。

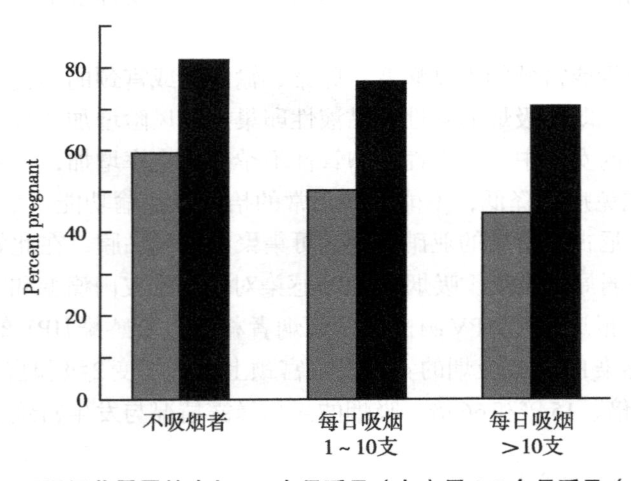

图5-5-1　不同烟草暴露的夫妇3.5个月受孕（灰）及9.5个月受孕（黑）比例

虽然男性吸烟与不育的剂量－反应关系没有被完全证实，但是，有明确的证据表明男性吸烟会对其精子的活力产生负面影响。与已育的非吸烟男性相比，已育男性吸烟者的精子密度下降23%，精子活力下降13%。男性吸烟者的精子质量下降与其吸烟量呈剂量－反应关系。

（3）吸烟男性生育能力受损：一项关于已育和不育男性中吸烟对精子密度、活力和形态影响的流行病学研究发现，与非吸烟者相比，吸烟者的精子质量轻微降低并有激素水平的改变。在低生育能力群体中评估男性吸烟对IVF和卵细胞质内单精子注射成功率影响的研究报道称，吸烟组的受孕数量显著减少。

（4）胎儿期的烟雾暴露对生育能力的影响：母亲吸烟也会对胎儿的生育能力产生不良影响。一项流行病学研究报道，与母亲不吸烟的男性相比，母亲在妊娠期吸烟＞10支/天的成年男性精子计数更低。一项丹麦的研究招募了430对备孕夫妇，其中163名女性（42%）和154名男性（40%）曾在胎儿期接触烟草烟雾。调整其他协变量后，发现与无烟草暴露的女性相比，胎儿期有烟草暴露者的生育能力OR为0.53（95% CI：0.31 ～ 0.91）。胎儿期烟雾暴露也与男性生育能力（OR 0.68，95% CI：0.48 ～ 0.97）下降相关。这些研究表明，妊娠前和妊娠期间吸烟对自身和下一代的生殖健康都是有害的。

（三）吸烟对受孕影响的防治

研究表明，许多与吸烟相关的生育能力减退可以在戒烟1年内逆转。所以在理想的情况下，所有育龄夫妇均应接受孕前信息交流或正式咨询，详细了解并评估受孕过程中吸烟风险，接受可能的戒烟干预。

（侯小萌）

三、吸烟对妊娠和妊娠结局的影响

（一）概述

WHO数据表明，全球女性吸烟者数量达2亿，多数国家的女性吸烟率呈上升趋势。到2025年，全球女性吸烟率将从2005年的12%上升至20%。2010年的统计数字显示，我国女性的吸烟率为2.5%，中国女性吸烟者人数位居世界前列，高达1400万人。

据估计，目前全球妊娠期吸烟率为1.7%（95% CI：0.0 ～ 4.5%），其中欧洲地区最高，为8.1%（95% CI：4.0% ～ 12.2%），非洲地区最低，为0.8%（95% CI：0.0 ～ 2.2%）。在所有妊娠期吸烟的女性中，每天吸烟者为72.5%（95% CI：70.4% ～ 75.0%），偶尔吸烟者为27.5%（95% CI：25.4% ～ 29.6%）。2020年数据显示，中国各地区孕妇吸烟率下降到0.7% ～ 1.6%。

接触烟草烟雾将影响人类繁殖的各个阶段，有充分证据说明孕妇在妊娠期吸烟可以导致前置胎盘、胎盘早剥、胎膜早破、早产、胎儿生长受限和新生儿低出生体重，还可导致异位妊娠、死胎、死产和自然流产。

（二）吸烟与异位妊娠

1. 生物学机制

烟草中的尼古丁物质会抑制受精卵向子宫着床移行，并损害输卵管纤毛活性作用，使受精卵滞留在输卵管内，从而加剧输卵管异位妊娠的危险。经常吸烟的母亲，异位妊娠的风险增加，且吸烟与异位妊娠的风险存在剂量-反应关系。

2. 有证据提示吸烟可以导致异位妊娠

Jean等对法国异位妊娠进行了一项病例对照研究，纳入对象为803例发生异位妊娠的女性和1683例对照，发现吸烟是异位妊娠的主要危险因素，每天吸烟＞20支的女性发生异位妊娠的风险是从不吸烟者的3.9倍（OR 3.9，95% CI：2.6 ～ 5.9）。Hyland等采用横断面研究设计，对80 762例女性的生殖结局进行分析，发现育龄期经常吸烟的女性输卵管异位妊娠的风险明显增高，与从不吸烟的女性相比，经常吸烟者发生1次及以上异位妊娠的相对危险度为1.43（OR 1.43，95% CI：1.10 ～ 1.86）。

美国针对护士的生活方式和生殖因素进行了一项前瞻性队列研究，共纳入116 430名女性护士，基线年龄为24 ～ 44岁，22 356名护士在1990 ～ 2009年共妊娠41 440次，其中411例（1.0%）为异位妊娠。与从不吸烟的女性相比，曾经吸烟者和妊娠期吸烟者发生异位妊娠的风险分别增加22%（RR 1.22，95% CI：0.97 ～ 1.55）和73%（RR 1.73，95% CI：1.28 ～ 2.32）。戒烟10年后发生异位妊娠的风险与从不吸烟者相似（RR 0.90，95% CI：0.60 ～ 1.33）。

（三）吸烟与自然流产

1. 生物学机制

烟草烟雾化合物会损害子宫内膜的成熟，干扰血管生成和滋养细胞的侵袭，还损害子宫和子宫内膜的血管化，使子宫平滑肌松弛，导致流产风险增加和体外受精的植入失败。

2. 有证据提示吸烟可以导致自然流产

Cara等对2854名年龄为18 ～ 36岁准备生第一个活胎的女性进行了多次流产史与其健康行为关系的研究，发现有多次流产史女性在妊娠期间吸烟的比例是无多次流产史女性的4.69倍（OR 4.69，95% CI：2.63 ～ 8.38）。一项澳大利亚女性健康前瞻性队列研究，收集了5806名年龄为31 ～ 36岁女性的生育史和吸烟状况，结果显示，吸烟女性流产率高，活产的孩子更少，且流产的风险与吸烟数量呈现剂量－反应关系。

（四）吸烟与前置胎盘

1. 生物学机制

吸烟是前置胎盘的危险因素，有充分证据说明孕妇吸烟可导致前置胎盘，并且每天吸烟量越大，发生前置胎盘的风险越高。吸烟通过影响孕妇妊娠期的免疫反应和炎症反应，导致子宫内膜损伤，引起不适当的附着，进而导致前置胎盘。烟草中镉、铅等有害成分与前置胎盘发生密切相关。

2. 有证据提示吸烟可以导致前置胎盘

Fatemeh等对妊娠期吸烟与前置胎盘之间的相关性进行荟萃分析，纳入14项队列研究和7项病例对照研究，研究对象总计9 094 443例，结果发现，与不吸烟女性相比，队列研究和病例对照研究中吸烟女性发生前置胎盘的OR和RR分别为1.42（95% CI：1.30 ～ 1.54）和1.27（95% CI：1.18 ～ 1.35）。日本一项前瞻性研究纳入15个地区2011年1月至2014年3月的16 019名妊娠女性进行分析，发现前置胎盘的发生率为0.5%，且吸烟组的镉、铅浓度高于不吸烟组，前置胎盘组的镉、铅浓度高于无前置胎盘组。

Williams等采用访谈和病历资料对美国69例前置胎盘病例和12 351例对照进行了病例对照研究，发现妊娠期间吸烟的女性与不吸烟者相比，发生前置胎盘的风险上升1.6倍（OR 2.6，95% CI：1.3 ～ 5.5）。Handler等开展了以医院为基础的病例对照研究，通过对34例前置胎盘患者与2732例对照进行了人口学和围产期特征的比较，证实吸烟与前置胎盘之间存在剂量－反应关系。

（五）吸烟与胎盘早剥

1. 有充分证据说明孕妇吸烟可导致胎盘早剥

芬兰Hein等开展的吸烟与胎盘早剥的前瞻性队列研究发现，5806例妊娠中有49例

（0.87%）诊断为临床胎盘早剥，吸烟组的发生率高于不吸烟组。Allison等进行了一项非裔美国人吸烟与胎盘早剥之间关联的回顾性队列研究，共纳入4351名产妇，经病理证实，妊娠期吸烟的产妇胎盘早剥的发生率为1.2%。Fatemeh等应用Meta分析评估了吸烟与胎盘早剥之间的关系，纳入12项队列研究和15项病例对照研究，共4 309 610名参与者，结果发现，吸烟和胎盘早剥风险之间存在显著相关性，吸烟者发生胎盘早剥的RR和OR分别为1.80（95% CI：1.75～1.85）和1.65（95% CI：1.51～1.80）。

2. 吸烟与胎盘早剥的剂量–反应关系

美国密苏里州1989～2005年单胎分娩的回顾性队列数据（n＝1 224 133）显示，产前吸烟率为19.6%，妊娠期吸烟与胎盘早剥呈现剂量–反应关系，每天吸烟0～9支、10～19支、≥20支的孕妇发生胎盘早剥的风险分别是不吸烟者的1.54倍（OR 1.54，95% CI：1.43～1.65）、1.63倍（OR 1.63，95% CI：1.53～1.73）及1.87倍（OR 1.87，95% CI：1.74～2.00）。

（六）吸烟与早产

1. 有充分证据说明吸烟与早产有关，孕妇吸烟越多、吸烟时间越长，早产发病率越高

Soneji S等对美国2011～2017年分娩活胎的孕妇进行了横断面调查，共纳入了25 233 503名研究对象，研究发现：妊娠早期、妊娠中期和妊娠晚期吸烟，随着吸烟频率和吸烟时间的增加，早产率均增加。例如，妊娠早期吸烟者，每天吸烟1～9支、10～19支和≥20支，早产率分别是不吸烟孕妇的1.16倍（95% CI：1.14～1.17）、1.24倍（95% CI：1.22～1.26）和1.30倍（95% CI：1.28～1.33）。Buyun等对美国25 623 479名单胎母婴进行了早产与母亲吸烟时间和吸烟强度的回顾性队列研究，也发现了类似的结果。该研究还进一步发现在妊娠前3个月、妊娠早期或妊娠中期，即使每天仅吸烟1～2支，早产风险即可显著增加。Philips等开展的一项Meta分析，共纳入28项队列研究的22万名新生儿，结果发现，与不吸烟者相比，妊娠晚期吸烟的母亲发生早产的风险显著增加（OR 1.08，95% CI：1.02～1.15）。

2. 妊娠前戒烟可降低早产风险

为降低早产的风险、防止早产的发生，女性吸烟者应在妊娠前完全戒烟。有证据表明，即使吸烟水平很低（每天吸烟1～2支），且在妊娠早期就戒烟，早产的风险仍然增加（OR 1.13，95% CI：1.10～1.16）。如果在妊娠前戒烟，即使每天吸烟20支及以上，早产的风险也与不吸烟者相似（OR 1.01，95% CI：0.99～1.03）。以上研究结果提示，在妊娠期间吸烟没有安全阈值，应大力帮助育龄女性在妊娠前完全戒烟。

（七）吸烟与胎儿生长受限及新生儿低出生体重

1. 有充分证据说明孕妇在妊娠期吸烟可导致胎儿生长受限和新生儿低出生体重（lower birth weight，LBW）

1964年第一份美国《卫生总监报告》认为母亲吸烟对新生儿出生体重有影响，母亲吸烟者新生儿出生体重低于2500g的风险增加。日本一项流行病学调查研究了妊娠期主动吸烟对分娩结果的影响，共纳入1565例单胎妊娠母亲及其所生婴儿，研究发现，与妊娠期从不吸烟的母亲所生的孩子相比，在整个妊娠期间吸烟的母亲所生的孩子发生小于胎龄儿（small for gestational age infant，SGA）的风险显著增加（OR 2.87，95% CI：1.11 ～ 6.56）。母亲妊娠期吸烟数量与新生儿出生体重呈负相关；如果母亲在整个妊娠期都吸烟，新生儿的出生体重平均减少169.6g。

2. 吸烟与胎儿生长受限及新生儿低出生体重的剂量-反应关系

Kataoka等进行了一项横断面研究，评估巴西圣保罗州1313名孕妇吸烟情况，妊娠期吸烟患病率为13.4%，在足月婴儿中，出生体重随着每天吸烟量的增加而减少，与不吸烟母亲所生的婴儿相比，母亲妊娠期每天吸烟6 ～ 10支，婴儿平均出生体重减少320g，每天吸烟11 ～ 40支，婴儿平均出生体重减少435g。

（八）其他妊娠期并发症

多项研究表明孕妇在妊娠期吸烟是导致胎膜早破、先兆子痫的危险因素之一。另外，有研究表明孕妇吸烟能增加妊娠糖尿病的发生风险。

（朱黎明）

四、婴儿猝死综合征

（一）概述

婴儿猝死综合征（sudden infant death syndrome，SIDS）是指1岁以内的婴儿在睡眠时发生明显的致死性事件，且经过包括尸检在内的检查仍不能明确原因。

SIDS的患病率在不同国家、种族、性别以及不同的季节均有差异，活产婴儿中总发病率为0.5‰～ 2.5‰。SIDS是西方国家婴儿意外死亡的首要原因，占所有新生儿死亡的50%。资料显示，2010年，美国发生了2671例SIDS；2012年，英格兰和威尔士、澳大利亚分别发生了221例、50例、50例SIDS。在我国，SIDS约占婴儿总死亡率的11.9%，仅次于肺炎和先天畸形。婴儿出生后1 ～ 2周和6个月后SIDS较少见，90%的SIDS发生于出生3周之后，出生后第3周至4个月为高峰，平均死亡年龄为（2.9±1.9）个月，其中约60%为男婴，双胞胎、早产儿和低出生体重儿的发病率更高。

SIDS的病因至今尚不明确，目前认为是多种综合因素所致。其中孕妇在产前、产后吸烟及二手烟暴露是SIDS的最重要危险因素。有充分证据说明吸烟可以导致SIDS，且吸烟量越大，SIDS发病风险越高。戒烟可减少SIDS的发生。

（二）吸烟与婴儿猝死综合征的关系

1. 生物学机制

（1）三重风险模型：近年来，研究者提出众多关于SIDS死亡原因和机制的假说。最具影响力的假说是Filiano等提出的“三重风险模型”，即SIDS由多种因素导致和诱发，其发生和发展机制包括内源因素、外源因素和诱因（图5-5-2）。与心脏呼吸功能控制、睡眠-觉醒调节及昼夜节律性调节有关的脑干发育异常或成熟延迟是目前最有说服力且最合理的假说，其中唤醒反应缺陷是SIDS发生的必要因素。生理学研究发现，SIDS患儿存在唤醒反应缺陷及延髓呼吸中枢成熟延迟，当各种原因引起缺氧时，患儿不能及时觉醒，因而易于发生SIDS。母亲妊娠期吸烟或者婴儿出生后被动吸烟是导致婴儿SIDS发生率增加的重要因素。对SIDS患儿尸检表明，部分婴儿心包液中尼古丁浓度升高，表明婴儿死前处于烟草烟雾环境之中。

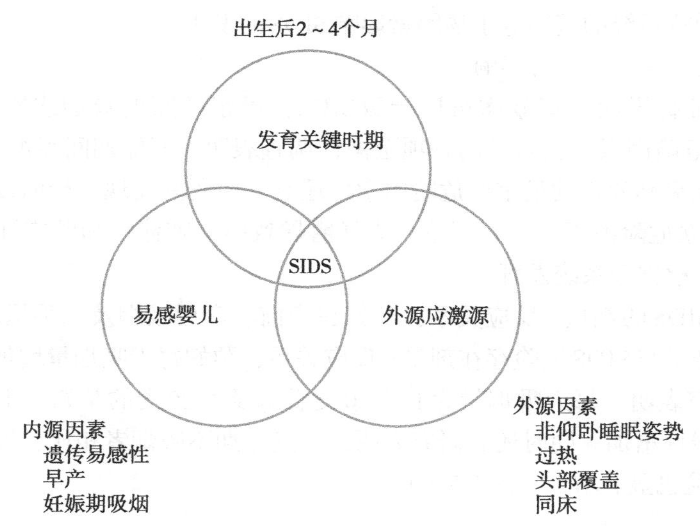

图5-5-2 婴儿猝死综合征（SIDS）的“三重风险模型”

（2）烟草和烟草烟雾的成分：暴露于烟草烟雾与SIDS风险之间关联的一致性和强度，表明烟草烟雾的一个或多个成分在导致死亡的因果机制中的作用。烟草烟雾中对SIDS的有害影响主要是由一氧化碳和尼古丁的释放介导的。一氧化碳可以通过胎盘屏障扩散进入胎儿循环与血红蛋白结合，导致羧基血红蛋白增加、氧解离曲线左移，从而减少胎儿组织中的氧释放，影响胎儿的发育，对肺和大脑影响明显。尼古丁也可以进入胎儿循环，影响肺、肾上腺和大脑等多个器官的发育。尼古丁暴露还会导致中枢神经系统神经元发育不良，以及神经递质水平异常和神经元功能异常。例如，尼古丁暴露会导致脑干和控制缺氧反应的关键单胺系统的自主神经异常；小脑中两种主要的神经细胞类型浦肯野细胞和颗粒细胞发育不全和不成熟；母亲妊娠期吸烟，婴儿的脊髓特别是中间外侧核发育不良的概率更高。尼古丁还会导致自主神经通路的改变，包括对缺氧和其他刺激的唤醒减少。研究发现，母亲妊娠期吸烟的婴儿在缺氧反应时呼吸减速更大，达到最低氧饱和度的时间更短，每分钟血容量下降更大，且俯卧位对缺氧损害的反应更为明显。母亲妊娠期吸烟的婴儿有明显的觉醒异常，在缺氧情况下需要更长的时间才能醒来，呼吸对缺氧的反应也有功能性损害。此外，吸烟母亲的婴儿也表现出对高碳酸血症的通气反应抑制，这可能是继发于中枢化学感受器的异常。烟草暴露还可能通过心脏抑制性受体增强和循环中儿茶酚胺反应减弱导致婴儿心率增长明显较低；还可能钝化心脏对循环中肾上腺素的反应，减少儿茶酚胺的产生，导致婴儿心率对应激的交感神经反应明显减弱。

（3）其他：研究表明，妊娠期吸烟的母亲所生的SIDS患儿肺部神经内分泌细胞（pulmonary neuroendocrine cell，PNEC）数量较不吸烟的母亲所生的SIDS患儿高2倍。PNEC具有多种生物效应，包括血管收缩和/或支气管收缩效应、神经递质释放等，PNEC数量异常增多可能引起相关功能紊乱。此外，烟草烟雾还可引起婴儿夜间咳嗽和呼吸道感染，且烟草烟雾引起的呼吸道炎症不易于消退。另外，烟草还可能通过涉及心脏功能、脑干传导功能、呼吸调节功能和免疫系统的基因等生物因素影响SIDS的发生。

2. 吸烟对SIDS发生发展的影响

（1）有充分证据说明烟草暴露可以导致SIDS：母亲妊娠期吸烟或婴儿二手烟暴露是SIDS发生的主要危险因素。新西兰的一项全国性调查表明，妊娠期间吸烟和/或母婴同床是导致不明原因婴儿突然死亡的最重要危险因素。还有一些研究发现，产前接触烟草、烟雾也是SIDS发生的独立危险因素，产前烟草烟雾暴露导致胎儿肺体积和顺应性下降、心率变异性降低以及影响中枢神经系统发育。

（2）吸烟与SIDS的剂量-反应关系：孕妇在产前、产后吸烟及二手烟暴露都是SIDS的危险因素，且吸烟量与SIDS风险存在剂量-反应关系，孕妇每天吸烟量增加，新生儿猝死风险增加。一项研究表明，每天吸烟量为1～20支卷烟及＞20支的孕妇，不明原因的婴儿突然死亡的概率呈线性增加。同时还有研究表明，与妊娠期不吸烟者相比，即使妊娠期吸烟量较低，SIDS的风险也显著增加（图5-5-3）。

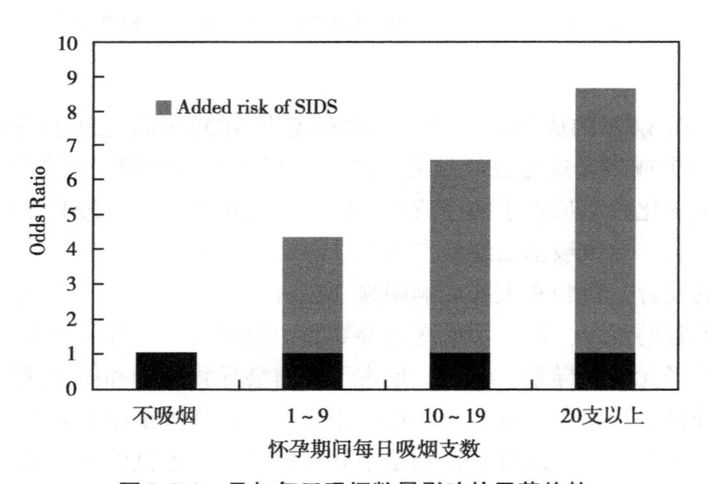

图5-5-3 孕妇每天吸烟数量影响的显著趋势

（3）戒烟可减少SIDS的发生：母亲吸烟是一个重要的可改变的危险因素，而令人担忧的是，全球女性妊娠期间吸烟的流行率为1.7%，欧洲妊娠期间吸烟的女性比例高达8.1%，全世界有2.5亿女性在妊娠期间吸烟。母亲在妊娠期间戒烟或减少吸烟量可使SIDS的发生风险显著降低。据估计，如果美国所有的女性都戒烟，死产将减少11%，新生儿死亡将减少5%。

（三）减少SIDS风险的建议

由于SIDS属于意外死亡，认识其致死原因和高风险因素并加以预防，对于减少SIDS发病有重要意义。烟草烟雾对SIDS影响的机制复杂，减少烟草烟雾暴露将明确减少SIDS发生的风险。因此，社会及家长应共同努力，从出生前到出生后，均应当为婴儿营造无烟环境，包括母亲戒烟及禁止公共场所吸烟以减少烟草烟雾对孕妇及婴幼儿的直接危害和二手烟暴露危害。

（杨晓红）

五、吸烟与勃起功能障碍

（一）概述

勃起功能障碍（erectile dysfunction，ED）是男性性功能障碍的常见类型，俗称阳痿，是指持续不能达到或维持充分的勃起以获得满意的性生活，就是阴茎勃起硬度不足以插入阴道或勃起维持的时间不足，不能圆满地完成性交。

Selvin等根据2001～2002年美国国家健康和营养检查调查数据研究发现，20岁及以上的美国男性18.4%患有勃起功能障碍，累及全美共1800万男性。预计2025年将达到3.22亿人。勃起功能障碍可归因于多种因素，其中吸烟是已经明确的危险因素。

2014年美国《卫生总监报告》指出，有足够的证据推断吸烟与勃起功能障碍之间的因果关系，吸烟是勃起功能障碍的独立危险因素。开始吸烟年龄越小、吸烟量越大、吸烟年限越长，勃起功能障碍的发病风险越高。戒烟可能会改善阴茎勃起功能，有助于防止勃起功能障碍的进展。

（二）吸烟与勃起功能障碍的关系

1. 生物学机制

（1）神经机制：一氧化氮（NO）信号传导通路障碍。一氧化氮是阴茎勃起的主要血管活性介质。烟草烟雾降低一氧化氮合酶活性从而使一氧化氮含量减低，同时烟草烟雾中的超氧阴离子通过激活还原型烟酰胺腺嘌呤二核苷酸（reduced nicotinamide adenine dinucleotide，NADH）氧化酶家族，降低海绵体中游离一氧化氮的水平从而损伤内皮细胞的血管舒张功能；Rho相关激酶调节平滑肌细胞的收缩能力，维持阴茎平滑肌的紧张状态，从而抑制阴茎海绵体动脉血管扩张，抑制阴茎勃起。一氧化氮可以抑制Rho相关激酶的活性，一氧化氮水平的下降对Rho相关激酶的抑制作用减弱或消失，进一步恶化阴茎勃起功能。烟草烟雾还可能通过刺激肾上腺素和去甲肾上腺素的释放，参与阴茎勃起的神经机制调控。

（2）氧化-抗氧化平衡失调：吸烟促使血管内皮细胞和海绵体平滑肌细胞产生超氧化物，诱导氧化应激，引起氧化损伤，血管内皮细胞内氧化反应和抗氧化反应之间的动态平衡被吸烟所破坏，过多的超氧化物会通过抑制铜/锌超氧化物歧化酶的途径来抑制海绵体平滑肌松弛。

（3）阴茎血管内皮功能障碍：吸烟一方面可直接对阴茎血管内皮造成损伤，改变细胞外基质中的弹性蛋白结构，并诱导其硬化，从而降低血管弹性，使阴茎血管扩张功能受损。另一方面，吸烟可增加阴茎血管细胞黏附分子-1（vascular cell adhesion molecule 1，VCAM-1）的表达，同时增强血管渗透作用，提高血液循环中炎症因子如C反应蛋白、白介素-6（IL-6）的活性，产生对血管内皮持续的炎症反应，进一步损伤阴茎血管内皮功能，并导致动脉粥样硬化。吸烟还会导致单核细胞跨内皮迁移增加，以及血栓形成因子的调节受损从而进一步影响阴茎血管内皮功能。

（4）其他：2014美国《卫生总监报告》指出吸烟可能会导致勃起所需血流动力学的变化（如尼古丁诱发阴茎动脉血管痉挛）；阴茎静脉闭塞性功能障碍；阴茎相关组织发生退行性改变，如平滑肌、窦状毛细血管内皮、神经纤维和毛细血管减少，胶原蛋白密度增加等。

2. 吸烟对勃起功能障碍产生的影响

（1）吸烟与勃起功能障碍关系密切：2014年和2020年的美国《卫生总监报告》都指出，多项研究表明，吸烟是造成勃起功能障碍的危险因素，过多地接触烟草烟雾会增加患勃起功能障碍的风险。曾经吸烟者和现在吸烟者的勃起功能障碍患病率较高（曾经吸烟者相对于从不吸烟者的OR为1.30～2.15）。1990年代Bacon等通过对22 086名既往没有诊断为勃起功能障碍的男性随访观察14年，发现吸烟者患勃起功能障碍的风险是不吸烟者的1.4倍（OR 1.4，95% CI：1.3～1.6）；同期，芬兰对1130名年龄在50～70岁的男性进行为期5年的跟踪调查，既往吸烟和现在吸烟的男性患勃起功能障碍的风险是不吸烟者的1.3和1.4倍。来自亚洲的研究也发现了类似的结果。2006年《全球性态度和行为研究》中，Moreira等在600名40～80岁男性中调查了韩国男性的性功能障碍患病率，发现现在吸烟和既往吸烟都与勃起功能障碍和射精功能障碍有关。一项纳入819名31～60岁中国男性的研究发现，与从不吸烟的男性相比，每天吸烟至少20支者患勃起功能障碍的风险增加47%，并对性交的满意度降低。

（2）吸烟与勃起功能障碍存在剂量－反应关系：国内外研究表明累计吸烟量与患勃起功能障碍之间存在剂量－反应关系。2005年的一项研究表明每天吸烟量＞10支的男性患勃起功能障碍的风险比每天吸烟量＜10支的男性高40%。Polsky等在加拿大进行的一项研究发现，目前仍在吸烟的男性患勃起功能障碍的概率是戒烟男性的2倍，且与男性每年的吸烟量呈正比。He等对7684名35～74岁没有临床血管疾病症状的中国男性进行研究，发现与不吸烟者相比，吸烟者患勃起功能障碍的风险增加了41%（OR：1.41，95% CI：1.09～1.81）；每天吸烟1～10支、11～20支和20支以上者患勃起功能障碍的OR值分别为1.27（95% CI：0.91～1.77）、1.45（95% CI：1.08～1.95）和1.65（95% CI：1.08～2.50）。

此外，吸烟年限也与勃起功能障碍显著相关。随着吸烟时间的延长，患勃起功能障碍的风险增加；与从未吸烟者相比，吸烟超过20年与吸烟20年或更短时间相比增加了患勃起功能障碍的风险（OR值分别为1.6和1.2）；在50岁及以上的男性中，现在吸烟者与曾经吸烟者相比，患勃起功能障碍风险更高。Austoni等进行了一项包含16 724名受试者的数据评估，结果显示与从未吸烟者相比，现在吸烟且烟龄低于10年的男性患勃起功能障碍的OR值为1.1（95% CI：0.7～1.6），烟龄10～20年者OR值为1.7（95% CI：1.2～2.3），超过20年者OR值为1.6（95% CI：1.3～2.0）；既往吸烟且烟龄低于10年的男性患勃起功能障碍的OR值为1.0（95% CI：0.6～1.7），烟龄10～20年者OR值为1.2（95% CI：0.8～1.8），超过20年者OR值为2.0（95% CI：1.3～2.0）。

（3）吸烟与慢性疾病的相互作用：吸烟参与许多与勃起功能障碍相关的疾病的进程，如动脉粥样硬化、糖尿病、高血压、高脂血症和肥胖等，因此与慢性疾病在勃起功能障碍发展中具有协同作用。动脉粥样硬化可导致阴茎灌注压力降低从而阻碍阴茎勃起，勃起达到最大程度的次数减少，勃起时硬度降低。2006年芬兰的一项研究表明有血管疾病的吸烟男性患勃起功能障碍的概率是没有发生血管疾病男性的3倍。意大利的一项研究发现，吸烟使糖尿病患者发生勃起功能障碍的风险增加了13%，使高血压患者发生勃起功能障碍的风险增加39%。

（4）戒烟可以改善勃起功能障碍的症状：2014年美国《卫生总监报告》指出，戒烟可能会改善勃起功能。戒烟可以缓解吸烟导致的收缩期及舒张末期血流速度峰值异常，夜间阴茎的肿胀和僵硬程度也会得到明显改善。Glina等监测患者在戒烟和吸烟后接受药物刺激的阴茎海绵体内压，发现所有患者在戒烟期间都可以勃起，但是只有少数患者在吸烟后可以勃起。Guay等也发现患者在戒烟24小时后，其夜间阴茎的肿胀和僵硬程度均有明显改善。

Pourmand等对281例患有勃起功能障碍的吸烟患者进行了为期1年的随访研究，其中有118名患者接受尼古丁替代治疗（含有2mg或4mg尼古丁的口香糖），163名患者在随访期间仍吸烟，两组之间的平均年龄和勃起功能障碍程度没有明显的差异性。排除高血压、血脂异常、糖尿病、精神障碍或非法药物史等因素的影响后，结果显示接受尼古丁替代治疗1年患者的勃起功能障碍状况明显优于目前仍吸烟的患者，有25%的患者在接受尼古丁替代治疗后勃起功能障碍症状缓解，而在吸烟的患者中没有出现好转。另一项针对23～60岁且具有5年以上吸烟史的勃起功能障碍患者进行的为期8周的尼古丁贴片戒烟治疗，研究发现，与戒烟不成功的人相比，使用尼古丁贴片戒烟成功的男性阴茎勃起能力改善明显，戒烟能显著改善阴茎血流，以及夜间的僵硬和肿胀。

尽管如此，开始吸烟年龄小、吸烟量大及烟龄长（40包·年及以上）的勃起功能障碍患者，即使戒烟后，长期大量接触烟草烟雾对阴茎血管的影响依然持续存在，戒烟可能无法改变勃起功能障碍的发生。2007年Travison等分析美国马萨诸塞联邦男性老龄化研究的数据发现，戒烟可以防止勃起功能障碍的进展，但对勃起功能障碍的缓解效果不明显。因此，防治勃起功能障碍，需远离烟草，拒绝吸烟，尽早戒烟。

（黄礼年）

六、吸烟对生殖和发育的其他影响

烟草燃烧可产生约4000种化学化合物，包括尼古丁、焦油、一氧化碳、镉等重金属物质以及其他诱变化合物。这些化合物具有不同的特性，并且可能对男性精子质量、新生儿先天畸形等有所影响。

（一）对精子的影响

1999年，WHO制定的精子密度达标的标准是2000万/毫升，2010年进一步下降到1500万/毫升。这说明在全球范围内，精子密度存在下降的趋势。此外，相关研究显示西方国家及我国都出现了精液参数下降的情况。精子和精液质量的下降可能是近年来男性不育症发病率升高的原因之一，而烟草则是精子及精液质量下降的重要危险因素。

1. 病理生理学机制

睾丸作为男性的主要生殖腺体，具有生精和内分泌双重功能，能够产生精子并分泌多种激素，代谢功能旺盛，因而对外界有害物质非常敏感，极易受到损害。在动物模型中发现吸烟可导致大鼠睾丸中精曲小管的基底层不规则改变且增厚，破坏血睾屏障。慢性烟草烟雾暴露还可诱发小鼠睾丸的凋亡，导致生殖细胞、Leydig细胞和Sertoli细胞数量同时减少。此外，吸烟可导致小鼠附睾发生病理性改变，从而影响精子的成熟过程。

精子的形态、浓度及运动能力是用于评估男性生育能力的指标。吸烟与精子数量减少、精子活力和精子形态异常有关，并且存在剂量-反应关系。尼古丁在吸烟者的血液和精液中均可检出，其浓度与吸烟量密切相关。尼古丁及其代谢产物可替宁可直接抑制精子的活动能力，并通过导致精子DNA损伤或改变染色质紧密性来促进精子凋亡。此外，尼古丁还可干扰雄性激素的合成以及分泌过程，从而影响精子成熟。烟草中含有多种重金属元素，镉是其中重要的物质。镉在人体中的生物半衰期可长达20～40年。吸烟者血液和精液中镉含量明显升高，且与吸烟量显著相关；镉浓度与精液质量显著相关。另外，烟草燃烧过程中可产生多种氧化性物质（如超氧化物阴离子、过氧化氢、氧自由基等），也会影响精子成熟过程。氧化应激反应可导致精子DNA结构破坏，引起细胞核和线粒体DNA损伤，致使非整倍体细胞产生甚至细胞破碎。吸烟也会造成男性生殖的表观遗传学改变，导致DNA甲基化，进而影响相关基因的生物学功能，并最终损害男性的生育能力。

2. 临床相关研究

国外的相关研究显示，与不吸烟者相比，吸烟者的精液量、精子数量、精液浓度、精子活力、精子存活率均有下降，畸形精子的比例上升。此外，吸烟量与上述参数之间呈负相关关系，吸烟者的精子总数和活动精子比例随吸烟量的增加而下降。但是，也有部分研究未发现吸烟者与不吸烟者之间精子和精液质量存在差异。研究结论的不一致性可能与研究样本量、研究对象特征、吸烟习惯、吸烟量、吸烟起始时间、被动吸烟量等信息收集不准确，以及未调整其他混杂因素有关。

国内关于吸烟对精液和精子质量影响的研究结论较一致。目前对全国不同地区如重庆、吉林、青岛等地男性的分析研究均提示，吸烟会导致精子和精液质量降低，并且吸烟与精子和精液质量存在剂量-反应关系。精子及精液质量随着吸烟年限及吸烟量的增加而逐渐下降，在调整年龄、BMI等混杂因素后，仍然显著相关。

（二）先天畸形

研究发现，母亲在妊娠期每天吸烟＞20支的婴儿发生先天畸形的风险是母亲未吸烟者的1.6倍。母亲在妊娠期吸烟的婴儿发生多种先天畸形（1个婴儿存在两种及以上的先天畸形）的风险明显增加。

1. 唇（腭）裂

唇（腭）裂是口腔颌面部常见的先天性畸形，是胎儿在发育过程中面部结构未完全融合的结果。研究已经证实，母亲在妊娠期吸烟可导致婴儿发生唇（腭）裂，其风险为母亲在妊娠期未吸烟的婴儿的1.29～1.4倍。一项纳入29篇研究的Meta分析显示，母亲在妊娠期吸烟的婴儿发生唇裂伴或不伴腭裂（OR 1.368，95% CI：1.259～1.486）以及腭裂（OR 1.241，95% CI：1.117～1.378）的风险显著升高，且唇（腭）裂发生风险与吸烟量成正相关（$P<0.05$）。结果表明，烟草使用与常见的先天畸形相关。

2. 腹裂

腹裂是一种比较少见的先天畸形，发生在脐带附近，绝大多数位于脐带右侧，有纵向腹壁缺损。母亲妊娠期吸烟是婴儿腹裂的危险因素。研究显示母亲在妊娠期吸烟的婴儿发生腹裂的风险为不吸烟者的1.6倍，同时提示烟草使用与少见的先天畸形有相关性。

3. 泌尿系结构畸形

有研究发现孕妇在妊娠期吸烟是婴儿泌尿系结构畸形的危险因素。母亲吸烟与后代先天性尿路异常风险增加相关（OR 2.3）。但一项病例对照研究，并未发现母亲在妊娠期吸烟会增加男性婴儿发生严重尿道下裂的风险。

4. 心血管畸形

随着婴儿存活率的不断提高，先天性心脏病的发生率也逐渐升高，医疗负担也越来越重。研究表明，孕妇在妊娠期吸烟会增加婴儿大动脉畸形及先天性心脏病如心脏间隔缺损、肺动脉瓣和三尖瓣畸形等的发生风险。

5. 肢体畸形

先天性肢体畸形的特征是肢体或手指的形成失败或断裂。研究表明，母亲在妊娠期吸烟的婴儿发生肢体畸形的风险是母亲不吸烟者的1.26～1.48倍；且婴儿的母亲在妊娠期主动吸烟、被动吸烟及主动＋被动吸烟都是婴儿先天性肢体畸形的危险因素，风险增加1.3倍以上。此外，主动吸烟及被动吸烟与躯干、下肢等不同部位的肢体畸形相关。

6. 其他先天畸形

孕妇在妊娠期吸烟也与婴儿呼吸系统结构先天畸形、先天性膈疝、消化系统结构先天畸形如幽门狭窄等的发生有关 。

（三）对儿童身体和智力发育的影响

1. 对儿童身体发育的影响

母亲妊娠期吸烟对后代肺功能和健康的主要影响是用力呼气流量减少，被动呼吸顺应性降低，呼吸道感染住院率增加，以及儿童哮鸣和支气管哮喘患病率增加。一项纳入14项研究的Meta分析显示，母亲妊娠期吸烟者儿童体重超重风险增加1.4倍。还有研究发现，母亲在孕妊娠期吸烟与新生儿出生身高较短及出生体重较低、婴儿时期身高增长较快和童年后期生长较慢有关。另一项对7个国家的研究发现，在柬埔寨、纳米比亚和尼泊尔，母亲在妊娠期吸烟与后代的身高呈负相关，但在多米尼加、海地、约旦、摩尔多瓦的研究中没发现这种关联。Meta分析显示，母亲妊娠期吸烟对后代骨密度无直接影响，胎盘重量、出生体重和儿童当前的体型等混杂因素可能导致未发现明显关联。

2. 对儿童行为问题及智力发育的影响

一个研究利用质量调整生命年（quality-adjusted life year，QALY）来考察母亲妊娠期吸烟与儿童行为问题（反社会行为、焦虑/抑郁、任性、多动、不成熟依赖和同伴冲突/社交退缩）之间的关系发现，由于行为问题，母亲在妊娠期间吸烟的孩子平均每年损失0.181个QALY，且男孩QALY的损失比女孩更大（0.242 *vs.* 0.119，$P＝0.021$）。此外，妊娠期吸烟量与行为问题成正相关，特别是每天吸烟＞20支的孕妇。其他研究也证实母亲妊娠期吸烟可能对后代多动、任性等行为问题产生宫内影响。

母亲妊娠期吸烟与后代（婴儿及儿童时期）认知功能下降以及学习和记忆能力方面的缺陷有关。Obel等在1991～1992年出生的1871名丹麦婴儿中进行的队列研究发现，母亲在妊娠期的吸烟量越大，婴儿在8月龄时的学语能力越差，母亲在妊娠期每天吸烟10支或以上的婴儿在8月龄时不会咿呀学语的风险是母亲不吸烟婴儿的2.0倍（OR 2.0，95% CI：1.1～3.6）。

5-羟色胺与调节情绪行为的神经回路的发育有关。5-HTTLPR基因多态性的短等位基因（s）是环境应激因素存在时精神病理学的一个风险因素。有研究发现母亲在妊娠期间吸烟会显著增加携带s等位基因的孩子出现情绪问题的风险，这可能是母亲妊娠期吸烟的后代出现更多行为问题的原因。

（陈　宏　李毓鹏）

参考文献

[1] Gu D，Kelly TN，Wu X. Mortality attibulity to smoking in China [J]. N Engl J Med，2009，360（2）：150-159.

[2] 中华人民共和国卫生健康委员会. 中国吸烟危害健康报告2020 [M]. 北京：人民卫生出版社，2021.

[3] Torkashvand J，Farzadkia M，Sobhi HR，et al. Littered cigarette butt as a well-known hazardous waste：Acomprehensive systematic review [J]. J Hazard Mater，2020，383：121242.

[4] 连立芬，陈亚琼. 苯并芘的生殖毒性机制研究进展 [J]. 国际生殖健康/计划生育杂志. 2013，32（6）：450-452.

[5] 丁鹏，陈维清. 环境香烟烟雾对妊娠结局影响的研究现状 [J]. 中山大学学报（医学科学版），2009，30（4S）：294-296.

[6] Practice Committee of the American Society for Reproductive Medicine. Smoking and infertility：a committee opinion [J]. Fertil Steril，2012，98：1400.

[7] Augood C，Duckitt K，Templeton AA. Smoking and female infertility：a systematic review and meta-analysis [J]. Hum Reprod，1998，13：1532.

[8] Shiloh H，Lahav-Baratz S，Koifman M，et al. The impact of cigarette smoking on zona pellucida thickness of oocytes and embryos prior to transfer into the uterine cavity [J]. Hum Reprod，2004，19：157.

[9] Paszkowski T，Clarke RN，Hornstein MD. Smoking induces oxidative stress inside the Graafian follicle [J]. Hum Reprod，2002，17：921.

[10] Jick H，Porter J. Relation between smoking and age of natural menopause. Report from the Boston Collaborative Drug Surveillance Program，Boston University Medical Center [J]. Lancet，1977，1：1354.

[11] Cramer DW，Barbieri RL，Xu H，et al. Determinants of basal follicle-stimulating hormone levels in premenopausal women [J]. J Clin Endocrinol Metab，1994，79：1105.

[12] Westhoff C，Murphy P，Heller D. Predictors of ovarian follicle number [J]. Fertil Steril，2000，74：624.

[13] Kuohung W，MD Hornstein.. Causes of female infertility [J]. UpToDate. https：//www.uptodate.com/contents/causes-of-female-infertility.

[14] Phipps WR，Cramer DW，Schiff I，et al. The association between smoking and female infertility as influenced by cause of the infertility [J]. Fertil Steril，1987，48：377.

[15] Wesselink AK，Hatch EE，Rothman KJ，et al. Prospective study of cigarette smoking and fecundability [J]. Hum Reprod，2019，34（3）：558-567.

[16] Curtis KM，Savitz DA，Arbuckle TE. Effects of cigarette smoking，caffeine consumption，and alcohol

intake on fecundability [J]. Am J Epidemiol, 1997, 146: 32.

[17] Bolumar F, Olsen J, Boldsen J. Smoking reduces fecundity: a European multicenter study on infertility and subfecundity [J]. The European Study Group on Infertility and Subfecundity. Am J Epidemiol, 1996, 143: 578.

[18] Bouyer J, Coste J, Fernandez H, et al. Tobacco and ectopic pregnancy. Arguments in favor of a causal relation [J]. Rev Epidemiol Sante Publique, 1998, 46: 93.

[19] Weinberg CR, Wilcox AJ, Baird DD. Reduced fecundability in women with prenatal exposure to cigarette smoking [J]. Am J Epidemiol, 1989, 129: 1072.

[20] Storgaard L, Bonde JP, Ernst E, et al. Does smoking during pregnancy affect sons' sperm counts? [J]. Epidemiology, 2003, 14: 278.

[21] Lange S, Probst C, Rehm J, et al. National, regional and global prevalence of smoking during pregnancy in the general population: a systematic review and meta-analysis [J]. Lancet Glob Health, 2018, 6 (7): e769–e776.

[22] Bingqing Liu, Lulu Song, Lina Zhang, et al. Prenatal second hand smoke exposure and newborn telomere length [J]. Pediatr Res, 2020, 87 (6): 1081–1085.

[23] World Health Organization (WHO). Recommendations for the prevention and management of tobacco use and second-hand smoke exposure in pregnancy. Geneva: World Health Organization, 2013.

[24] Andrew Hyland, Kenneth MP, Kathleen MH, et al. Associations of lifetime active and passive smoking with spontaneous abortion, stillbirth and tubal ectopic pregnancy: a cross sectional analysis of historical data from the women's health Initiative [J]. Tob Control, 2015, 24 (4): 328–335.

[25] C Diguisto, V Dochez. Consequences of Active Cigarette Smoking in Pregnancy- CNGOF-SFT Expert Report and Guidelines on the management of smoking during pregnancy [J]. Gynecol Obstet Fertil Senol, 2020, 48 (7-8): 559–566.

[26] Hyland A, Piazza KM, Hovey KM, et al. Associations of lifetime active and passive smoking with spontaneous abortion, stillbirth and tubalectopic pregnancy: a cross-sectional analysis of historical data from the Women's Health Initiative [J]. Tob Control, 2015, 24 (4): 328–335.

[27] Audrey J Gaskins, Stacey A Missmer, Janet W Rich-Edwards, et al. Demographic, lifestyle, and reproductive risk factors for ectopic pregnancy [J]. Fertil Steril, 2018, 110 (7): 1328–1337.

[28] C Dechanet, C Brunet, T Anahory, et al. Effects of cigarette smoking on embryo implantation and placentation and analysis of factors interfering with cigarette smoke effects (Part Ⅱ) [J]. Gynecol Obstet Fertil, 2011, 39 (10): 567–574.

[29] Cara BK, Kesha Baptiste-Roberts, Junjia Zhu, et al. Effect of multiple previous miscarriages on health behaviors and health care utilization during subsequent pregnancy[J]. Womens Health Issues, 2015, 25(2): 155–161.

[30] Beth LP, Edward Park, Jonathan MS. Systematic review and meta-analysis of miscarriage and maternal exposure to tobacco smoke during pregnancy [J]. Am J Epidemiol, 2014, 179 (7): 807–823.

[31] Shobeiri F, Jenabi E. Smoking and placenta previa: a meta-analysis [J]. J Matern Fetal Neonatal Med, 2017, 30 (24): 2985–2990.

[32] Williams MA, Mittendorf R, Lieberman E, et al. Cigarette smoking during pregnancy in relation to placenta previa [J]. Am J Obstet Gynecol, 1991, 165 (1): 28–32.

[33] Kataoka MC, Carvalheira APP, Ferrari AP, et al. Smoking during pregnancy and harm reduction in birthweight: a cross-sectional study [J]. BMC Pregnancy Childbirth, 2018, 18 (1): 67.

[34] Fleming P, Blair PS, et al. Sudden Infant Death Syndrome and parental smoking [J]. Early Human Development, 2007, 83 (11): 721-725.
[35] Goldberg N, Rodriguez-Prado Y, Tillery R, et al. Sudden Infant Death Syndrome: A Review [J]. Pediatric Annals, 2018, 47 (3): e118.
[36] Horne RSC. Sudden infant death syndrome: current perspectives [J]. Internal Medicine Journal, 2019, 49 (4): 433-438.
[37] 单培英. 婴儿猝死综合征病因学研究进展 [J]. 国际护理学杂志, 1999, 18 (11): 500-503.
[38] 刘敬, 陈自励. 婴儿猝死综合征 [J]. 中国当代儿科杂志, 2007, 9 (1): 85-89.
[39] Bednarczuk N, Milner A, Greenough A. The Role of Maternal Smoking in Sudden Fetal and Infant Death Pathogenesis [J]. Frontiers in Neurology, 2020, 11.
[40] Osawa M, Ueno Y, Ikeda N, et al. Circumstances and factors of sleep-related sudden infancy deaths in Japan [J]. PLoS One, 2020, 15 (8): e0233253.
[41] Allen MS, Walter EE. Health-related lifestyle factors and sexual dysfunction: a meta-analysis of population-based research [J]. J Sex Med, 2018, 15 (4): 458-475.
[42] Demady DR, Lowe ER, Everett AC, et al. Metabolism-based inactivation of neuronal nitric-oxide synthase by components of cigarette and cigarette smoke [J]. Drug Metab Dispos, 2003, 31 (7): 932-937.
[43] Harte CB, Meston CM. Acute effects of nicotine on physiological and subjective sexual arousal in nonsmoking men: a randomized, double-blind, placebo-controlled trial [J]. Journal of Sexual Medicine, 2008, 5 (1): 110-121.
[44] Bacon CG, Mittleman MA, Kawachi I, et al. A prospective study of risk factors for erectile dysfunction [J]. J Urol, 2006, 176 (1): 217-221.
[45] Shiri R, Hakkinen J, Koskimaki J, et al. Smoking causes erectile dysfunction through vascular disease [J]. Urology, 2006, 68 (6): 1318-1322.
[46] Mirone V, Imbimbo C, Bortolotti A, et al. Cigarette smoking as risk factor for erectile dysfunction: results from an Italian epidemiological study [J]. European Urology, 2002, 41 (3): 294-297.
[47] Chew KK, Bremner A, Stuckey B, et al. Is the relationship between cigarette smoking and male erectile dysfunction independent of cardiovascular disease? Findings from a population-based cross-sectional study [J]. Journal of Sexual Medicine, 2009, 6 (1): 222-231.
[48] Lam TH, Abdullah AS, Ho LM, et al. Smoking and sexual dysfunction in Chinese males: Findings from men's health survey [J]. Int J Impot Res, 2006, 18 (4): 364-369.
[49] Dean RC, Lue TF. Physiology of penile erection and pathophysiology of erectile dysfunction [J]. Urol Clin North Am, 2005, 32 (4): 379-395.
[50] Polsky JY, Aronson KJ, Heaton JP, et al. Smoking and other lifestyle factors in relation to erectile dysfunction [J]. BJU Int, 2005, 96 (9): 1355-1359.
[51] He J, Reynolds K, Chen J, et al. Cigarette smoking and erectile dysfunction among Chinese men without clinical vascular disease [J]. Am J Epidemiol, 2007, 166 (7): 803-809.
[52] Guay AT, Perez JB, Heatley GJ. Cessation of smoking rapidly decreases erectile dysfunction [J]. Endocr Pract, 1998, 4 (1): 23-26.
[53] Harte CB, Meston CM. Association between smoking cessation and sexual health in men [J]. BJU Int, 2012, 109 (6): 888-896.
[54] Parazzini F, Menchini Fabris F, Bortolott I, et al. Frequency and determinants of erectile dysfunction in

Italy [J]. Eur Urol, 2000, 37 (1): 43-49.
[55] Swan SH, Elkin EP, Fenster L. The Question Of Declining Sperm Density Revisited: An Analysis Of 101 Studies Published 1934-1996 [J]. Environ Health Perspect, 2000, 108 (10): 961-966.
[56] Li Y, Lin H, Ma M, et al. Semen Quality Of 1346 Healthy Men, Results From The Chongqing Area Of Southwest China [J]. Hum Reprod, 2009, 24 (2): 459-469.
[57] Åsenius F, Danson A, Marzi S. DNA methylation in human sperm: a systematic review [J]. Human reproduction update, 2020, 26 (6): 841-873.
[58] Holzki G, Gall H, Hermann J. Cigarette smoking and sperm quality [J]. Andrologia, 1991, 23 (2): 141-144.
[59] 周妮娅，曹佳，崔志鸿，等. 吸烟对重庆主城区成年男性精子凋亡及精液质量的影响 [J]. 中华男科学杂志，2009，15 (8)：685-688.
[60] 刘安娜，董佳，王厚照. 吸烟对闽南地区男性不育患者精液质量的影响分析 [J]. 中国优生与遗传杂志，2011，019 (2)：105-105.
[61] 郭航，张红国，薛百功，等. 吸烟，饮酒和桑拿对精子形态的影响 [J]. 中华男科学杂志，2006，12 (3)：215-215.
[62] Shiono PH, Klebanoff MA, Berendes HW. Congenital malformations and maternal smoking during pregnancy [J]. Teratology, 1986, 34 (1): 65-71.
[63] Leite M, Albieri V, Kjaer SK, et al. Maternal smoking in pregnancy and risk for congenital malformations: results of a Danish register-based cohort study [J]. Acta Obstet Gynecol Scand, 2014, 93 (8): 825-834.
[64] Kelsey JL, Dwyer T, Holford TR, et al. Maternal smoking and congenital malformations: an epidemiological study [J]. J Epidemiol Community Health (1978), 1978, 32 (2): 102-107.
[65] Li DK, Mueller BA, Hickok DE, et al. Maternal smoking during pregnancy and the risk of congenital urinary tract anomalies [J]. Am J Public Health, 1996, 86 (2): 249-253.
[66] Oken E, Levitan EB, Gillman MW. Maternal smoking during pregnancy and child overweight: systematic review and meta-analysis [J]. Int J Obes (Lond), 2008, 32 (2): 201-210.
[67] Howe LD, Matijasevich A, Tilling K, et al. Maternal smoking during pregnancy and offspring trajectories of height and adiposity: comparing maternal and paternal associations [J]. Int J Epidemiol, 2012, 41 (3): 722-732.
[68] Brion MJ, Victora C, Matijasevich A, et al. Maternal smoking and child psychological problems: disentangling causal and noncausal effects [J]. Pediatrics, 2010, 126 (1): e57-e65.

第六节　吸烟与其他疾病

一、消化性溃疡

（一）概述

消化性溃疡（peptic ulcer，PU）指胃肠黏膜发生的炎性缺损，作为一种全球性的常见及高发疾病，已经严重危害了诸多患者的生命质量。消化性溃疡主要易发生部位为胃与十二指肠。目前已有流行病学调查指出，我国消化性溃疡的发病率大约为10%。一项基于美国人群的大型研究（1997～2003年）显示，现在和曾经吸烟者的溃疡患病率（11.43%和11.52%）几乎是不吸烟者的两倍（6.00%）。

吸烟行为作为消化性溃疡的一种重要外部环境诱发因素，受到了学术界的广泛关注。消化性溃疡的风险与吸烟量有关。持续吸烟会延缓消化性溃疡的愈合进度，并提高复发率，同时吸烟患者群体还会表现出更多的溃疡相关并发症，如出血或穿孔，并呈现出更高的溃疡相关死亡率。因此，应该鼓励消化性溃疡患者中的吸烟群体戒烟，不但可以延缓疾病进展，而且还能大大提升患者的生命质量。

（二）吸烟与消化性溃疡的关系

1. 生物学机制

（1）影响胃分泌功能：吸烟不仅可以有效促进胃酸和胃蛋白酶的分泌，还能通过抑制碳酸氢盐的分泌，从而促使十二指肠近段抗酸性体液的作用被大大削弱中和，进而导致十二指肠肠液持续酸化。由于胃酸水平增加以及碳酸氢盐分泌减少，导致消化性溃疡在吸烟者中比在非吸烟者中更为常见。此外，吸烟不仅可以抑制前列腺素分泌，减少前列腺素合成，降低胃黏膜的阻隔功能以及消化系统黏膜免疫能力，而且能够直接破坏胃十二指肠黏膜，促使溃疡形成。

（2）影响胃黏膜的血流量：吸烟通过收缩血管导致胃黏膜血流量显著减少，有很多因素可以刺激溃疡部位的血管生成。其中，血管内皮生长因子、碱性成纤维细胞生长因子、一氧化氮和前列腺素通常被认为是促使胃肠黏膜血管生成的重要因素。烟草及其提取物还可能通过抑制一氧化氮的产生、降低胃黏膜前列腺素水平和损害血管内皮生长因子途径，诱导内皮细胞的功能失调和凋亡，对黏膜血流的流动性和胃肠黏膜的溃疡愈合过程产生不利影响。

（3）吸烟对胰腺外分泌的影响：长期吸入烟草烟雾会改变细胞增殖、内皮功能和免疫反应。这其中，尼古丁作为最大的危害因素，在进入胰腺后有效减少碳酸氢盐的分泌，而碳酸氢盐的减少则会进一步导致胃酸通过幽门进入十二指肠时，无法与碳酸氢盐发生中和反应，这可能是致使十二指肠溃疡发病的一个重要因素。此外，尼古丁还能降低幽门括约肌压力，引发胆汁反流增加，从而增加十二指肠内容物反流到胃部。十二指肠液，尤其是胆汁和胆汁酸，对胃黏膜屏障有损害。这些可能是胃溃疡发病的重要因素。

（4）吸烟对胃肠道上皮细胞更新的影响：细胞更新是胃肠道的保护过程，其功能障碍在溃疡形成和溃疡愈合中起着至关重要的作用。烟草烟雾及其活性成分可导致黏膜细胞死亡，抑制胃肠道上皮细胞的更新，减少胃肠道黏膜中的血流量，干扰黏膜免疫系统。胃肠道上皮细胞更新是保护表面上皮细胞免受来自管腔的各种侵袭性因素损害的有效手段。吸烟及其活性成分不仅抑制黏膜细胞增殖，而且在溃疡愈合过程中诱导细胞凋亡。已有研究证明了烟草烟雾或其提取物显著抑制人和动物黏膜细胞增殖，与表皮生长因子（epidermal growth factor，EGF）和多聚腺苷酸的减少有关。EGF在黏膜细胞增殖中起重要作用，并调节黏膜完整性。在溃疡形成过程中，EGF的合成及其表达在溃疡附近的上皮细胞中显著上调。吸烟能明显抑制胃黏膜中EGF的合成及其基因表达。此外，胃溃疡愈合也随着黏膜细胞增殖的减少而延迟，表明烟草烟雾诱导的溃疡愈合的延迟可能是由溃疡部位EGF释放的减少引起的。有研究发现多胺与溃疡愈合过程中的黏膜细胞增殖存在关联性。多胺参与EGF介导的细胞增殖和胃中的酸分泌，而鸟氨酸脱羧酶（ornithine decarboxylase，ODC）作为多胺生物合成的主要酶，包括腐胺、精胺和亚精胺，其活性是促进黏膜生长的关键因素，在胃溃疡愈合过程中呈现出重要的胃保护作用。有研究表明，在连续3天每天用烟草烟雾提取物灌胃给药后，溃疡面积明显扩大，髓过氧化物酶活性也增加。在体外伤口模型中，烟草烟雾还显著抑制细胞迁移和细胞增殖，并导致ODC活性降低。此外，外源亚精胺可以逆转烟草烟雾诱导的细胞增殖和ODC活性的抑制作用，表明烟草烟雾诱导的胃伤口愈合延迟至少部分是由于多胺合成的减少。大量研究表明，多胺参与了胃保护、溃疡愈合和抑酸过程。烟草烟雾对溃疡愈合的不利影响也部分是由于多胺功能的失调（图5-6-1）。

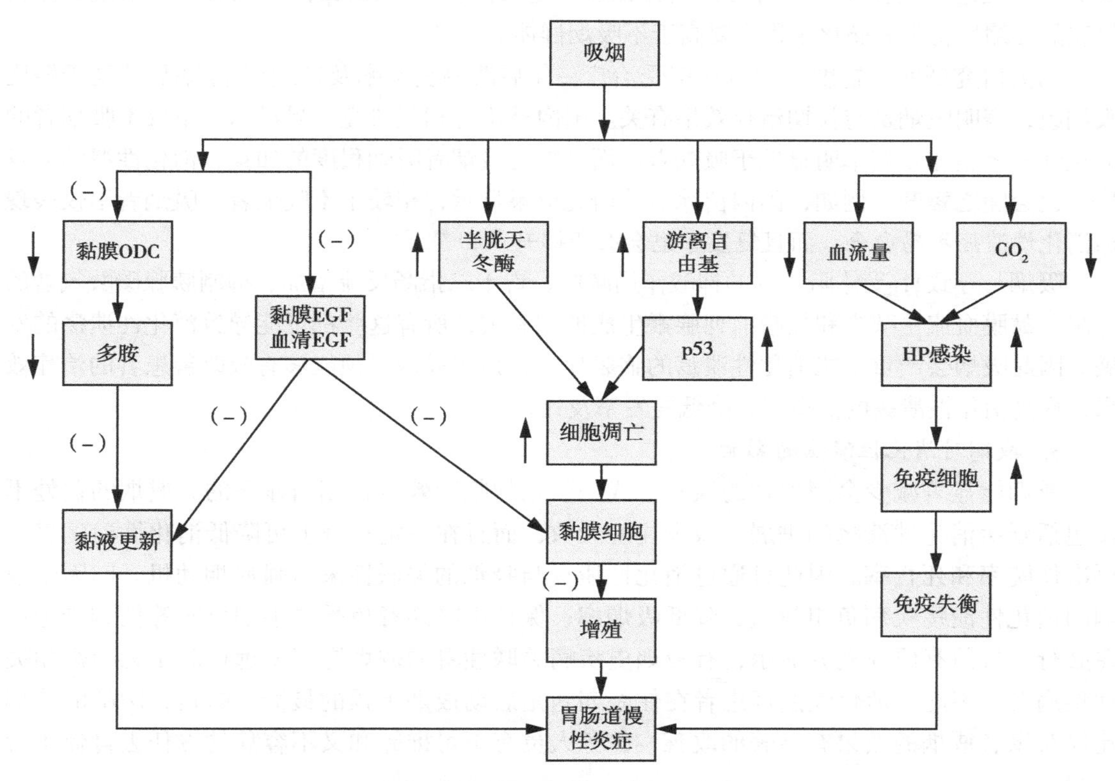

图5-6-1 烟草烟雾诱发胃肠道慢性炎症的可能作用机制

注：ODC，鸟氨酸脱羧酶；EGF，表皮生长因子。

（5）吸烟对幽门螺杆菌的影响：吸烟可以增加患者感染幽门螺杆菌（Hp）的风险，这种风险的增加可能是由于吸烟对减少抗氧化剂或胃十二指肠黏膜局部防御免疫系统的不利影响，从而降低了胃和十二指肠中抵抗幽门螺杆菌感染的自然防御机制的有效性。

（6）其他：吸烟能够通过降低血红蛋白的携氧能力、黏膜防御功能及延缓胃排空等途径导致消化性溃疡，同时还可以降低胃黏膜的药物浓度，削弱药物作用等不良影响。

2. 吸烟对消化性溃疡发生发展的影响

胃和十二指肠溃疡发病率在吸烟者群体中比不吸烟者群体更为普遍。在挪威的一项研究中，吸烟者与不吸烟者相比，胃和十二指肠溃疡的相对危险度分别为3.4和4.1。一项来自波兰的基于人群的研究显示，消化性溃疡与吸烟习惯的持续时间之间存在显著相关性。有研究表明，随着吸烟年限的增加，胃和十二指肠溃疡的患病风险也在逐步增长。在不同种族群体所开展的大量研究证实，吸烟是消化性溃疡的独立危险因素。吸烟可能会导致更糟糕的结果：据一项针对部分英国医师群体的长期随访研究结果表明，吸烟者的消化性溃疡死亡率比不吸烟者提高了300%。与不吸烟者相比，持续吸烟的十二指肠溃疡患者接受H_2受体阻断剂治疗的治愈率较低，复发率较高。吸烟也可能是引发消化性溃疡其他并发症的重要危险因素，特别是十二指肠溃疡穿孔，以及与消化性溃疡出血相关的腹痛等。此外，吸烟和Hp感染似乎在促进消化性溃疡和胃炎方面存在着一定协同作用。在Hp阳性患者中，吸烟群体所呈现的萎缩性胃炎和肠化生程度要高于不吸烟群体。

相关研究证实，重度吸烟组在接受治疗一年后溃疡复发率及Hp未根除率显著高于轻度吸烟组，表明吸烟量与长期治疗效果有关。国内外均有相关研究结果显示，不仅不吸烟者的消化性溃疡整体发病率明显低于吸烟者，而且随着吸烟者吸烟程度的加重，消化性溃疡的发病率也会随之攀升。例如，国内苗冰清等研究成果显示，相较于不吸烟者，吸烟者不仅表现出消化性溃疡不易愈合，而且复发率也会有所提升。

吸烟与导致H_2受体阻断剂的抑酸作用减弱、胃十二指肠反流增加、抑制胰腺碳酸氢盐的分泌、黏膜血流量减少和黏膜前列腺素生成抑制有关，所有这些都可能导致消化性溃疡的发展。因此吸烟会严重干扰消化性溃疡的临床疗效，强化戒烟干预能够有效改善患者的治疗效果，提高消化性溃疡的治愈率，降低复发率及死亡率。

3. 戒烟对消化性溃疡的影响

戒烟能显著减少全因死亡的风险，戒烟带来的临床效益是相当显著的。戒烟的益处不仅包括延缓消化性溃疡的进展、减少住院天数，而且在一定程度上可降低消化性溃疡患者再次住院率和死亡率。因此可通过消化性溃疡与吸烟的关联性来增强戒烟动机。归因于吸烟的消化性溃疡疾病负担较重，降低吸烟率、保护不吸烟者免受二手烟暴露等控烟措施势在必行。目前有研究充分显示，有吸烟史疾病关联性者的戒烟愿望要远远高于无吸烟相关性疾病者。因此，消化性溃疡患者在住院期间是启动戒烟干预的最恰当时机，医师的戒烟建议对患者戒烟的效果有显著的改善，医务人员有不可推卸和义不容辞的责任去督促患者戒烟。

（周　红　金　露）

二、骨量丢失和骨折

（一）概述

骨量（bone mass）是指体内骨组织的总量。骨量随人的生长发育逐渐增多，至25～30岁达到峰值，其后开始逐渐下降。骨密度（bone mineral density）是指骨矿物质密度，是衡量骨强度的一个重要指标。骨量和骨密度下降的速度及程度受年龄、性别、生活方式以及种族等的影响。因各种因素导致骨量减少、骨密度减低到一定程度时即可诊断为骨质疏松症（osteoporosis）。

2018年开始，国家卫生健康委员会组织了我国首次骨质疏松症流行病学调查，结果显示，我国40～49岁人群骨质疏松症患病率为3.2%，其中男性为2.2%，女性为4.3%，城市地区为3.5%，农村地区为3.1%。50岁以上人群骨质疏松症患病率为19.2%，其中男性为6.0%，女性为32.1%，城市地区为16.2%，农村地区为20.7%。65岁以上人群骨质疏松症患病率达到32.0%，其中男性为10.7%，女性为51.6%，城市地区为25.6%，农村地区为35.3%。调查同时发现，我国低骨量人群数量庞大，40～49岁人群低骨量率达到32.9%，其中男性为34.4%，女性为31.4%，城市地区为31.2%，农村地区为33.9%。50岁以上人群低骨量率为46.4%，其中男性为46.9%，女性为45.9%，城市地区为45.4%，农村地区为46.9%。

吸烟是发生骨量减少、增加骨折风险的重要因素，并可减慢肌肉骨骼损伤的恢复过程。目前，已有充分的证据说明吸烟可导致骨密度下降，特别是老年男性及绝经后女性。我国骨质疏松症的高发病率可能与我国的高吸烟率有一定的相关性。

（二）吸烟与骨量丢失的关系

吸烟对骨代谢的影响可分为直接作用和间接作用两类。前者指烟草烟雾可直接抑制骨形成和血管生成从而影响骨密度；后者则包括体重改变、甲状旁腺激素（parathyroid hormone，PTH）-维生素D轴改变、肾上腺激素改变和性激素改变等。

1．生物学机制

（1）抑制骨形成和血管生成：低浓度的尼古丁可刺激细胞增殖，但在高浓度时尼古丁可抑制成骨细胞的生成，并导致细胞死亡。尼古丁还可抑制成骨细胞发育和血管内皮生长因子，并且这种损害呈现剂量依赖的特性。此外，烟草烟雾中的多环芳烃化合物也可损害骨组织。

（2）改变PTH-维生素D轴：PTH和维生素D是调控钙磷代谢及骨形成/吸收的重要激素，烟草烟雾可影响维生素D和钙吸收继而导致骨量丢失。吸烟者体内维生素D在肝的代谢速度加快、PTH释放减少，使得维生素D水平下降。吸烟还可干扰钙调蛋白的代谢，阻碍小肠对钙的吸收。

（3）影响肾上腺激素的代谢：吸烟导致糖皮质激素水平升高，从而影响成骨细胞和破骨细胞活性，同时减少胃肠道对钙的吸收和肾对钙的重吸收，最终造成骨量减少。

（4）影响性激素的代谢：吸烟可加快雌激素的代谢、抑制雌激素合成酶和升高血清雌激素结合球蛋白水平，从而使体内雌激素水平下降。雌激素水平下降可使骨重建率增加、骨吸收大于骨形成，从而导致骨量丢失。吸烟的女性绝经年龄较非吸烟女性平均提前2年。

（5）氧化应激反应：吸烟可显著增加体内氧化应激产物（如一氧化氮、丙二醛等）的浓度，同时可降低抗氧化酶（如超氧化物歧化酶、谷胱甘肽过氧化物酶等）的水平，导致骨重吸收增加，继而骨量减少。

（6）降低体重：尼古丁有抑制食欲的作用，如导致低体重则可导致骨生成机制受到抑制。低体重所相关的脂肪组织减少可抑制吸烟者体内雄激素转化为雌激素，从而影响骨质代谢。

2．吸烟对骨量减少和骨折的影响

（1）绝经后女性：2014年关于烟草问题的美国《卫生总监报告》指出，有充分证据说明吸烟可以导致绝经后女性发生骨密度降低。20世纪70年代即已发现吸烟与绝经后女性骨密度降低有关。近年来开展的多项队列研究及病例对照研究也证实了上述结论。Law等对29项横断面研究及19项队列研究和病例对照研究进行Meta分析发现，在绝经后女性中，现在吸烟者发生骨量丢失的比例明显高于不吸烟者，并且年龄每增加10岁，吸烟者的骨量丢失程度就升高2%；到80岁时，吸烟者的骨量丢失程度将升高6%。同时发现50岁以上的吸烟者发生髋关节骨折的风险显著增加，并且随着年龄的增长其发生率也逐渐增高，60岁、70岁、80岁、90岁的吸烟者发生髋关节骨折的风险分别为不吸烟者的1.17倍（OR 1.17，95% CI：1.05～1.30）、1.41倍（OR 1.41，95% CI：1.29～1.55）、1.71倍（OR 1.71，95% CI：1.50～1.96）和2.08倍（OR 2.08，95% CI：1.70～2.54）。在韩国老年女性和中国老年女性中开展的研究也支持上述结论。张清学等在330名广州中老年女性中进行的横断面研究发现，在绝经后女性中，股骨的骨密度值与吸烟年限及每天吸烟支数呈负相关，即每天吸烟量越大、吸烟年限越长，骨密度越低（$P < 0.05$）。

（2）男性和绝经前女性：越来越多的研究提示吸烟与男性及绝经前女性的骨量丢失和骨折发生有关。Ward等对186项横断面研究进行Meta分析发现，同既往从未吸烟者和曾经吸烟者相比，现在吸烟者所有检测部位的骨量均有显著减少。同时还发现吸烟者发生脊柱骨折的风险较非吸烟者明显上升，女性中增加13%，男性中增加32%。Herman等在丹麦骨质疏松预防性研究中发现，在围绝经期女性中，现在吸烟者的总骨密度（经年龄和体重调整后）、股骨颈和腰椎的骨密度（经年龄调整后）较不吸烟者明显降低（$P < 0.001$；$P = 0.012$）。Hu等在775名35～75岁的中国女性中进行的横断面研究发现，吸烟与绝经前女性的骨密度降低显著相关。张杰等对深圳386名男性（年龄20～60岁，平均37.5岁）和480名女性（年龄22～61岁，平均39.2岁）进行的横断面研究发现，吸烟者的骨密度明显低于不吸烟者；吸烟年限≥15年且每天吸烟量≥10支的男性吸烟者的骨密度比每天吸烟量＜10支且吸烟年限＜15年的男性降低46%～67%；吸烟年限≥15年且每天吸烟量≥10支的女性吸烟者的骨密度比每天吸烟量＜10支且吸烟年限＜15年的女性低32%～35%。Trimpou等在7495名年龄在46～56岁的瑞典男性中进行的前瞻性队列研究（随访超过30年）发现，吸烟者发生髋部骨折的风险为不吸烟者的1.58倍（HR 1.58，95% CI：1.27～1.96），而戒烟者发生髋部骨折的风险明显降低（HR 1.06，95% CI：0.81～1.40，$P < 0.0001$）。

Forsén等在35 767名50岁以上的挪威人中进行了一项为期3年的前瞻性队列研究，发现在75岁以下的人群中，吸烟者发生髋部骨折的风险较不吸烟者明显增高（男性RR 5.0，95% CI：1.5～16.9；女性RR 1.9，95% CI：1.2～3.1）。研究同时还发现，戒烟5年以上的男性发生髋部骨折的风险仍然很高（RR 4.4，95% CI：1.2～15.3），但较现在吸烟者有所降低。在亚洲人群中开展的研究也支持上述结论。Lau等在亚洲451名男性和725名女性（年龄≥50岁）髋部骨折患者及相应数量的对照中开展的研究发现，男性吸烟者发生髋部骨折的风险为不吸烟者的1.5倍（95% CI：1.0～2.1）。

（3）青少年：青少年时期是骨骼发育的重要阶段，骨量增长最为明显，如在该时期开始吸烟则有可能影响骨密度的峰值。但由于在青少年中开展的吸烟对骨骼的影响研究较少，因此吸烟对于骨密度峰值的确切影响需要更多的研究来明确。Boot等在荷兰50名4～20岁的儿童和青少年中开展的横断面研究未发现吸烟与总骨量存在关联。但一项在芬兰 264 名 9 ～ 18 岁的儿童和青少年中进行的前瞻性研究发现，男性吸烟者的髋部和脊柱骨量峰值低于不吸烟者。Ortego-Centeno 等在西班牙 57 名健康年轻男性（年龄为 20 ～ 45 岁）中进行的横断面研究也发现，与不吸烟者相比，吸烟超过20支/天者身体所有部位的骨密度均明显下降。Lucas等在一项731名13 ～ 17岁女性的前瞻性队列研究中发现，13岁即开始吸烟者在其17岁时可以观察骨密度低于非吸烟者。Dorn等在一项262名11 ～ 19岁女性的横断面研究中发现腰椎和髋部骨密度下降同吸烟相关。

（王晓丹）

三、吸烟与牙周病

（一）概述

牙周病（periodontal disease）是一种发生在牙支持组织（牙周组织）的慢性炎症性疾病，包括仅累及牙龈组织的牙龈病和波及深层牙周组织（牙周膜、牙槽骨、牙骨质）的牙周炎两大类，是引起成年人牙齿脱落的主要原因之一，也是危害人类全身健康的主要口腔疾病。

2002年全球牙周病流行病学报告指出，牙周疾病的发病率在世界范围内各不相同，据统计世界上30% ～ 35%成人被牙周病所困扰，牙周病成为我们当前面临的重要公共卫生问题之一。

吸烟是导致牙周病的主要危险因素之一，仅次于牙菌斑。有充分证据说明吸烟量越大、吸烟年限越长、戒烟时间越短与牙周病患病率、严重程度及疾病进展呈正相关。戒烟可改变牙周病的自然进程。

（二）生物学机制

1. 影响牙周组织免疫防御功能

牙周组织多重防御机制包括上皮屏障、免疫细胞、唾液、牙龈液。吸入烟草烟雾一方面直接干扰上皮屏障，另一方面影响免疫细胞产生细胞因子及炎症介质，从而导致组织损害。吸烟者肺组织中树突状细胞显著增加，可能是参与相关免疫反应的重要成分。

2. 影响牙周细胞

牙周膜细胞为主要细胞成分，具有趋化、黏附、增殖以及分化成新的主纤维、牙骨质的能力。国内外多项研究表明，烟草制品可直接破坏牙周细胞，而随着尼古丁浓度增加，会导致牙龈和牙周膜成纤维细胞活性降低，可能通过激活基质金属蛋白酶促进牙龈成纤维细胞降解胶原、增加自噬体数量及上调自噬相关蛋白LC3表达来激活牙周膜成纤维细胞自噬。同时吸烟可破坏牙周上皮结构导致牙齿于牙槽中松动和易脱落，甚至破坏牙周黏膜细胞屏障增加感染可能性，从而促进局部的炎症反应。实验证明烟草烟雾引起某些RNA干扰（RNA interference，RNAi）异常表达，并存在剂量-反应关系，可影响细胞生长周期，进而削弱牙周膜干细胞的再生潜能。

3. 破骨细胞、成骨细胞失衡

烟草烟雾影响牙槽骨代谢及骨重塑，一方面可直接作用于破骨细胞前体，诱导破骨细胞分化，促进破骨细胞生长、迁移；另一方面抑制成骨细胞功能，导致成骨细胞凋亡，促进破骨基础代谢，从而加速牙槽骨的丢失，导致牙周组织破坏。

4. 对口腔环境影响

吸烟者口腔卫生一般较差，牙面菌斑堆积多，牙石形成增加，舌侧龈退缩，使口腔内缺氧，牙周氧化还原电势下降，有利于厌氧菌、需氧菌生存。研究证实烟草烟雾会增加细菌毒力，同时影响抗菌药物对某些特定牙周致病菌的清除能力，增加龈下特定致病菌感染概率。然而，目前吸烟与非吸烟者龈下致病菌群分类及有无差异尚未统一观点。

5. 其他

吸烟引起血管内皮收缩，减少血流量。一方面导致牙周组织血管重建受损，降低宿主免疫力，影响伤口愈合；另一方面使早期牙龈炎临床表现不明显，易漏诊。

（三）吸烟与牙周疾病的关系

1. 有充分证据说明吸烟可以导致牙周病

较早研究吸烟与牙周病关系的是Shiham，研究结果显示爱尔兰人和英格兰人吸烟者的平均牙周指数为4.33和3.93，不吸烟者分别为3.56和3.02，牙周指数越高，罹患牙周病的风险越高，两者存在显著性差异。该结果表明，吸烟者较不吸烟者的牙周病发病率高、程度更为严重。Mattinez等的研究显示，吸烟者的牙周状况较不吸烟者差，尤其是牙周袋深度和附着丧失较不吸烟者严重。美国第三次卫生营养调查资料分析认为，吸烟是牙周病的一个重要危险因素，此项调查以至少出现1个附着丧失＞4mm和探诊深度＞4mm的位点作为牙周病的诊断标准，发现吸烟者患牙周病的可能性是不吸烟者的3.97倍（RR 3.97，95% CI：3.20～4.93），并且在较正了年龄、性别、种族和受教育程度等因素后，发现曾经吸烟者较不吸烟者也更容易患牙周病。从国内资料看，李德懿等1988年调查了73名吸烟者和207名不吸烟者的牙槽骨吸收程度和社区牙周病需要治疗指数，结果显示34～39岁和40～45岁组吸烟者的牙周病需要治疗指数显著高于不吸烟组，39～41岁组的X线检查显示，吸烟组牙槽骨丧失程度明显高于不吸烟组，表明吸烟组较不吸烟组患牙周病严重。

2. 吸烟与牙周病的剂量-反应关系

国内外多项研究表明，吸烟与牙周病之间存在剂量-反应关系。美国第三次卫生营养调查资料分析发现，每天吸烟≤9支者患牙周病风险是不吸烟者的2.79倍（RR 2.79，95% CI：1.90～4.10），而每天吸烟≥31支者患牙周病风险是不吸烟者的5.88倍（RR 5.88，95% CI：4.03～8.58），同时相关数据分析发现既往吸烟人群中，患牙周病风险随着戒烟年限增加而下降，戒烟0～2年及戒烟＞11年与患牙周病关系的OR值分别为3.22（95% CI 2.18～4.76）、1.15（95% CI：0.83～1.60），提示吸烟者的吸烟量越大、戒烟年限越短，患牙周病的风险越高。中国关于吸烟与牙周病关系的研究结果与国外研究一致。Fan等随机调查了432名无系统疾病的广东男性居民，发现吸烟者早期和晚期牙周病的发病率均高于不吸烟者，并且吸烟量与牙周病的严重程度有关。

3. 吸烟影响牙周病的治疗效果及预后

吸烟影响机体的免疫系统和微循环，减慢组织的新陈代谢速度，降低局部组织的抗病能力，加速感染进程，延缓创面的愈合和疾病的康复，同时吸烟影响牙周组织的再附着，故影响了牙周病的治疗效果。

（四）戒烟与牙周组织

吸烟者戒烟后对牙周组织的负面影响可能得到恢复，Cesar等研究验证了戒烟可以逆转吸入烟草导致的牙周病相关骨量丢失，通过对大鼠造模，发现对照组和戒烟组的骨量丢失水平相似，而持续暴露于烟草烟雾的大鼠组牙周骨破坏显著增加。目前，尚不清楚戒烟多久后身体能恢复正常免疫状态，Morozumi等人指出，机体内IL-1β、IL-8、TNF-α和VEGF等促炎因子水平需要戒烟8周以上才能恢复到正常值，而中性粒细胞功能在戒烟8周后仍未能完全恢复。

此外，研究表明吸烟者患口腔癌的风险是不吸烟者的7～10倍，而关于牙周病与口腔癌关系仍有争议。吸烟对牙周病的影响是多方面的，无论主动还是被动吸烟，都将导致和加重牙周病。不同研究结果显示，虽然吸烟是牙周病的重要危险因素，但对于不同个体的影响有差异，进一步说明牙周病是一种多因素疾病，这些因素既相互影响又相互拮抗，在不同宿主和环境中较单因素影响更大。在牙周病的预防和治疗中，戒烟宣教及口腔宣教都有十分重要的意义。

（王雄彪）

四、吸烟与痴呆

（一）概述

痴呆（dementia）是一种获得性进行性认知功能障碍综合征，影响意识内容而非意识水平。在临床上表现为语言、记忆、视空间功能不同程度受损，以及情感、人格和认知（概括、计算、判断、综合和解决问题）任何3个项目的障碍。痴呆综合征按病变部位可分为皮质性痴呆、皮质下痴呆、皮质和皮质下混合性痴呆和其他痴呆综合征。

皮质性痴呆又可分为阿尔茨海默病（Alzheimer disease，AD）和前额叶退行性病变。皮质下痴呆类型则较多如锥体外系综合征、脑积液、白质病变、血管性痴呆（vascular dementia，VD）等。皮质和皮质下混合性痴呆又可分为多梗死性痴呆、感染性痴呆、中毒和代谢性脑病。其他痴呆综合征如脑外伤后、硬膜下血肿等。

（二）吸烟与痴呆的关系

1. 吸烟可以增加痴呆发病风险

1998年Ott等以6870名荷兰鹿特丹地区的55岁及以上居民为研究对象，平均随访2.1年，结果表明在调整受教育程度、膳食、性别等因素后，吸烟者患痴呆的风险是不吸烟者的2.2倍（RR 2.2，95% CI：1.3～3.6），其中男性吸烟者和女性吸烟者患痴呆的风险分别为不吸烟男性和女性的5.8倍（RR 5.8，95% CI：1.6～20.9）和2.0倍（RR 2.0，95% CI：1.1～3.7）。此外，与从不吸烟者相比，吸烟者患痴呆的年龄提早8.6年。进一步对AD的发病风险进行分析后发现，在没有心血管疾病史患者中，吸烟者患AD的风险为不吸烟者的2.1倍（RR 2.1，95% CI：1.1～4.0）；在APOE4等位基因（AD的易感基因）携带者中，吸烟者患AD的风险是从不吸烟者的4.6倍（RR 4.6，95% CI：1.5～14.2）。

对中国人群开展的研究也得到了一致的结论。Deng等对重庆市2820名≥60岁老年人进行2年随访研究，用简明精神状态检查量表（Mini-Mental State Examination，MMSE）和《美国精神障碍诊断与统计手册》(第3版修订)(DSM-Ⅲ-R)进行痴呆诊断，受试者分为不吸烟、既往吸烟、现在吸烟，随访时间内记录痴呆发生的例数，采用比例风险回归方法对吸烟和痴呆的关系进行分析。结果共有121例痴呆患者，84例(69%)为AD，16例(13%)为VD，21例(17 %)为其他痴呆，在调整年龄、性别、受教育程度、血压、饮酒等危险因素后，与不吸烟者相比，现在吸烟者患AD(RR 2.72，95% CI 1.63 ～ 5.42)和VD(RR 1.98，95% CI 1.53 ～ 3.12)的危险较大，与轻度吸烟比，重度吸烟引起AD的危险度最高(RR 3.03，95% CI 1.25 ～ 4.02)，中度吸烟次之(RR 2.56，95 % CI 1.65 ～ 5.52)。结论认为吸烟是老年人痴呆的危险因素，吸烟的状态和数量与痴呆均有关。Almeida等应用影像学的方法研究了吸烟对大脑的损害。他们以323名澳洲西部社区68岁及以上的吸烟者及不吸烟者为研究对象，随访24个月，并进行临床认知能力测评及脑磁共振成像，结果提示，吸烟可导致认知功能减退及大脑灰质丢失。

2. *戒烟可以降低痴呆的发病风险*

Merchant等开展了一项以居住在美国曼哈顿北部的老年人为研究对象、以社区为基础的队列研究，结果发现与现在吸烟者相比，既往吸烟但已戒烟者AD的发病风险略有下降。Polidori等开展的一项研究中分别抽取7名健康男性和8名健康女性在戒烟前后4周的血浆作为研究样本，测量并比较血浆样本中维生素A、维生素C、维生素E等物质的含量，结果表明，戒烟后血浆中抗氧化微量营养素的含量显著增加，提示在对抗吸烟导致的氧化应激反应及血管损伤中，戒烟是一种保护因素。

(三)吸烟与AD的关系

AD是发生于老年和老年前期、老年期最常见的痴呆类型，约占老年人痴呆的50% ～ 70%，是以进行性认知功能障碍和行为损害为特征的中枢神经系统退行性病变。临床上表现为记忆障碍、失语、失用、失认，视空间能力损害，抽象思维和计算力损害，人格和行为改变等。流行病学调查显示，65岁以上老年人AD患病率在发达国家为4% ～ 8%，我国为3% ～ 7%，女性高于男性。以此推算，我国目前有AD患者600万～ 800万。随着年龄的增长，AD患病率逐渐上升，至85岁以后，每3 ～ 4位老年人中就有1名患AD。

AD发病的危险因素有低教育程度、膳食因素、吸烟、女性雌激素水平降低、高血糖、高胆固醇、高同型半胱氨酸、血管因素、睡眠等，此外，还包括环境中的金属元素、脑创伤、甲状腺功能减退及肠道菌群失调等病史。吸烟无疑是AD的独立危险因素，可引起大脑神经生物学和神经认知异常。

值得一提的是，一些研究结果显示吸烟对AD有保护作用，其机制可能与尼古丁的抗衰老作用有关。但越来越多的证据表明，吸烟会增加患AD的风险而不是降低风险；其中较一致的观点是吸烟可促进心脑血管疾病的发生，从而增加AD的患病风险。

(杨　华)

五、吸烟与眼部疾病

(一)概述

近年来，研究者越来越关注吸烟对视觉系统的影响，长期吸烟会增加眼部疾病的发病风险。有充分的证据证明吸烟与白内障、青光眼、年龄相关性黄斑变性、糖尿病视网膜病变、甲状腺相关眼病、中毒性/营养性视神经病变等众多眼部疾病有关。这些眼疾虽然不危及生命，但严重影响人们的生活质量。

（二）吸烟与眼部疾病的关系

1. 吸烟与眼表面疾病

眼结膜对有害气体非常敏感，不论是主动吸烟者还是二手烟暴露者，均有不同程度的眼部刺激症状，如结膜充血、泪液分泌增多等。在角膜外伤、角膜炎等角膜疾病患者中，吸烟会延迟角膜上皮修复、愈合的时间。吸烟者角膜移植术后的愈合时间也会延长。

2. 吸烟与白内障

白内障分为核性白内障、后囊白内障和皮质性白内障3种类型，是世界上最主要的致盲性和致残性眼病，主要病理改变是晶状体混浊变性。大量流行病学研究证实，吸烟可增加年龄相关性白内障（age-related cataract，ARC）发生的风险，且风险增加的程度与吸烟指数存在剂量依赖关系。曾经吸烟者ARC患病率高于不吸烟者（OR 1.57，95% CI：1.20 ～ 2.07），现在吸烟者患ARC风险高于曾经吸烟者，重度吸烟者患ARC的风险高于轻度吸烟者。

吸烟与核性白内障（OR 1.66，95% CI：1.46 ～ 1.89）和后囊白内障（OR 1.43，95% CI：0.99 ～ 2.07）相关性较强，与皮质性白内障的相关性较弱。戒烟可降低患ARC风险，且随着戒烟年限延长，患ARC的风险逐年降低。

吸烟引起ARC的机制可能与晶状体的氧化-抗氧化状态失衡有关。研究者发现，氧化损伤在白内障发病中具有重要作用。吸烟通过抑制内源性抗氧化途径破坏晶状体的功能。新近研究发现，吸烟者患ARC的风险增加与谷胱甘肽S-转移酶-2的多态性（Asn142Asp）有关，Asn142Asp对晶状体氧化性损伤具有保护作用。此外，烟草中的重金属，如镉、铅、铜等会积累在晶状体中，对晶状体有直接毒害作用。吸烟者血液和晶状体中的镉浓度明显高于不吸烟者（$P < 0.0001$），重度吸烟者血镉浓度与晶状体镉浓度呈高度正相关。

3. 吸烟与青光眼

吸烟是否是原发性开角型青光眼（primary open-angle glaucoma，POAG）的危险因素仍有争议。有研究认为吸烟与POAG之间无因果关系，或在POAG的发展中起次要作用。在中国成年人中，吸烟者和不吸烟者POAG和闭角型青光眼的患病率无显著差异。而其他研究则认为吸烟作为一种环境危险因素对POAG的发生、发展有促进作用。一项Meta分析研究报告显示，现在吸烟者患POAG的风险高于曾经吸烟者（OR：1.37/1.03），重度吸烟者的风险显著增加。

青光眼患者发生的小梁网细胞和视网膜神经节细胞损伤与细胞炎症和凋亡机制有关。与青光眼有关的炎症因子包括白介素-6（IL-6）、凋亡标志物-3（caspase-3）和多腺苷二磷酸核糖聚合酶1［poly（ADP-ribose）polymerase 1，PARP-1］，长期吸烟会显著增加POAG患者房水和血浆样本中IL-6、caspase-3和PARP-1的表达（$P < 0.001$），提示吸烟与POAG患者小梁网细胞和视网膜神经节细胞损伤密切相关。

4. 吸烟与视网膜疾病

（1）吸烟与年龄相关性黄斑变性：黄斑位于光轴的中心，是视网膜的组成部分。年龄相关性黄斑变性（age-related macular degeneration，AMD）多发生于50岁以上中老年人，双眼先后或同时发病，出现进行性视力损害，严重影响中老年人的生活质量，是中老年人视力丧失的首要原因之一。AMD的发病与多种因素有关，包括年龄、遗传、饮食、吸烟、环境因素等，其中吸烟是唯一确定的可控危险因素。Neuner等研究表明，吸烟者AMD发病率增加近3倍，且比不吸烟者提前10年发病。吸烟者发生AMD后的治疗效果比不吸烟者明显降低。戒烟对AMD具有保护作用，可以降低AMD发生、发展的风险。

吸烟可能通过多种途径导致年龄相关性黄斑变性的退行性改变：①氧化应激是吸烟导致视网膜结构损伤的主要机制之一。烟草烟雾是强氧化剂，使血浆中过氧化物水平增加，同时吸烟使血浆中保护视网膜的抗过氧化物（如维生素C、硒等）水平下降，加重过氧化物对眼组织的损害。②视网膜血管功能不全也可能是AMD发病的原因之一。吸烟可导致脉络膜血流发生改变和视网膜动脉硬化，使视网膜发生缺血性改变，间接影响AMD的发生、发展。③吸烟能直接促进视网膜下新生血管生长。

（2）吸烟与糖尿病视网膜病变：糖尿病视网膜病变（diabetic retinopathy，DR）是目前全世界主要的致盲性眼病，其影响因素众多，迄今尚无有效的治疗方法。吸烟与DR之间的复杂关系尚不完全清楚，有研究认为吸烟与DR的发生没有相关性。Thorlund等研究未发现吸烟与糖尿病增殖性视网膜病变（diabetic proliferative retinopathy，PDR）之间具有统计学意义的相关性。然而，有研究认为得出吸烟与DR无相关性结论的研究可能存在课题设计不合理，观察、研究时间不足等缺陷。另有研究报道吸烟与DR之间存在相关性。吸烟与血糖控制不良、糖化血红蛋白水平升高和微血管并发症（如微量蛋白尿）增加有关。吸烟的1型糖尿病患者发生严重低血糖的概率升高。吸烟的2型糖尿病患者胰岛素抵抗不断加重。吸烟导致全身血管系统的缺血性改变，增加了DR的严重程度，使1型糖尿病发生PDR的风险增加了1倍。

PDR的病理特征是视网膜血管病理性再生，再生的血管通过视网膜进入内边界膜和玻璃体，导致患者视力下降，甚至永久性失明。Dom等研究解释了尼古丁诱导视网膜血管生成的病理机制。尼古丁与内皮细胞的α7-烟碱型受体结合，刺激人类视网膜内皮细胞产生基质金属蛋白酶2（MMP-2）和MMP-9，同时抑制组织金属蛋白酶抑制剂1（tissue inhibitor of matrix metalloproteinases 1，TIMP-1）和TIMP-2的表达。MMP-2和MMP-9能分解细胞外基质中的Ⅳ型胶原，促进内皮细胞重构，刺激内皮细胞迁移，破坏细胞间的紧密连接，增加血管通透性，破坏血管-视网膜屏障，在视网膜血管生成中起关键作用。

5. 吸烟与视神经疾病

中毒性/营养性视神经病变（toxic/nutritional optic neuropathy T/NON）是一组因接触毒素、各种药物不良反应、营养缺乏或基因改变而引起的疾病。过去称为烟酒毒性弱视（tobacco-alcohol amblyopia，TAA），主要见于既吸烟又饮酒者。T/NON以双侧、对称、无痛性视力下降、沿蓝/黄轴色觉障碍和视野内中央或中央盲区盲点为特征，临床可表现为急性、亚急性或慢性过程。

T/NON的发病机制尚不完全清楚，可能是视神经乳头状束纤维（神经节细胞轴突）损伤的结果，或可能是黄斑病变的结果。烟草在T/NON的发病机制中起重要作用，主要通过氧自由基和氰化物直接损害视神经。尼古丁还可通过其血管扩张作用和血流减少引起间接的缺血性视神经损伤。在烟草引起的T/NON中，戒烟3～12个月后，视力可逐渐改善至接近正常。酗酒者常也是重度吸烟者，甲酸逐渐累积、营养不良、维生素B_1及维生素B_{12}缺乏，与乙醇和烟草产生的毒性物质（如氰化物）起协同作用，导致T/NON。所以，治疗T/NON的措施除戒烟、戒酒外，还需要补充复合维生素B制剂。

6. 吸烟与甲状腺相关眼病

甲状腺相关眼病又称Graves眼病，表现为眼球突出、睑裂过大、斜视、复视等，是一种与甲状腺功能障碍有关的眼部病变。Graves眼病是自身免疫性疾病，遗传及环境因素对该病有重要影响。研究表明，吸烟是Graves眼病的独立危险因素，两者之间有很强的相关性（OR 4.4，95% CI：2.9～6.7）。吸烟者患Graves眼病的风险是不吸烟者的2.75倍（P＝0.019）。吸烟可通过多种病理机制影响Graves眼病的发生、发展。吸烟可引起组织缺氧，增加DNA氧化损伤。在Graves眼病体外模型中，烟草烟雾提取物可增加眼眶成纤维细胞中糖胺聚糖的生成和脂肪的生成。吸烟对Graves眼病的治疗疗效也有不利影响，导致起效延迟，甚至病情恶化。研究发现，吸烟能降低放射性碘治疗的疗效。在一项前瞻性研究中，接受糖皮质激素和眼眶照射治疗的Graves眼病患者，非吸烟者比吸烟者的临床评分改善更快、改善程度更大。另一方面，戒烟可以改善Graves眼病患者的预后，是重要的治疗措施之一。

7. 吸烟与儿童眼部疾病

妊娠期母亲吸烟可造成子宫内缺氧、限制胎儿生长，烟草烟雾中的各种毒素影响胎儿负责中枢融合的大脑中枢发育，导致胎儿正、斜视不能正常发育，损害双眼视力。研究报道，妊娠期吸烟母亲的孩子患斜视的风险增加（OR 1.26，95% CI：1.11～1.43）。儿童发生斜视的风险与母亲吸烟的数量呈剂量依赖性，随孕妇每天吸烟数量的增加而显著增加。母亲在妊娠中期吸烟对儿童视力的影响比在妊娠早期和晚期吸烟对儿童视力的影响更大，这可能与从妊娠24周开始视网膜的复杂发育有关。另外，如父母吸烟或被动接触尼古丁的儿童远视发病率明显增高。

母亲妊娠期吸烟也是儿童弱视的重要危险因素（95% CI：1.10～2.45，P＝0.016）。妊娠晚期母亲每天吸烟超过2包与儿童立体视觉减退有关（RR 4.06，95% CI：0.95～17.47，P＝0.05）。与对照组相比，妊娠期母亲吸烟的新生儿视网膜异常的发生率显著升高（OR 4.35，95% CI：3.12～6.06）。

（王　强）

六、健康状况下降

吸烟除了导致呼吸系统疾病、恶性肿瘤、心脑血管疾病、糖尿病、生殖发育异常，以及消化性溃疡、骨量丢失和骨折、牙周病、痴呆、眼部疾病之外，还和健康状况下降密切相关。下面将主要从以下几个方面进行阐述：①吸烟与手术后切口愈合不良；②吸烟与手术后呼吸系统并发症；③吸烟与皮肤老化；④吸烟与脱发。下述内容将从流行病学研究结果和生物机制方面分别进行阐述，其中吸烟与皮肤老化部分予以重点阐述。

（一）吸烟与手术后切口愈合不良

1. 有充分证据说明吸烟可以导致手术后切口愈合不良

吸烟者手术切口的并发症风险比不吸烟者更高，常导致患者切口感染和愈合不良。Sorensen对425名行乳腺癌改良根治术的患者研究发现，吸烟患者术后切口感染发生率增加，长期吸烟的患者切口部位皮瓣坏死和表皮松解的发生率更高。已证实头颈部肿瘤的发生与吸烟密切相关，在这类手术中吸烟也是术后切口愈合影响因素之一。Pluvy纳入60个临床研究对吸烟者外科整形手术并发症做了一项Meta分析，结果显示皮肤坏死、切口愈合延迟，切口部位感染是术后并发症发生的前三位，这可能是由于尼古丁抑制成纤维细胞增生，增加血小板黏附，产生微凝块，使微循环灌注减少，从而影响组织愈合。

2. 生物学机制

吸烟对切口愈合各个阶段的组织微环境都有很大影响，而氧化应激则是导致切口愈合不良的主要原因。低浓度的活性氧在切口愈合过程中发挥着积极作用，过量的活性氧会造成脂质过氧化、蛋白质修饰及DNA损伤，进而加速细胞的凋亡和衰老来阻碍切口愈合过程。吸烟减少胶原合成及通过下调转化生长因子β_1，升高基质金属蛋白酶-8水平的方式促进胶原降解。此外，烟雾通过ROS/AMPK信号通路抑制成纤维细胞迁移到切口和胶原凝胶收缩，激活烟碱型受体，来抑制Toll 样受体2介导的角质形成细胞迁移、促炎细胞因子和抗菌肽的产生，从而阻碍切口细胞上皮化并增加感染风险，研究发现局部烟碱型受体组断剂可改善切口愈合。

（二）吸烟与手术后呼吸系统并发症

有充分证据说明吸烟可以显著增加手术后呼吸系统并发症的风险。吸烟对呼吸系统免疫功能、肺部结构、肺循环功能均会产生不利影响。手术后患者由于麻醉药物影响，痰液和气道分泌物产生增加，长期吸烟会使气道黏膜纤毛结构损伤，对黏液清除能力降低，相较于不吸烟患者更易造成气管阻塞。大量的黏液蓄积，也容易诱发肺部感染。长期吸烟导致呼吸系统免疫功能下降，进一步加重了感染的可能。Nakagawa进行的一项回顾性研究发现，在胸部外科手术中，吸烟患者呼吸系统并发症的发生率明显高于不吸烟者，即使与术前短期戒烟者相比也有明显升高。不仅是大型外科手术，在一些微创手术中，吸烟患者术中气道黏液分泌也更多，这可能是导致术后呼吸系统并发症发生的直接原因，这种情况会随着术前戒烟时间的增加得到改善。因此，在《加速康复外科中国专家共识及路径管理指南（2018版）》中，已将术前戒烟列为加速康复外科的术前核心项目。

（三）吸烟与皮肤老化

1. 有充分证据说明吸烟可以导致皮肤老化

流行病学研究表明吸烟是皮肤过早老化的重要原因。吸烟过程中的气体毒性物质一方面可直接作用于皮肤，另一方面可通过肺部入血间接作用于皮肤。吸烟者的面部典型特征表现为皱纹明显形成（尤其是在嘴部、上唇和眼睛周围）和皮肤色素沉着。皮肤老化的程度随每天吸烟量呈剂量依赖性增加，而且与男性相比，女性吸烟造成的皮肤老化似乎更加明显。Green等在一项基于1400名 20 ～ 54岁的法国人群的横断面研究中发现，中重度吸烟者皮肤皱纹明显增多，吸烟指数＞20包·年者产生皱纹的风险为吸烟指数为1 ～ 7包·年者的3.18

倍（OR 3.18，95% CI：1.38 ～ 7.35）。

2. 生物学机制

（1）吸烟引起皮肤缺血：利用激光多普勒血流检测仪检测皮肤血流发现，与不吸烟者相比，吸烟者微循环功能降低。这可能与血液内去甲肾上腺素及肾上腺素的含量增高引起血管收缩有关。此外，吸烟者血液黏度增加，导致皮肤微循环不畅。卷烟中的一氧化碳能够竞争性抑制血红蛋白与氧的结合，减少到达外周的氧含量。在三者共同作用下皮肤血供减少，氧及营养成分难以满足正常生理需要，进而导致皮肤的更新功能降低，易于发生皮肤老化。

（2）吸烟引起皮肤组织胶原含量改变：吸烟过程中的提取物可以引起弹性蛋白原 mRNA 水平显著升高，而反常的弹性物质大量积聚是日光性弹性组织变性综合征的特征性表现。Boyd 等曾报道长期吸烟可以加重日光性弹性组织变性综合征的病变程度。利用皮肤成纤维细胞培养亦发现吸烟过程中的提取物可以增加弹性蛋白原的合成，这也可能是吸烟促使皮肤老化的因素之一。

（3）吸烟引起基质金属蛋白酶上调：在一项临床试验中利用实时定量聚合酶链反应（polymerase chain reaction，PCR）同样发现吸烟者臀部皮肤内的 MMP-1 mRNA 水平显著高于非吸烟者。通过上调MMP-1 和 MMP-3 的表达，但不影响 TIMP-1 和 TIMP-3 的水平，吸烟可以通过形成皮肤内的特定降解环境，致使大量胶原蛋白遭到破坏，促使皮肤老化现象的发生。

（4）吸烟引起多功能蛋白聚糖和核心蛋白聚糖基因表达改变：目前，已有多项关于蛋白聚糖水平在光老化过程中变化的相关研究，如通过紫外线照射可以显著地增加小鼠皮肤内蛋白聚糖合成。在光老化组织染色中可以观察到多功能蛋白聚糖和核心蛋白聚糖相关基因表达上调。吸烟过程中的提取物能够明显降低皮肤成纤维细胞培养中多功能蛋白聚糖及其 mRNA 水平，但可提高核心蛋白聚糖的含量。说明在一定程度上，吸烟引起的皮肤老化与光老化机制相似。

（5）吸烟可抑制转化生长因子 β_1：研究显示，吸烟过程中的提取物可以促使体外培养的皮肤成纤维细胞内的 TGF-β_1 向无功能性的潜伏态转化，并下调其细胞表面受体，导致真皮层细胞外基质蛋白合成减少，皮肤抵抗力及修复、再生能力下降，可加速皮肤老化进程。

（6）吸烟的抗雌激素作用：吸烟可以通过抑制雌激素合成，影响雌激素代谢、转运，作用于雌激素受体及受体后效应影响雌激素正常功能的发挥，引起包括月经紊乱、不孕、骨质疏松等诸多症状，皮肤的正常生理功等亦可能受到影响，促使皮肤老化。

（7）吸烟介导的氧化应激：吸烟可通过提高氧化应激水平引起 MMPs 增殖，致使大量胶原蛋白遭到破坏，促使皮肤老化现象的发生。此外，吸烟过程中不断重复的抽吸动作会导致面颊内陷，习惯性的嘴角动作与烟雾刺激引起的长期下意识眼球偏转可以产生皱纹，亦在一定程度上加重了皮肤老化的程度。

（四）有充分证据说明吸烟可以导致脱发

吸烟和紫外线照射是引起脱发的主要外源性因素。横断面研究显示雄激素性脱发与吸烟状况有显著相关性，而且早发史随吸烟数量以剂量依赖性方式增加。体外实验结果显示，暴露在烟草烟雾中的小鼠出现脱毛现象，组织病理学活检见表皮广泛萎缩，皮下组织厚度减少，毛囊稀少，脱发边缘毛球大量凋亡。吸烟诱导的氧化应激和抗氧化系统的失衡可能是引起脱发的主要机制之一。一方面，氧化应激会导致毛囊角质形成细胞释放促炎细胞因子（如IL-1α、IL-1β和TNF-α），而这些细胞因子本身已经被证明可以抑制毛囊角质形成细胞的生长。另一方面，ROS会上调凋亡相关基因，诱导毛囊细胞和角质形成细胞凋亡，导致毛发周期的退化期提前开始。在毛囊细胞中代谢的烟雾还可能通过产生DNA加合物而引起DNA损伤，在人类毛囊中已经显示出与吸烟相关的线粒体DNA突变，但其与毛囊病理的相关性尚不清楚。由于大量的细胞外基质重塑参与毛囊生长周期，特别是在毛囊退化过程中，吸烟引起的毛囊内和毛囊周围蛋白酶/抗蛋白酶系统的失衡也可能影响了毛囊的生长周期。

此外，吸烟还加重银屑病、掌跖脓疱病、化脓性汗腺炎、鳞状细胞癌等皮肤疾病。

（李晓辉　张春梅）

参考文献

[1] 苗冰清，张保连. 吸烟与消化性溃疡的相关性［J］. 医学信息（上旬刊），2011，24（1）：130.
[2] 史华兰. 吸烟与消化性溃疡科普［J］. 全科口腔医学杂志（电子版），2019，6（30）：6.
[3] 朱寿虎. 戒烟干预对消化性溃疡患者临床治疗效果的影响研究［J］. 临床医药文献电子杂志，2018，5（22）：81.
[4] Berkowitz L，Schultz BM，Salazar GA，et al. Impact of Cigarette Smoking on the Gastrointestinal Tract Inflammation：Opposing Effects in Crohn's Disease and Ulcerative Colitis［J］. Front Immunol，2018，9：74.
[5] Li LF，Chan RL，Lu L，et al. Cigarette smoking and gastrointestinal diseases：the causal relationship and underlying molecular mechanisms（review）［J］. Int J Mol Med，2014，34（2）：372-380.
[6] 张智海，刘忠厚，李娜，等. 中国人骨质疏松症诊断标准专家共识（第三稿·2014版）［J］. 中国骨质疏松杂志，2014，20（9）：1007-1010.
[7] Cusano NE，Skeletal Effects of Smoking［J］. Current Osteoporosis Reports，2015，13（5）：302-309.
[8] Wong，Christie JJ，Wark JD. The effects of smoking on bone health［J］. Clinical Science，2007，113（5）：233-241.
[9] Ward KD，Klesges RC. A meta-analysis of the effects of cigarette smoking on bone mineral density［J］. Calcified Tissue International，2001，68（5）：259-270.
[10] Bjarnason NH，Christiansen C. The influence of thinness and smoking on bone loss and response to hormone replacement therapy in early postmenopausal women［J］. The Journal of Clinical Endocrinology & Metabolism，2000，85（2）：590-596.
[11] Daniell HW. Osteoporosis of the slender smoker. Vertebral compression fractures and loss of metacarpal cortex in relation to postmenopausal cigarette smoking and lack of obesity［J］. Archives of Internal Medicine，1976，136（3）：298-304.
[12] Trimpou P，Landin-Wilhelmsen K，Odén A，et al. Male risk factors for hip fracture-a 30-year follow-up study in 7495 men［J］. Osteoporos Int，2010，21（3）：409-416.
[13] Ajiro Y，Tokuhashi Y，Matsuzaki H，et al. Impact of passive smoking on the bones of rats［J］. Orthopedics，2010，33（2）：90-95.
[14] Holmberg T，Bech M，Curtis T，et al. Association between passive smoking in adulthood and phalangeal

bone mineral density: Results from the KRAM study—the Danish Health Examination Survey 2007-2008 [J]. Osteoporosis International, 2011, 22 (12): 2989–2999.

[15] Albandar JM, Rams TE. Global epidemiology of periodontal diseases: an overview [J]. Periodontol, 2002, 2000 (29): 7–10.

[16] Nakagawa I, Inaba H, Yamamura T, et al. Invasion of epithelial cells and proteolysis of cellular focal adhesion components by distinct types of Porphyromonas gingivalis fimbriae [J]. Infection and immunity, 2006, 74 (7): 3773–3782.

[17] Lallier TE, Moylan JT, Maturin E. Greater sensitivity of oral fibroblasts to smoked versus smokeless tobacco [J]. Journal of periodontology, 2017, 88 (12): 1356–1365.

[18] Du Y, Yong S, Zhou Z, et al. A preliminary study on the autophagy level of human periodontal ligament cells regulated by nicotine [J]. West China journal of stomatology, 2017, 35 (2): 198–202.

[19] Wu LZ, Duan DM, Liu YF, et al. Nicotine favors osteoclastogenesis in human periodontal ligament cells co-cultured with CD4 + T cells by upregulating IL-1β [J]. International Journal of Molecular Medicine, 2013, 31 (4): 938–942.

[20] Costa-Rodrigues J, Rocha I, Fernandes MH. Complex osteoclastogenic inductive effects of nicotine over hydroxyapatite [J]. Journal of cellular physiology, 2018, 233 (2): 1029–1040.

[21] Sanari AA, Alsolami BA, Abdel-Alim HM, et al. Effect of smoking on patient-reported postoperative complications following minor oral surgical procedures [J]. Saudi Dent J, 2020, 32 (7): 357–363.

[22] Burcu K, Gwyneth L. Microbiological and biochemical findings in relation to clinical periodontal status in active smokers, non-smokers and passive smokers [J]. Tob Induc Dis, 2019, 21 (17): 20.

[23] An N, Andrukhov O, Tang Y, et al. Effect of nicotine and porphyromonas gingivalis lipopolysaccharide on endothelial cells in vitro [J]. PloS one, 2014, 9 (5): e96942.

[24] Hwang SJ. Influence of smoking cessation on periodontal biomarkers in gingival crevicular fluid for 1 year: A case study [J]. Journal of dental hygiene science, 2014, 14 (4): 525–536.

[25] Sheiham A. Periodontal disease and oral cleanliness in tobacco smokers [J]. J Peiodontol, 1971, 42 (5): 259.

[26] 范卫华，张颂农，欧尧，等. 吸烟与牙周病关系的研究 [J]. 中华口腔医学杂志，1997，32（5）：312.

[27] Van der Velden U, Varoufaki A, Hutter JW, et al. Effect of smoking and periodontal treatment on the subgingival microflora [J]. J Clin Periodontol, 2003, 30 (7): 603–610.

[28] Polidori M C, Mecocci P, Stahl W, et al. Cigarette smoking cessation increases plasma levels of several antioxidant micronutrients and improves resistance towards oxidative challenge[J]. Br J Nutr, 2003, 90(1): 147–150.

[29] Howard G, Wagenknecht LE, Cai J, et al. Cigarette smoking and other risk factors for silent cerebral infarction in the general population [J]. Stroke, 1998, 29 (5): 913–917.

[30] Breteler MM, van Swieten JC, Bots ML, et al. Cerebral white matter lesions, vascular risk factors, and cognitive function in a population-based study: the Rotterdam Study [J]. Neurology, 1994, 44 (7): 1246–1252.

[31] Shintani S, Shiigai T, Arinami T. Silent lacunar infarction on magnetic resonance imaging (MRI): risk factors [J]. J Neurol Sci, 1998, 160 (1): 82–86.

[32] Yamashita K, Kobayashi S, Yamaguchi S, et al. Cigarette smoking and silent brain infarction in normal adults [J]. Intern Med, 1996, 35 (9): 704–706.

[33] Ott A，Slooter AJ，Hofman A，et al. Smoking and risk of dementia and Alzheimer's disease in a population-based cohort study：the Rotterdam Study [J]. Lancet，1998，351（9119）：1840–1843.
[34] Almeida OP，Garrido GJ，Alfonso H，et al. 24-Month effect of smoking cessation on cognitive function and brain structure in later life [J]. Neuroimage，2011，55（4）：1480–1489.
[35] Merchant C，Tang MX，Albert S，et al. The Influence of smoking on the risk of Alzheimer's disease [J]. Neurology，1999，52（7）：1408–1412.
[36] Polidori MC，Mecocci P，Stahl W，et al. Cigarette smoking cessation increases plasma levels of several antioxidant micronutrients and improves resistance towards oxidative challenge [J]. Br J Nutr，2003，90（1）：147–150.
[37] Almeida OP，Garrido GJ，Alfonso H，et al. 24-month effect of smoking cessation on cognitive function and brain structure in later life [J]. Neuroimage，2011，55（4）：1480–1489.
[38] Almeida OP，Hulse GK，Lawrence D，et al. Smoking as a risk factor for Alzheimer's disease：contrasting evidence from a systematic review of case-control and cohort studies [J]. Addiction，2002，97（1）：15–28.
[39] Jetton JA，Ding K，Kim Y，et al. Effects of tobacco smoking on human corneal wound healing [J]. Cornea，2014，33（5）：453–456.
[40] Mosad SM，Ghanem AA，El-Fallal HM，et al. Lens cadmium，lead，and serum vitamins C，E，and beta carotene in cataractous smoking patients [J]. Curr Eye Res 2010，35（1）：23.
[41] Hammond BR Jr，Wooten BR，Snodderly DM. Cigarette smoking and retinal carotenoids：implications for age-related macular degeneration [J]. Vision Research，1996，36（18）：3003–3009.
[42] Hirai FE，Moss SE，Klein BE，et al. Severe hypoglycemia and smoking in a long-term type 1 diabetic population：Wisconsin Epidemiologic Study of Diabetic Retinopathy [J]. Diabetes Care 2007，30（6）：1437–1441.
[43] Dom AM，Buckley AW，Brown KC，et al. The α7-nicotinic Acetylcholine Receptor and MMP-2/-9 pathway mediate the proangiogenic effect of nicotine in human retinal endothelial cells [J]. Invest Ophthalmol Vis Sci，2011，52（7）：4428–4438.
[44] Santiesteban-Freixas R，Mendoza-Santiesteban CE，ColumbieGarbey Y，et al. Cuban epidemic optic neuropathy and its relationship to toxic and hereditary optic neuropathy [J]. Semin Ophthalmol，2010，25（4）：112–122.
[45] Torp-Pedersen T，Boyd HA，Poulsen G，et al. In-utero exposure to smoking，alcohol，coffee，and tea and risk of strabismus [J]. Am J Epidemiol，2010，171（8）：868–875.
[46] Fernandes M，Yang X，Li JY，et al. Smoking during pregnancy and vision difficulties in children：a systematic review [J]. Acta Ophthalmol，2015，93（3）：213–223.
[47] Troiano C，Jaleel Z，Spiegel JH. Association of electronic cigarette vaping and cigarette smoking with decreased random flap viability in rats [J]. JAMA Facial Plast Surg，2019，21（1）：5–10.
[48] Sorensen LT，Horby J，Friis E，et al. Smoking as a risk factor for wound healing and infection in breast cancer surgery [J]. Europ J Surgical Oncol，2002，28（8）：815–820.
[49] Kuri M，Nakagawa M，Tanaka H，et al. Determination of the duration of preoperative smoking cessation to improve wound healing after head and neck surgery [J]. Anesthesiol，2005，102（5）：892–896。
[50] Cano Sanchez M，Lancel S，Boulanger E，et al. Targeting oxidative stress and mitochondrial dysfunction in the treatment of impaired wound healing：a systematic review [J]. Antioxidants（Basel，Switzerland），2018，7（8）：98.

[51] Sorensen LT. Wound healing and infection in surgery: the pathophysiological impact of smoking, smoking cessation, and nicotine replacement therapy: a systematic review [J]. Ann Surg, 2012, 255 (6): 1069-1079.
[52] Shin JM, Park JH, Yang HW, et al. Cigarette smoke extract inhibits cell migration and contraction via the reactive oxygen species/adenosine monophosphate-activated protein kinase pathway in nasal fibroblasts [J]. Int Forum Allergy Rhinol, 2020, 10 (3): 356-363.
[53] Kishibe M, Griffin TM, Radek KA. Keratinocyte nicotinic acetylcholine receptor activation modulates early TLR2—mediated wound healing responses [J]. Int Immunopharmacol, 2015, 29 (1): 63-70.
[54] Moores LK. Smoking and postoperative pulmonary complications: An evidence-based review of the recent literature [J]. Clin in Chest Med, 2000, 21 (1): 139-146.
[55] Nakagawa M, Tancka H, Tsukuma H, et al. Relationship between the duration of the preoperative smoke-free period and the incidence of postoperative pulmonary complications after pulmonary surgery [J]. Chest, 2001, 120 (3): 705.
[56] Krutmann J, Bouloc A, Sore G, et al. The skin aging expo-some [J]. J Dermatol Sci, 2017, 85 (3): 152-161.
[57] Yin L, Morita A, Tsuji T. Alterations of extracelluar matrix induced by tobacco smoke extract [J]. Arch Dermatol Res, 2000, 292 (4): 188-194.
[58] Bernstein EF, Fisher LW, Li K, et al. Differential expression of the versican and decorin genes in photoaged and sun-protected skin. Comparison by immunohistochemical and northern analyses [J]. Lab Invest, 1995, 72 (6): 662-669.
[59] Yin L, Morita A, Tsuji T. Tobacco smoke extract induces age-related changes due to the modulation of TGF-beta [J]. Exp Dermatol, 2003, 12 (Suppl 2): 51-56.

第七节　吸烟对青少年的危害

（一）概述

青少年吸烟是全球普遍存在的问题，烟草严重危害青少年身心健康。不同于成年人，青少年正处于生长发育时期，身体、心理尚未发育成熟，不论是主动吸烟还是被动暴露于烟草，均会对青少年身体发育产生严重的不良影响，且由于吸烟危害的滞后性，他们未来将承受的吸烟危害将会远超出现在的中老年人。

不仅如此，吸烟也会造成青少年智力、心理发育障碍，影响学业及成年后就业。吸烟年龄越小，对健康的危害越严重，15岁开始吸烟者比25岁以后才吸烟者死亡率高55%，比不吸烟者高1倍多。

（二）青少年吸烟现状

自20世纪90年代后期以来，美国青少年的吸烟率逐渐下降。据报道，2015年12年级学生每天吸烟率为5.5%，而1997年为24.6%。尽管如此，2017年WHO发布的全球烟草流行报告中指出，俄罗斯联邦、中欧及东欧国家、智利、玻利维亚、印度尼西亚青少年吸烟率仍高达20%。我国发布的《2014中国青少年烟草调查报告》显示，我国在籍初中生吸烟率超过6%，其中男生的比例约为10.6%，女生的比例约为1.8%，约70%烟民吸烟始于14～22岁。

除主动吸烟外，青少年还面临环境烟草烟雾（environmental tobacco smoke，ETS）的危害，世界上约有40%的儿童暴露于ETS，全球每年有120万儿童死于ETS。《2015中国成人烟草调查报告》显示，我国约1.8亿儿童正遭受ETS的危害。

（三）青少年吸烟原因分析

1. 社会、家庭及同伴的影响

（1）家庭成员的影响：家庭不仅是造成ETS的重要环境，也是促使青少年吸烟的最直接诱因。根据青少年烟草监测资料显示，现在吸烟的中学生中将近70%的初中生和50%的高中生生活在家庭成员吸烟的家庭环境里。不吸烟的学生中，接近半数以各种方式暴露于ETS中。母亲吸烟是青少年吸烟更为重要的危险因素，虽然父亲吸烟比母亲吸烟更常见，但母亲吸烟在决定青少年行为方面意义更大。

（2）同伴效应："受同伴影响并与群体标准保持一致"常被认为是青少年时代的一个特点，特别是14～16岁的中学生人群。同伴对整个青少年人群的行为有着巨大的影响。由于青少年喜欢追求同伴认可和社会赞同，因此一般认为，同伴影响以及与群体保持一致是青少年吸烟的一个重要因素。研究发现，如果青少年社交圈中同龄人或者朋友有使用烟草相关产品，那么青少年受之影响非常容易开始吸烟，这是一个决定青少年是否开始吸烟的非常关键的因素。对于青少年而言，面对社交压力拒绝吸烟是一项巨大的挑战。一项针对偶尔吸烟和每天吸烟的青少年人群调查发现，只有44%的受调查人群有自信在社交中拒绝他人递过来的一支烟。

（3）社会环境，包括媒体的影响：当今的青少年几乎生活在被媒体包围的环境中，特别是近二十年来，媒体的发展变化更是巨大。在青少年的生活中，大量的电视频道和电台、数百种的印刷刊物、成千的录像以及无数的网络地址可供他们选择。而且，媒体类型的不断扩增、小型化正在改变媒体使用的社会环境，从家庭导向方式向更加隐蔽化、个体化的方向发展。青少年受电影中吸烟场景的影响是一个重大的全球健康问题，据报道，青少年每年在电影中受到数百种吸烟场景的影响。研究显示，观看有吸烟场景电影的青少年将来吸烟的可能性较高，尤其是那些以吸烟为促进社交互动或放松的电影场景更易促使青少年吸烟。一项纳入417例非吸烟青少年的研究显示，任何形式电子烟广告对青少年决定开始使用电子烟或者吸烟起直接促进作用。有趣的是，一项纳入2038位青年女性的研究表明，在电影前放映反吸烟广告可以帮助年轻女性免受电影明星吸烟的影响。

（4）销售市场：尽管在美国禁止向未成年人销售卷烟，但卷烟生产公司通常通过一些间接的广告或是电视、网络等媒体影响青少年吸烟行为。甚至大量广告公司通过图片或是利用其他手段向未成年人传达吸烟有利于健康、有利于保持苗条身材、易于被社会接受等错误观念。

2. 尼古丁依赖

尼古丁极易成瘾，通常在偶然开始吸烟后的数天到数周之内便出现尼古丁依赖的表现。相比于成年人，青少年更加容易对尼古丁成瘾。每年都有大量关于尼古丁影响青少年大脑发育的研究，如一项针对6年级（平均年龄12岁）小学生尼古丁依赖的研究发现，53%的青少年都存在尼古丁依赖症状，40%的青少年在接下来随访的4年期间逐渐由每个月一次吸烟演变为每天吸烟。当吸烟频率增加以及由于吸烟频率增加后导致的尼古丁依赖症状加速出现，警示吸烟者出现了尼古丁依赖。在开展青少年吸烟行为实验时发现，尼古丁依赖是决定研究对象是否成为吸烟者的重要因素。

3. 调味烟草产品的可及性

不同于成年人，调味烟草产品对于对青少年具有强烈的吸引力。调味烟草产品的口味包括樱桃口味、葡萄口味、泡泡糖口味以及类似糖果味。尽管在美国禁止向未成年人销售调味烟草产品，但是仍有40%青少年吸过调味的小雪茄等多种口味。调味烟草产品主要涉及电子烟、水烟以及其他尼古丁替代品，通常在青少年人群中比较流行。一项在加利福尼亚高级中学进行的调查表明，相比于仅仅使用烟草味电子烟、薄荷味电子烟、薄荷醇味电子烟的青少年，发现使用调味烟草产品的青少年在随访的6个月后更容易继续使用电子烟，吸入电子烟的次数也明显增多。近年来，尤其在美国，调味烟草产品在青少年中的流行有可能威胁到已经取得的青少年控烟成效。

（四）其他危险因素

1. 生活应激性事件

青少年时期是心理成长的关键期，这个时期不仅具有强烈的好奇心，而且有很强的模仿能力，但由于缺乏经验，对事情的判断、认识能力则相对局限。正是由于以上特点，决定了这个时期是许多危险行为形成的主要时期。研究报道，青少年时期不仅容易发生饮酒、吸烟、违法等行为问题，也是应激性生活事件的高发阶段。国内外的研究都发现，吸烟者比不吸烟者经历的负面的生活事件多，这些负面的应激性生活事件包括父母分居、离异，精神上、身体上以及性虐待，母亲精神失常，或是家庭成员中有吸毒、犯罪或是精神疾病等。

2. 电子烟

大量的研究证据表明，相比于传统吸烟方式，电子烟以及其他电子输送装置在青少年中更为普及，这也为尼古丁依赖、青少年吸烟创造了条件。

3. 既往吸烟情况

为探讨既往吸烟行为对将来吸烟情况的影响，一项观察性研究纳入的实验对象为进入观察实验前吸过至少一口烟，但不超过100支的青少年。经过4年的随访发现31%的青少年最终成为真正的吸烟者。因此，青少年既往吸烟的程度是决定将来是否成为真正意义吸烟者的至关重要的独立危险因素。

4. 抑郁

大量研究表明抑郁和吸烟行为相关，但这种相关性是否有明确的原因尚不清楚，需要进一步研究证实。

5. 在校期间不良行为

逃学和学习成绩差与吸烟量有明确的连续相关性。在校期间表现不良和学业成就低都可以直接或者间接增加吸烟的风险。研究发现职业学校就读生、在校期间表现差的学生、辍学以及就读学校教学质量差的青少年都与使用电子烟有关。

6. 毒品滥用

吸食毒品的青少年中存在很高的吸烟率。有报道，在专门面向青少年住院戒毒的医疗机构中，吸烟者高达85%。我们发现许多青少年在使用非法药物之前就已经开始吸烟了。一项针对在过去30天中每天至少吸一支烟的人群研究发现，在吸食大麻的青少年中尼古丁成瘾症状会更明显。因此，吸烟的青少年更应该警惕出现如滥用毒品等危险行为。

（五）吸烟及ETS暴露所致危害的生物学机制

1. 烟雾的危害

烟草烟雾中的一氧化碳与体内血红蛋白结合，形成没有携氧能力的碳氧血红蛋白，使体内各器官氧缺乏，从而导致大脑供氧不足，进而暴露于ETS的青少年更容易出现头晕、头痛、胸闷、注意力不集中等症状。

2. 吸烟导致多动及行为障碍

Gospe和他的同事首先在啮齿类动物模型中显示了出生后二手烟暴露对神经发育的独立生物学效应，即出生后ETS暴露会降低产前未暴露于烟草烟雾的大鼠的大脑细胞密度，并增加其细胞大小。还有研究表明，二手烟中的尼古丁会导致胆碱能系统的破坏，这可能是儿童行为问题发生的基础。目前还提出表观遗传过程可能参与二手烟暴露与多动以及注意力不集中之间的关系，但尚待进一步的研究来证实这一理论。

3. 呼吸系统

烟草中的有害物质会直接作用于气管、支气管的上皮细胞，损伤呼吸道上皮，并降低呼吸系统自身的免疫力。青少年的大气道较成人直，烟雾更容易进入其中，增加喉部和支气管黏膜暴露在烟雾中的概率。烟草烟雾中醛类、氮氧化物、烯烃类会对呼吸道黏膜产生刺激，损伤呼吸道黏膜，导致支气管黏膜上皮纤毛退化萎缩，杯状细胞增生而引起分泌物增加，从而导致黏液排出障碍。此外，吸烟还能影响肺泡巨噬细胞的吞噬能力，影响呼吸道的清除能力，这些都导致细菌等微生物易于进入并引发呼吸系统疾病。

4. 心血管系统

随烟草吸入体内的尼古丁，可与吸烟者体内的烟碱型受体结合并激活该受体，呈现出肾上腺髓质兴奋效应，之后引发肾上腺素分泌增加，最终导致血压升高、心血管负荷增加。烟雾中的一氧化碳和红细胞结合后，使红细胞丧失携氧能力，导致血液中的氧气减少，心肌细胞获氧量减少，最终增加冠状动脉粥样硬化性心脏病和心肌梗死的发病率。最近研究也表明，尼古丁可引起大鼠心肌细胞凋亡。尼古丁所诱导的心肌细胞凋亡可能是吸烟人群发生心房结构重塑并进而引发心力衰竭的重要原因之一。

5. 生殖系统

男性睾丸代谢功能旺盛，对烟草烟雾中含有的尼古丁等多种有害物质非常敏感，易受影响。长期吸烟的男性吸烟者，烟雾中的有害物质能损害男性生殖细胞而影响生育。例如，吸烟可改变男性附睾的生化条件而使精子成熟障碍，改变男性性激素的分泌平衡，吸烟引起的阴茎局部血流动力学改变，可能是引发勃起功能障碍的主要原因等。对于女性，吸烟能导致女性卵巢功能减退，生育能力降低，还能导致女性的卵巢贮量下降和卵巢反应下降。

（六）吸烟及ETS暴露对青少年的危害

1. 身体健康的危害

（1）影响始于胎儿期：ETS的暴露始于胎儿期，因为烟草有害物质可透过胎盘屏障。孕妇在妊娠期间吸烟会增加胎儿肺功能下降、喘息和支气管哮喘的风险，这种风险在产后不再有ETS暴露的情况下也依然存在。同时，研究表明，孕妇在妊娠期吸烟，那么孩子未来出现行为问题的概率也可能会更高。

（2）对神经系统及视觉的影响：吸烟损害大脑，患上脑出血（蛛网膜下腔出血）的概率高6倍。同时吸烟使青少年思维变得迟钝、记忆力减退，影响学习和工作。吸烟还可导致青少年弱视，称为“烟草中毒性弱视”，主要表现：①视力减退逐渐加重，配戴眼镜也难以矫正；②视物模糊不清，视野缩小；③色觉异常，辨不清红、绿颜色；④畏光，在强光下视物反而不清楚，严重时可造成失明。而这种病发展比较缓慢，容易被人们忽视。

（3）对呼吸系统的影响：青少年短期吸烟会导致中度呼吸道阻塞，并且可导致青少年肺部发育迟缓，进而降低肺功能。吸烟的青少年较不适应运动，在短跑和长跑方面都较为逊色，部分原因是基于吸烟对肺功能的影响。21项关于学龄期儿童肺功能影响因素研究进行汇总分析后发现，父亲和/或母亲吸烟会导致儿童肺功能下降，其中第一秒用力呼气容积（FEV_1）下降0.9%，中期呼气流速（MEFR）下降4.8%，终末呼气流速（EEFR）下降4.3%。

研究表明，吸烟的青少年已经能找到心脏病和脑卒中的早期迹象，青少年吸烟者的静息心率比非吸烟者每分钟快2～3次。系统评价还发现，暴露于ETS的青少年在围术期呼吸道不良事件发生的风险显著增加。ETS暴露对青少年的危害会伴随其进入成年期，即使儿童没有养成父母吸烟的习惯，并在成年期不吸烟，他们仍然更有可能在成年后罹患呼吸系统疾病。一项针对来自波兰的3108名高中学生进行的有关吸烟和呼吸系统疾病的调查研究显示，23%的非吸烟者和75%的吸烟者诊断慢性支气管炎，证实吸烟是青少年慢性支气管炎的关键原因。

2006年关于烟草问题的美国《卫生总监报告》指出，父母任何一人吸烟，儿童患呼吸道疾病和喘息性疾病的风险均较父母不吸烟的儿童增高。而母亲吸烟对儿童的影响更大。在英国9670名儿童中开展的队列研究显示，母亲吸烟儿童患喘息的风险是母亲不吸烟儿童的1.11倍。有证据说明ETS暴露可以导致儿童患支气管哮喘，并且年长儿童（6～18岁）患哮喘的风险高于低龄儿童。除此之外，ETS暴露可以加重哮喘患儿的病情，影响哮喘的治疗效果。

（4）对生长发育的影响：青少年正处在发育时期，生理系统、器官都尚未成熟，对外界环境有害因素的抵抗力较成人弱，易于吸收毒物，对其骨骼发育、神经系统、呼吸系统及生殖系统均有一定程度的影响，损害身体的正常生长。青少年正处在性发育的关键时期，吸烟使睾酮分泌量下降20%～30%，使精子减少和畸形；使少女初潮时间推迟，经期紊乱。

（5）耳部疾病：ETS暴露可以导致儿童患急性中耳炎、复发性中耳炎和中耳积液。父母吸烟的儿童患急性中耳炎的风险是父母不吸烟儿童的1.0～1.5倍；父母任意一人吸烟，儿童患复发性中耳炎的风险是父母不吸烟儿童的1.37倍。父母任意一方吸烟的儿童患中耳积液的风险是无二手烟暴露儿童的1.33倍。

（6）恶性肿瘤及血液系统疾病：有证据提示儿童在出生前和出生后遭受ETS暴露可以导

致白血病、淋巴瘤、脑部恶性肿瘤和神经母细胞瘤。但尚待进一步证据明确母亲在妊娠期遭受ETS暴露可以导致儿童发生恶性肿瘤。烟草中的尼古丁对维生素 C 有直接破坏作用，可导致坏血病。

（7）变应性疾病：土耳其对6～13岁儿童开展的横断面研究发现，被动吸烟会使儿童患变应性疾病的风险增加，二手烟暴露儿童患变应性鼻炎的风险是无被动吸烟儿童的1.84倍。对18 606份国际儿童哮喘和过敏症研究问卷进行分析显示，家庭成员每天在家中吸烟≥50支的儿童患变应性鼻炎的风险是无二手烟暴露儿童的2.90倍。但也有研究未发现母亲吸烟与儿童变应性疾病相关。

2. 心理及行为问题

最近的研究表明，ETS暴露可能导致儿童多动、注意力不集中，甚至行为问题。一项纳入了301名年龄小于18个月，且母亲不吸烟的婴儿的前瞻性研究，进行了为期3年的随访观察，结果发现儿童早期ETS暴露与学龄前行为问题和多动、注意力不集中有关。还有研究表明，儿童在家庭中ETS暴露与儿童多动以及注意力不集中有关。

（周 佳 陈亚娟 陈 虹）

参考文献

[1] Jarvis MJ，Feyerabend C. Recent trends in children's exposure to second-hand smoke in England：cotinine evidence from the Health Survey for England [J]. Addiction，2015，110（9）：1484-1492.

[2] World Health Organization. WHO Report on the Global Tobacco Epidemic，2019.

[3] Wipfli H，Avila-Tang E，Navas-Acien A，et al. Famri Homes Study Investigators. Secondhand smoke exposure among women and children：evidence from 31 countries [J]. Am J Public Health，2008，98（4）：672-679.

[4] 杨功焕，马杰民，刘娜，等. 中国人群2002年吸烟和被动吸烟的现状调查 [J]. 中华流行病学杂志，2005，26（2）：77-83.

[5] Raghuveer G，White D，Hayman L，et al. Cardiovascular consequences of childhood secondhand tobacco smoke exposure：prevailing evidence，burden，and racial and socioeconomic disparities a scientific statement from the American Heart Association [J]. Circulation，2016，134（16）：e336-e359.

[6] Oberg M，Jaakkola MS，Woodward A，et al. Worldwide burden of disease from exposure to second-hand smoke：a retrospective analysis of data from 192 countries [J]. Lancet，2011，377（9760）：139-146.

[7] Shadel WG，Martino SC，Setodji C，et al. Motives for smoking in movies affect future smoking risk in middle school students：an experimental investigation [J]. Drug Alcohol Depend，2012，123：66-71.

[8] Padon AA，Lochbuehler K，Maloney EK，et al. A Randomized Trial of the Effect of Youth Appealing E-Cigarette Advertising on Susceptibility to Use E-Cigarettes Among Youth [J]. Nicotine Tob Res，2018，20（8）：954-961.

[9] Anderson SJ，Millett C，Polansky JR，et al. Exposure to smoking in movies among British adolescents 2001-2006 [J]. Tob Control，2009，19（3）：197-200.

第八节　电子烟的健康危害

（一）概述

电子烟产品种类繁多，大多由电源、雾化部件和控制单元构成。在电源供电和控制单元作用下，雾化部件中的烟液受热雾化形成烟雾和可吸入气溶胶，从而产生与使用卷烟相似的体验。目前普遍将电子烟产品分为3代：第一代的外形类似传统卷烟；第二代的外形和传统卷烟明显不同，类似笔、水烟管等，但构造原理与第一代电子烟相似；第三代的外形比第二代明显增大，且更加个性化，能通过调节电阻控制烟雾大小。本节仅讨论含尼古丁的电子烟。

电子烟自上市后在全球迅速流行，数据显示各国电子烟使用率呈现逐年增长趋势。英国国家统计署数据显示，16岁以上人群电子烟的使用率2015年为4.0%，2016年为5.6%，2017年为5.5%，2018年为6.3%。在美国，美国疾病预防控制中心、食品药品管理局和国立卫生研究院国家癌症研究所联合开展的全国健康访谈调查（National Health Interview Survey，NHIS）结果显示，美国18岁以上成人电子烟的使用率2015年为3.5%，2017年短暂下降到2.8%，但2018年又迅速反升至3.2%。

在我国，电子烟的使用亦呈明显增长趋势。《2015中国成人烟草调查报告》显示，我国15岁及以上人群电子烟的使用率仅为0.5%，且绝大部分是偶然使用。然而，《2018中国成人烟草调查报告》显示，我国电子烟的使用率已经上升到0.9%，使用电子烟的人数约为1035万，其中年轻人使用比例相对较高，15～24岁年龄组为1.5%（最高）。

在青少年人群中，电子烟使用率的增长尤为明显。美国青少年烟草调查（National Youth Tobacco Survey，NYTS）数据显示，2018年美国高中生电子烟的使用率为20.8%，比2017年的11.7%增加78%。2019年美国最新调查结果显示，高达27.5%的高中生承认当前正在使用电子烟。我国《2019年中国中学生烟草调查》显示，初中生的电子烟使用率为2.7%，普通高中学生为2.2%，职业学校学生为4.5%。

（二）电子烟的健康危害

1. 实验室研究证据

（1）电子烟烟液中含有有害物质：低分子醛酮类化合物是一类对呼吸系统有强烈刺激作用的有害物质，特别是甲醛、乙醛、丙酮、丙烯醛、邻甲基苯甲醛、丙醛等，其中甲醛、乙醛分别被国际癌症研究机构（International Agency for Research on Cancer，IARC）列为Ⅰ类、2B类致癌物。Goniewicz等对12个电子烟样品中的醛类化合物进行测定，甲醛含量检出率100%、乙醛检出率100%、丙烯醛含量检出率91.67%、邻甲基苯甲醛含量检出率100%。Farsalinos KE等采用气相色谱-质谱（gas chromatograph-mass spectrometer，GC-MS）方法对电子烟烟液进行检测，结果发现电子烟烟液中存在羰基化合物甲醛、乙醛、2,3-丁二酮和2,3-戊二酮。2,3-丁二酮加热后吸入肺部，可能沉积在肺气管中而导致阻塞，加重呼吸道炎症。Hutzler C等同样采用GC-MS方法，发现随着烟液温度升高，甲醛和乙醛浓度有明显增加。韩书磊等使用GC-MS方法测定55个烟液样品中的18种挥发性有机物后发现，2-丁酮、苯、乙苯、邻二甲苯、p,m-二甲苯检出率均大于80%。王超等使用固相支持液液萃取气相色谱－质谱联用仪测定13个电子烟烟液中的16 种多环芳烃，其中萘、1-甲基萘、2-甲基萘、芴、菲和蒽均有检出。Christoph等使用GC-MS方法对28个电子烟烟液进行全扫描，共发现141种挥发性化合物，12个样品含有多国禁用的薄荷醇。Farsalinos KE等采用气相色谱法在电子烟烟液中检测出含烟草特有亚硝胺（tobacco-specific nitrosamines，TSNAs），而其中N-亚硝基降烟碱（N-nitrosonornicotine，NNN）、4-（甲基亚硝胺基）-1-（3-吡啶基）-1-丁酮（N-nitrosonornicotine-ketone，NNK）被IRAC列为Ⅰ类致癌物。

此外，尼古丁作为电子烟的主要成分，除了让使用者产生依赖性，还会在妊娠期对胎儿的发育产生不良影响，并可能导致心血管疾病。胎儿和青少年接触尼古丁可能对大脑发育造成长期不良后果，可能导致学习障碍和焦虑症。

（2）电子烟气溶胶中含有有害物质：电子烟加热溶液产生的二手气溶胶是一种新的空气污染源。气溶胶是由固体或液体小质点分散并悬浮在气体介质中形成的胶体分散体系。电子烟气溶胶的粒径为 0.25 ～ 0.45μm（细微颗粒物），粒数浓度$10^9/cm^3$。当气溶胶的浓度达到足够高时，将对人类健康造成威胁，尤其是对哮喘患者及有呼吸道疾病的人群。有研究表明，电子烟烟雾可增加空气中丙二醇、甘油、尼古丁、细颗粒物、挥发性有机化合物和多环芳烃等的浓度。Kazushi 等在电子烟气溶胶中检出甲醛、乙醛、丙烯醛、乙二醛和甲基乙二醛。Kosmider L等采用高效液相色谱（high performance liquid chromatography，HPLC）法分析电子烟气溶胶中有害物质，发现电子烟气溶胶中甲醛和乙醛的浓度与电池电压存在明显相关性，当电压从3.2 V增加到4.8 V时，气溶胶中甲醛、乙醛含量增加200倍以上；其中含丙二醇溶液的电子烟烟液，加热后气溶胶中产生的羰基化合物含量最高。

电子烟气溶胶中的金属含量可能比可燃烟草卷烟中的多。而且在某些情况下，其浓度比卷烟烟雾中的含量高。Williams 等采用扫描电子显微镜和电子散射谱仪（scanning electron microscopy and electron dispersion spectroscopy，SEM-EDS）方法发现，在电子烟气溶胶中检出非金属元素硅和20种金属元素，其中粒径＞ 1 μm的元素是锡、银、铁、镍、铝、硅，以及粒径＜100 nm 的元素是锡、铬和镍，并发现有9种元素的气溶胶释放量高于或等于传统卷烟烟雾中的释放量。Mikheev等分别用实时高分辨率气溶胶粒径测谱仪测量电子烟的气溶胶微粒，用电感耦合等离子体质谱仪检测气溶胶中的金属物质，结果显示电子烟排放物中含有多种金属，如砷（As）、铬（Cr）、镍（Ni）、铜（Cu）、锡（Sn）等。

虽然电子烟气溶胶的纳米粒子质量很小，但其毒理学影响可能是显著的。有毒化学物质附着在小纳米颗粒上可能比附着在较大亚微米颗粒上对健康的影响更大。Goniewicz等使用GC-MS在气溶胶中检测到痕量的TSNAs，其中NNN检出率75%，NNK检出率75%。Hutzler C等采用GC法证明，在气溶胶中亦存在TSNAs。Geiss O等采用高效液相色谱－紫外线检测（high-performance liquid chromatography/ ultraviolet，HPLC/UV）分析电子烟气溶胶成分，结果亦显示电子烟气溶胶中的羰基化合物含量与加热线圈温度呈正相关。

（3）电子烟调味剂加热后可产生有害物质：Bitzer ZT等采用GC-MS和电子顺磁共振技术，对电子烟中调味剂的品种、浓度及其产生的自由基进行检测，分析显示电子烟加热后自由基的产生与调味剂浓度有关，随着调味剂浓度增加，电子烟中自由基的释放量也随之增加。电子烟中调味剂等不合理使用，会增加对电子烟使用者的危害。

（4）电子烟烟雾等具有细胞毒性：Yu V等研究发现，暴露于电子烟烟雾提取物的细胞比未暴露的细胞更容易发生DNA损伤和死亡。Behar RZ等使用3-（4-5-二甲基噻唑-2）-2,5-二苯基四氮唑溴盐［3-（4,5-Dimethylthiazol-2-yl）-2,5-Diphenyltetrazolium Bromide，MTT）］法研究电子烟的细胞毒性，比较人肺成纤维细胞、肺上皮细胞（A549）和人胚胎干细胞对电子烟液体和气溶胶的敏感性，结果表明各种口味/品牌的电子烟填充液及其气溶胶具有细胞毒性。

2. *人群研究证据*

虽然电子烟对人群健康危害的研究有限，但已有研究表明，使用电子烟可以增加心血管疾病和肺部疾病的发病风险，可以影响胎儿发育。另外，由于大多数电子烟使用者同时使用卷烟或其他烟草制品，会出现两种或多种产品导致的健康危害叠加。Alzahrani T等使用两次国家卫生调查数据研究发现，每天使用电子烟可以增加心肌梗死的发生（OR 1.79，95% CI：1.20 ～ 2.66）。Wills TA等开展的一项基于8087例研究对象的横断面调查结果显示，电子烟使用与慢性肺部疾病和非吸烟者支气管哮喘之间密切相关（AOR 2.58，95% CI：1.36 ～ 4.89；AOR 1.33，95% CI：1.00 ～ 1.77）。Wang JB等开展的一项基于39 747例研究对象的横断面调查结果显示，与使用传统卷烟的吸烟者相比，同时使用传统卷烟和电子烟的吸烟者健康评分更低，呼吸困难评分更高；同时该研究发现，使用电子烟可增加疾病风险，特别是呼吸系统疾病风险。Cho JH等在韩国开展的一项横断面研究（共调查35 904名高中生）结果显示，使用电子烟者发生哮喘的风险是从未使用电子烟人群的2.36倍（OR 2.36，95% CI：1.89 ～ 2.94）；分层分析结果显示，现在使用电子烟者患哮喘的风险是从不使用电子烟和既往使用电子烟者的2.74倍（OR 2.74，95% CI：1.30 ～ 5.78）。

在我国，李晟姝等在北京居民中进行的电子烟调查结果显示，34.7%的吸烟者使用电子烟后曾出现咽喉刺激或咳嗽、口干、恶心等不良反应。除人群研究外，来自美国、日本等的多篇病例报道显示，使用某些电子烟产品会引起急性肺部损伤，如急性嗜酸性粒细胞肺炎、弥漫性肺泡出血、变应性肺炎、机化性肺炎、类脂性肺炎和严重支气管哮喘等。

（三）电子烟对青少年的影响

使用电子烟可能致人更容易使用卷烟，这一现象在青少年中尤为明显。一项包含91 051名青少年的Meta分析研究结果显示，青少年使用电子烟后成为卷烟使用者的风险是从不使用电子烟者的2.21倍（OR 2.21，95% CI：1.86 ～ 2.61）。

电子烟除了会吸引青少年使用卷烟外，本身亦对青少年的身心健康和成长造成不良影响。2016年美国《卫生总监报告》中关于青少年电子烟使用的报告显示，电子烟中的尼古丁会影响青少年的大脑发育，青春期使用会对青少年的注意力、学习、情绪波动和冲动控制产生影响。

目前普遍认为，“调味”是吸引青少年尝试电子烟的重要原因之一。《世界卫生组织烟草控制框架公约》缔约方会议第七届会议报告指出：3/4的青少年被调查者表示，如果电子烟没有调味，他们不会再使用这些产品。2019年美国对青少年的最新调查结果显示，现在使用电子烟的青少年中，估计有72.2%（95% CI：69.1% ～ 75.1%）的高中生和59.2%（95% CI：54.8% ～ 63.4%）的初中生使用了调味电子烟，其中水果、薄荷醇或薄荷、糖果味最常见。

此外，电子烟的“香味”和包装上的卡通图案亦会增加儿童误食电子烟烟液的可能。Demir E等报道一名儿童由于误食电子烟烟液而突发感音神经性听力障碍。

（刘 朝 肖 丹）

参考文献

［1］中国疾病预防与控制中心.《2018中国成人烟草调查报告》内容摘要［R］.［2019.08.14］. http://www.chinacdc.cn/jkzt/sthd_3844/slhd_4156/201908/t20190814_204616.html.

［2］Gentzke AS，Creamer M，Cullen KA，et al. Vital Signs：tobacco product use among middle and high school students-United States，2011-2018［J］. MMWR Morb Mortal Wkly Rep，2019，68（6）：157-164.

［3］Wang TW，Gentzke A，Sharapova S，et al. Tobacco product use among middle and high school students - united states，2011-2017［J］. MMWR Morb Mortal Wkly Rep，2018，67（22）：629-633.

［4］中国疾病预防控制中心. 2019中国中学生烟草调查结果［R］.［2020-06-01］. http://www.chinacdc.cn/jkzt/sthd_3844/slhd_4156/202005/t20200531_216942.html.

［5］Van Andel. I，A. Sleijffers A. Adverse Health Effects of Cigarette Smoke：Aldehydes. RIVM Report 340603002；The Netherlands National Institute for Public Health and the Environment（RIVM）：Bilthoven，The Netherlands，2006，pp. 1-65.

［6］Goniewicz M，Knysak J，Gawron M，et al. Levels of selected carcinogens and toxicants in vapour from electronic cigarettes［J］. Tob Control，2014，23（2）：133-139.

［7］Hutzler C，Paschke M，Kruschinski S，et al. Chemical hazards present in liquids and vapors of electronic cigarettes［J］. Arch Toxicol，2014，88（7）：1295-1308.

［8］Farsalions KE，Gillman G，Poulas K，et al. Tobacco-Specific Nitrosamines in Electronic Cigarettes：Comparison between Liquid and Aerosol Levels［J］. Int J Environ Res Public Health，2015，12（8）：9046-9053.

［9］Konstantinou E，Fotopoulou F，Drosos A，et al. Tobacco-specific nitrosamines：A literature review［J］. Food Chem Toxicol，2018，118：198-203.

［10］李晟姝，肖丹，褚水莲，等. 北京市吸烟人群使用电子烟情况的调查［J］. 中国临床医生，2015，（3）：47-49.

第六章

二手烟暴露对健康的危害

第一节　二手烟暴露与呼吸系统疾病

一、慢性阻塞性肺疾病

（一）概述

有证据提示二手烟暴露可能与慢性阻塞性肺疾病（COPD）有关。其主要特征为不完全可逆性阻塞性通气功能障碍，简称慢阻肺。主动吸烟诱发COPD发病的因果关系已经被确认，因COPD死亡的患者中85%～90%有吸烟史。有研究发现，二手烟暴露对COPD的发生也有一定影响。

Eisner等分析了美国2112名55～75岁的成年人终生接触二手烟对COPD发病风险的影响，结果显示在家中累积接触二手烟与COPD之间存在显著正相关（调整后OR 1.6，95% CI：1.1～2.2），在工作中接触二手烟亦成显著正相关（调整后OR 1.4，95% CI：1.0～1.8）。我国一项基于15 379名从不吸烟的成年人的数据研究表明，在家和工作中接触二手烟与COPD患病风险增加（调整后OR 1.5，95% CI：1.2～1.9）和任何呼吸症状（调整后OR 1.2，95% CI 1.1～1.3）成显著相关关系。另一项基于中国台湾的保险索赔数据的研究显示，暴露于二手烟与轻度COPD（调整后OR 1.8，95% CI：1.1～2.9）和中度COPD（调整后OR 3.8，95% CI：1.7～8.6）有关。但与此相反的是，Chan Yeung等进行的一项研究发现，在基于289名患者和对照者的性别和年龄匹配的病例对照研究中，暴露于二手烟与增加COPD的风险之间无关联。

（二）二手烟暴露与COPD的关系

烟草烟雾可引起一种特殊的、持久的炎症。主要包括3个过程：蛋白酶-抗蛋白酶、氧化剂-抗氧化剂的失衡和不适当的修复机制。这些过程分别导致黏液高分泌和肺泡壁破坏，生物分子功能障碍，细胞外基质损伤，肺纤维化伴外膜、黏膜下和平滑肌增厚。吸烟时间越早，肺功能下降的程度越大。黏液分泌过多、清除率降低和肺防御机制受损共同解释了COPD患者即使病情稳定，也携带大量潜在的呼吸道病原体。

二、支气管哮喘

（一）概述

有证据提示二手烟暴露可以导致成年人发生哮喘。在美国黑种人女性健康前瞻性研究中，Coogan等在46 182名25 ～ 69岁的女性15年随访中观察到，二手烟暴露与成人支气管哮喘发病率呈正相关。与未接触二手烟的参与者相比，接触二手烟的非吸烟参与者的哮喘发病率增加了21%（调整后HR 1.2，95% CI：1.0 ～ 1.5）。Lajunen TK与Jaakkola MS的两项基于人群的病例对照研究发现，在工作场所或家中接触二手烟会增加患支气管哮喘的风险。

（二）二手烟暴露与支气管哮喘的关系

二手烟暴露和血清IgE的水平、二手烟暴露的持续时间和数量与支气管哮喘的严重程度密切相关。二手烟暴露显著降低了与Treg细胞相关的FoxP3和肿瘤坏死因子-β（tumor necrosis factor β，TNF-β）的水平，并增加了与Th17细胞相关的白细胞介素17A和白细胞介素23的水平。同时，二手烟暴露显著降低了Treg/Th17细胞的比例（$P < 0.05$）。最近发表的二手烟暴露相互作用研究的第一个全基因组分析的结果表明，接触烟草烟雾可能导致支气管哮喘的3种途径，即凋亡、p38丝裂原活化蛋白激酶（mitogen-activated protein kinase，MAPK）和TNF途径。

三、肺炎链球菌肺炎

（一）概述

有证据提示二手烟暴露可能与肺炎发病相关。肺炎链球菌是侵袭性感染的主要原因。肺炎链球菌作为共生菌定植于18%的成人鼻黏膜。虽然单鼻腔肺炎链球菌定植是无症状的，但被认为是传染病发展的必要条件。吸入烟草烟雾是侵袭性肺炎球菌病（invasive pneumococcal disease，IPD）的一个重要危险因素。

（二）二手烟暴露与肺炎链球菌肺炎的关系

肺炎链球菌是侵袭性细菌感染的主要原因，鼻腔定植是疾病的重要第一步。烟草烟雾暴露与TNF-α和中性粒细胞趋化因子CXCL-1和CXCL-2的鼻表达减弱有关，从而易患IPD。虽然中性粒细胞不直接影响鼻腔细菌负荷，但它们在适应性免疫反应的抗原启动中发挥作用，后者影响巨噬细胞介导的肺炎球菌清除。因此烟草烟雾可能通过损害鼻腔肺炎球菌定植引起的中性粒细胞反应而易患IPD。

四、肺结核

（一）概述

有证据提示二手烟暴露可能与肺结核发病有关。吸烟流行率与潜伏性和活动性结核病病例数量的地理分布重叠。数学模型预测烟草烟雾暴露可导致全球数百万结核病病例和死亡，是结核病大流行的重要驱动因素。Patra等分析了18项相关研究，发现二手烟暴露和结核潜伏感染之间存在显著的相关性（调整后RR 1.64，95% CI：1.00 ～ 2.83），但在研究中观察到了很大的异质性。Dogar等对12项研究进行了荟萃分析，提示二手烟暴露可能与结核潜伏感染有关，虽然结果达到统计学意义（调整后RR 1.19，95% CI：0.90 ～ 1.57），但也存在明显的变异性，这可能与这些研究中使用的诊断标准不同有关。

现有的流行病学研究只能显示二手烟暴露与结核潜伏感染或活动性结核病之间的关联，但不能显示任何直接的因果关系。

（二）二手烟暴露与肺结核的关系

结核分枝杆菌感染的中性粒细胞通过胞吐TNF-α和热休克蛋白使巨噬细胞活化。胞吐作用可能有助于清除结核分枝杆菌，增强抗原提呈给T细胞，限制潜在的有害炎症，并增加吞噬体与溶酶体的融合。肺中性粒细胞是结核病患者中最常见的结核分枝杆菌感染细胞之一，吸烟者的肺中性粒细胞比不吸烟者多3 ～ 4倍。因此，二手烟暴露对中性粒细胞的影响，可能与结核分枝杆菌感染有关。Th1/Th2/Th17平衡对于控制活动性结核病至关重要。Th1细胞（$IL\text{-}12^+$、$IFN\text{-}\gamma^+$、$TNF\text{-}\alpha^+$）刺激炎症，帮助巨噬细胞向M1亚型转化，并在感染的巨噬细胞中启动抗菌效应器功能。B细胞产生抗体也是有效的抗结核抗体宿主免疫应答的重要组成部分。Tregs分泌免疫抑制细胞因子，如IL-9、IL-10、IL-35和TGF-β，增加IL-2的消耗，抑制FoxP3阴性的Th1、Th2和Th17细胞，并抑制抗原提呈细胞。烟草烟雾会影响上述过程的正常运作。

五、烟味反感和鼻部刺激症状

有充分证据说明二手烟暴露可以导致烟味反感和鼻部刺激症状。二手烟雾中含有多种有害物质，其中吡啶可产生刺鼻的气味，其他物质如尼古丁、丙烯醛、甲醛可能会引起黏膜刺激症状。1986年美国《卫生总监报告》对13项实验研究和5项临床研究进行综合分析后得出，二手烟暴露可导致烟味反感和鼻部刺激症状。Bascom等对77位18 ～ 45岁有二手烟暴露的健康成年人进行调查，发现34%的被调查者在暴露于二手烟后出现了至少一种鼻部刺激症状，如鼻腔阻塞、分泌物过多、打喷嚏等。

六、急、慢性呼吸道症状

有证据说明二手烟暴露可以导致急、慢性呼吸道症状。Danuser等对10名存在气道高反应性的受试者及10名健康对照进行了侧流烟雾激发试验研究，结果发现无论是否存在气道高反应性，受试者在吸入侧流烟雾后均出现明显的咳嗽、咽干、胸闷、呼吸困难等急性呼吸道症状，并且出现症状的受试者比例随着侧流烟雾浓度的增加而增加。Lam等对4468名中国香港不吸烟男性警员及728名不吸烟女性警员进行横断面研究发现，存在工作环境烟草烟雾暴露的不吸烟者发生慢性呼吸道症状的风险较无暴露者明显增加，在男性和女性中分别为2.33［OR 2.33，95% CI：1.97 ～ 2.75，归因危险度（attributable risk，AR）57%］和1.63（OR 1.63，95% CI：1.04 ～ 2.56，AR 39%）。研究发现，工作场所二手烟暴露与经常感冒（调整后OR 1.89，95% CI：1.66 ～ 2.15）、咳嗽（调整后OR 1.65，95% CI：1.35 ～ 2.02）、咳痰（调整后OR 1.88，95% CI：1.63 ～ 2.15）、喉部不适（调整后OR 1.96，95% CI：1.75 ～ 2.20）等呼吸道症状密切相关，且每项症状的严重程度随二手烟暴露时间的增加而增加。

七、肺功能下降

有证据提示长期二手烟暴露可能与肺功能下降相关。虽然Carey等对15项相关的横断面研究进行Meta分析，发现长期暴露于二手烟者的FEV_1较无暴露者下降1.7%（95% CI：0.6%～2.8%）。但在欧洲共同体呼吸健康调查组织对成年呼吸道健康中的二手烟暴露进行了20年的随访，研究发现接触二手烟可能会导致呼吸道症状，但并不伴随肺功能改变。因此长期接触二手烟是否会导致肺功能下降还需进一步的研究。

八、二手电子烟暴露引起的呼吸系统疾病

电子烟同样会释放出大量化学物质，会对室内空气质量产生不利影响。Schober等的研究表明，电子烟释放的蒸汽中含有大量的1,2-丙二醇、甘油和尼古丁。二手电子烟暴露可导致支气管哮喘症状及严重程度的增加，并引起下呼吸道症状和感染。但目前需要更多的研究来评估吸入二手电子烟的短期和长期健康后果，特别是在弱势人群中，包括儿童、孕妇和患有支气管哮喘和COPD等呼吸道疾病的患者。

（周露茜　林志威）

参考文献

[1] U. S. Department of Health and Human Services. The Health Consequences of Involuntary Smoking: A Report of the Surgeon General [R]. Washington, DC: Superintendent of Documents, U. S. Government Printing Office, 2006.

[2] U. S. Department of Health and Human Services. The Health Consequences of smoking: A Report of the Surgeon General [R]. Washington, DC: Superintendent of Documents, U. S. Government Printing Office, 2004.

[3] Eisner MD, Balmes J, Katz PP, et al. Lifetime environmental tobacco smoke exposure and the risk of chronic obstructive pulmonary disease [J]. Environ Health, 2005, 4 (1): 7.

[4] Chan-Yeung M, Ho ASS, Cheung AHK, et al. Determinants of chronic obstructive pulmonary disease in Chinese patients in Hong Kong [J]. Int J Tuberc Lung Dis, 2007, 11 (5): 502-507.

[5] Coogan PF, Castro-Webb N, Yu J, et al. Active and passive smoking and the incidence of asthma in the black Women's health study [J]. Am J Respir Crit Care Med, 2015, 191: 168-176.

[6] Jaakkola MS, Piipari R, Jaakkola N, et al. Environmental tobacco smoke and adult-onset asthma: a population-based incident case-control study [J]. Am J Public Health, 2003, 93: 2055-2060.

[7] Anonymous. Pneumococcal conjugate vaccine for childhood immunization—WHO position paper [R]. Wkly Epidemiol Rec, 2007, 82: 93-104.

[8] Mandell LA, Wunderink RG, Anzueto A, et al. Infectious Diseases Society of America/American Thoracic Society consensus guidelines on the management of community-acquired pneumonia in adults [J]. Clin Infect Dis, 2007, 44 (Suppl 2): S27-S72.

[9] Hendley JO, Sande MA, Stewart PM, et al. Spread of Streptococcus pneumoniae in families. I. Carriage rates and distribution of types [J]. J Infect Dis, 1975, 132: 55-61.

[10] Garcia-Vidal C, Ardanuy C, Tubau F, et al. Pneumococcal pneumonia presenting with septic shock:

host-and pathogen-related factors and outcomes [J]. Thorax，2010，65：77-81.
[11] Zhang Z，Clarke TB，Weiser JN. Cellular effectors mediating Th17-dependent clearance of pneumococcal colonization in mice [J]. J Clin Invest，2009，119：1899-1909.
[12] Pai M，Mohan A，Dheda K，et al. Lethal interaction：the colliding epidemics of tobacco and tuberculosis [J]. Expert Rev Anti Infect Ther，2007，5：385-391.
[13] Persson YA，Blomgran-Julinder R，Rahman S，et al. Mycobacterium tuberculosis-induced apoptotic neutrophils trigger a pro-inflammatory response in macrophages through release of heat shock protein 72，acting in synergy with the bacteria [J]. Microbes Infect，2008，10：233-240.
[14] Eum SY，Kong JH，Hong MS，et al. Neutrophils are the predominant infected phagocytic cells in the airways of patients with active pulmonary TB [J]. Chest，2010，137：122-128.
[15] Herrera MT，Torres M，Nevels D，et al. Compartmentalized bronchoalveolar IFN-γ and IL-12 response in human pulmonary tuberculosis [J]. Tuberculosis (Edinb)，2009，89：38-47.
[16] Kaufmann SH. Protection against tuberculosis：cytokines，T cells，and macrophages [J]. Ann Rheum Dis，2002，61 (Suppl 2)：ii54-ii58.
[17] Maglione PJ，Chan J. How B cells shape the immune response against Mycobacterium tuberculosis [J]. Eur J Immunol，2009，39：676-686.
[18] Rao M，Valentini D，Poiret T，et al. B in TB：B Cells as mediators of clinically relevant immune responses in tuberculosis [J]. Clin Infect Dis，2015，61 (Suppl 3)：S225-S234.
[19] Achkar JM，Chan J，Casadevall A. B cells and antibodies in the defense against Mycobacterium tuberculosisinfection [J]. Immunol Rev，2015，264：167-181.
[20] Du Plessis WJ，Walzl G，Loxton AG. B cells as multi-functional players during Mycobacterium tuberculosis infection and disease [J]. Tuberculosis (Edinb)，2016，97：118-125.

第二节　二手烟暴露与恶性肿瘤

（一）概述

全球疾病负担报告指出，二手烟暴露导致的全球恶性肿瘤死亡人数从2005年的9.5万人上升至2019年的13.0万人。该报告显示，二手烟暴露导致我国2019年男性恶性肿瘤死亡3.2万人，女性恶性肿瘤死亡3.1万人；另一项研究显示，2014年我国男性和女性人群归因于烟草暴露所致的癌症死亡病例分别为342 854例和40 313例，其中二手烟暴露分别贡献了1.8%和50.0%。

二手烟暴露是不吸烟者患肺癌的重要危险因素。有充分证据说明二手烟暴露可以导致肺癌，且暴露量越大、暴露年限越长，肺癌的发病风险越高。还有证据提示二手烟暴露可能导致乳腺癌，且二手烟暴露与乳腺癌可能存在剂量-反应关系。二手烟暴露与宫颈癌和直肠癌也可能存在关联。

（二）二手烟暴露与恶性肿瘤的关系

1. 生物学机制

（1）二手烟中含有致癌物：烟草燃烧形成主流烟雾和侧流烟雾。主流烟雾是烟支吸端形成的烟雾，侧流烟雾是除吸端流出的烟雾外其他部位渗透出的烟雾。二手烟是主流烟雾和侧流烟雾的混合物，其中超过85%是侧流烟雾。主流烟雾与侧流烟雾，其所含化学物质相似，但含量不同。侧流烟雾是在较低的燃烧温度下产生的，与主流烟雾相比，其某些致癌物质如芳香胺等的含量可能更高。动物实验表明，侧流烟雾凝结物比主流烟雾凝结物具有更强的诱导小鼠皮肤肿瘤的效果。因此，二手烟虽经空气稀释，其致癌物含量仍不容忽视。

（2）DNA损伤和基因突变：大量研究阐明了二手烟中所含部分致癌物的基因毒性作用方式。致癌物经代谢活化或直接诱导形成DNA加合物是癌变过程中的关键环节。动物实验发现暴露于二手烟的小鼠肺内的DNA加合物水平显著高于非二手烟暴露小鼠。DNA加合物的持续作用可能导致基因损伤。当DNA损伤严重或者DNA修复系统无法发挥有效作用时，基因突变便会累积进而增加癌变风险。有研究提示，二手烟暴露诱发的基因突变可能会导致抑癌基因TP53的失活。此外，转录组学研究表明二手烟暴露会引起基因表达的长期变化，持续的转录组效应可能会引起炎症和慢性呼吸系统疾病，最终可能导致肺癌的发生。

（3）表观遗传调控：近年来，大量研究发现表观遗传机制的失调在恶性肿瘤发生发展中起重要作用。二手烟中的致癌物也可能通过表观遗传调控的方式诱导恶性肿瘤的发生。但Tommasi等的研究未发现接受二手烟暴露的小鼠与对照组小鼠的DNA甲基化模式存在明显差异。此外，动物实验表明二手烟暴露并未影响表观遗传调控因子的表达。表观遗传调控在二手烟致癌过程中的作用仍有待进一步研究。

2. 二手烟暴露对恶性肿瘤发生发展的影响

（1）有充分证据说明二手烟暴露可以导致肺癌及二者存在剂量-反应关系：不吸烟者患肺癌的危险因素包括环境因素（二手烟暴露、氡暴露、石棉暴露、空气污染等）和个体易感因素，两者相互影响。其中，二手烟暴露已是国际公认的不吸烟者患肺癌的主要危险因素。国际癌症研究机构（International Agency for Research on Cancer，IARC）在系统归纳针对二手烟暴露与不吸烟者肺癌关系而开展的队列研究、病例对照研究及Meta分析后，认为有充足证据说明二手烟暴露会增加肺癌的发病风险。2006年关于二手烟问题的美国《卫生总监报告》更新了1986年以来二手烟暴露与肺癌的相关证据并得出结论：二手烟暴露会增加终生不吸烟者的肺癌发病风险。

Kim等纳入18篇二手烟与肺癌关系的病例对照研究的原始数据进行汇总分析，共纳入12 688例肺癌病例和14 452例对照，结果显示，在不吸烟人群中二手烟暴露者患肺癌的风险是非暴露者的1.31倍（95% CI：1.17 ～ 1.15）。与无二手烟暴露者相比，暴露于二手烟的不吸烟者患肺癌风险的OR值按照病理类型分类分别是：腺癌1.26（95% CI：1.10 ～ 1.44）、鳞癌1.41（95% CI：0.99 ～ 1.99）、大细胞癌1.48（95% CI 0.89 ～ 2.45）和小细胞癌3.09（95% CI 1.62 ～ 5.89）。

中国关于二手烟暴露与肺癌关系的研究结果与国外研究一致。付忻等纳入1999 ～ 2013年发表的18篇病例对照研究，针对中国不吸烟人群二手烟暴露与肺癌的关系进行Meta分析结果表明，暴露于二手烟的不吸烟者患肺癌的风险是无二手烟暴露者的1.52倍（OR 1.52，95% CI：1.42 ～ 1.64）。来源于家庭及工作环境的二手烟暴露均会增加不吸烟者的患病风险，OR值分别为1.48（95% CI：1.20 ～ 1.82）和1.38（95% CI：1.13 ～ 1.69）。

多项研究表明，二手烟暴露与肺癌之间存在剂量-反应关系。Hackshaw等的Meta分析发现，与丈夫不吸烟者相比，丈夫的吸烟量每增加10支/天，不吸烟女性患肺癌的风险增加23%（95% CI：14% ～ 32%）；二手烟暴露年限每增加10年，不吸烟者患肺癌的风险增加11%（95% CI：4% ～ 17%）。Kurahashi等在日本28 414名从不吸烟女性中进行队列研究同样发现，丈夫吸烟女性患肺腺癌的风险随丈夫每天吸烟量（$P_{trend}=0.02$）及吸烟指数（$P_{trend}=0.03$）的增加而升高。Kim等纳入18篇病例对照研究的原始数据的汇总分析发现，肺癌发病风险随家庭二手烟暴露年限（$P_{trend}<0.001$）及工作场所二手烟暴露年限（$P_{trend}=0.02$）的增加而增加。

（2）有证据提示二手烟暴露可以导致乳腺癌以及二者存在剂量-反应关系：近年来，乳腺癌的发病率呈上升趋势。GLOBOCAN 2020年统计数据显示，女性乳腺癌已经超过肺癌成为最常见的恶性肿瘤。女性主动吸烟率明显低于男性，但是二手烟暴露情况却非常严重，因此明确二手烟暴露与乳腺癌的关联对于乳腺癌预防具有重要意义。

Dossus等在欧洲109 004名女性中进行的队列研究发现，暴露于二手烟的女性发生乳腺癌的风险是无二手烟暴露女性的1.18倍（HR 1.18，95% CI：1.04 ～ 1.35）。Hanaoka等在21 805名日本女性中开展的前瞻性研究发现，二手烟暴露可增加绝经前女性发生乳腺癌的风险（RR 2.6，95% CI：1.3 ～ 5.2），但在绝经后女性中未发现此相关性。Chen等纳入3篇队列研究和48篇病例对照研究进行Meta分析，研究对象覆盖中国17个省份共109 936名女性，结果表明暴露于二手烟的女性发生乳腺癌的风险是无二手烟暴露女性的1.62倍（OR 1.62，95% CI：1.39 ～ 1.85）。同时，该研究还发现丈夫每天吸烟≥20支和＜20支的女性发生乳腺癌的风险分别是无二手烟暴露女性的1.41倍（OR 1.41，95% CI：0.95～2.09）和1.11倍（OR 1.11，95% CI：0.98 ～ 1.25），工作场所每天暴露于二手烟≥300分钟和＜300分钟者发生乳腺癌的风险分别是无暴露者的1.87倍（OR 1.87，95% CI：0.94 ～ 3.72）和1.07倍（OR 1.07，95% CI：0.78 ～ 1.48）。

Li等在25 ～ 70岁中国女性中进行的病例对照研究（病例877例，对照890例）结果提示，二手烟暴露者发生乳腺癌的风险是无二手烟暴露者的1.35倍（OR 1.35，96% CI：1.11 ～ 1.65）；同时二手烟暴露者发生乳腺癌的风险随着丈夫吸烟年数、每天吸烟支数和吸烟指数的升高而增加，其中丈夫吸烟≥26年者发生乳腺癌的风险是无暴露者的1.66倍（OR 1.66，95% CI：1.21 ～ 2.26，$P_{trend}=0.003$），丈夫每天吸烟≥16支者发生乳腺癌的风险是无暴露者的1.56倍（OR 1.56，95% CI：1.17 ～ 2.09，$P_{trend}=0.006$），丈夫吸烟指数≥16包·年者发生乳腺癌的风险是无暴露者的1.61倍（OR 1.61，95% CI：1.17 ～ 2.19，$P_{trend}=0.009$）。

（3）二手烟暴露与其他恶性肿瘤的关系：宫颈癌是另一个严重威胁女性生命健康的恶性肿瘤。近年来，越来越多的研究开始关注二手烟暴露对于女性宫颈癌发病的影响，结论尚不一致。Su等对4项前瞻性队列研究和10项病例对照研究进行Meta分析发现，二手烟暴露女性患宫颈癌的风险是无二手烟暴露女性的1.70倍（OR 1.70，95% CI：1.40 ～ 2.07）。但Roura等在欧洲308 036名女性中开展的队列研究未发现二手烟暴露与女性宫颈癌之间有关联。

此外，有研究提示，二手烟暴露与结直肠癌可能存在关联，但相关证据较少且关联较弱。Yang等纳入6篇病例对照研究和6篇队列研究进行Meta分析发现，二手烟暴露者患结直肠癌的风险是无二手烟暴露者的1.14倍（RR 1.14，95% CI：1.05 ～ 1.24），其中队列研究汇总RR为1.03（95% CI：0.92～1.15），病例对照研究汇总RR为1.30（95% CI：1.15～1.48）。队列研究汇总结果显示二者关联强度较弱，后续仍需开展更多前瞻性研究以进一步证实。

除宫颈癌和结直肠癌外，关于其他恶性肿瘤与二手烟暴露关系的证据仍较少，有待进一步研究。

二手烟暴露难以直接测量剂量、生命早期及儿童青少年时期的二手烟暴露资料难以收集、恶性肿瘤流行病学研究所需随访时间较长等问题给相关研究带来诸多挑战。随着队列资源的积累和二手烟暴露标志物等技术手段的应用，后续研究有望更加全面阐释二手烟暴露与恶性肿瘤的关系。

（孙殿钦　陈万青）

参考文献

[1] Besaratinia A，Pfeifer GP. Second-hand smoke and human lung cancer [J]. Lancet Oncol，2008，9（7）：657-666.

[2] Kim CH，Lee YC，Hung RJ，et al. Exposure to secondhand tobacco smoke and lung cancer by histological type：a pooled analysis of the International Lung Cancer Consortium（ILCCO）[J]. Int J Cancer，2014，135（8）：1918-1930.

[3] Chen C，Huang YB，Liu XO，et al. Active and passive smoking with breast cancer risk for Chinese females：a systematic review and meta-analysis [J]. Chin J Cancer，2014，33（6）：306-316.

[4] Su B，Qin W，Xue F，et al. The relation of passive smoking with cervical cancer：a systematic review and meta-analysis [J]. Medicine，2018，97（46）：e13061.

[5] Yang C，Wang X，Huang CH，et al. Passive smoking and risk of colorectal cancer：a meta-analysis of observational studies [J]. Asia Pac J Public Health，2016，28（5）：394-403.

第三节　二手烟暴露与心脑血管疾病

（一）二手烟暴露影响心脑血管健康的机制

烟草烟雾中的化学成分十分复杂，可鉴定出7000多种有毒有害成分，主要包括尼古丁、一氧化碳、氧化性物质、多环芳烃类和亚硝胺类化合物、金属及放射性物质等。由于侧流烟雾较强的毒性，以及不吸烟者对烟草烟雾的低耐受能力，即使短时间或低水平的二手烟暴露也能显著危害心脑血管健康，并且二手烟暴露与心脑血管疾病发生风险也呈明显的剂量-反应关系。二手烟损害心脑血管健康的机制与主动吸烟类似，主要通过引起血流动力学改变、诱发血管内皮细胞损伤、炎症、氧化应激、脂代谢异常等途径加速动脉粥样硬化或促进血栓形成，进而影响心脑血管健康。

（二）二手烟暴露与冠心病的关系

有充分证据说明二手烟暴露可以导致冠心病。国内外研究人员早期通过横断面研究或病例对照研究，发现二手烟暴露与冠心病患病明显相关，而后通过前瞻性队列研究进一步证实了二手烟暴露与冠心病发病和死亡的关系。英国的一项多中心队列研究以血液中可替宁浓度代表不吸烟者的二手烟暴露水平，结果发现与可替宁浓度最低组相比，第二、三和四分位数组研究对象的冠心病发生风险分别增加45%（RR 1.45，95%CI：1.01 ～ 2.08）、49%（RR 1.49，95%CI：1.03 ～ 2.14）和57%（RR 1.57，95%CI：1.08 ～ 2.28）。美国国民健康与营养调查（National Health and Nutrition Examination Survey，NHANES）也采用血清可替宁浓度代表不吸烟者的二手烟暴露水平，在校正性别、年龄、受教育水平等潜在混杂因素后，发现高暴露者因冠心病死亡的风险是低暴露者的2.47倍（HR 2.47，95% CI：1.04 ～ 5.86）。我国西安开展的一项队列研究经过17年的随访，发现二手烟暴露者冠心病死亡的风险是无二手烟暴露者的2.15倍（RR 2.15，95% CI：1.00 ～ 4.61）。进一步Meta分析也证实，在不吸烟者中，与无二手烟暴露者相比，二手烟暴露者冠心病发病风险显著升高。吸烟与健康权威报告因《卫生总监报告》和《中国吸烟危害健康报告2020》均指出，二手烟暴露可增加不吸烟者的冠心病发病率和死亡率，且存在明显的剂量－反应关系。

（三）二手烟与脑卒中的关系

有证据提示二手烟暴露可以导致脑卒中。此前多项横断面研究及病例对照研究发现，二手烟暴露可能增加不吸烟者脑卒中的患病或死亡风险，且出血性和缺血性脑卒中死亡的风险相似，分别上升10%和12%，这一作用不受性别和是否主动吸烟等因素的影响。国内外前瞻性队列研究结果进一步明确了二手烟暴露与脑卒中发病和死亡的关系。上海一项研究发现，不吸烟女性患脑卒中的风险与其丈夫每天吸烟量密切相关，存在显著的线性趋势：相比丈夫不吸烟的女性，丈夫每天吸烟1 ～ 9支、10 ～ 19支和≥20支的女性患有脑卒中的风险分别上升28%、32%和62%。美国的一项前瞻性队列研究亦发现，在校正年龄、婚姻状况、受教育程度和居住环境等潜在混杂因素后，二手烟暴露女性因脑血管疾病死亡的风险上升24%（RR 1.24，95%CI：1.03 ～ 1.49）。整合了多项前瞻性队列研究的Meta分析结果也证实，在不吸烟者中，与无二手烟暴露者相比，二手烟暴露者脑卒中发病风险约上升22%（RR 1.22，95%CI：1.08 ～ 1.37）。

（四）二手烟与动脉粥样硬化的关系

有证据提示二手烟暴露可以导致动脉粥样硬化，颈动脉内中膜层厚度（intima-media thickness，IMT）是反映颈动脉粥样硬化最早期、常用的无创评价指标。研究表明，二手烟暴露可通过引起颈动脉IMT增加、动脉内皮功能障碍和冠状动脉血流速度增加，导致动脉粥样硬化。一项美国前瞻性队列研究发现，二手烟暴露者的颈动脉IMT较无二手烟暴露者明显增加；另一项研究对1万余名45 ～ 64岁美国居民进行了3年随访，发现在不吸烟人群中，二手烟暴露者IMT增加值比无二手烟暴露者高20%，分别为35.2 μm和29.3 μm，进一步明确二手烟暴露可能导致动脉粥样硬化改变。此外，研究还发现成年人IMT增加与童年期及成年后二手烟暴露史均密切相关（分别为0.180 μm和0.106 μm），童年期二手烟暴露的危害更大。我国相关研究证据多来自于横断面研究，也得到了类似的结论。研究发现，在2型糖尿病患者中，二手烟暴露者的颈总动脉内径更大，发生颈动脉斑块的风险更高（OR 2.20，95% CI：1.20 ～ 4.05）。二手烟暴露者发生颈动脉IMT增厚的风险上升26%，主动脉弓钙化的风险也明显增加。用血清可替宁浓度代表二手烟暴露时，同样发现可替宁较高者颈动脉IMT增厚和内膜平滑度较差，而且血管内皮功能较差。

（五）二手烟与高血压的关系

二手烟与高血压或血压水平的关系已在既往研究中被广泛报道。证据显示二手烟暴露与高血压发病密切相关，且二手烟带来的高血压患病风险近似于直接吸烟的影响。NHANES结果显示，在18～60岁和＞60岁人群中，二手烟暴露者的高血压发病风险分别增加9%和11%。当采用血清中可替宁和尿液中亚硝胺［4-(methylnitrosamino)-1-(3-pyridyl)-1-butanol，NNAL］浓度作为二手烟暴露的标志物时，可发现两者浓度升高均与血压升高有关。韩国的一项研究也发现，相比无二手烟暴露者，二手烟暴露者的高血压患病风险增加16%（OR 1.16，95% CI：1.08～1.24），其中家庭和工作场所二手烟暴露者的高血压患病风险分别增加22%（OR 1.22，95% CI：1.11～1.33）和15%（OR 1.15，95% CI：1.02～1.29）。在我国31个省、市及自治区开展的覆盖逾502万女性的研究发现，在不吸烟女性中，与丈夫不吸烟者相比，丈夫吸烟可导致女性高血压患病风险增加28%（OR 1.28，95% CI：1.27～1.30），且丈夫吸烟年限、每天吸烟量与高血压患病存在明确的剂量－反应关系。研究还发现，绝大多数儿童的二手烟暴露来源于父亲吸烟，出生前后二手烟暴露与儿童高血压患病风险的上升亦显著相关，且此关联在女童中更为明显。目前，二手烟暴露与高血压的研究多为横断面研究，未来仍然需要开展前瞻性队列研究，深入剖析二手烟暴露与高血压发病的关系。

（六）二手烟与其他相关疾病的关系

除上述心脑血管疾病外，既往研究还提示二手烟暴露与其他多种心脑血管疾病发生风险或危险因素的上升有关。有研究报道，在30～80岁人群中，与无二手烟暴露者相比，儿童、青少年或成人阶段任何一个时期存在二手烟暴露者发生心房颤动的风险增加2.81倍，其中仅一阶段、任意两阶段或所有三阶段存在二手烟暴露者发生心房颤动的风险分别增加0.71、1.87和8.14倍。研究还发现，二手烟的暴露与外周动脉疾病的发生显著相关。在从不吸烟女性中，二手烟暴露者比未暴露者发生外周动脉疾病的风险升高67%（OR 1.67，95% CI：1.23～2.16），在暴露量和持续时间上均存在显著的剂量－反应关系。另外，国内外大量研究发现，二手烟暴露者代谢综合征风险明显增加，血脂、血糖、超敏C反应蛋白及载脂蛋白A/I等指标水平显著上升。二手烟暴露还可能影响心脑血管疾病的预后，且存在明显的剂量－反应关系，研究显示二手烟暴露显著增加脑卒中患者的死亡风险；家庭环境二手烟暴露可使心力衰竭患者的死亡风险上升43%。

（刘芳超　阮增良）

参考文献

［1］Dunbar A，Gotsis W，Frishman W. Second-Hand Tobacco Smoke and Cardiovascular Disease Risk：An Epidemiological Review［J］. Cardiol Rev，2013，21（2）：94-100.

［2］Oberg M，Jaakkola MS，Woodward A，et al. Worldwide burden of disease from exposure to second-hand smoke：a retrospective analysis of data from 192 countries［J］. Lancet，2011，377（9760）：139-146.

［3］倪冰莹，姜垣，王燕玲，等. 我国部分省份二手烟暴露及其影响因素研究［J］. 中国慢性病预防与控制，2019，（4）：272-275.

［4］Lv X，Sun J，Bi Y，et al. Risk of all-cause mortality and cardiovascular disease associated with second-

hand smoke exposure：a systematic review and meta-analysis [J]. Int J Cardiol，2015，199：106-115.
[5] Glantz SA，Parmley WW. Passive smoking and heart disease. Mechanisms and risk [J]. JAMA，1995，273（13）：1047-1053.
[6] He Y，Jiang B，Li LS，et al. Secondhand smoke exposure predicted COPD and other tobacco-related mortality in a 17-year cohort study in China [J]. Chest，2012，142（4）：909-918.
[7] Office on Smoking and Health. Publications and Reports of the Surgeon General. The Health Consequences of Involuntary Exposure to Tobacco Smoke：A Report of the Surgeon General [R]. Atlanta（GA）：Centers for Disease Control and Prevention（US），2006.
[8] McGhee SM，Ho SY，Schooling M，et al. Mortality associated with passive smoking in Hong Kong [J]. BMJ，2005，330（7486）：287-288.
[9] Zhang X，Shu XO，Yang G，et al. Association of passive smoking by husbands with prevalence of stroke among Chinese women nonsmokers [J]. American Journal of Epidemiology，2005，161（3）：213-218.
[10] Howard G，Wagenknecht LE，Burke GL，et al. Cigarette smoking and progression of atherosclerosis：The Atherosclerosis Risk in Communities（ARIC）Study [J]. JAMA，1998，279（2）：119-124.
[11] Xu L，Jiang CQ，Lam TH，et al. Passive smoking and aortic arch calcification in older Chinese never smokers：the Guangzhou Biobank Cohort Study [J]. International Journal of Cardiology，2011，148（2）：189-193.
[12] Skipina TM，Soliman EZ，Upadhya B. Association between secondhand smoke exposure and hypertension：nearly as large as smoking [J]. J Hypertens，2020，38（10）：1899-1908.
[13] Yang Y，Liu F，Wang L，et al. Association of Husband Smoking With Wife's Hypertension Status in Over 5 Million Chinese Females Aged 20 to 49 Years [J]. Journal of the American Heart Association，2017，6（3）：e004924.
[14] He Y，Lam TH，Jiang B，et al. Passive smoking and risk of peripheral arterial disease and ischemic stroke in Chinese women who never smoked [J]. Circulation，2008，118（15）：1535-1540.
[15] Lin MP，Ovbiagele B，Markovic D，et al. Association of Secondhand Smoke With Stroke Outcomes [J]. Stroke，2016，47（11）：2828-2835.

第四节 二手烟暴露与糖尿病

（一）概述

糖尿病（diabetes mellitus，DM）是一种以高血糖为特征的慢性代谢紊乱性疾病，主要由胰岛素分泌和/或胰岛素作用缺陷所致，遗传因素、环境因素和自身免疫等共同影响其发生与进展。长期糖类、脂肪及蛋白质代谢紊乱可引起多系统损害，导致DM患者出现心血管、神经、肾等各组织器官的慢性损害、功能障碍甚至衰竭。

（二）二手烟暴露与DM的关系

WHO、国际癌症研究所、美国卫生总署、美国环境保护署、美国加州环境保护署，以及世界各地其他一大批科学和医学机构的专家都证明了二手烟对健康的危害，其中也包括二手烟暴露增加DM的患病风险。

1. 二手烟暴露增加患DM的风险

已有研究系统地评估了被动吸烟与DM风险之间的关系。分析其中纳入的7项异质性较低的关于二手烟暴露与DM风险的研究发现，二手烟暴露者患DM的风险是未暴露的从不吸烟者的1.22倍（RR 1.22，95% CI：1.10 ～ 1.35）。另一项研究对关于二手烟暴露与T2DM风险相关的前瞻性队列研究进行了系统综述和Meta分析，其研究结果也支持暴露于二手烟环境中可使DM的发病风险升高（RR 1.28，95% CI：1.14 ～ 1.44）。在这之后发表的Meta分析研究也得出了一致的结论，进一步支持暴露于二手烟中可增加罹患DM的风险。

2. 二手烟暴露与DM的风险呈剂量-反应关系

研究已证实二手烟暴露可以增加患DM的风险，且二手烟暴露强度与DM风险强度呈剂量-反应关系。对3.7万余名法国女性开展的前瞻性队列研究发现，每天二手烟暴露时间≥4小时者的T2DM的发病风险是无二手烟暴露者的1.36倍（HR 1.36，95% CI：1.07 ～ 1.56），且每天二手烟暴露时间越长，发病风险越高（$P_{trend}=0.002$）。在加拿大女性人群中开展的流行病学调查中也得出了一致的结论：调整年龄、BMI、种族、DM家族史、体力活动等因素后，儿童期及成年期均有家庭二手烟暴露者的T2DM发病风险是无二手烟暴露者的1.25倍（HR 1.25，95% CI：1.11 ～ 1.41），且暴露强度越大、暴露年限越长，T2DM的发病风险越高（$P_{trend}=0.0014$）。韩国的一项横断面研究结果发现，在不吸烟者中，有二手烟暴露史者患DM的风险是无二手烟暴露者的1.29倍（OR 1.29，95% CI：1.07 ～ 1.56，$P=0.0073$）。

（丁　露　肖新华）

参考文献

[1] 世界卫生组织．防止二手烟暴露：政策建议［M］．北京：世界卫生组织出版社，2007：8.

[2] Zheng Y，Ley SH，Hu FB．Global aetiology and epidemiology of type 2 diabetes mellitus and its complications［J］．Nat Rev Endocrinol，2018，14（2）：88-98.

[3] Centers for Disease Control and Prevention．The Health Consequences of Smoking-50 Years of Progress［R］．USA：Department of Health and Human Services，2014.

[4] Oberg M，Jaakkola MS，Woodward A，et al．Worldwide burden of disease from exposure to second-hand smoke：a retrospective analysis of data from 192 countries［J］．Lancet，2011，377（9760）：139-146.

[5] Lajous M，Tondeur L，Fagherazzi G，et al．Childhood and adult secondhand smoke and type 2 diabetes in women［J］．Diabetes Care，2013，36（9）：2720-2725.

[6] Jiang L，Chang J，Ziogas A，et al．Secondhand smoke，obesity，and risk of type Ⅱ diabetes among California teachers［J］．Ann Epidemiol，2019，32：35-42.

[7] Kim JH，Noh J，Choi JW，et al．Association of education and smoking status on risk of diabetes mellitus：a population-based nationwide cross-sectional study［J］．Int J Environ Res Public Health，2017，14（6）：655.

[8] Pan A，Wang Y，Talaei M，et al．Relation of active，passive，and quitting smoking with incident type 2 diabetes：a systematic review and meta-analysis［J］．Lancet Diabetes Endocrinol，2015，3（12）：958-967.

[9] Wang Y，Ji J，Liu YJ，et al．Passive smoking and risk of type 2 diabetes：a meta-analysis of prospective cohort studies［J］．PloS one，2013，8（7）：e69915.

[10] Wei X，E M，Yu S．A meta-analysis of passive smoking and risk of developing Type 2 Diabetes Mellitus

[J]. Diabetes Res Clin Pr, 2015, 107(1): 9-14.
[11] Jamrozik K. Estimate of deaths attributable to passive smoking among UK adults: data-base analysis [J]. BMJ, 2005, 330(7495): 812-815.
[12] Woodward A, Hill S, Blakely T. Deaths caused by second-hand smoke: estimates are consistent [J]. Tobacco Control, 2004, 13: 319-320.
[13] Wigle DT, Collishaw NE, Kirkbride J, et al. Deaths in Canada from lung cancer due to involuntary smoking [J]. Canadian Medical Association Journal, 1987, 136(9): 945-951.
[14] Houston TK, Person SD, Pletcher MJ, et al. Active and passive smoking anddevelopment of glucose intolerance among young adults in a prospective cohort: CARDIA study [J]. BMJ, 2006, 332: 1064-1069.
[15] Hayashino Y, Fukuhara S, Okamura T, et al. A prospective study of passive smoking and risk of diabetes in a cohort of workers: the High-Risk and Population Strategy for Occupational Health Promotion (HIPOP-OHP) study [J]. Diabetes Care, 2008, 31: 732-734.
[16] Zhang L, Curhan GC, Hu FB, et al. Association between passive and active smokingand incident type 2 diabetes in women [J]. Diabetes Care, 2011, 34: 892-897.
[17] Hunt KJ, Hansis-Diarte A, Shipman K, et al. Impact of parental smoking on diabetes, hypertension and the metabolic syndrome in adult men and women in the San Antonio Heart Study [J]. Diabetologia, 2006, 49: 2291-2298.
[18] Kowall B, Rathmann W, Strassburger K, et al. Association of passive and active smoking with incident type 2 diabetes mellitus in the elderly population: the KORA S4/F4 cohort study [J]. Eur J Epidemiol, 2010, 25: 393-402.
[19] Ko KP, Min H, Ahn Y, et al. A prospective study investigating the association between environmental tobacco smoke exposure and the incidence of type 2 diabetes in never smokers [J]. Ann Epidemiol, 2011, 21: 42-47.
[20] Lajous M, Tondeur L, Fagherazzi G, et al. Childhood and adult secondhand smoke and type 2 diabetes in women [J]. Diabetes Care, 2013, 36: 2720-2725.

第五节　二手烟暴露与生殖和发育异常

（一）概述

烟草烟雾中含有多种影响生殖发育的有害物质。一氧化碳是烟草烟雾中浓度最高的有毒物质，暴露于一氧化碳会使胎儿出现慢性组织缺氧，导致胎儿生长受限甚至自然流产。尼古丁对生殖及发育也会造成损害，有研究提示，尼古丁可以直接抑制孕酮的合成；还有研究提示，尼古丁会影响母体通过胎盘向胎儿输送氨基酸的功能。另外，烟草烟雾中含有的多种金属元素，可导致月经周期紊乱、不孕及不良妊娠结局。另有一些多环芳烃类物质可能会导致胎儿畸形及胎儿死亡。

（二）对受孕的影响

二手烟暴露可以导致生育能力的下降。Hull等对英国12 106对夫妇开展的病例对照研究发现，二手烟暴露女性发生延迟妊娠6个月的风险是无二手烟暴露女性的1.17倍（OR 1.17，95% CI：1.02～1.37，$P<0.0001$）。Peppone等研究同样发现，被动吸烟的女性发生妊娠延迟超过1年的风险高于无二手烟暴露的女性（OR 1.34，95% CI：1.12～1.60），且持续二手

烟暴露与女性生育能力下降有关（$P < 0.05$）。

（三）对妊娠和妊娠结局的影响

1. 导致胎儿出生体重降低

低出生体重是指胎儿出生体重<2500g。有研究认为，低出生体重增加婴儿出生后患其他疾病和死亡的风险。也有研究认为，低出生体重是成年后患冠心病、高血压及2型DM等慢性疾病的危险因素之一。

（1）妊娠期存在二手烟暴露的孕妇分娩的胎儿出生体重降低：Salmasi等对76项关于二手烟暴露与妊娠结局的研究进行的Meta分析发现，妊娠期存在二手烟暴露的孕妇分娩的新生儿体重平均下降60g（95% CI：−80 g ～ −39 g）。

（2）妊娠期二手烟暴露的强度越大，分娩的胎儿低体重风险越大：袁晓蓉等对成都市2010名产妇进行队列研究发现，分娩低出生体重儿的风险随着妊娠期二手烟暴露量的增加而增加（$P < 0.001$）。国外Mainous等相关研究也发现孕妇在妊娠期手烟暴露的强度越大，其分娩的新生儿发生低出生体重比例越高。

（3）妊娠期被动吸烟的时间越长，分娩的胎儿低出生体重风险越大：韩松等在沈阳地区2249名不吸烟的产妇中进行的病例对照研究发现，妊娠期存在二手烟暴露的孕妇分娩低出生体重儿的风险为无二手烟暴露者的3.176倍。研究还发现，胎儿低出生体重的发病风险随母亲妊娠期二手烟暴露的时间增加而增高（$P < 0.01$），二手烟暴露时间平均每周少于1天、每周1 ～ 3天、每周3天以上的孕妇分娩低出生体重儿的风险分别为无二手烟暴露者的1.64倍（95% CI：0.95 ～ 2.82）、3.65倍（95% CI：2.34 ～ 5.69）和4.45倍（95% CI：2.74 ～ 7.23）。

2. 导致早产

国内外研究发现，妊娠期二手烟暴露可增加发生早产的风险。另外，Ahluwalia等在美国17 412名孕妇中进行的队列研究，也表明妊娠期二手烟暴露可增加发生早产的风险。该研究还发现，在30岁以上的孕妇中，妊娠期存在二手烟暴露的孕妇发生早产的风险为无暴露组的1.88倍（OR 1.88，95% CI：1.22 ～ 2.88），而30岁以下孕妇中并未发现二手烟暴露与早产有关，该研究提示二手烟暴露对早产的影响可能与孕妇年龄有关。

3. 导致自然流产

国外研究发现，妊娠期每天暴露于二手烟≥1小时的孕妇发生自然流产的风险是无二手烟暴露者的1.5倍（OR 1.5，95% CI：1.2 ～ 1.9）。

（四）对勃起功能和精子质量的影响

二手烟暴露会通过过度的阴茎活性氧信号和诱导一氧化氮合酶活性降低损害勃起功能。长期二手烟暴露导致海绵体内皮细胞损害，影响海绵体释放一氧化氮，导致男性勃起功能障碍。还有研究结果表明，二手烟暴露可能损害神经源性和内皮依赖性的海绵体平滑肌松弛，导致勃起功能障碍。

另有研究发现，从出生开始一直到性成熟，将小鼠暴露在高剂量的二手烟中，会导致雄性生殖腺的各种相互关联的改变，包括体重减轻、睾丸的组织病理学改变和精子的形态学异常。表明男性暴露于二手烟可能会影响精子活力和受精率。

（五）婴儿猝死综合征

有多项关于婴儿猝死综合征（sudden infant death syndrome，SIDS）病例和健康婴儿开展的病例对照研究，证实二手烟暴露可以导致SIDS。Klonoff-Cohen等研究发现，出生后有二手烟暴露的婴儿发生SIDS的风险为无二手烟暴露婴儿的3.50倍（OR 3.50，95% CI：1.81 ～ 6.75）。若婴儿与吸烟者在同一房间内居住，则发生SIDS的风险更大。与吸烟的母亲或父亲同居一室的婴儿发生SIDS的风险分别为无二手烟暴露婴儿的4.62倍和8.49倍，与吸烟的其他家庭成员同居一室的婴儿发生SIDS的风险为无二手烟暴露婴儿的4.99倍。此外，吸烟的家庭成员越多、家庭成员在家中的吸烟量越大，婴儿发生SIDS的风险也越高。

（六）先天畸形

研究提示，孕妇妊娠期二手烟暴露导致新生儿发生出生缺陷的风险增高。修新红等在青岛市77 231名婴儿中开展的一项病例对照研究发现，妊娠期二手烟暴露的孕妇生出先天缺陷新生儿的比例明显高于无二手烟暴露者（13.1% *vs.* 2.5%，$P < 0.05$）。研究较多的为妊娠期二手烟暴露导致新生儿神经管缺陷和唇腭裂。

（七）神经管缺陷

Suarez等在墨西哥裔美国女性中开展的一项基于人群的病例对照研究显示，在妊娠初期（前3个月）存在二手烟暴露的不吸烟孕妇生育的新生儿发生神经管缺陷（neural tube defect，NTD）的风险是无二手烟暴露孕妇的2.6倍（OR 2.6，95% CI：1.6 ～ 4.0）。国内开展的研究也有类似结论。李智文等开展了一项女性妊娠前后二手烟暴露与新生儿NTD关系的病例对照研究，研究发现，妊娠期二手烟暴露的女性生育NTD婴儿的风险是无二手烟暴露妇女的1.84倍（OR 1.84，95% CI：1.39 ～ 2.44）。研究还发现，婴儿发生NTD的风险随母亲在妊娠期二手烟暴露时间的增加而增高。

（八）唇腭裂

Leite等在巴西274例唇腭裂患儿和548例正常婴儿中开展了一项唇腭裂发生危险因素的病例对照研究，结果显示，妊娠期二手烟暴露的孕妇生育唇腭裂新生儿的风险是无二手烟暴露孕妇的1.39倍（OR 1.39，95% CI：1.01 ～ 1.98）。国内Li等在山西地区开展的妊娠期二手烟暴露与唇腭裂发生关系的病例对照研究发现，妊娠期二手烟暴露的孕妇生育唇腭裂新生儿的风险是无二手烟暴露孕妇的2.0倍（OR 2.0，95% CI：1.2 ～ 3.4），研究还发现，孕妇在妊娠期二手烟暴露时间越长，出生唇腭裂新生儿的风险越大。

（九）对儿童认知、行为和体格发育的影响

1. 二手烟暴露可以导致儿童发生认知功能下降

儿童的认知功能受父母受教育程度、家庭婚姻状况、经济状况、儿童性别等多种因素影响，但同时与是否遭受二手烟暴露有着密切关系。Yolton等对美国4399名6 ～ 16岁的不吸烟儿童开展了一项关于二手烟暴露对儿童认知功能影响的横断面研究，以血清可替宁含量判断二手烟暴露情况。结果发现，血清中可替宁含量越高（提示二手烟暴露量越大），儿童的阅读测验（$P = 0.001$）、数学测验（$P = 0.01$）和拼图测验（$P < 0.001$）得分越低。研究还发现，即使二手烟暴露水平较低，儿童的认知功能也较无暴露儿童有所下降。

2. 二手烟暴露可以导致儿童发生行为障碍

Kabir等基于2007年全美儿童健康调查的数据，筛选出55 358名12岁以下有家庭二手烟暴露相关信息的儿童为对象开展的研究发现，存在家庭二手烟暴露的儿童发生两种以上神经行为疾病（注意缺陷多动障碍、学习能力障碍等）的风险是无二手烟暴露儿童的1.5倍（OR 1.50，95% CI：1.23 ～ 1.84）。

3. 二手烟暴露可以导致儿童发生体格发育不良

国内开展的关于二手烟暴露对儿童体格发育影响的研究，多数认为二手烟暴露对儿童的体格发育有不良影响。宿庄等对404名2 ～ 7岁的蒙古族儿童的健康资料进行分析，发现存在二手烟暴露的儿童的身高和体重均低于无二手烟暴露的儿童（$P < 0.002$）。国外研究也有类似发现，Rona等在英格兰和苏格兰地区的5903名儿童中开展的一项关于家庭二手烟暴露对儿童体格发育影响的研究发现，父母吸烟造成的家庭二手烟暴露可能会导致儿童身高发育不良。

（袁亚军）

参考文献

[1] 杨功焕，2010全球成人烟草调查-中国报告［M］. 北京：中国三峡出版社，2011.

[2] Phillips DI，Walker BR，Reynolds RM，et al. Low Birth Weight Predicts Elevated Plasma Cortisol Concentrations in Adults From 3 Populations［J］. Hypertension，2000，35（6）：1301-1306.

[3] Salmasi G，Grady R，Jones J，et al. Environmental tobacco smoke exposure and perinatal outcomes：a systematic review and meta-analyses［J］. Acta Obstet Gynecol Scand，2010，89（4）：423-441.

[4] Ahluwalia JB，Grummer SL，Scanion KS. Exposure to environmental tobacco smoke and birth outcome：increased effects on pregnant women aged 30 years or older［J］. Am J Epidemiol，1997，146（1）：42-47.

[5] Gmez SS，Utkan T，Duman C，et al. Secondhand tobacco smoke impairs neurogenic and endothelium-dependent relaxation of rabbit corpus cavernosum smooth muscle：improvement with chronic oral administration of L-arginine［J］. Int J Impot Res，2005，17（5）：437-444.

[6] La Maestra S，S De Flora，Micale KT. Does second-hand smoke affect semen quality?［J］. Arch Toxicol，2014，88（6）：1187-1188.

[7] Klonoff-Cohen HS，Edelstein SL，Lefkowitz ES，et al. The effect of passive smoking and tobacco exposure through breast milk on sudden infant death syndrome［J］. JAMA，1995，273（10）：795-798.

[8] Leite IC，Koifman S. Oral clefts，consanguinity，parental tobacco and alcohol use：a case-control study in Rio de Janeiro，Brazil［J］. Braz Oral Res，2009，23（1）：31-37.

[9] Li Z，Liu J，Ye R，et al. Maternal passive smoking and risk of cleft lip with or without cleft palate［J］. Epidemiology，2010，21（2）：240-242.

[10] Yolton K，Dietrich K，Auinger P，et al. Exposure to Environmental Tobacco Smoke and Cognitive Abilities among U. S. Children and Adolescents［J］. Environ Health Perspect，2005，113（1）：98-103.

[11] Kabir Z，Connolly GN，Alpert HR. Secondhand smoke exposure and neurobehavioral disorders among children in the United States［J］. Pediatrics，2011，128（2）：263-270.

第六节　二手烟暴露与其他疾病

一、二手烟暴露与消化系统疾病

（一）二手烟暴露与炎症性肠病密切相关

研究显示二手烟暴露与克罗恩病的发生、发展显著相关，且两者存在剂量-反应关系，同时有二手烟暴露史的克罗恩病患者预后欠佳。二手烟暴露是克罗恩病患者肠道手术的独立危险因素，并显著增加克罗恩病并发结直肠肿瘤的风险。溃疡性结肠炎中有二手烟暴露史的患者更易出现原发性硬化性胆管炎等肠外表现。动物实验发现，二手烟暴露通过促进肠道中性粒细胞等炎症细胞浸润，增加氧自由基的产生，造成肠道组织损伤。

（二）二手烟暴露增加非酒精性脂肪性肝病的风险

有证据表明，二手烟暴露可以显著增加罹患非酒精性脂肪性肝病（non-alcoholic fatty liver disease，NAFLD）的风险。暴露于二手烟的小鼠肝病理学表现为肝小叶炎症、胶原蛋白沉积、糖原含量减少，以及肝细胞坏死、凋亡增加、脂肪变性等；二手烟暴露通过调控肝细胞中腺苷一磷酸（adenosine monophosphate，AMP）活化的蛋白激酶（AMP-activated protein kinase，AMPK）的去磷酸化，诱导固醇调节元件结合蛋白（sterol regulatory element binding protein，SREBP）激活增加，促进肝脂质合成。

二、二手烟暴露与肾疾病

二手烟暴露促进慢性肾病的进展。二手烟中的有害物质如尼古丁、铅、镉、丙烯醛等可引起肾功能损伤，促进慢性肾病（chronic kidney disease，CKD）的进展。二手烟暴露可能通过诱导促纤维化细胞因子（如TGF-β）和细胞外基质中纤连蛋白的表达增加，导致肾小球硬化、肾小管间质纤维化，以及肾小球系膜明显扩张，促进CKD的进展。

有证据表明二手烟暴露与CKD的较高患病率以及CKD的进展有关。Abiodun O等对美国366名CKD儿童调查研究发现二手烟暴露是肾病范围蛋白尿（尿蛋白/肌酐比值≥2.0）的独立危险因素，同时二手烟暴露也是儿童CKD进展的重要因素。Marjolein NK等对荷兰5622名学龄儿童研究发现，孕妇妊娠期间持续吸烟与儿童肾体积较小和估算肾小球滤过率（estimated glomerular filtration rate，eGFR）降低有关。国内临床证据显示，二手烟暴露增加2型DM患者罹患CKD的风险，其中女性2型DM患者发生蛋白尿风险显著升高。

三、二手烟暴露与骨病

（一）二手烟暴露降低骨密度，与骨质疏松症的发生发展有关

研究表明二手烟暴露显著降低指骨骨密度，且两者呈负相关。二手烟暴露增加绝经后女性腰椎和股骨颈骨质疏松症的发生率。

（二）二手烟暴露影响骨折愈合

动物研究表明二手烟暴露可能通过抑制骨形成并促进骨吸收，影响骨转换，同时削弱股

骨远端和骨干的生物力学特性，增加骨折的风险。二手烟中的尼古丁、焦油等通过降低骨骼成熟度、骨密度和机械抵抗力，导致骨折愈合延迟。

四、二手烟暴露与牙周病

二手烟暴露危害不吸烟者的口腔健康，促进牙周病的发生发展。二手烟暴露是牙周炎的独立危险因素。二手烟暴露可增强唾液多形核白细胞的吞噬活性，增加牙周组织促炎细胞因子水平，促进龈沟液中促炎症蛋白质的表达，从而加重牙周组织炎症。二手烟暴露者唾液促炎标志物如白介素-1β、谷草转氨酶和乳铁蛋白水平升高，增加牙周炎进展的风险。研究显示，每周暴露于二手烟1～25小时，重度牙周炎患病率增加29%（95% CI 1.0～1.7），同时，每周二手烟暴露26小时以上，重度牙周炎患病率是未暴露者的2倍（95% CI：1.2～3.4）。

五、二手烟暴露与痴呆

（一）二手烟暴露是痴呆等认知功能障碍的重要危险因素

有充分证据说明二手烟暴露增加痴呆等认知功能障碍的患病风险。David JL等通过测量4809名英国人群唾液可替宁水平并对其二手烟暴露情况进行量化分层分析，结果表明在不吸烟的成年人中二手烟暴露与认知功能障碍的发病率增加有关。Deborah EB等对美国970名老年人群研究发现，有25年及以上二手烟暴露史且颈动脉25%狭窄的老年人患痴呆症的风险增加约3倍。

我国人群研究数据显示家庭二手烟暴露显著增加痴呆和阿尔茨海默病的患病风险，并且风险增加与累积暴露剂量之间存在剂量-反应关系。而接触二手烟的女性认知功能下降速度显著加快，尤其是整体认知功能（β −0.33，95% CI：−0.66～−0.01）、视觉空间能力（β −0.04，95% CI：−0.08～−0.01）和情节记忆功能（β −0.16，95% CI：−0.31～−0.01）。

（二）二手烟暴露增加痴呆等认知功能障碍风险的生物学机制

多项研究表明二手烟暴露增加痴呆等认知功能障碍风险的生物学机制涉及多个方面，主要包括：二手烟暴露增加血小板的凝集作用，导致内皮功能障碍，同时降低β-淀粉样蛋白跨血脑屏障的清除能力，进而促进认知功能障碍的发生；二手烟暴露导致小鼠海马及前额叶皮质的氧化应激失衡和p38MAPK促炎反应激活增强，导致认知功能障碍。另外，二手烟暴露通过增加罹患心血管疾病的风险，促进痴呆等认知功能障碍的发生风险。

六、二手烟暴露与眼部疾病

（一）二手烟暴露与眼表疾病

角膜上皮不断暴露于环境空气中，尤其容易受到包括二手烟在内的环境污染的影响。二手烟暴露诱导角膜上皮慢性炎症，影响角膜上皮愈合。研究表明二手烟中的尼古丁等可导致角膜损伤后中性粒细胞蓄积、增加促炎细胞因子如白介素-1α的产生，以及降解细胞外基质中对角膜上皮细胞黏附迁移有重要作用的纤连蛋白，从而导致角膜损伤后再上皮化及愈合的延迟。二手烟暴露通过抑制角膜上皮细胞的肌动蛋白重组、激活黏着斑分子形成黏着斑复合物和激活Rho-GTP酶类，影响角膜上皮细胞迁移，从而导致角膜伤口愈合障碍。短暂二手烟暴露中尼古丁、一氧化碳、丙烯醛等可通过增加泪液促炎细胞因子及脂质过氧化产物，降低黏膜防御力，导致泪液不稳定和眼表上皮细胞损伤，从而对眼表健康产生不良影响。

（二）二手烟暴露与年龄相关性黄斑变性

研究表明二手烟暴露增加非吸烟者患年龄相关性黄斑变性（age-related macular degeneration，AMD）的风险。二手烟中的一氧化碳、尼古丁等可导致眼液中循环微小RNA（miRNA）发生显著变化，激活的途径包括IL-17A、VEGF以及嗜酸性粒细胞、Th2细胞和巨噬细胞的募集等信号通路，这些激活途径参与AMD的发病机制。体外试验表明，二手烟的侧流烟雾可导致脉络膜视网膜内皮细胞活力下降、胶原蛋白交联酶Lox表达受抑以及基底膜结构异常，这在早期AMD脉络膜毛细血管功能障碍中起重要作用。

（三）二手烟暴露与屈光不正

研究数据显示，出生至半岁前二手烟暴露可增加儿童3岁时早发近视的风险。对中国学龄前儿童的调查发现，儿童散光与孕妇妊娠期间及儿童3岁前二手烟暴露有关，且发生散光的风险与二手烟暴露呈剂量-反应关系。

七、二手烟暴露与健康状况下降

（一）二手烟暴露加速衰老

Liya Lu等纳入1303名苏格兰非吸烟成年人的横断面研究发现，暴露于二手烟的非吸烟者的白细胞端粒长度随年龄增长迅速下降，表明二手烟暴露可能加速细胞的生物学衰老过程。二手烟暴露通过降低皮肤乳头状真皮中的胶原蛋白含量，影响皮肤外观并加速皮肤衰老。

（二）二手烟暴露影响机体生理、生化功能及代谢平衡

二手烟暴露导致儿童生理功能改变，表现为抗氧化剂如维生素C、维生素E、β胡萝卜素和叶酸的血浆水平降低，以及血浆促氧化剂水平增高。氧化-抗氧化失衡导致炎症细胞如中性粒细胞浸润，促进机体炎症反应，从而影响儿童生理功能。动物研究发现，二手烟暴露导致体内脂质分布失衡，其血浆高密度脂蛋白水平降低，高密度脂蛋白与低密度脂蛋白、甘油三酯以及总胆固醇的比值降低，从而导致脂质在肝、心脏和主动脉血管中积聚。

另外，二手烟暴露导致非吸烟者出现背部、腹部、关节和头部频繁疼痛的可能性增加，且两者存在剂量-反应关系。同时二手烟暴露与睡眠不足有关。

（齐　咏）

参考文献

[1] van Der Sloot KWJ，Tiems JL，Visschedijk MC，et al. Cigarette smoke increases risk for colorectal neoplasia in inflammatory bowel disease [J]. Clinical Gastroenterology and Hepatology，2021，S1542-3565（21）：00018-5.

[2] Guo X，Wang WP，Ko JK，et al. Involvement of neutrophils and free radicals in the potentiating effects of passive cigarette smoking on inflammatory bowel disease in rats [J]. Gastroenterology，1999，117（4）：884-892.

[3] Rezayat AA, Moghadam MD, Nour MG, et al. Association between smoking and non-alcoholic fatty liver disease: A systematic review and meta-analysis [J]. SAGE Open Medicine, 2018, 6: 2050312117745223.
[4] Tommasi S, Yoon JI, Besaratinia A. Secondhand Smoke Induces Liver Steatosis through Deregulation of Genes Involved in Hepatic Lipid Metabolism [J]. International journal of molecular sciences, 2020, 14, 21 (4): 1296–1317.
[5] Yuan H, Shyy JY, Martins GM. Second-hand smoke stimulates lipid accumulation in the liver by modulating AMPK and SREBP-1 [J]. Journal of Hepatology, 2009, 51 (3): 535–547.
[6] Jhee JH, Joo YS, Kee YK, et al. Secondhand Smoke and CKD [J]. Clinical journal of the American Society of Nephrology, 2019, 14 (4): 515–522.
[7] Boor P, Casper S, Celec P, et al. Renal, vascular and cardiac fibrosis in rats exposed to passive smoking and industrial dust fibre amosite [J]. Journal of Cellular and Molecular Medicine, 2009, 13 (11-12): 4484–4491.
[8] Obert DM, Hua P, Pilkerton M, et al. Environmental tobacco smoke furthers progression of diabetic nephropathy [J]. The American journal of the medical sciences, 2011, 341 (2): 126–130.
[9] Holmberg T, Bech M, Curtis T, et al. Association between passive smoking in adulthood and phalangeal bone mineral density: results from the KRAM study—the Danish Health Examination Survey 2007-2008 [J]. Osteoporos International, 2011, 22 (12): 2989–2999.
[10] Kim KH, Lee CM, Park SM, et al. Secondhand smoke exposure and osteoporosis in never-smoking postmenopausal women: the Fourth Korea National Health and Nutrition Examination Survey [J]. Osteoporos International, 2013, 24 (2): 523–532.
[11] Gao SG, Liu H, Li KH, et al. Effect of Epimedium pubescen flavonoid on bone mineral density and biomechanical properties of femoral distal end and femoral diaphysis of passively smoking male rats [J]. Journal of Orthopaedic Science, 2012, 17 (3): 281–288.
[12] Santiago HA, Zamarioli A, Sousa Neto MD, et al. Exposure to Secondhand Smoke Impairs Fracture Healing in Rats [J]. Clinical Orthopaedics and Related Research, 2017, 475 (3): 894–902.
[13] Sanders AE, Slade GD, Beck JD, et al. Secondhand smoke and periodontal disease: atherosclerosis risk in communities study [J]. American Journal of Public Health, 2011, 101 Suppl 1 (Suppl 1): S339–S346.
[14] Javed F, Bashir Ahmed H, Romanos GE. Association between environmental tobacco smoke and periodontal disease: A systematic review [J]. Environmental Research, 2014, 133: 117–122.
[15] Nishida N, Yamamoto Y, Tanaka M, et al. Association between passive smoking and salivary markers related to periodontitis [J]. Journal of Clinical Periodontology. 2006, 33 (10): 717–723.

第七节 二手烟对青少年健康的危害

（一）概述

吸烟是目前世界上导致过早死亡的主要可预防因素，全世界每年约有600万人死于与烟草相关疾病。烟草使用在未来几十年仍然是一个重要的公共卫生问题，特别是在低收入和中等收入国家。据估计，目前超过40%的15岁以下青少年可在日常生活中接触到烟草烟雾，约90%的吸烟者是在18岁前开始吸烟，平均每天有近10万年轻人开始吸烟。青少年接触二手烟对健康造成的危害同样不容忽视。2004年有60.3万人死于二手烟，约占全球死亡率的1.0%，其中有28%发生在未成年人群身上，由此造成的失能调整生命年（disability-adjusted life-year，DALY）占全部由二手烟导致的DALY的61%。根据1999～2005年全球青少年烟草调查数据，在131个国家中，44.1%的13～15岁青少年在家中接触过二手烟，54.2%的青少年在公共场所接触过二手烟。主动吸烟及被动吸烟造成的不良后果贯穿人类整个生命周期，甚至从妊娠前开始，一直持续到老年，是全年龄段疾病的主要病因。

（二）二手烟暴露对青少年呼吸系统的危害

1. 二手烟暴露会增加青少年支气管哮喘的风险及严重程度

少年儿童接触环境烟草烟雾，特别是母亲吸烟，是支气管哮喘发生的一个重要危险因素，二手烟暴露的青少年患支气管哮喘的风险比未暴露于二手烟者高23%；从另一方面看，在已经患有支气管哮喘的患儿中，二手烟暴露也与更严重的疾病有关。有研究发现，在父母大量吸烟的家庭中，每5个孩子就有一个无法良好控制支气管哮喘，而在父母不吸烟的家庭中，这一比例仅为3%。这些青少年的气道高反应性使他们更容易受到烟草烟雾等环境污染物的影响，这些污染物会增加气道炎症、支气管分泌物和气流受限，所以暴露于二手烟的青少年可能会出现更严重的呼吸系统症状。但是当青少年停止二手烟暴露后，相应的支气管哮喘治疗也会有所改善。

2. 二手烟暴露的青少年肺功能下降

在8～17岁的青少年中，环境烟草烟雾与肺功能降低以及更高的自我报告呼吸道症状和呼吸道感染的频率有关，二手烟暴露者的FEV_1和用力肺活量水平分别比非二手烟暴露者低6.8ml和14.1ml。而6～18岁的健康人群中，无论是母亲还是父亲吸烟都对其肺功能有决定性的影响，用力呼气流量减少的风险增加30%～60%，阻塞则主要发生于远端气道。

3. 二手烟暴露还会增加其他呼吸道疾病的风险和严重程度

与生活在无烟环境中的5～14岁青少年相比，二手烟暴露者患上、下呼吸道感染的风险分别高3倍和2倍。我国研究显示，在家中接触烟草烟雾的青少年夜间打喷嚏和咳嗽的次数增加。一项针对15岁以下因流感住院的青少年的研究发现，有二手烟暴露史的青少年入住ICU的可能性是对照组的4.7倍，同时住院时间延长了70%。另外据研究，二手烟暴露与青少年肺结核风险增加有关，其患活动性结核病的概率比未暴露于二手烟的青少年高3倍。

（三）二手烟暴露对青少年其他系统危害

1. 父母吸烟会增加青少年患耳、鼻和咽喉部各种疾病的风险

这些疾病包括急性中耳炎、复发性中耳炎和慢性中耳积液，可能由于烟草烟雾对宿主防御机制的直接影响所致。通过分析2007～2008年美国全国儿童健康调查数据，发现6岁以上儿童及青少年的二手烟暴露与反复耳部感染之间存在关联，其中6～11岁的调整OR值为1.48，12～17岁的调整OR值为1.67。而暴露于二手烟的人群因复发扁桃体炎而接受扁桃体切除术的概率是未暴露者的2倍多。

2. 二手烟暴露会增加青少年精神心理疾病风险

来自美国全国儿童健康调查的数据分析发现，在家中暴露于二手烟会增加那些年龄较小的青少年患注意缺陷多动障碍、学习障碍或品行障碍的风险，与未接触二手烟的青少年相

比，在家中暴露于二手烟的青少年患两种及以上种神经行为障碍的概率增加了50%。

3. 二手烟暴露可能增加青少年心血管疾病负担

有研究显示，在8～13岁每年测量血清可替宁浓度，在二手烟暴露最高的一组人群中，颈动脉内膜中层厚度较大，肱动脉血流介导的舒张功能较低，载脂蛋白B水平也会升高。二手烟暴露对青少年颈动脉内膜的影响也会持续到成年之后。有研究利用芬兰青年心血管风险研究和澳大利亚成人健康童年决定因素研究的汇集数据，对3416名儿童进行了父母吸烟情况的评估，并在21～28年后的成年期对颈动脉内膜厚度进行了评估。如果父母双方都吸烟，孩子成年后的颈动脉内膜中层厚度更大。因而，必须继续努力减少成年人吸烟及青少年二手烟暴露，以保护青少年并减轻整个人口的心血管疾病负担。

4. 二手烟暴露对青少年胰腺炎患病率也有影响

二手烟暴露可能增加儿童胰腺炎的住院率和住院时间，直接室内二手烟暴露的受试者住院概率和住院时间明显高于室外暴露或不暴露的受试者。

5. 二手烟暴露的青少年，除支气管哮喘外的其他变态反应性疾病如变应性鼻炎及急性、慢性湿疹等疾病的发生率也明显增加

家庭中暴露于二手烟的青少年，湿疹的发生率高达无家庭二手烟暴露者的2～3倍，其中≤3岁婴幼儿中尤其显著，甚至高达5.8倍，这可能与婴幼儿免疫系统更易被损伤有关。

6. 目前已经存在儿童癌症和二手烟暴露之间存在关联的证据

在家里有二手烟暴露的10岁以下儿童的血液中会检测到烟草特有的致癌物，但是与此对应的关于青少年的研究证据尚不充分。

（四）二手烟暴露与青少年烟草依赖的关联

在父母吸烟的家庭中，青少年更易主动接触烟草，并形成烟草依赖。烟草依赖几乎总是在成年之前形成，儿童的主动吸烟从尝试吸烟开始，发展到经常吸烟及成瘾，即烟草依赖。在每天吸烟的成年人中，88%的吸烟者第一次使用烟草的时间发生在18岁前，99%的吸烟者第一次使用烟草是在26岁之前。烟草依赖形成得很早，并推动了从偶尔吸烟到日常吸烟的发展。青少年处于发育阶段，他们特别容易受到社会和环境的影响而吸烟，并将这一习惯持续到成年时期。

（五）让青少年远离烟草暴露

父母吸烟是青少年烟草暴露的主要来源，解除父母或照顾者对烟草的依赖，对保护青少年健康至关重要。在一项针对有烟草烟雾暴露的支气管哮喘患儿的临床研究发现，大多数吸烟的儿童照顾者都有兴趣戒烟（61.3%）或者考虑让孩子远离烟雾暴露的地方（72.7%）。根据美国公共卫生服务部发起的治疗烟草使用和依赖的循证指南，戒烟咨询和戒烟药物单独用于治疗烟草依赖有效，两者结合比单独使用任何一种方法都更有效。因此，临床医师应该鼓励所有试图戒烟的成年人同时使用戒烟咨询和戒烟药物治疗。

明确烟草烟雾对青少年健康的危害对公共卫生和临床医学都具有重要意义。二手烟暴露和主动吸烟是各系统多种急、慢性疾病的重要危险因素，但均可以很好地预防。从婴儿出生的那一刻起，幼小的身体即应该得到更好的照护和有利的生长发育环境，若不能有效地保护他们免受二手烟的危害，这一权利就无法实现。我国除发布《公共场所控制吸烟条例（草

案)》外，也已在2015年5月宣布提高烟草税和价格，这是对减少烟草消费最具影响力的政策措施。通过增加有效的公共卫生和临床干预措施，减少二手烟暴露，可以有效改善青少年的健康状况。

（尚　愚　王　雪）

参考文献

[1] Machii R, Saika K. Mortality attributable to tobacco by region based on the WHO Global Report [J]. Jpn J Clin Oncol, 2012, 42 (5): 464-465.

[2] Oberg M, Jaakkola M, Woodward A, et al. Worldwide burden of disease from exposure to second-hand smoke: a retrospective analysis of data from 192 countries [J]. Lancet, 2011, 377 (9760): 139-146.

[3] Warren CW, Jones NR, Eriksen MP, et al. Patterns of global tobacco use in young people and implications for future chronic disease burden in adults [J]. Lancet, 2006, 367 (9512): 749-753.

[4] Rosewich M, Schulze J, Eickmeier O, et al. Early impact of smoking on lung function, health, and well-being in adolescents [J]. Pediatr Pulmonol, 2012, 47 (7): 692-699.

[5] Mohtashamipur E, Mohtashamipur A, Germann P, et al. Comparative carcinogenicity of cigarette mainstream and sidestream smoke condensates on the mouse skin [J]. J Cancer Res Clin Oncol, 1990, 116 (6): 604-608.

[6] Chatzimicael A, Tsalkidis A, Cassimos D, et al. Effect of passive smoking on lung function and respiratory infection [J]. Indian J Pediatr, 2008, 75 (4): 335-340.

[7] Patra J, Bhatia M, Suraweera W, et al. Exposure to second-hand smoke and the risk of tuberculosis in children and adults: a systematic review and meta-analysis of 18 observational studies [J]. PLoS Med, 2015, 12 (6): e1001835.

[8] Strachan D, Cook D. Health effects of passive smoking. 4. Parental smoking, middle ear disease and adenotonsillectomy in children [J]. Thorax, 1998, 53 (1): 50-56.

[9] Kabir Z, Connolly G, Alpert H. Secondhand smoke exposure and neurobehavioral disorders among children in the United States [J]. Pediatrics, 2011, 128 (2): 263-270.

[10] Kallio K, Jokinen E, Saarinen M, et al. Arterial intima-media thickness, endothelial function, and apolipoproteins in adolescents frequently exposed to tobacco smoke [J]. Circ Cardiovasc Qual Outcomes, 2010, 3 (2): 196-203.

[11] Callahan LP. Electronic cigarettes: human health effects [J]. Tob Control, 2014, 23 (Suppl 2): ii36-ii40.

第七章

戒烟的益处

第一节　戒烟的总体健康获益

（一）概述

烟草流行是世界有史以来面临的最大公共卫生威胁之一，2017年约有800多万人死于烟草相关疾病。其中700多万人死于直接吸烟，约100多万人死于二手烟暴露。即使在烟草使用率开始下降之后，每年的死亡人数仍可能保持增长，因为烟草相关疾病的影响需要一段时间才能显现。如果不能改善目前烟草使用现状，21世纪烟草将杀死大约10亿人口，主要分布在中低收入国家，其中一半的死亡将发生在70岁之前。

为更有效地实施控烟，WHO于2008年提出了6项“MPOWER”措施：监测烟草使用与评估政策，保护人们免受烟草烟雾危害，提供戒烟帮助，警示烟草危害，禁止烟草广告、促销和赞助，提高烟税。目前已有136个国家，覆盖50亿人口，至少实施了一项MPOWER政策干预措施，以减少烟草需求。我国是烟草使用大国，15岁以上人群烟草使用率为27.7%。为降低烟草对我国人民健康的影响，根据《健康中国行动（2019—2030年）》规划，我国将通过一系列控烟措施，到2030将15岁以上人群烟草使用率下降到20%。

烟草引起的死亡率增长缓慢，相比之下戒烟对死亡率下降的影响则出现得更快。在40岁之前戒烟，将有效地使烟草相关的疾病死亡风险下降超过90%，即使在50岁时戒烟，也将使烟草相关的死亡风险下降超过50%。1998年中国香港开展了旨在分析烟草与相关疾病死亡率关系的LIMOR研究，在35～69岁年龄组中，与现在吸烟者相比较，已戒烟0～4年、戒烟5～9年、戒烟10年以上组，随着戒烟时间越长，烟草相关疾病死亡率越低。戒烟时年龄较低组（25～44岁）比戒烟时年龄较高组（45～64岁）烟草相关疾病死亡率更低。

在宏观人群层面上，Michael VM等应用数学模型推算，如果在2037年将美国明尼苏达州的吸烟率控制到5%，将减少12 298例癌症，减少72 208例心血管疾病和糖尿病住院，减少31 913例呼吸系统疾病住院，减少14 063例吸烟导致的死亡。少量吸烟也可以增加死亡率。同样的，对于少量吸烟者而言，及早戒烟也可以带来收益。美国290 215名成人的前瞻性队列研究表明，对于吸卷烟少于1支/天及1～10支/天的人群，不同的年龄阶段（20～24岁、25～29岁、30～39岁、40～49岁、50岁以上）戒烟，戒烟年龄越小者，其全因死亡率越低。

（二）戒烟可显著降低吸烟相关疾病的发病与死亡风险

1. *戒烟降低呼吸道疾病的死亡率*

COPD、肺癌、支气管哮喘和肺结核是由吸烟引起或加重的常见肺部疾病。越来越多的证据表明，戒烟后这些疾病的症状和预后都会改善。烟草在COPD的发生发展中起着最为重要的作用，戒烟可显著降低COPD患者的死亡率，是防治COPD最为重要的治疗措施。研究表明戒烟时间越长，肺功能下降速度越慢，戒烟30年肺功能下降速度与从未吸烟者无差异。一项对肺癌筛查试验（National Lung Screening Trial，NLST）的再分析表明：7年的戒烟降低了肺癌的特异性死亡率，其下降幅度与接受低剂量CT筛查相当。当禁烟与CT筛查相结合时，这一下降幅度更大，并且吸烟者的戒烟持续时间越长，肺癌相关死亡风险越低。加拿大的一项研究表明药物戒烟、行为干预及大众媒体的控烟宣传可降低结核病的患病率及死亡率，增加烟草税可进一步显著增加这种效应。戒烟对其他的呼吸道疾病的作用也已被许多临床研究所证实。

2. *戒烟降低心血管系统疾病的死亡率*

烟草是心血管系统疾病的重要危险因素。戒烟对于嗜烟的心血管疾病患者的益处也被反复验证。在一项急性冠状动脉综合征或冠状动脉血运重建术后患者队列研究中，根据患者不同的吸烟状况，随访1年，观察其再发心血管事件发生率。戒烟者与持续吸烟者比较，1年内再发心血管事件的危险下降40%。在宏观人群研究层面，在美国马萨诸塞州执行戒烟药物医疗补助前后，急性心肌梗死和其他急性冠心病住院患者的年化下降率分别为46%和49%。

3. *戒烟降低肿瘤死亡率*

吸烟是导致癌症死亡的主要原因，占美国所有烟草相关死亡的98%。戒烟不仅可以减少肿瘤的发病率，在已确诊肿瘤的患者中，戒烟还可显著提高生存率。在癌症诊断后继续吸烟会增加总体死亡率和癌症特异性死亡率、第二原发性癌症风险、治疗并发症和不良反应。因此，美国癌症协会呼吁为吸烟者和公众提供有关可燃烟草制品、尼古丁类药物、烟弹和其他新型烟草制品的绝对和相对健康影响的明确和准确的信息，引导吸烟者选择基于证据的戒烟方法，使所有吸烟者尽快停止使用可燃烟草。

4. *戒烟与改善其他疾病的预后*

烟草相关疾病还包括糖尿病、代谢综合征、生殖与发育异常、睡眠呼吸暂停综合征、自身免疫性疾病。戒烟可显著改善相关疾病的预后。

（三）戒烟的社会经济效益

随着经济的快速增长，我国也经历了主要疾病从传染性疾病到非传染性疾病的转变。烟草是非传染性疾病最主要的危险因素。烟草不仅严重威胁人民群众的健康，还带来巨大的社会经济损失：治疗烟草相关疾病给国家卫生系统造成巨大的负担；烟草相关疾病造成的劳动力减少；烟草相关疾病造成的家庭贫困等。减少烟草的使用无疑将产生巨大的社会经济效益。

2017年美国对各州和哥伦比亚特区当年的医疗补助与第二年的医疗补助进行了比较。结果发现，每个州绝对吸烟率降低1%，则第二年的医疗补助下降约2500万美元（中位数）。全美医疗补助总计下降26亿美元。控烟措施具有良好的效益－费用比。一项西班牙相关研究，根据EQUIPTMOD（the European study on Quantifying Utility of Investment in Protection from Tobacco model）模型测算，政府通过扩大现有的全科医师戒烟简短干预措施的范围、提供积极的电话戒烟干预以及向有意愿戒烟的吸烟者报销戒烟药物。每年戒烟服务的费用约为6100万欧元，将在每1000名吸烟者中产生18名戒烟者，其终生福利成本比为5，并将产生高的QALY，具有较高的成本－效益。

烟草相关税收政策可以显著地影响控烟效果。一项建立在扩展成本－效益分析方法基础上的模型研究，估算了哥伦比亚新的烟草税的作用。在未来20年里，增税将使哥伦比亚目前城市人口的寿命延长约19.1万年，收入最低的两个1/5人口的寿命延长幅度最大。每年增加的额外税收将占哥伦比亚政府年度卫生支出的2%～4%，其中最贫穷的1/5人口的税收负增长最小。

总之，戒烟是最符合成本－效益的提高健康水平和挽救生命的干预措施。在当前我国非传染性疾病已成为人民健康的首要威胁，而烟草使用率居高不下的情况下，政策制定者、医务人员，以及整个社会都应当投入到控烟工作，为实现“健康中国2030”的目标而努力奋斗。

（陈晓阳）

参考文献

[1] World Health Organization. Prevalence of tobacco smoking, Global Health Observatory data. Geneva: World Health Organization, 2018.

[2] Jha P, Peto R. Global effects of smoking, of quitting, and of taxing tobacco [J]. N Engl J Med, 2014, 70 (1): 60-68.

[3] World Health Organization. WHO report on the global tobacco epidemic, 2019: enforcing bans on tobacco advertising, promotion and sponsorship. Geneva: World Health Organization, 2019.

[4] Yousuf H, Hofstra M, Tijssen J, et al. Estimated Worldwide Mortality Attributed to Secondhand Tobacco Smoke Exposure, 1990-2016 [J]. JAMA Network Open, 2020, 3 (3): e201177.

[5] Committee on Obstetric Practice. Tobacco and Nicotine Cessation During Pregnancy [J]. Obstet Gynecol, 2020, 135 (5): e221-e229.

[6] Faber T, Kumar A, Mackenbach JP, et al. Effect of tobacco control policies on perinatal and child health: a systematic review and meta-analysis [J]. Lancet Public Health. 2017, 2 (9): e420-e437.

[7] Xiao D, Wang C. Rising smoking epidemic among adolescents in China [J]. Lancet Respir Med, 2019, 7 (1): 3-5.

[8] Selph S, Patnode C, Bailey SR, et al. Primary Care-Relevant Interventions for Tobacco and Nicotine Use Prevention and Cessation in Children and Adolescents: Updated Evidence Report and Systematic Review for the US Preventive Services Task Force [J]. JAMA, 2020, 323 (16): 1599-1608.

[9] Jiménez-Ruiz CA, Andreas S, Lewis KE, et al. Statement on smoking cessation in COPD and other pulmonary diseases and in smokers with comorbidities who find it difficult to quit [J]. Eur Respir J, 2015, 46 (1): 61-79.

[10] Oelsner EC, Balte PP, Bhatt SP, et al. Lung function decline in former smokers and low-intensity current smokers: a secondary data analysis of the NHLBI Pooled Cohorts Study [J]. Lancet Respir Med, 2020, 8 (1): 34-44.

[11] Douglas CE, Henson R, Drope J, et al. The American Cancer Society public health statement on eliminating combustible tobacco use in the United States [J]. CA Cancer J Clin, 2018, 68 (4): 240-245.

第二节 戒烟与呼吸系统疾病

(一)概述

慢性呼吸系统疾病是以慢性阻塞性肺疾病(chronic obstructive pulmonary disease, COPD)、支气管哮喘等为代表的一系列疾病。我国40岁及以上人群COPD患病率为13.6%,总患病人数近1亿。COPD具有高患病率、高致残率、高病死率和高疾病负担的特点,患病周期长、反复急性加重、有多种合并症,严重影响中老年患者的预后和生活质量。我国支气管哮喘患者超过3000万人,因病程长、反复发作,导致误工误学,影响儿童生长发育和患者生活质量。COPD最重要的危险因素是吸烟、室内外空气污染物以及职业性粉尘和化学物质的吸入。吸烟与支气管哮喘的关系日益受到重视,目前研究已揭示吸烟是支气管哮喘发病的影响因素之一,且对于支气管哮喘的临床表型、药物治疗效果、控制水平及结局和预后均有一定的影响,其机制可能与吸烟引起的气道内型以中性粒细胞为主有关。通过积极控制相关危险因素,可以有效预防慢性呼吸系统疾病的发生发展,显著提高患者预后和生活质量。

《健康中国行动(2019—2030年)》控烟行动目标:到2022年和2030年,15岁以上人群吸烟率分别低于24.5%和20%;全面无烟法规保护的人口比例分别达到30%及以上和80%及以上;70岁及以下人群慢性呼吸系统疾病死亡率下降到9/10万及以下和8.1/10万及以下;40岁及以上居民COPD知晓率分别达到15%及以上和30%及以上。要实现以上目标,我们可以采取以下几方面的措施。①40岁及以上人群或慢性呼吸系统疾病高危人群每年检查1次肺功能。②个人应注意危险因素防护。重点减少烟草暴露,吸烟者尽可能戒烟。③提倡个人戒烟越早越好,什么时候都不晚;创建无烟家庭,保护家人免受二手烟危害;领导干部、医师和教师发挥引领作用;医务人员不允许在工作时间吸烟,并劝导、帮助患者戒烟;教师不得当着学生的面吸烟。④政府逐步建立和完善戒烟服务体系,将询问患者吸烟史纳入到日常的门诊问诊中,推广简短戒烟干预服务和烟草依赖疾病诊治。加强对戒烟服务的宣传和推广,使更多吸烟者了解到其在戒烟过程中能获得的帮助。创建无烟医院,推进医院全面禁烟。

(二)戒烟与COPD

1. 概述

COPD是一种常见、可预防和可治疗的疾病,其特征在于持续的呼吸道症状和气流受限,这是因气道和/或肺泡异常所致,通常由于大量暴露于有毒颗粒或气体并受到宿主因素的影响(包括肺部发育异常)。重大合并症可能会影响发病率和死亡率。慢阻肺患者因肺功能进行性减退,严重影响劳动和生活质量。

2015全球疾病负担(GBD)报告指出,COPD导致的全球平均死亡人数从2005年的242.1万人上升至2015年的318.8万人。2018年我国发布的COPD流行病学调查结果:我国20岁以上人群COPD的患病率为8.6%(95% CI:7.5%～9.9%),40岁以上人群COPD的患病率为13.7%(95% CI:12.1%～15.5%)。据统计,国内COPD患者人数约为9990万,其中吸烟者患病率（13.7%）远高于不吸烟者（6.2%），吸烟者死于COPD的人数较不吸烟者为多。

WHO统计表明，COPD的病死率仍在增加，1990年名列第六位，现已跃居第四位，预计2030年将上升至第三位。毫无疑问，吸烟是导致COPD的极重要危险因素。有充分证据说明吸烟可以导致COPD，且吸烟量越大、吸烟年限越长、开始吸烟年龄越小，COPD的发病风险越高。女性吸烟者患COPD的风险高于男性。吸烟者烟草烟雾能破坏气道上皮细胞的纤毛，造成纤毛摆动连续受损，痰液滞留支气管。长期烟草烟雾刺激可造成黏膜下腺体的过度增生和杯状细胞增生，小气道的纤维化和结构重塑，从而引起不可逆的气流阻塞，这是COPD的重要发病原因。吸烟者肺功能的异常率较高，FEV_1的年下降率较快，被动吸烟也可导致呼吸道症状以及COPD的发生。妊娠期女性吸烟可能会影响胎儿肺的生长及在子宫内的发育，并对胎儿免疫系统有一定影响。有研究显示，高水平的二手烟暴露者（每周接触烟草烟雾40小时并且持续时间超过5年），患COPD的可能性平均增加48%。据估计，中国目前2.4亿超过50岁的高水平二手烟暴露人群中将有大约190万人死于COPD。因此戒烟是预防并延缓COPD进展的最关键、有效且最经济的治疗方法。研究显示，戒烟后12小时血中CO的含量就会恢复正常，戒烟2周至3个月肺功能得到改善，戒烟1～9个月咳嗽和气促的发生率降低、肺部纤毛恢复正常功能。《柳叶刀》也曾发表文章预测说，如果吸烟等危险因素继续保持现在的水平，预计30年间中国将有6500万人死于COPD；而如能逐步完全抑制吸烟等危险因素，可挽救2600万人免于因COPD而丧失生命。

2. 戒烟可以改变慢阻肺的自然进程，延缓病变进展

戒烟已经被证明可以减慢COPD患者肺功能下降的速率（图7-2-1），延缓病变进展，从根本上改变COPD的自然病程。

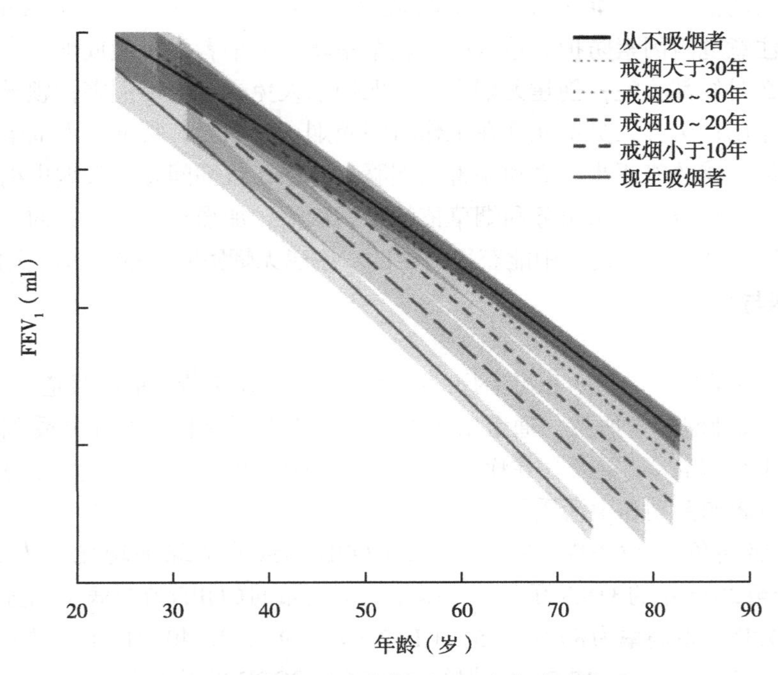

图7-2-1 戒烟可改善COPD患者肺功能

《慢性阻塞性肺疾病全球倡议》（GOLD）指出，戒烟是预防慢阻肺发生的关键措施和重要干预手段。戒烟后FEV_1下降速度减慢，部分人有可能恢复至不吸烟者的水平，伴肺功能下降的中年吸烟者如果能戒烟，即可能避免严重或致死性COPD的发生。2016年Cochrane系统评价认为，戒烟是唯一能减缓慢阻肺患者肺功能下降的干预措施。

还有研究发现，与现在吸烟者相比，戒烟者更少出现下呼吸道疾病症状，如咳嗽、咳黏痰、喘息和气促等。

戒烟还可降低COPD发作住院的风险，即使存在长期吸烟史、较差的基础肺功能、高龄或气道高反应性因素，戒烟也可使患者获益，如Thomsen等在丹麦哥本哈根开展的前瞻性研究发现，与不吸烟者相比，已戒烟COPD患者的住院风险比值（HR 30，95% CI：22 ～ 41）低于持续吸烟的COPD患者（HR 43，95% CI：32 ～ 59）。

此外，大量研究还发现，与现在吸烟者相比，戒烟者的COPD死亡风险下降32% ～ 84%，并且下降程度取决于吸烟年限及吸烟量。例如，Lam等在中国香港老年人中进行的前瞻性队列研究（随访3.2 ～ 5.0年）也发现，在男性中，戒烟者的死亡风险较现在吸烟者降低。

（三）戒烟与支气管哮喘

1. *戒烟可以降低哮喘的发病风险*

Godtfredsen等在10 200名丹麦人中进行的一项前瞻性队列研究发现，戒烟可降低支气管哮喘的发病风险。在调整性别、年龄、慢性支气管炎病史、FEV_1和吸烟指数等因素后，与不吸烟者相比，戒烟1 ～ 5年和5 ～ 10年者发生支气管哮喘的风险分别是不吸烟者的3.9倍（OR 3.9，95% CI：1.8 ～ 8.2）和3.1倍（OR 3.1，95% CI：1.9 ～ 5.1）。Broekema等发现，吸烟的支气管哮喘患者支气管上皮细胞的改变与哮喘症状有关，而戒烟后支气管上皮细胞的特点与不吸烟者大致相同，这说明戒烟可逆转吸烟诱导的气道炎症性改变。

2. *戒烟对于支气管哮喘控制的益处及改善支气管哮喘患者临床结局的重要性*

目前只有少数研究观察了戒烟对于支气管哮喘结局的影响，并发现成功戒烟的支气管哮喘患者在症状及肺功能方面均有提高。Fennerty等最早进行了相关研究，共14例支气管哮喘患者参加，其中7例坚持戒烟24小时、7例戒烟7天，尽管症状评分及支气管扩张剂的使用在戒烟前后没有明显变化，两组患者的呼气流量峰值（peak expiratory flow，PEF）均有明显改善；且在戒烟7天的患者中，有4例自述症状有所改善。在Tonnesen等进行的前瞻性研究中，支气管哮喘患者分为戒烟组、吸烟减量组、持续吸烟组，结果显示戒烟组的患者支气管哮喘相关生活质量显著改善，夜间和日间急救β_2受体激动剂用量、吸入性糖皮质激素（inhaled corticosteroid，ICS）用量、日间哮喘症状和气道高反应性明显降低，而吸烟减量组相应改变幅度较小，提示可能存在剂量－反应关系。另一项前瞻性研究对戒烟支气管哮喘患者随访1年，同样发现气道高反应性明显改善。Chaudhuri等比较了支气管哮喘患者戒烟6周后与戒烟前的肺功能情况，发现平均FEV_1改善了407 ml（95% CI：21 ～ 793，$P = 0.040$），不仅如此，戒烟后患者的痰中中性粒细胞比例下降（$P = 0.039$），表明戒烟对于气道炎症可能存在良性作用。上述研究表明戒烟对于改善支气管哮喘患者临床结局的重要性，医务人员有责任向支气管哮喘患者告知吸烟对疾病造成的额外风险并进行戒烟干预。

（四）戒烟与肺结核

1. *戒烟可以降低感染结核分枝杆菌的风险*

Plant等在1395例15岁以上越南移民中进行的横断面研究发现，吸烟者的吸烟量和吸烟年限与结核菌素皮试反应强度相关，每天吸烟超过6支的吸烟者出现5mm结核菌素皮试反应硬结的风险为不吸烟者的4.62倍（OR 4.62，95% CI：2.28 ～ 9.34，P＜0.001）。研究还发现，戒烟10年以上者出现结核菌素皮试反应≥10mm的风险显著降低（OR 0.24，95% CI：0.06 ～ 0.93）。

2. *戒烟可以降低患肺结核的风险*

一项多因素模型研究分析了吸烟和固体燃料的应用对中国人COPD、肺癌和结核病的影响，结果预测出在直接督导短程化疗（directly observed treatment of short course，DOTS）覆盖率维持在80%的情况下，结核病患者如果完全戒烟并停止使用固体燃料，预计到2033年就可以将中国结核病年发病率降至目前发病率的14% ～ 52%，DOTS覆盖率为50%的情况下可降至27% ～ 62%，DOTS覆盖率仅为20%的情况下可降至33% ～ 71%。

（五）其他疾病

戒烟与社区获得性肺炎（CAP）：吸烟可以增加CAP的发病风险，吸烟者的吸烟量越大，CAP的发病风险越高。戒烟可以降低患病风险。

Baik等开展的研究发现，已戒烟者患CAP的风险低于现在吸烟者，且戒烟时间越长，发病风险越低。与从不吸烟男性相比，戒烟时间＜10年的已戒烟男性患CAP的风险为不吸烟者的1.52倍（OR 1.52，95% CI：1.01 ～ 2.28），而戒烟时间≥10年者患CAP的风险则与不吸烟者相比无显著性差异（OR 1.23，95% CI：0.93 ～ 1.62）。Almirall的研究也得出了相似结论，与戒烟不到1年的戒烟者相比，戒烟4年以上者患CAP的风险明显降低（OR 0.39，95% CI：0.17 ～ 0.89）。

（孙德俊　李艳丽）

参 考 文 献

[1] GBD 2015 Mortality and Causes of Death Collaborators. Global，regional，and national life expectancy，all-cause mortality，and cause-specific mortality for 249 causes of death，1980-2015：a systematic analysis for the Global Burden of Disease Study 2015 [J]. Lancet，2016，388（10053）：1459-1544.

[2] Wang C，Xu J，Yang L，et al. Prevalence and risk factors of chronic obstructive pulmonary disease in China（the China Pulmonary Health [CPH] study）：a national cross-sectional study [J]. Lancet，2018，391（10131）：1706-1717.

[3] Anthonisen NR，Connett JE，Murray RP. Smoking and lung function of Lung Health Study participants after 11 years [J]. Am J Respir Crit Care Med，2002，166（5）：675-679.

[4] Pelkonen M，Notkola IL，Tukiainen H，et al. Smoking cessation，decline in pulmonary function and total mortality：a 30 year follow up study among the Finnish cohorts of the Seven Countries Study [J]. Thorax，2001，56：703-707.

[5] Fletcher C，Peto R. The natural history of chronic airflow obstruction [J]. Br Med J，1977，1（6077）：1645-1648.

[6] Hersh CP，Demeo DL，Alansari E，et al. Predictors of survival in severe，early onset COPD [J]. Chest，2004，126（5）：1443-1451.
[7] Lam TH，Li ZB，Ho SY，et al. Smoking，quitting and mortality in an elderly cohort of 56，000 Hong Kong Chinese [J]. Tob Control，2007，16（3）：182-189.
[8] World Health Organization. Global surveillance，prevention and control of chronic respiratory diseases：a comprehensive approach [R]. Geneva：World Health Organization，2007.
[9] Fennerty AG，Banks J，Ebden P，et al. The effect of cigarette withdrawal on asthmatics who smoke [J]. Eur J Respir Dis，1987，71（5）：395-399.
[10] Tønnesen P，Pisinger C，Hvidberg S，et al. Effects of smoking cessation and reduction in asthmatics [J]. Nicotine Tob Res，2005，7（1）：139-148.
[11] Piccillo G，Caponnetto P，Barton S，et al. Changes in airway hyperresponsiveness following smoking cessation：comparisons between Mch and AMP [J]. Respir Med，2008，102（2）：256-265.
[12] Chaudhuri R，Livingston E，McMahaon AD，et al. Effects of smoking cessation on lung function and airway inflammation in smokers with asthma [J]. Am J Respir Crit Care Med，2006，174（2）：127-133.
[13] Farber E. Cell proliferation as a major risk factor for cancer：a concept of doubtful validity [J]. Cancer Res，1995，55（17）：3759-3762.
[14] Plant AJ，Watkins RE，Gushulak B，et al. Predictors of tuberculin reactivity among prospective Vietnamese migrants：the effect of smoking [J]. Epidemiol Infect，2002，128（1）：37-45.
[15] Lin HH，Murray M，Cohen T，et al. Effects of smoking and solid-fuel use on COPD，lung cancer，and tuberculosis in China：a time-based，multiple risk factmodeling study [J]. Lancet，2008，372（9648）：1473-1483.

第三节　戒烟与恶性肿瘤

戒烟与恶性肿瘤的关系

1. 生物学机制

吸烟可通过多种生物学机制诱发癌症，包括直接遗传毒性、基因启动子高甲基化、受体介导损伤途径、体细胞突变和炎症等。总的来说，无论其具体机制如何，戒烟可使机体免于吸烟的累积暴露进一步增加，降低吸烟导致的患癌风险，也使得机体修复机制可发挥相应作用。此外，由于这些机制发生在癌变的早期或进展期阶段，这意味着戒烟对降低癌症风险会产生短期和长期的影响。

2. 戒烟对恶性肿瘤发生发展的影响

有明确证据显示戒烟可降低多个癌种的发病风险，包括肺癌、口咽部恶性肿瘤、喉癌、膀胱癌、宫颈癌、胰腺癌、肝癌、食管癌、胃癌以及肾癌；此外，还有一些研究提示戒烟与部分癌症的发病风险可能存在一定关联，包括急性白血病、结直肠癌、卵巢癌等。具体分述如下。

（1）有充分证据显示戒烟可以降低肺癌的发病风险：戒烟对降低肺癌发病风险的影响尤其重要，因为吸烟是导致肺癌发病的最大诱因，吸烟量越大、吸入肺部越深，患肺癌的风险越大。自1990年以来，大量流行病学研究显示戒烟可以有效降低肺癌的发病风险。相比现在吸烟者，戒烟者肺癌发病风险随戒烟时间的增加呈稳步下降趋势，即戒烟时间越长，肺癌发病风险降低越多。Khuder等对1970～1999年发表的27项相关研究进行Meta分析，结果表明与现在吸烟者相比，戒烟时间为1～4年、5～9年和≥10年者发生肺鳞癌的风险OR值分别降低16%、39%和59%。

（2）有充分证据显示戒烟可以降低口咽部恶性肿瘤的发病风险：吸烟与口咽部恶性肿瘤的发生存在因果关系，而戒烟可以降低吸烟者口咽部恶性肿瘤的发病风险，且戒烟时间越长，发病风险越低。Freedman等开展的队列研究结果显示，戒烟≥10年男性患口咽部恶性肿瘤的发病风险可降低至与不吸烟者相近，HR值分别为0.83（95% CI：0.58～1.19）、1.10（95% CI：0.59～2.05），在女性中也得到了相似的结果。此外，也有研究提示戒烟还可以改善口咽部恶性肿瘤患者生存率。Cao等开展的队列研究（1992～2013年）发现，相比现在吸烟者，已戒烟的口咽部恶性肿瘤患者的7年中位生存率可从26.8%提高至36.2%。

（3）有充分证据显示戒烟可以降低喉癌的发病风险：吸烟可以导致喉癌，而戒烟可以降低喉癌的发病风险，且戒烟时间越长，发病风险越低。有病例对照研究提示，与现在吸烟者相比，喉癌发病风险会在戒烟3年后逐渐降低，戒烟6～9年、10～14年、14～19年和≥20年者发生喉癌风险的OR值分别为0.60（95% CI：0.37～0.98）、0.28（95% CI：0.17～0.46）、0.23（95% CI：0.13～0.40）和0.17（95% CI：0.11～0.27）。

（4）有充分证据显示戒烟可以降低膀胱癌的发病风险：戒烟可以降低吸烟者膀胱癌的发病风险，且戒烟时间越长，发病风险越低。Li等对143 279名绝经后女性进行的前瞻性研究结果显示，戒烟时间越长，膀胱癌的发病风险降低程度越大。与现在吸烟者相比，戒烟＜10年、10～20年、20～30年和≥30年者患膀胱癌的风险分别降低25%（HR 0.75，95% CI：0.56～0.99）、35%（HR 0.65，95% CI：0.50～0.86）、40%（HR 0.60，95% CI：0.45～0.79）和57%（HR 0.43，95% CI：0.32～0.59）。

（5）有充分证据显示戒烟可以降低宫颈癌的发病风险：戒烟可以降低吸烟者宫颈癌的发病风险，且戒烟时间越长，发病风险越低。欧洲癌症与营养前瞻性调查（European Prospective Investigation into Cancer and Nutrition，EPIC）队列研究结果同样提示，与现在吸烟女性相比，戒烟≥20年女性患宫颈癌的风险降低60%（HR 0.4，95% CI 0.2～0.8）。另一项基于23个队列研究和病例对照研究的汇总分析的结果表明，随着戒烟时间的增加，戒烟者宫颈癌发病风险逐步降低，戒烟≥10年后，戒烟者宫颈癌发病风险与不吸烟者相近（HR 0.99，95% CI：0.83～1.18）。

（6）有充分证据显示戒烟可以降低胰腺癌的发病风险：戒烟可以降低吸烟者胰腺癌的发病风险，并且戒烟时间越长，风险降低越明显。Bosetti等进行的汇总分析研究结果显示，戒烟1～9年、10～14年和15～19年者患胰腺癌的风险分别是不吸烟者的1.64倍（OR 1.64，95% CI：1.36～1.97）、1.42倍（OR 1.42，95% CI：1.11～1.82）和1.12倍（OR 1.12，95% CI：0.86～1.44），戒烟20年后，胰腺癌的发病风险与不吸烟者没有差别（OR 0.98）。

（7）有充分证据显示戒烟可以降低肝癌的发病风险：吸烟与肝癌间存在病因学联系，是肝癌发生的危险因素之一，而戒烟可以降低肝癌的发病风险。一项基于14个美国前瞻性队列研究、共纳入1 518 741例研究对象的汇总分析的结果表明，随着戒烟时间的增加，戒烟者肝癌发病风险逐步降低，戒烟超过30年后，戒烟者的肝癌发病风险与不吸烟者相近（HR 1.09，95% CI：0.74 ～ 1.61）。

（8）有充分证据显示戒烟可以降低食管癌的发病风险：戒烟有助于降低吸烟者食管癌的发病风险，且戒烟时间越长，发病风险降低越多。Wang等开展的Meta分析结果显示，与现在吸烟者相比，戒烟5 ～ 9年、10 ～ 20年和＞20年者发生食管鳞癌的风险逐渐降低，合并OR分 别 为0.59（95% CI：0.47 ～ 0.75）、0.42（95% CI：0.34 ～ 0.51） 和0.34（95% CI：0.25 ～ 0.47）。

（9）有充分证据显示戒烟可以降低胃癌的发病风险：戒烟可以降低胃癌的发病风险，但可能需要十余年或者更长的时间。多项前瞻性队列研究结果显示，戒烟≥10年者胃癌发病风险与从不吸烟者相近，但也有研究提示戒烟≥15年者的胃癌发病风险仍为不吸烟者的1.31倍（RR 1.31，95% CI：0.77 ～ 2.21）。但是与现在吸烟者相比，戒烟者的胃癌发病风险明显下降，Ordonez M等对欧洲和美国的19项前瞻性队列研究进行Meta分析发现，与现在吸烟者相比，戒烟≤9年、10 ～ 19年和≥20年者发生胃癌的RR值依次为0.85（95% CI：0.60 ～ 1.20）、0.68（95% CI：0.41 ～ 1.12）和0.69（95% CI：0.51 ～ 0.93）。

（10）有充分证据显示戒烟可以降低肾癌的发病风险：戒烟可以降低吸烟者肾癌的发病风险，并且戒烟时间越长，风险降低越明显。Yuan等开展的研究也发现与现在吸烟者相比，戒烟1 ～ 10年、10 ～ 19年和≥20年者发生肾癌的风险逐渐降低，OR值分别为0.79（95% CI：0.59 ～ 1.06）、0.70（95% CI：0.52 ～ 0.95）和0.72（95% CI：0.54 ～ 0.95）。Hunt等汇总戒烟与肾癌发病风险关联的2项队列研究和3项病例对照研究（共纳入148万余名研究对象）的结果发现，戒烟可降低吸烟者肾癌的发病风险，并且戒烟时间越长，风险降低越明显。该研究指出，虽然戒烟对肾癌发病风险的影响仍需更多研究考证，但目前的研究结果已经可以证明戒烟对于降低吸烟者肾癌发病风险的重要性。

（11）有研究提示戒烟可能会降低部分癌症的发病风险：有研究提示，戒烟可能会降低急性白血病、结直肠癌、卵巢癌等癌种的发病风险。Colamesta等的Meta分析发现，戒烟＞20年者的急性髓系白血病的患病风险较吸烟者显著降低（OR 0.59，95%CI：0.45 ～ 0.78）；Chao等对781 351名研究对象长期随访（中位随访时间为14年）的结果显示，尽管吸烟者在戒烟后结直肠癌发病风险仍高于不吸烟者，但戒烟≥20年后，戒烟者结直肠癌发病风险与不吸烟者相近（RR 1.04，95% CI：0.94 ～ 1.16）。尽管2020年《美国卫生总监报告》中指出有充分证据显示戒烟可降低急性白血病和结直肠癌的发病风险，但是该结论缺乏基于中国人群的高级别证据的支持，仍有待更多来自中国人群的前瞻性研究加以验证。

（卢　明　石菊芳　陈万青）

参考文献

[1] U. S. Department of Health and Human Services. How Tobacco Smoke Causes Disease: The Biology and Behavioral Basis for Smoking-Attributable Disease: A Report of the Surgeon General. Atlanta, GA: U. S. Department of Health and Human Services, Centers for Disease Control and Prevention, National Center for Chronic Disease Prevention and Health Promotion, Office on Smoking and Health, 2010.

[2] U. S. Department of Health and Human Services. Smoking Cessation. A Report of the Surgeon General. Atlanta, GA: U. S. Department of Health and Human Services, Centers for Disease Control and Prevention, National Center for Chronic Disease Prevention and Health Promotion, Office on Smoking and Health, 2020.

第四节　戒烟与心脑血管疾病

（一）概述

吸烟是冠心病和脑卒中等心脑血管疾病的重要可干预危险因素，与心脑血管疾病的发病和死亡密切相关，已经成为全球关注的主要公共卫生问题。戒烟可以有效改善心脑血管系统功能，进而降低心脑血管疾病发病和死亡风险。实践证明，戒烟是预防心脑血管疾病最经济有效的干预措施。

《2018年中国成人烟草调查结果》显示，目前我国约有3亿吸烟者。近年来，虽然我国公众对吸烟危害的认知有所增强，但是戒烟率升高并不明显，2015～2018年，我国吸烟人群戒烟率仅从18.7%升至20.1%，其中每天吸烟人群戒烟率仅从14.4%升至15.6%。

大量证据表明，戒烟无论早晚都可以有效降低心脑血管疾病风险，而且戒烟越早、戒烟时间越长，心脑血管健康获益越大。戒烟是预防心脑血管疾病的有效措施，被各国指南所推荐。《“健康中国2030”规划纲要》提出，要全面推进控烟履约，加大控烟力度，提高控烟成效。

（二）戒烟与心脑血管疾病的关系

1. 戒烟降低心脑血管疾病风险的机制

戒烟可以改善血管内皮功能。血管内皮功能障碍是动脉粥样硬化的早期事件，主要表现为内皮依赖性动脉扩张受损，而吸烟导致的血管内皮功能障碍具有可逆性。研究发现，戒烟1年后肱动脉血流介导的血管扩张功能明显提高，这标志着血管内皮功能的改善，而血管内皮功能在心血管病的发病机制中发挥了重要的作用。

戒烟可以减轻血管炎症反应，进而延缓动脉粥样硬化性疾病的进程。美国第三次全国健康和营养调查（Third National Health and Nutrition Examination Survey，NHANES Ⅲ）发现，戒烟可以使吸烟引起的心血管疾病相关炎症反应发生逆转。研究显示，戒烟5年后，戒烟者的炎症标志物水平（C反应蛋白、白细胞、白蛋白和血清纤维蛋白原）较现在吸烟者出现了显著下降，且与戒烟时间显著相关。

戒烟降低心脑血管疾病发病风险的作用可能与升高高密度脂蛋白（high density lipoprotein，HDL）水平有关。药物戒烟的随机对照双盲试验发现，戒烟1年后，HDL胆固醇、总HDL、大HDL颗粒水平较现在吸烟者均明显升高，HDL的升高可使心血管功能得到改善，进而降低心血管疾病发病风险。另外，吸烟还可影响胰岛素敏感性，造成胰岛素抵抗，进而引发糖脂代谢异常，增加心血管死亡风险。而戒烟可以增加胰岛素敏感性，改善糖脂代谢功能紊乱。

2. 戒烟降低心脑血管疾病风险

欧美CHANCES研究（Consortium on Health and Ageing：Network of Cohorts in Europe and the United States，CHANCES）整合了25个队列50万人，发现戒烟可显著降低心脑血管疾病

的发病与死亡风险。Framingham心脏研究对第一代和第二代8770名研究对象进行的26.4年随访期间，共2435人发生心脑血管疾病，分析结果显示戒烟可使心脑血管疾病的发病风险显著降低，而且其风险水平与戒烟年限负相关，即随着戒烟年限的增加，心脑血管疾病发病风险逐渐降低；与现在吸烟者相比，戒烟＜5年、5～9.9年、10～14.9年、15～24.9年和≥25年者，心脑血管疾病发病风险分别下降39%（HR 0.61，95% CI：0.49～0.76）、39%（HR 0.61，95% CI：0.49～0.77）、46%（HR 0.54，95% CI：0.42～0.70）、45%（HR 0.55，95% CI：0.45～0.68）和55%（HR 0.45，95% CI：0.35～0.58）。整合了大量中国队列的亚太队列研究（Asia Pacific Cohort Studies Collaboration，APCSC）也发现，戒烟可以降低冠心病、脑卒中等心脑血管疾病的发病风险。对5.6万名中国香港65岁以上老年人平均4.1年的随访研究发现，与未戒烟者相比，戒烟者的心脑血管疾病风险降低21%（RR 0.79，95% CI 0.64～0.98）。整合了中国前瞻性吸烟研究（Chinese Prospective Smoking Study，CPSS）和中国慢性病前瞻性研究项目（China Kadoorie Biobank，CKB）共73万中国人群的随访资料分析发现，吸烟可使心脑血管疾病死亡风险显著升高，而戒烟可以降低这一风险；随着戒烟时间的增加，死亡风险也明显降低，戒烟10年后，烟草的影响趋于消失。因此，国内外指南均将戒烟作为心脑血管疾病防治的主要措施，倡导在人群中广泛开展戒烟宣传，积极鼓励吸烟者戒烟。

3. *戒烟对不同心脑血管疾病的影响*

（1）冠心病：1974年，美国Framingham心脏研究通过分析前瞻性队列随访资料，首次明确了戒烟与冠心病发病的关系，并指出戒烟者冠心病发病风险较现在吸烟者降低一半。随后，大量证据均表明，戒烟可以显著降低冠心病的发病和死亡风险。另外，美国社区动脉粥样硬化风险研究（Atherosclerosis Risk In Communities，ARIC）结果显示，冠心病风险随戒烟时间的增加而逐渐降低；与现在吸烟者相比，戒烟＜5年、5～9.9年、10～19.9年、20～29.9年和≥30年者，冠心病发病风险分别降低22%（HR 0.78，95% CI：0.64～0.95）、29%（HR 0.71，95% CI：0.58～0.89）、44%（HR 0.56，95% CI：0.46～0.67）、57%（HR 0.43，95% CI：0.35～0.53）和53%（HR 0.47，95% CI：0.40～0.56）。我国对1268名军队退伍男性人群12年的随访研究也发现，戒烟可以使冠心病死亡风险明显降低。

戒烟还可以有效改善冠心病患者的预后。冠状动脉外科研究（Coronary Artery Surgery Study，CASS）结果显示，冠状动脉造影阳性的吸烟者若在入组前戒烟，其发生心肌梗死或冠心病死亡的风险明显低于持续吸烟者。此外，戒烟还可增加心肌梗死患者的生存率，降低其心肌梗死再发率。涉及12项队列共5878名心肌梗死患者的Meta分析研究表明，心肌梗死患者戒烟后死亡风险降低46%（OR 0.54，95% CI：0.46～0.62）。《中国吸烟危害健康报告2020》指出，戒烟是比冠心病二级预防药物更为有效的治疗措施，戒烟可使冠心病患者死亡风险降低36%（RR 0.64，95% CI：0.58～0.71），高于阿司匹林、β受体阻断剂、血管紧张素转换酶抑制剂（angiotensin converting enzyme inhibitor，ACEI）和他汀类药物。

（2）脑卒中：美国Framingham心脏研究显示，戒烟2年后脑卒中发病风险开始显著下降，5年后可降至不吸烟者水平。对7735名英国男性医师12.75年的随访研究显示，男性戒烟5年内脑卒中发病风险即可明显下降，轻度吸烟者戒烟后甚至可以降低至不吸烟者水平。另一项对11.7万美国护士开展的12年随访研究结果也提示，女性戒烟2～4年后脑卒中发病风险大幅下降。此外，美国ARIC研究显示，随着戒烟时间的增长，脑卒中发病风险逐渐降低，与现在吸烟者相比，戒烟＜5年、5～9.9年、10～19.9年、20～29.9年和≥30年者，脑卒中发病风险分别降低33%（HR 0.67，95% CI：0.51～0.88）、38%（HR 0.62，95% CI：0.45～0.84）、36%（HR 0.64，95% CI：0.50～0.81）、43%（HR 0.57，95% CI：0.45～0.74）和51%（HR 0.49，95% CI：0.39～0.62）。另外，APCSC研究也发现，无论男性还是女性，戒烟都可以显著降低脑卒中的发病风险，戒烟者发生脑卒中的风险比现在吸烟者降低16%（HR 0.84，95% CI：0.76～0.92）。因此，美国AHA/ASA脑卒中一级预防指南和《中国脑血管病一级预防指南2019》均明确指出，戒烟可以带来显著的心血管健康获益，倡导通过戒烟来开展脑卒中的一级预防，动员全社会参与，并在社区人群中推广综合性控烟措施。

（3）外周动脉疾病：美国ARIC研究显示，戒烟可显著降低吸烟者外周动脉疾病的发病风险，随着戒烟时间的增加，外周动脉疾病发病风险急剧下降；与现在吸烟者相比，戒烟＜5年、5～9.9年、10～19.9年、20～29.9年和≥30年者，外周动脉疾病发病风险分别降低25%（HR 0.75，95% CI：0.54～1.03）、57%（HR 0.43，95% CI：0.29～0.65）、56%（HR 0.44，95% CI：0.32～0.60）、67%（HR 0.33，95% CI：0.23～0.47）和78%（HR 0.22，95% CI：0.16～0.31），另外，美国女性健康研究（Women's Health Study）对近4万名女性12.7年的随访也发现戒烟对外周动脉疾病的益处，且戒烟时间与外周动脉疾病发病风险呈剂量-反应关系。我国北京地区开展的一项横断面研究也发现，戒烟10年及以上者，外周动脉疾病发生风险与不吸烟者水平相当（OR 1.05，95% CI 0.67～1.64）。

（4）其他心脑血管疾病：戒烟是降低动脉粥样硬化性疾病风险最重要的干预措施。戒烟可以减缓颈动脉斑块的进展。日本一项队列研究显示，戒烟10年以上者，冠状动脉以及主动脉钙化积分进展风险可降至不吸烟者水平。我国广东男性横断面研究也显示，与现在吸烟者相比，戒烟1～9年、10～19年和≥20年者发生颈动脉粥样硬化的风险分别降低23%（OR 0.77，95% CI：0.47～1.26）、55%（OR 0.45，95% CI：0.26～0.79）和63%（OR 0.37，95% CI：0.17～0.77），出现颈动脉斑块数量增加的风险分别降低31%（OR 0.69，95% CI：0.43～1.12）、53%（OR 0.47，95% CI：0.27～0.82）和55%（OR 0.45，95% CI：0.23～0.96）。

戒烟也可能降低血压水平和高血压发病风险。一项日本随机交叉干预研究显示，戒烟1周可分别降低收缩压和舒张压3.5/1.9 mmHg。对1.2万名处于高血压前期的韩国男性人群进行平均8年的随访后发现，相比持续吸烟者，随访期间戒烟者高血压发病风险降低24.4%（HR 0.756，95% CI：0.696～0.821）。

戒烟可升高高密度脂蛋白胆固醇水平，降低血脂异常风险。两项Meta分析均显示，戒烟与高密度脂蛋白胆固醇水平的升高密切相关。我国吉林省1.7万成人横断面调查显示，戒烟6年以上者，血脂异常风险与不吸烟者水平相当。

（李建新　鲁向锋）

参考文献

[1] Johnson HM，Gossett LK，Piper ME，et al．Effects of smoking and smoking cessation on endothelial func-

tion: 1-year outcomes from a randomized clinical trial [J]. J Am Coll Cardiol, 2010, 55 (18): 1988-1995.

[2] Bakhru A, Erlinger TP. Smoking cessation and cardiovascular disease risk factors: results from the Third National Health and Nutrition Examination Survey [J]. PLoS Med, 2005, 2 (6): e160.

[3] Gepner AD, Piper ME, Johnson HM, et al. Effects of smoking and smoking cessation on lipids and lipoproteins: outcomes from a randomized clinical trial [J]. Am Heart J, 2011, 161 (1): 145-151.

[4] Kim K, Park SM, Lee K. Weight gain after smoking cessation does not modify its protective effect on myocardial infarction and stroke: evidence from a cohort study of men [J]. Eur Heart J, 2018, 39 (17): 1523-1531.

[5] Mons U, Muezzinler A, Gellert C, et al. Impact of smoking and smoking cessation on cardiovascular events and mortality among older adults: meta-analysis of individual participant data from prospective cohort studies of the CHANCES consortium [J]. BMJ, 2015, 350: h1551.

[6] Duncan MS, Freiberg MS, Greevy RA Jr., et al. Association of Smoking Cessation With Subsequent Risk of Cardiovascular Disease [J]. JAMA, 2019, 322 (7): 642-650.

[7] Lam TH, Li ZB, Ho SY, et al. Smoking, quitting and mortality in an elderly cohort of 56, 000 Hong Kong Chinese [J]. Tob Control, 2007, 16 (3): 182-189.

[8] Chen Z, Peto R, Zhou M, et al. Contrasting male and female trends in tobacco-attributed mortality in China: evidence from successive nationwide prospective cohort studies [J]. Lancet, 2015, 386 (10002): 1447-1456.

[9] Ding N, Sang Y, Chen J, et al. Cigarette Smoking, Smoking Cessation, and Long-Term Risk of 3 Major Atherosclerotic Diseases [J]. J Am Coll Cardiol, 2019, 74 (4): 498-507.

[10] Hermanson B, Omenn GS, Kronmal RA, et al. Beneficial six-year outcome of smoking cessation in older men and women with coronary artery disease. Results from the CASS registry [J]. N Engl J Med, 1988, 319 (21): 1365-1369.

[11] Critchley JA, Capewell S. Mortality risk reduction associated with smoking cessation in patients with coronary heart disease: a systematic review [J]. JAMA, 2003, 290 (1): 86-97.

[12] Wolf PA, D'Agostino RB, Kannel WB, et al. Cigarette smoking as a risk factor for stroke. The Framingham Study [J]. JAMA, 1988, 259 (7): 1025-1029.

[13] Conen D, Everett BM, Kurth T, et al. Smoking, smoking cessation, [corrected] and risk for symptomatic peripheral artery disease in women: a cohort study [J]. Ann Intern Med, 2011, 154 (11): 719-726.

[14] Stein JH, Smith SS, Hansen KM, et al. Longitudinal effects of smoking cessation on carotid artery atherosclerosis in contemporary smokers: The Wisconsin Smokers Health Study [J]. Atherosclerosis, 2020, 315: 62-67.

第五节　戒烟与糖尿病

1. 短期戒烟可能会增加患糖尿病的风险

有证据表明戒烟可能会增加新发糖尿病（DM）的风险。一项Meta分析评估了戒烟对T2DM风险的影响，发现短期戒烟（＜5年）的人比从不吸烟的人患T2DM风险显著增加（RR 1.54）。然而，在戒烟超过5年的人群中，这种风险逐渐降低。戒烟长达9年的人群患

DM风险进一步下降（RR 1.18），戒烟到达10年时，RR值下降至1.11。值得一提的是，亚组分析显示，相比于欧洲或北美人群，这种短期戒烟所增加的DM风险在亚洲人身上更为明显，这可能与不同人种的身体特点如脂肪分布等不同有关。

在日本人群中进行的研究同样支持这一结果。与现在吸烟者相比，短期戒烟（＜5年）患DM的风险反而增加（RR 1.36），随着时间的延长这种风险逐渐下降：戒烟5～9年时RR下降至1.23，超过10年后，患DM的风险几乎达到与正常人相似（RR 1.02）。在中国台湾地区的一项对男性T2DM患者的回顾性研究发现，与不吸烟者相比，吸烟者患DM的风险显著增加（RR 1.50），而在戒烟后的第一年（RR 1.83）和第二年（RR 2.02），患T2DM的风险反而是增高的。

为什么戒烟后发生DM的风险反而增加？一方面可能是由于长期吸烟造成的烟草成分在体内大量蓄积所引起。许多研究发现，吸烟与患DM的风险呈现剂量－反应关系，即吸烟量越大，蓄积于体内越多，风险越难以去除。另一方面，研究发现，在戒烟后，患DM的风险与体重增加成正比，在体重没有明显增加的人群中，的确没有观察到增高的DM发病风险。由此推测，短期戒烟后的体重增加可能是导致患DM风险增加的合理假设，这个过程可能与体重增加影响胰岛素抵抗的发展有关。

2. 长期戒烟降低患糖尿病的风险

戒烟对DM患者产生的益处被广为接受。《中国2型糖尿病防治指南》用一章的篇幅指出了戒烟的重要性，强调应劝告每一位吸烟的DM患者停止吸烟或停用烟草类制品，减少二手烟暴露，对患者吸烟状况以及尼古丁依赖程度进行评估，提供咨询、戒烟热线，必要时加用药物等帮助戒烟。长期戒烟对DM患者实现更好生活质量和延缓DM并发症的发生和发展具有非常重要的作用。

有研究对10项有关DM患者戒烟的研究进行Meta分析，结果发现与从不吸烟者相比，短期戒烟（＜5年）在现在吸烟者的基础上进一步升高了患DM的风险（HR 1.54，95% CI：1.36～1.74），但长期戒烟（≥10年）则在现在吸烟者的基础上使DM的发病风险下降（HR 1.11，95% CI：1.02～1.20）。随后有研究者对这一结果进行了更新，结果同样认为虽然短期戒烟使患DM的风险升高，但长期戒烟（＞12年）可以明显降低由吸烟导致的DM发病风险增高。此外，研究发现，伴随体重大幅度增加的短期戒烟者（2～6年）比现在吸烟者患DM的风险显著增加（HR 1.22，95% CI：1.12～1.32），但与现在吸烟者相比，长期戒烟（＞6年）可以降低DM患者发生心血管疾病（cardiovascular disease，CVD）和死亡的概率（HR 0.50，95% CI：0.46～0.55）。

3. 长期戒烟可延缓糖尿病并发症的发生发展

（1）长期戒烟与糖尿病大血管并发症：DM大血管病变主要为心血管疾病（CVD），包括冠心病、外周血管疾病和脑血管疾病等，是导致DM患者死亡的主要原因。

与普通人群相比，戒烟在降低和减缓糖尿病患者CVD发病率和死亡率风险方面表现出明显的益处。在T2DM患者中，长期戒烟可以降低短期和长期CVD发病风险，且这一风险的降低与体重变化无关。一项大型前瞻性队列研究支持长期戒烟可以降低T2DM患者冠心病的发病率。研究发现，尽管长期戒烟的T2DM患者发生冠心病的风险明显高于不吸烟的非DM

患者，但他们的冠心病发病率低于吸烟的T2DM患者（男性HR 3.00，95% CI：2.33 ～ 3.85；女性HR 2.80，95% CI：1.48 ～ 5.30）。此外，ADVANCE研究对11 140位T2DM患者进行了跟踪调查，发现戒烟可以使全因死亡率降低30%。

（2）长期戒烟与糖尿病微血管并发症：DM微血管并发症主要包括肾病、视网膜病变和周围神经病变。研究显示，DM患者发生微血管病变的相对风险比非DM患者高10 ～ 20倍。与现有大量关于戒烟与DM大血管并发症的研究相比，探讨戒烟与DM肾病、视网膜病变和周围神经病变等微血管并发症之间的关系的研究相对较少，且研究结果并不完全一致，仍需要更多研究提供更加确切的证据。

有研究表明，与从不吸烟的人相比，戒烟可以降低DM患者发生糖尿病肾病的风险。研究发现DM戒烟者其糖尿病肾病发展和进展的风险与不吸烟者相同，表明戒烟可以降低糖尿病肾病的进展风险。戒烟对微血管并发症风险的影响仍不十分清楚，还需要进一步的前瞻性研究来证明和量化DM患者戒烟对微血管并发症风险的影响。

一只木桶想盛满水，必须每块木板都一样平齐且无破损，如果这只桶的木板中有一块不齐或者某块木板下面有破洞，这只桶就无法盛满水。DM的管理就像是这只木桶，每项管理措施都是一块木板。大力宣教吸烟对DM患者的危害和戒烟所带来的益处，让越来越多的患者意识戒烟的重要性和必要性，就是在让吸烟的DM患者合理控制血糖的同时重视戒烟的重要性，修复吸烟这一“短板”。如此，才能更加有效地控制和管理DM。

（丁　露　肖新华）

参考文献

[1] 中华医学会糖尿病学分会. 中国2型糖尿病防治指南（2020年版）[J]. 中华糖尿病杂志，2021，13（04）：315-409.

[2] Zheng Y，Ley SH，Hu FB. Global etiology and epidemiology of type 2 diabetes mellitus and its complications [J]. Nat Rev Endocrinol 2018，14（2）：88-98.

[3] Centers for Disease Control and Prevention. The Health Consequences of Smoking-50 Years of Progress [R]. USA：Department of Health and Human Services，2014.

[4] Akter S，Okazaki H，Kuwahara K，et al. Smoking，smoking cessation，and the risk of type 2 diabetes among Japanese adults：Japan Epidemiology Collaboration on Occupational Health Study [J]. PLoS ONE，2015，10：e0132166.

[5] Pan A，Wang Y，Talaei M，et al. Relation of active，passive，and quitting smoking with incident type 2 diabetes：a systematic review and meta-analysis [J]. Lancet Diabetes Endocrinol，2015，3：958-967.

[6] Yeh HC，Duncan BB，Schmidt MI，et al. Smoking，smoking cessation，and risk for type 2 diabetes mellitus：a cohort study [J]. Ann Intern Med，2010，152，10：e0132166.

[7] Oba S，Noda M，Waki K，et al. Smoking cessation increases short-term risk of type 2 diabetes irrespective of weight gain：the Japan public health center-based prospective study [J]. PLoS ONE，2012，7：e17061.

[8] Pan A，Wang Y，Talaei M，et al. Relation of active，passive，and quitting smoking with incident type 2 diabetes：a systematic review and meta-analysis [J]. The lancet Diabetes & endocrinology，2015，3（12）：958-967.

[9] Hu Y, Zong G, Liu G, et al. Smoking Cessation, Weight Change, Type 2 Diabetes, and Mortality [J]. N Engl J Med, 2018, 379 (7): 623-632.
[10] Pirie K, Peto R, Reeves GK, et al. The 21st century hazards of smoking and benefts of stopping: a prospective study of one million women in the UK [J]. Lancet, 2013, 381 (9861): 133-141.
[11] Jha P, Ramasundarahettige C, Landsman V, et al. 21st-century hazards of smoking and benefits of cessation in the United States [J]. N Engl J Med, 2013, 368 (4): 341-350.
[12] Clair C, Rigotti NA, Porneala B, et al. Association of smoking cessation and weight change with cardiovascular disease among adults with and without diabetes [J]. JAMA, 2013, 309: 1014-1021.
[13] Feodoroff M, Harjutsalo V, Forsblom C, et al. Smoking and progression of diabetic nephropathy in patients with type 1 diabetes [J]. Acta diabetologica, 2016, 53 (4): 525-533.
[14] Hu Y, Zong G, Liu G, et al. Smoking Cessation, Weight Change, Type 2 Diabetes, and Mortality [J]. N Engl J Med, 2018, 379 (7): 623-632.
[15] Pham NM, Nguyen CT, Binns CW, et al. Non-linear association between smoking cessation and incident type 2 diabetes [J]. The lancet Diabetes & endocrinology, 2015, 3 (12): 932.

第六节 戒烟与生殖和发育异常

（一）戒烟改善生殖和发育异常

1. 妊娠期戒烟有助于改善围生期结局

妊娠前或妊娠期前3个月内戒烟可降低胎盘早剥、早产、胎儿生长受限、新生儿低出生体重等多种妊娠问题的发生风险。女性戒烟后婴儿平均出生体重增加。极低出生体重（＜1500g）和极早产增加新生儿死亡率，戒烟后则发生率明显下降。孕妇戒烟也有可能降低后代呼吸系统疾病发病风险。有趣的是，母亲不吸烟其后代吸烟可能性几乎减少50%，从而阻止吸烟代际传递。

2. 不同戒烟方式对妊娠结局的影响

（1）社会心理戒烟干预措施：孕妇的心理戒烟咨询促进戒烟，明显降低早产和分娩低出生体重儿的风险。目前尚不清楚该措施是否会减少极低出生体重儿（＜1500g）出生率、新生儿死亡率和新生儿ICU或围生期总死亡率。同伴支持、经济激励、电话支持等干预措施可能对促进妊娠期戒烟有额外的好处，但现有证据尚未观察到对妊娠并发症的显著影响。

（2）尼古丁替代治疗（nicotine replacement therapy，NRT）戒烟：NRT组和对照组在流产、死产、早产、新生儿低出生体重、新生儿ICU入院率、先天性畸形或新生儿死亡率方面没有统计学差异，可能与尼古丁在妊娠期间代谢更快、临床试验中的剂量可能不足有关。

（3）无烟政策/烟草税：控烟政策降低产前吸烟率和改善出生结局，有利于围生期（包括减少早产）和儿童健康。苏格兰无烟立法后早产率和小于胎龄儿数量显著下降。WHO建议各国实施全面的烟草控制措施，减少孕妇吸烟和接触二手烟所造成的巨大危害。无烟政策还与减少死产、新生儿死亡率、极低胎龄儿出生率以及儿童支气管哮喘和呼吸道感染住院率有关。另外，烟草制品增税可能有助于降低早产率。

（4）防止妊娠期二手烟暴露：强有力的证据支持为孕妇提供无烟住所，以保护其胎儿健康。目前尚无证据表明对妊娠结局的影响。

3. 戒断其他烟草类型对妊娠结局的影响

停止使用其他形式的烟草，如无烟烟草可能会改善一些妊娠结局。在土耳其、印度和伊朗等地，吸水烟的传统可以追溯到400多年前，当地人们普遍认为水烟危害较小。然而有研究发现妊娠期继续吸水烟则降低婴儿出生体重，戒断水烟明显改善胎儿生长。

4. 不同戒烟模式对围产儿结局的影响

现有证据表明部分戒烟的早产率有所下降，尤其在妊娠期前3个月内。部分戒烟也可增加出生体重，但持续戒烟对围生期结局的有益影响最大，明显增加新生儿出生体重、胎龄、头围等。在部分戒烟者中，这些监测指标介于持续戒烟者和现在吸烟者，说明部分戒烟益处低于持续戒烟，但比现在吸烟有益。从人口健康的角度来看，即使出生体重增长相对较小也很重要。

5. 减少非吸烟孕妇二手烟暴露对胎儿影响

减少二手烟暴露降低34周前的出生率，有可能改善早产儿呼吸系统症状。

6. 戒烟对宫颈癌的影响

吸烟和二手烟暴露可以导致宫颈癌，具有剂量-反应关系。戒烟降低宫颈癌的发病风险。戒烟者患宫颈癌风险降至与不吸烟者相似水平。

7. 戒烟对男性生殖健康的有益影响

男性吸烟可以导致勃起功能障碍（erectile dysfunction，ED），具有剂量-反应关系。戒烟后ED的发病风险降低。NRT戒烟治疗1年，超过1/4戒烟者ED病情改善。

（二）戒烟/减少二手烟暴露的策略方式

吸烟是影响母婴/新生儿健康的最重要因素之一。医疗保健工作者和政策制定者应帮助母亲戒烟并保护后代免于二手烟暴露。妊娠是劝告女性戒烟的“机会之窗”“可教时刻”。这是女性一生中少数几次定期与医疗保健人员接触的时间之一。由于吸烟对母亲和未出生的孩子都有影响，孕妇更有动力戒烟，以保护自己的孩子。对其伴侣和其他家庭成员也是如此。因此这是一个理想的戒烟时间。妊娠期戒烟比例要比其他时候高。大多数女性第一次产检前自行戒烟。自行戒烟者多为低危继续吸烟者：通常吸烟量少，伴侣不吸烟，家庭支持和鼓励戒烟，或对吸烟危害认识深刻。第一次产检后不戒烟者，若无医疗干预妊娠期很可能继续吸烟。妊娠期戒烟可视为“暂时戒断”，分娩后复吸的风险大，特别是社会弱势地位女性。医疗保健人员应积极与备孕、妊娠期或哺乳期的女性交流沟通，抓住难得的“教学时机”，提供有效的戒烟措施以促成戒烟。

吸烟和二手烟暴露的危害可以预防。帮助未来的母亲戒烟并保护她们的孩子免受二手烟的危害，是卫生保健工作者和政策制定者的一个关键优先事项。超过一半的医疗保健人员可能会询问孕妇是否吸烟，而应用“5A”法帮助吸烟者戒烟的不到一半，其中与医疗保健人员不了解戒烟措施有关。医疗保健人员可从以下几个方面促进戒烟。

1. 评估妊娠期烟草使用和二手烟暴露

每次产检时询问孕妇吸烟情况（现在吸烟或既往吸烟；各种烟草制品）以及二手烟暴露

水平（家庭、工作场所和公共场所）。还应评估丈夫/伴侣和其他家庭成员的吸烟状况。

2. 掌握孕产妇社会心理戒烟干预措施

社会心理戒烟干预措施包括咨询、健康教育、经济激励、同伴或社会支持等。戒烟咨询增加孕妇戒烟率，与其他策略相结合时效果更好。一些国家的实践表明财政奖励有效，但较难全球推广。应解决孕妇对戒烟导致体重增加的担忧，并引导伴侣戒烟支持，否则可能影响戒烟意愿。同伴支持和经济激励对促进妊娠期戒烟有额外的好处。发送戒烟信息成本低，戒烟短信的戒烟率高于自发戒烟。基于互联网的戒烟干预可以帮助不希望或不能获得面对面或电话支持的孕妇。设计良好、结构化的互联网戒烟形式，可能吸引妊娠的吸烟者寻求在线帮助。

也应关注产后的高复吸率。有抑郁症状和高压力感的女性容易复吸。社会心理干预可帮助她们渡过产后充满压力和情绪波动大的时期，并纳入其配偶和伴侣的戒烟干预措施。母乳喂养似乎会降低复吸风险，促进母乳喂养以鼓励其继续戒烟。预防复吸应在分娩时开始。分娩时住院期间是预防复吸的重要机会之窗。出院后电话戒烟咨询灵活方便，提高产后戒烟率。自助手册和多种咨询组成的综合干预措施可能比单独提供普通戒烟宣传手册更有效，但需要医疗保健人员提供更多的资源，和女性自己付出更多的时间和精力。女性戒烟后一旦停止戒烟干预、缺乏社会支持可能导致复吸。因此，建议“淡化”而不是突然终止，使女性感到自己的支持网络仍然存在，直到她们能够持续戒烟。

基于视频的戒烟干预措施促进准爸爸戒烟，降低二手烟暴露导致的不良妊娠结局。针对准爸爸的戒烟干预措施侧重解释吸烟和二手烟暴露对母婴健康的影响。在中国，医疗保健人员常用戒烟宣传册。然而，印刷制品可能比较低效。繁忙的临床工作和缺乏戒烟技能妨碍医疗保健人员亲自向吸烟的准爸爸提供全面和具体的戒烟建议。戒烟视频干预措施除通过听觉、视觉和言语刺激可以更好地理解抽象概念和更好地保留新信息外，还方便参与者在移动设备上按照自己的节奏观看内容。视频图像帮助大脑产生最初印象，辅以深入详细的语言描述，对戒烟尝试产生更可持续的影响。

3. 了解妊娠期如何使用戒烟药物

NRT（贴剂或咀嚼胶）妊娠期使用仍有争议，可能增加孕妇戒烟率，但考虑到胎儿和母亲安全，较多国家限制孕妇应用。建议对无法戒烟或继续吸烟高风险的孕妇使用NRT：重度吸烟者（＞10支/天）、妊娠晚期吸烟、曾尝试戒烟者。这些女性戒烟药物治疗的益处可能超过药物潜在的不良反应和继续吸烟。安非他酮妊娠期戒烟的潜在收益-风险比还需要进一步研究。不建议伐尼克兰用于妊娠期或哺乳期。戒烟药物治疗时应遵循妊娠期用药的一般原则，如果可能将治疗推迟到妊娠中期，以避免胎儿对致畸剂最敏感的胚胎发生期。

4. 促进预防妊娠期二手烟暴露

医疗保健人员如有可能直接与孕妇伴侣和其他家庭成员接触，应告知他们孕妇接触二手烟的风险，并提供戒烟支持。

5. 宣传控烟政策和法规

戒烟是社会性、政策性很强的工作，需要充分的政策支持。通过立法强制实施无烟公共场所有效减少二手烟暴露。一些国家实施无烟法规后，孕妇吸烟显著减少。另一个政策措施是提高烟草税，降低产后复吸的概率。

孕期戒烟干预综合措施可参照图7-6-1。需要指出的是，尽管所有类型的咨询干预措施以及不同的联合咨询和药理干预措施显示出一定的益处，但仍不清楚哪种类型或组合最有效。不存在安全的烟草使用水平，但有证据表明减少吸烟也会带来一些好处。如果孕妇确实无法完全戒烟，则应减少每天吸烟量。社会心理戒烟干预措施除针对普通卷烟的吸烟者，也可适用于其他形式烟草制品（无烟烟草、水烟等）的使用者。

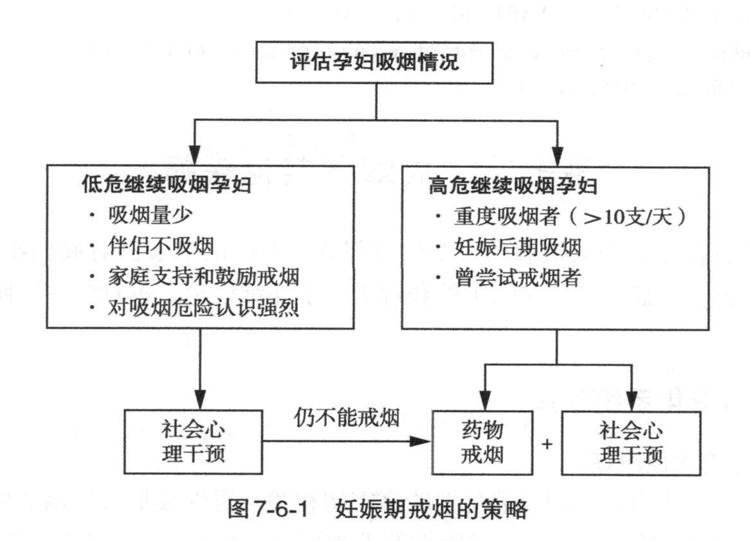

图7-6-1　妊娠期戒烟的策略

（李洪涛）

参考文献

[1] EI-Mohandes AA，Kiely M，Blake SM，et al. An Intervention to Reduce Environmental Tobacco Smoke Exposure Improves Pregnancy Outcomes [J]. Pediatrics，2010，125（4）：721-728.

[2] Lumley J，Chamberlain C，Dowswell T，et al. Interventions for promoting smoking cessation during pregnancy [J]. Cochrane Database Syst Rev，2009，(3)：CD001055.

[3] Yang I，Hall L. Smoking cessation and relapse challenges reported by postpartum women [J]. MCN Am J Matern Child Nurs，2014，39（6）：375-380.

[4] Pollak KI，Lyna P，Gao X，et al. Efficacy of a Texting Program to Promote Cessation Among Pregnant Smokers：A Randomized Control Trial [J]. Nicotine Tob Res，2020，22（7）：1187-1194.

[5] Horta BL，Gigante DP，Silveira VMF，et al. Maternal smoking during pregnancy and risk factors for cardiovascular disease in adulthood [J]. Atherosclerosis，2011，219（2）：815-820.

[6] Riedel C，Schonberger K，Yang S，et al. Parental smoking and childhood obesity：higher effect estimates for maternal smoking in pregnancy compared with paternal smoking-a meta-analysis [J]. Int J Epidemiol，2014，43（5）：1593-1606.

[7] Flenady V，Koopmans L，Middleton P，et al. Major risk factors for stillbirth in high-income countries：a systematic review and meta-analysis [J]. Lancet，2011，377（9774）：1331-1340.

[8] Nematollahi S, Holakouie-Naieni K, Madani A, et al. The effect of quitting water pipe during pregnancy on anthropometric measurements at birth: a population-based prospective cohort study in the south of Iran [J]. BMC Pregnancy Childbirth, 2020, 20 (1): 241.
[9] O'Donnell MM, Baird J, Cooper C, et al. The Effects of Different Smoking Patterns in Pregnancy on Perinatal Outcomes in the Southampton Women's Survey [J]. Int J Environ Res Public Health, 2020, 17 (21): 7991.
[10] 中华人民共和国卫生健康委员会. 中国吸烟危害健康报告2020 [M]. 北京: 人民卫生出版社, 2021.
[11] MORGAN H, TREASURE E, TABIB M, et al. An interview study of pregnant women who were provided with indoor air quality measurements of second-hand smoke to help them quit smoking [J]. BMC Pregnancy Childbirth, 2016, 16 (1): 305.

第七节 戒烟与其他疾病

戒烟是治疗各种吸烟相关疾病的重要组成部分。前面的章节已对戒烟在呼吸系统疾病、恶性肿瘤、糖尿病、心脑血管等疾病中的获益进行了详细讨论，本章节主要阐述戒烟对其他疾病的益处。

一、戒烟与消化系统疾病

（一）戒烟与消化性溃疡

近十年来的研究认为，吸烟与消化性溃疡密切相关。男性吸烟者溃疡的发病率为不吸烟者的2.1倍，女性为1.6倍。戒烟则扭转吸烟的不利影响。Athanasiadis DI等观察戒烟对766例胃-空肠吻合术后患者吻合口溃疡的影响。共有169名（22.1%）患者有吸烟史，87人戒烟已≥1年，其余82人戒烟≤1年。随访中53例复吸，51%复吸者发展为胃-空肠吻合口溃疡，而戒烟者发生比例仅16.1%（$P < 0.001$）。18.9%未戒烟者需要再次手术治疗，比例高于成功戒烟者（5.7%，$P < 0.001$）和终身不吸烟者（1.3%，$P < 0.001$）。说明戒烟有助于胃-空肠吻合术后恢复，降低再次手术风险。

（二）戒烟与克罗恩病

克罗恩病（Crohn disease，CD）是一种复杂的慢性炎症性肠病，大多数患者需要免疫调节剂和生物制剂治疗，近一半CD患者10年内需肠切除。西班牙一项对573名缓解期CD患者的前瞻性队列研究，认为无论治疗方案如何，吸烟是CD复发的独立危险因素（HR 1.58，95% CI：1.20～2.09）。持续吸烟者CD复发风险相较不吸烟者为1.53倍（95% CI：1.10～2.17）。现在吸烟者、曾经吸烟者与不吸烟者复发率相似。研究认为戒烟可能减轻CD患者复发的负担。

（三）戒烟与胰腺炎

吸烟与胰腺炎的发展呈正相关。瑞典一项针对46～84岁的84 667名人群12年随访研究，发现吸烟是发生非胆结石相关急性胰腺炎的重要危险因素，吸烟时间比强度更能增加非胆结石相关急性胰腺炎的风险。戒烟20年后，非胆结石相关急性胰腺炎的风险降低到与不吸烟者相当的水平。推荐早期戒烟作为急性胰腺炎临床管理的一部分。

二、戒烟与骨量丢失和骨折

吸烟引起骨组织的旧骨吸收和新骨形成过程不平衡，导致骨量丢失、骨质疏松症和骨折，其机制包括直接和间接机制。直接机制是卷烟中丰富的尼古丁与成骨细胞的烟碱型受体高水平结合，抑制成骨细胞的产生。尼古丁还抑制血管生成。此外，卷烟中化学成分多环芳烃类对骨产生有害影响。间接机制包括卷烟烟雾通过改变体重、影响甲状旁腺激素（PTH）-维生素D轴、增加皮质醇水平、改变性激素产生和代谢，增加骨组织的氧化应激间接影响骨量。

戒烟能扭转吸烟对骨量的影响，改善骨骼健康。Cornuz J等1999年发表的研究中，随访美国116 229名年龄34～59岁女护士12年，发现戒烟10年后，与现在吸烟者相比，戒烟者髋部骨折的风险才能降低（RR 0.7，95% CI：0.5～0.9）。而其他研究发现绝经期女性戒烟6周后，性腺激素、骨形成和骨吸收指标均有改善，戒烟1年后，骨密度也有改善。2020年Kiyota Y等研究发现，成功戒烟3个月后骨形成标志物，骨钙蛋白（osteocalcin）和未羧基化骨钙素（uncarboxylated osteocalcin）水平显著升高。表明戒烟可以逆转吸烟导致的骨量丢失及预防骨折。

三、戒烟与牙周病

吸烟者比不吸烟者更易患牙周病，病情严重且进展更快，其机制尚未完全明确。体外研究认为，卷烟中的尼古丁抑制大鼠成骨细胞中骨涎蛋白（一种矿化组织特异性蛋白）的表达，负向调控牙周韧带细胞的分化和矿化。结扎诱导大鼠牙周炎及骨丢失，给大鼠吸入卷烟烟雾，结扎牙的骨量丢失明显增加，下颌骨量减少。而戒烟对大鼠牙周炎相关骨量丢失产生积极影响。吸烟的牙周炎患者与不吸烟者相比，牙周IL-1α、IL-6、IL-12、IL-8等炎症细胞因子水平减少，调节性T细胞和NK细胞减少，说明吸烟对牙周组织有免疫抑制作用。美国2009～2012年全国牙周健康调查研究，分析吸烟和牙周资料，发现吸烟与牙周状况显著相关（$P<0.0001$）。牙周炎的发病率在吸烟者中最高（35%），曾经吸烟者为19%，从不吸烟者仅为13%。戒烟每延长1年，牙周炎的优势比（OR）显著降低3.9%（OR 0.961，95% CI：0.948～0.975）。研究提示较长时间戒烟降低牙周炎的风险。

另一方面，吸烟者比不吸烟者失去更多的牙齿，对各种牙周治疗（非手术和手术）反应差。2019年丹麦一项Meta分析比较吸烟者与不吸烟者的牙周炎风险，并评估戒烟对牙周炎非手术治疗的临床效果。评估显示，现在吸烟者患牙周炎的风险比曾经吸烟者和不吸烟者均高出约80%（RR 1.79，95% CI：1.36%～2.35%；RR 1.82，95% CI：1.43%～2.31%）。随访12～24个月后发现，与现在吸烟者相比，牙周治疗可使戒烟者牙龈附着水平增加0.2mm（95% CI：−0.32%～−0.08%），牙口袋变浅多0.32mm（95% CI 0.07%～0.52%）。研究提示戒烟可降低牙周炎风险，改善非手术牙周治疗的结果。吸烟被认为是牙周炎最重要的可预防危险因素，建议口腔科专家将戒烟干预作为牙周治疗的一个重要策略。即便暂时戒烟，也有助于改善牙周的整体状况。

四、戒烟与痴呆

痴呆是一组以智能减退为主的临床症状，痴呆的病因有很多种，如阿尔茨海默病（Alzheimer disease，AD）、帕金森病、亨廷顿病。AD是最常见引起痴呆的病因。

最初吸烟曾被认为是AD发病的保护性因素，然而通过病例对照研究，近年认为吸烟是AD的一个重要风险因素，且吸烟暴露量增加和时间延长进一步增加AD风险，机制可能是卷烟烟雾引起的外源性氧化应激，启动和进展核心淀粉样蛋白和异常的Tau蛋白磷酸化。卷烟烟雾是4000多种化合物的复杂混合物，吸烟通过直接传递活性氧化剂增加氧化应激，激活炎症细胞促进内源性活性氧化剂生成，削弱抗氧化防御系统。

2018年韩国开展的一项戒烟对痴呆风险的纵向研究，使用全国健康数据库纳入46 140名年龄≥60岁的男性，分为连续吸烟、短期戒烟（＜4年）、长期戒烟（≥4年）和从不吸烟者，随访8年，观察痴呆症、AD和血管性痴呆的总体发展情况。结果发现与持续吸烟者相比，长期戒烟和从不吸烟者总体痴呆风险降低（HR 0.86 95% CI：0.75～0.99；HR 0.81，95% CI：0.71～0.91）。2020年一项日本研究中，研究人员对61 613名年龄≥65岁的日本人随访5.7年，调查日本老年人吸烟状况、戒烟年限与痴呆发生的关系。研究发现戒烟2年者患痴呆风险仍高（HR 1.39，95% CI：0.96～2.01），而戒烟≥3年者痴呆风险下降。戒烟3～5年的多变量HR为1.03（95% CI：0.70～1.53），戒烟6～10年HR为1.04（95% CI：0.74～1.45），戒烟11～15年HR为1.19（95% CI：0.84～1.69），戒烟15年HR为0.92（95% CI：0.73～1.15）。研究表明如果戒烟≥3年，发生痴呆的风险与从不吸烟者相同。

Karama等研究了戒烟是否逆转与吸烟相关的大脑变化。发现戒烟者的大脑皮质在不吸烟后每年似乎都有部分恢复。然而以平均吸烟指数计算，受累区域的皮质完全恢复大约需要25年时间。吸烟导致的弥漫性皮质变薄加速，戒烟后虽然可能部分恢复，但是一个漫长的过程。

戒烟需要成为所有老年吸烟者的优先考虑。即使是身体虚弱的老人，也应该鼓励戒烟，以减少痴呆症的风险。

五、戒烟与眼部疾病

吸烟者有白内障的危险，尤其是核性白内障。2017年一项Meta分析的结果提示与不吸烟者比，现在吸烟者患白内障风险为1.41（95% CI：1.24～1.60）。吸烟还与年龄相关性黄斑变性（age-related macular degeneration，AMD）有关。流行病学研究表明，与从不吸烟的患者相比，吸烟使患者AMD的风险增加2～4倍。吸烟通过促进氧化损伤、诱导血管生成、损害脉络膜循环、激活免疫系统（包括补体通路）等多种机制影响发病。戒烟可以降低患黄斑变性的风险，戒烟20年后，患黄斑变性的风险与不吸烟者相同。对于AMD或白内障患者，吸烟是一个重要的可改变的危险因素，应该努力建议和帮助患者戒烟。

六、戒烟与健康状况下降

吸烟还与较低的生产力和身体健康水平有关。与不吸烟者相比，吸烟者通常体重减轻，戒烟会导致体重增加，BMI与吸烟的数量呈“U”字形关系，重度吸烟者的体重增加与吸烟的数量呈正相关，其机制复杂，可能是受重度吸烟者不良生活习惯的影响。对体重增加的恐惧可能会削弱患者对戒烟计划的坚持，尤其是女性吸烟者。至少在短期内与多种减肥干预措施相结合的戒烟，可以实现更大限度地戒断，长期疗效不确定。同时增加减轻体重的辅助戒烟治疗似乎比单独的行为干预更有效。

无论何时戒烟，戒烟后均可赢得更长的预期寿命。2004年的一项英国研究，对男性医师随访50年发现，吸烟者与不吸烟者相比，平均寿命约减少10年，60岁、50岁、40岁或30岁时戒烟可分别赢得约3年、6年、9年或10年的预期寿命。与继续吸烟者相比，戒烟者健康状况更好。

（周　敏）

参考文献

[1] Zhang L，Ren JW，Wong CC，et al. Effects of cigarette smoke and its active components on ulcer formation and healing in the gastrointestinal mucosa [J]. Curr Med Chem，2012，19（1）：63-69.

[2] Athanasiadis DI，Christodoulides A，Monfared S，et al. High Rates of Nicotine Use Relapse and Ulcer Development Following Roux-en-Y Gastric Bypass [J]. Obes Surg，2021，31（2）：640-645.

[3] Nunes T，Etchevers MJ，García-Sánchez V，et al. Impact of Smoking Cessation on the Clinical Course of Crohn’s Disease Under Current Therapeutic Algorithms：A Multicenter Prospective Study [J]. Am J Gastroenterol，2016，111（3）：411-419.

[4] Ye X，Lu G，Huai J，et al. Impact of smoking on the risk of pancreatitis：a systematic review and meta-analysis [J]. PLoS One，2015，10（4）：e0124075.

[5] Sadr-Azodi O，Andrén-Sandberg Å，Orsini N，et al. Cigarette smoking，smoking cessation and acute pancreatitis：a prospective population-based study [J]. Gut，2012，61（2）：262-267.

[6] Cornuz J，Feskanich D，Willett WC，et al. Smoking，smoking cessation，and risk of hip fracture in women [J]. Am J Med，1999，106（3）：311-314.

[7] Souto MLS，Rovai ES，Villar CC，et al. Effect of smoking cessation on tooth loss：a systematic review with meta-analysis [J]. BMC Oral Health，2019，19（1）：245.

[8] Choi D，Choi S，Park SM. Effect of smoking cessation on the risk of dementia：a longitudinal study [J]. Ann Clin Transl Neurol，2018，5（10）：1192-1199.

[9] Karama S，Ducharme S，Corley J，et al. Cigarette smoking and thinning of the brain’s cortex [J]. Mol Psychiatry，2015，20（6）：778-785.

[10] Beltrán-Zambrano E，García-Lozada D，Ibáñez-Pinilla E. Risk of cataract in smokers：A meta-analysis of observational studies [J]. Arch Soc Esp Oftalmol，2019，94（2）：60-74.

[11] Christen WG，Glynn RJ，Ajani UA，et al. Smoking cessation and risk of age-related cataract in men [J]. JAMA，2000，284（6）：713-716.

[12] Doll R，Peto R，Boreham J，et al. Mortality in relation to smoking：50 years’ observations on male British doctors [J]. BMJ，2004，328（7455）：1519.

第八节　戒烟的经济获益

戒烟是提高吸烟人群的健康水平和挽救其生命的最为经济有效的干预措施。吸烟者戒烟后，不仅可免除购买烟草制品的费用，还可降低多种疾病的发病和死亡风险，减少医疗费用，从而极大地减轻家庭和国家卫生机构的经济负担。因此，戒烟可以获得巨大的长期经济和工作收益，具体表现为以下几个方面。

（一）降低医疗成本

医疗成本包括住院、门诊、自我用药、疗养护理等费用。吸烟造成国民的健康素质下降，患烟草相关疾病和死亡的人数日益增加，同时治疗烟草相关疾病的医疗成本也急剧增加。有报告指出，中国每年归因于烟草死亡的人数约为120万人，吸烟产生的直接医疗费用高达664.75亿元。国内外多项研究显示，吸烟者的医疗花费明显高于不吸烟者，并且吸烟者寻求门诊治疗和住院治疗的比例较不吸烟者高。Miller等的研究证实吸烟者的吸烟量越大、吸烟时间越长，患吸烟相关疾病的风险越高，医疗花费越大。政府将医疗保险和医疗服务的投入用于治疗烟草相关疾病，导致用于其他卫生服务需求和重大疾病防治的比例减少，对整个医疗卫生系统有着重要影响。由此可见，日益加重的烟草相关疾病负担产生的疾病防治费用对国家、社会和人民而言是一个沉重的经济包袱。

戒烟可以减少医疗资源的使用，降低医疗成本。有研究表明孕妇吸烟人数每减少1%，第一年可减少约2100万美元的相关医疗费用，7年后可节约5.72亿美元的医疗成本。美国进行的一项为期5年的大型流行病学研究结果显示，与继续吸烟的女性相比，在妊娠晚期戒烟或减少吸烟的女性，发生婴儿意外猝死的风险比分别降低23%和12%；且在妊娠晚期戒烟，每年将获得1.16亿美元的总经济收益。澳大利亚一项为期7年的研究结果显示，如果每年吸烟率降低1%，将防止63 480例急性心肌梗死和34 261例脑卒中住院，由此可以节省32亿美元的巨大医疗成本。因此戒烟可显著地降低可避免的医疗花费，有助于将医疗卫生支出更多地应用于其他重大疾病的防治及公共卫生服务需求。

（二）避免过早死亡、因病致贫

吸烟与贫困形成了一个恶性循环：由于贫困人群、文化程度低的人群更倾向吸烟，购买烟草制品减少了他们本该用于营养、教育、医疗、保险和家务等的必须开支；治疗烟草相关疾病的医疗费用加重了经济负担，尤其在自付医疗费用很高时，更是给贫困家庭带来灾难性的支出；由于吸烟相关疾病和因病过早死亡，患者的劳动能力受到损害，可能会让家庭失去基本经济来源；家人也通常终止工作和学习照顾患者，使家庭收入及发展潜力进一步下降。因此，吸烟会让低收入人群进一步陷于贫困，使其他人群难以远离贫困，从而加大贫富差距。

戒烟可以减轻贫困，避免烟民因病过早死亡。国际控烟经验表明，通过提高烟草税进而提高烟草制品的价格，是促进戒烟最直接有效的措施。有研究表明，在全球范围内使卷烟的实际价格增长10%，可导致4200万烟民戒烟，并至少能挽救1000万因烟草导致死亡的人。而在中国卷烟税增加10%可使卷烟的消费量减少5%，所获得的收益将足以为中国最贫困的

1亿公民中的1/3提供基本医疗保健服务所需的费用。另有研究显示，若将中国目前的卷烟零售价提高50%，未来50年内，可避免800万人因烟草相关的高额医疗费用致贫，避免2000万人过早死亡以及1300万项灾难性医疗支出；而零售价提高75%，则可避免近1200万起因病致贫和2000万起灾难性医疗支出的发生，并且较低收入群体获益最为明显。2008年在澳大利亚进行的一项研究发现，如果吸烟率下降8%，可使158 000名吸烟者避免患吸烟相关疾病，5000名吸烟者避免过早死亡，220万个工作日避免损失，3000名吸烟者避免因病过早退休，并且医疗花费可减少4.91亿澳元，劳动力方面可获得4.15亿澳元的收益。综上所述，通过各种措施促进烟民戒烟，不仅可以改善他们的生活质量，还可减轻家庭的经济负担，帮助他们脱离贫困。

（三）减少旷工数量，提高生产力

据估计，中国每年因吸烟导致的死亡可达100多万人，其中70万～90万人是具备良好的劳动能力和劳动经验的中青年人，这些劳动力的损失是无法用经济指标来衡量的。除此之外，吸烟还增加旷工者的数量，导致生产力的损失。国内外多项研究表明，吸烟者因病休假的时间和缺勤率较不吸烟者明显增加。美国2005～2009年因吸烟相关疾病而过早死亡造成的生产力损失约1510亿美元，因二手烟暴露造成的生产力损失可达56亿美元。Pearce等的研究调查显示，2012年中国、巴西和南非的烟草使用分别导致约79亿美元、4.02亿美元和1.38亿美元的生产力损失。

戒烟不仅可以逆转吸烟对健康的诸多不利影响，还可以通过经济高效的方式降低工作效率的损失，提高社会生产力。美国的一项研究发现，戒烟者的缺勤率比现在吸烟者低，戒烟时间越长，缺勤率越低；且戒烟1～4年后的工作效率比现在吸烟者高。2005年我国的一项模型研究结果表明，若吸烟率从30%降至29.6%，将挽救340万人的生命，减少医疗费用26.8亿元，同时还将创造99.2亿元的生产力收益。

戒烟在任何时候都有益处，尽早戒烟不仅可以挽救生命、节省医疗服务费用、减轻家庭因病致贫的风险，还可以提高社会生产力、增加政府的财政收入。但戒烟并不只是吸烟者个人的事，它还需要医务工作者和政策制定机构的共同协作才能实现。

（陈　燕）

参考文献

[1] Higgins ST，Slade EP，Shepard DS．Decreasing smoking during pregnancy：Potential economic benefit of reducing sudden unexpected infant death [J]．Prev Med，2020，140：106238．

[2] Magnus A，Cadilhac D，Sheppard L，et al．Economic benefits of achieving realistic smoking cessation targets in Australia [J]．Am J Public Health，2011，101（2）：321-327．

[3] Rejas-Gutiérrez J，López-Ibáñez de Aldecoa A，Casasola M，et al．Economic Evaluation of Combining Pharmaco-and Behavioral Therapies for Smoking Cessation in an Occupational Medicine Setting [J]．J Occup Environ Med，2019，61（4）：318-327．

[4] Makate M，Whetton S，Tait RJ，et al．Tobacco Cost of Illness Studies：A Systematic Review [J]．Nicotine Tob Res，2020，22（4）：458-465．

[5] Baker CL, Flores NM, Zou KH, et al. Benefits of quitting smoking on work productivity and activity impairment in the United States, the European Union and China [J]. Int J Clin Pract, 2017, 71: undefined.
[6] Menzin J, Lines LM, Marton J. Estimating the short-term clinical and economic benefits of smoking cessation: do we have it right? [J]. Expert Rev Pharmacoecon Outcomes Res, 2009, 9 (3): 257-264.
[7] US Department of Health and Human Services (USDHHS). The health consequences of smoking—50 years of progress. A report of the surgeon general. Atlanta, GA: US Department of Health and Human Services, Centers for Disease Control and Prevention, National Center for Chronic Disease Prevention and Health Promotion, Office on Smoking and Health, 2014.
[8] World Health Organization. WHO Report on the Global Tobacco Epidemic 2017: Monitoring Tobacco Use and Prevention Policies, 2017 [R].
[9] Global Tobacco Economics Consortium. The health, poverty, and financial consequences of a cigarette price increase among 500 million male smokers in 13 middle income countries: compartmental model study [J]. BMJ, 2018, 361: k1162.
[10] 世界卫生组织西太平洋区域办事处. 中国无法承受的代价：烟草流行给中国造成的健康、经济和社会损失 [R]. 马尼拉：世界卫生组织西太平洋区域办事处，2017.

第八章

戒烟和烟草依赖的治疗

第一节 戒烟劝诫

（一）“5A”方案

临床医师在帮助吸烟者戒烟时，需要提供科学的戒烟劝诫。目前国际上通用的戒烟劝诫是“5A”方案。所谓“5A”即询问（Ask）吸烟情况，建议（Advise）戒烟，评估（Assess）戒烟意愿，提供戒烟帮助（Assist）和安排（Arrange）随访（表8-1-1）。

表8-1-1 “5A”戒烟干预方案

步骤	实施
询问吸烟情况	每一位患者每次就诊时，询问并记录患者的吸烟情况
建议吸烟者戒烟	以明确、有力且个体化的方式敦促每位吸烟者戒烟
评估戒烟意愿	吸烟者现在是否愿意戒烟
提供戒烟帮助	对于愿意戒烟的患者：提供药物治疗并提供咨询服务或转至戒烟门诊/戒烟热线 对于当前不想戒烟的患者：应尝试激发其戒烟动机，提高患者未来戒烟的可能性
安排随访	安排后续随访，第一次随访一般在戒烟日后1周内

1. 询问（Ask）

指系统询问并记录每位就诊者每次就诊时的吸烟情况。以下几种情况，不需要重复询问患者的吸烟情况：患者从不吸烟、患者已经戒烟多年或者病历中已经明确记录患者当前的吸烟情况。

2. 建议（Advise）

指通过明确、有力且个体化的方式敦促每位吸烟者戒烟。建议应该体现以下特点。

（1）明确：如“戒烟现在对您很重要，我可以帮助您戒烟”“您生病时仅减少吸烟量是不够的”“即使偶尔吸烟也是有害健康的”。

（2）有力：如“作为您的医师，我需要您知道，为了保护您现在及未来的健康，戒烟是您能做的最重要的事，我和其他医务人员会帮助您戒烟”。

（3）个体化：将吸烟与患者现在的症状、对健康的忧虑、对生活的影响、产生的开销以及二手烟暴露对子女及其他家庭成员的不良影响联系起来。例如，“继续吸烟会加重您的哮喘，戒烟可以大大改善您的健康状况”“戒烟会降低您的孩子患中耳炎的风险”。

3. 评估（Assess）

指评估每位吸烟者当前的戒烟意愿，如询问“您愿意尝试戒烟吗？”。如果患者本次有戒烟意愿，应提供进一步的戒烟帮助；如果患者愿意接受戒烟治疗，应及时提供治疗或推荐至戒烟门诊；如果患者属于特殊人群（如青少年、孕妇、少数民族等），应给予特殊关注并提供更多相应信息。

如果患者明确表示现在不想戒烟，应给予适当的鼓励、引导及健康教育以激发其戒烟动机，增加其将来戒烟的可能。

4. 帮助（Assist）

（1）帮助吸烟者制订一个戒烟计划。患者戒烟前需要做的准备如下：①设定戒烟日，应在2周之内开始戒烟；②告诉家人、朋友和同事自己已决定戒烟，取得他们的理解和支持；③预估在戒烟中可能出现的问题，特别是在戒烟最初的几周内可能出现的问题或困难，如尼古丁戒断症状等；④处理掉身边与吸烟有关的所有物品。在完全戒烟前，避免长时间所处的环境中出现烟（如办公室、家中、私家车内）。

（2）若吸烟者无戒烟药的禁忌证且不是未证实戒烟药有效的人群（如孕妇、非燃吸烟草制品使用者及青少年），建议愿意戒烟的吸烟者使用经批准的戒烟药物。医务人员需要向吸烟者介绍药物治疗方法，解释戒烟药物提高戒烟成功率和减轻戒断症状的原理，指导戒烟者正确使用戒烟药物（详见第八章第五节）。

（3）向吸烟者提供实用的戒烟咨询，如如何处理戒烟过程中出现的问题，传授处理要点和技巧。戒烟咨询中注意提示以下问题：①戒断，要求戒烟者争取完全戒断，不要在戒烟日之后吸一口烟；②过去的戒烟经验，帮助吸烟者回忆以前尝试戒烟时的好处、所遇到的问题及有效的应对方法，使其在过去戒烟经验的基础上进行本次戒烟；③预估戒烟时容易诱发吸烟的因素和可能遇到的困难，讨论诱发吸烟的因素、戒烟的困难以及如何处理以上问题，如避免吸烟诱惑，改变生活习惯等；④饮酒，由于饮酒与戒烟者复吸有关，在戒烟期间应该限酒或戒酒（需注意有酒精依赖的人减少饮酒时也可能会出现戒断症状）；⑤家庭或工作环境中存在的其他吸烟者，家庭或工作环境中有其他吸烟者时，戒烟会更加困难。患者应鼓励家中或工作环境中的其他吸烟者共同戒烟或至少要求他们不在自己面前吸烟；⑥提供基本信息，如即使只吸一口烟，也会提高戒烟失败的概率；戒断症状一般在戒烟后的1～2周内最严重，但也可能持续数月；吸烟的成瘾性。

（4）提供治疗内社会支持：明确告知吸烟者可以从医护人员处获得戒烟相关支持和帮助，增加吸烟者成功戒烟的信心，鼓励患者尝试戒烟，如“现在已经有有效的方法可以帮助您戒烟”。鼓励患者谈论自己的戒烟过程，可以询问患者想要戒烟的原因、对戒烟的顾虑、戒烟时碰到的困难。

（5）向吸烟者提供戒烟资料和信息：①来源，卫生部门及医疗机构发布的简明、实用的戒烟资料和信息；②类型，应根据吸烟者的年龄、受教育程度等情况提供不同类型的资料和信息；③途径，应在戒烟门诊及其他科室门诊和病房摆放戒烟资料供吸烟者免费取阅；或通过全国专业戒烟热线（400 808 5531）获取戒烟相关信息或进行咨询。

5. 安排随访（Arrange）

为戒烟者安排随访，包括门诊随访或电话随访。

（1）时间：随访应在吸烟者开始戒烟后尽早安排。第一次随访一般安排在开始戒烟后1周内，第二次随访建议在1个月内，同时应安排后续随访。

（2）随访时进行的工作：记录吸烟者的吸烟情况；与吸烟者讨论如何处理戒烟过程中已经出现及可能出现的问题；评估戒烟药物的效果；提醒吸烟者可到戒烟门诊或拨打全国专业戒烟热线（400 808 5531）。

（3）祝贺已经成功戒烟的患者。

（4）如果戒烟者复吸，评估情况并敦促患者重新承诺戒烟，采取进一步的个体化戒烟干预措施。

（二）AAR方案和AAC方案

除了“5A”方案以外，还有其他的替代治疗方案，其中最常用的是“询问-建议-转诊”（Ask-Advice-Refer，AAR）方案。AAR方案是简化后的“5A”方案，包括以下步骤：医务人员询问（Ask）吸烟情况；建议（Advise）患者戒烟；将感兴趣的患者转至（refer）其他戒烟资源（如戒烟热线或戒烟门诊）来完成其余的评估、帮助和安排随访步骤。Gordon团队在68家口腔科诊所中比较AAR方案与“5A”方案的戒烟效果，研究结果显示两组在随访12个月的戒烟率指标上无统计学差异，相比常规治疗均可以起到提高戒烟成功率的效果，但是也提示AAR方案中后续接受咨询的患者比例较低，AAR方案的效果仍需要更多研究加以验证。

目前也有部分研究证据支持“询问-建议-连接”（Ask-Advice-Connect，AAC）方案。AAC方案的前两步与AAR方案相同，区别在于AAC方案的第三步是通过技术手段将患者转至其他戒烟资源，该方案与外部戒烟资源的连接更主动更直接，如通过电子转诊（e-referral）的方式将患者转至戒烟热线，患者的电子化信息记录安全地转至对应的戒烟热线。

（三）“5R”方案

由于很多吸烟者对于戒烟的态度很矛盾，部分吸烟者在就诊时不愿戒烟。即便患者当前没有戒烟意愿，医师也应给予简短的戒烟干预，激发其戒烟动机，鼓励他们尝试戒烟，如“5R”方案（表8-1-2）。“5R”即相关（Relevance）、危害（Risks）、益处（Rewards）、障碍（Roadblocks）和反复（Repetition）。

表8-1-2　“5R”方案

措施	具体实施
相关（relevance）	使患者认识到戒烟与他们密切相关。可以从患者的疾病状态、对健康的忧虑、其子女的健康等方面进行引导
危害（risks）	使患者认识到吸烟对健康的危害
益处（rewards）	使患者认识到戒烟的益处。医师建议时可以侧重于最贴近患者情况的戒烟益处。例如：健康；味觉更好；嗅觉更灵敏；省钱；可以让家中、车内空气变好，减轻衣物异味，口气更清新；为孩子树立良好榜样；孩子更健康；增强体质；外形更好，包括延缓皮肤老化、亮白牙齿等

续 表

措施	具体实施
障碍（roadblocks）	使患者认识到在戒烟过程中可能会遇到的问题和障碍，并让其了解现有的戒烟干预方法可以帮助他们克服这些障碍。可能存在的障碍包括：戒断症状；担心失败；体重增加；缺乏支持；抑郁；身边有其他吸烟者；对有效的治疗方案不了解
反复（repetition）	对之前未准备好戒烟的患者，每次就诊均需要重新评估他的戒烟意愿，如仍未准备好戒烟，择期再进行干预

需要注意的是，即使患者仍然不愿意戒烟，医师也要以积极的方式结束访谈，如对患者说“如果您之后改变主意想要戒烟，可以随时来找我们寻求帮助”。在临床实践中，“5A”方案和“5R”方案可以结合使用。

（周心玫　肖　丹）

参考文献

[1] The Clinical Practice Guideline Treating Tobacco Use and Dependence 2008 Update Panel，Liaisons，and Staff. A Clinical Practice Guideline for Treating Tobacco Use and Dependence：2008 Update A U. S. Public Health Service Report [R]. Am J Prev Med，2008，35（2）：158–176.

[2] U. S. Department of Health and Human Services. Smoking Cessation：A Report of the Surgeon General. Atlanta，GA：U. S. Department of Health and Human Services，Centers for Disease Control and Prevention，National Center for Chronic Disease Prevention and Health Promotion，Office on Smoking and Health：2020.

[3] Gordon JS，Andrews JA，Crews KM，et al. Do faxed quitline referrals add value to dental office-based tobacco-use cessation interventions? [J]. Journal of the American Dental Association（1939），2010，141（8）：1000–1007.

[4] Vidrine JI，Shete S，Cao Y，et al. Ask-Advise-Connect：a new approach to smoking treatment delivery in health care settings [J]. JAMA internal medicine，2013，173（6）：458–464.

第二节　行为干预

（一）概述

曾经有些人认为吸烟只是一种习惯，戒烟只需要凭借毅力就可以成功，这促使大多数吸烟者试图仅通过毅力戒烟，而不使用任何循证戒烟方法。事实上，烟草依赖不只是一种习惯，而且是一种高复发的慢性疾病，导致许多有戒烟意愿的吸烟者因罹患烟草依赖而难以成功戒烟，因此烟草依赖者戒烟通常需要更加专业的戒烟干预。2018年《中国成人烟草调查报告》结果显示，在我国，19.8%的吸烟者在过去12个月内曾尝试戒烟，由于他们对烟草依赖治疗相关行为干预的认识水平十分有限，其中高达90.1%的吸烟者在戒烟时未使用任何循证戒烟方法，从而导致戒烟成功率并不高。

戒烟的方法有很多，行为干预是戒烟的重要方法之一，此方法应用范围广泛，可适用于所有吸烟人群，包括青少年、孕妇、老年吸烟者、患有合并症的吸烟者、患有精神疾病的吸烟者以及无烟烟草使用者等。有充分证据说明，行为干预可以提高吸烟者的戒烟成功率。此外，行为干预和戒烟药物联合使用比单独使用更为有效。有充分证据说明，咨询强度和成功戒烟之间存在剂量-反应关系——咨询强度越大，戒烟成功的可能性越高。

（二）行为干预的一般原则

询问就医者的吸烟情况，评估其戒烟意愿，根据是否具有戒烟意愿选择相应的干预方式。对尚未准备好的患者，增强其戒烟动机之后，再使用个体化干预方式。不同干预方式的技巧和内容通常具有某些共同之处，也可互为补充，选择对患者最具吸引力和最能接受的方式。根据患者的戒烟动机、病史、价值观和是否具备条件等采用一种或多种方法。

（三）行为干预的具体方式

戒烟的行为干预方式主要包括以下5种：面对面咨询（个人或团体）、简短戒烟干预、戒烟热线、移动健康（包括短信戒烟干预、网络戒烟干预、智能手机应用）、自助材料。

1. *准备好戒烟的患者*

（1）面对面咨询：包括个人咨询和团体咨询。个人咨询通常每周一次，最好在戒烟开始后1周内随访，随访应持续至少1～3个月，以维持完成整个戒烟过程。团体咨询，通常每周一次，持续数周，包括戒烟过程介绍、团体互动、练习识别吸烟诱因、学习应对策略以及预防复吸的建议。面对面咨询一直是行为干预方式中治疗烟草依赖的金标准，其有效性在大量科学文献中已经得到充分证实。2008年《美国临床戒烟指南》指出，面对面团体咨询的戒烟成功率为13.9%（OR 1.3，95% CI：1.1～1.6），面对面个人咨询的戒烟成功率为16.8%（OR 1.7，95% CI：1.4～2.0），而对照组的戒烟成功率为10.8%。Lancaster等进行的一项系统综述（回顾分析了49项研究，共纳入约19 000名研究对象）结果表明，当没有系统地向研究对象提供药物治疗时，个人咨询比最小强度咨询（简短建议、常规治疗或自助材料）更有效（RR 1.57，95% CI：1.40～1.77）。

2015年美国预防服务工作组（U.S. Preventive Services Task Force，USPSTF）和2008年《美国临床戒烟指南》均得出结论，即咨询强度和成功戒烟之间存在剂量-反应关系——咨询强度越大，成功戒烟的可能性越高。根据咨询强度的不同，将强化行为干预定义为：在12周内至少进行4次咨询，并且每次咨询至少持续10分钟以上。虽然强化行为干预主要针对中重度烟草依赖者，但其有效性和高成本-效益使其并不仅仅局限于中重度烟草依赖者。2017年英国公共卫生部（Public Health England）建议对个人咨询（每次咨询30～45分钟）和团体咨询（每次咨询60分钟）进行每周随访，并持续6～12周。

（2）简短戒烟干预：医疗卫生机构是实施简短戒烟干预的最佳渠道，在提供医疗卫生服务过程中，临床医师可以利用这一机会，为所有吸烟者提供简短戒烟咨询，明确建议吸烟者戒烟，这个过程耗时一般不超过3分钟，但可促进吸烟者尝试戒烟并提高戒烟成功率。研究显示，40%的人将会尝试戒烟，可使戒烟成功率增加30%。并且，此举具有非常好的成本-效益，可使超过80%的普通民众每年至少得到1次简短咨询。

有充分证据说明，临床医师应向所有成年吸烟者提供简短戒烟干预（循证等级为A）。即使临床医师的简短建议小于3分钟也能提高戒烟率（OR 1.66，95% CI：1.42～1.94）。“5A”

方案是提供简短戒烟干预的金标准，可以帮助吸烟者了解烟草危害和戒烟获益，并鼓励他们进行戒烟尝试，还可以用来鼓励重度烟草依赖者转至寻求专业戒烟支持和帮助，获得强化戒烟治疗（“5A”方案详见本章第一节）。有研究发现，与只接受“5A”方案中的某一步骤或不接受任何步骤的患者相比，接受全部5A方案（OR 11.2，95%CI：7.1 ～ 17.5）、使用戒烟药物（OR 6.2，95%CI：4.3 ～ 9.0）以及戒烟咨询和戒烟药物联合使用的患者（OR 14.6，95%CI：9.3 ～ 23.0）戒烟成功率均有所增加。

有充分证据说明，除临床医师以外的医疗卫生保健者也可以有效地帮助吸烟者戒烟。Rice等的研究结果显示，护士提供的行为干预可以有效激励和维持戒烟。Carr等（纳入10 500多名吸烟者）开展的一项研究发现，医疗口腔专业人员（如牙医）在口腔科诊所进行口腔诊察时所进行的行为干预可增加吸烟者和无烟烟草使用者的戒烟成功率（合并OR 1.71，95%CI：1.44 ～ 2.03）。近年来关于药剂师和社区药店在促进戒烟方面的作用及相关研究也在不断涌现。

此外，也可进行专业戒烟支持（如戒烟门诊、戒烟热线），以及采取其他戒烟模式。例如，简短戒烟干预的其他模式：AAA（ask-advise-act）为询问－建议－行动，根据患者的反馈采取行动，建立信心，提供戒烟信息、并转诊，开具处方，通过本地戒烟门诊取得成功；AAR（ask-advise-refer）为询问－建议－转诊，转至戒烟热线和本地戒烟门诊；ABC（ask-brief advice-cessation）为询问－简短建议－戒烟，转至戒烟热线或戒烟门诊，提供戒烟支持和药物治疗，安排1周内随访。有研究显示，接受5A方案和AAR方案的参与者9个月长期戒烟成功率无显著差异。

（3）戒烟热线：详见本章第三节。

（4）移动健康：包括短信、网络戒烟干预、智能手机应用等（详见本章第四节）。

（5）自助材料：分为定制自助材料和非定制自助材料。如果非定制自助材料不联合面对面咨询等其他行为干预措施，戒烟效果十分有限。Patnode等进行的关于成年人戒烟行为干预措施的研究结果显示，定制自助材料比非定制自助材料更有效，非定制自助材料和没有自助材料两者之间无明显差异。此外，有研究发现，印刷品、音频和视频形式的定制自助材料的戒烟率是非定制自助材料的1.28倍（RR 1.28，95%CI：1.18 ～ 1.37）。值得注意的是，尽管定制自助材料对戒烟有所帮助，但尝试戒烟的吸烟者应该寻求更加专业的戒烟治疗。

（6）行为干预的治疗内容：在实际咨询中不同治疗方法的共同要素点，即问题解决或技能培训和支持治疗（表8-2-1）。

表8-2-1 实际咨询中不同治疗方法的共同要素点

组成部分	举例
问题解决或技能培训	
识别危险情况：识别增加吸烟或复吸风险的事件、内在心理状态或行为	负面情绪和压力 周围有其他吸烟者 饮酒 吸烟冲动 吸烟提示和卷烟的可获得性

续　表

组成部分	举例
培养应对能力：识别并练习应对或解决问题的技巧，通常这些技巧旨在应对危险情况	学习预测和避免诱惑、触发吸烟的情况 学习减少负面情绪的认知策略 改变生活方式，减轻压力，改善生活质量，并减少接触吸烟的机会 学习认知和行为活动以应对吸烟冲动（如分散注意力、改变习惯）
提供基本信息：提供有关吸烟和成功戒烟的基本信息	任何形式吸烟（即使一口烟）都会增加完全复吸的可能性 戒断症状通常在戒烟后1～2周内达到高峰，但可能持续数月，这些症状包括负面情绪、吸烟冲动和难以集中注意力 吸烟的成瘾性
支持治疗	
鼓励患者戒烟	提醒现在可以获得有效的烟草依赖治疗 告知很多曾经吸烟的人现在已彻底戒烟了 传达对患者戒烟能力的信心
表达照护和关心	询问患者的戒烟感受 直接表达关心并愿意根据需要提供帮助 询问患者对戒烟的恐惧和矛盾心理
鼓励患者谈论戒烟过程	询问： 患者想戒烟的原因 对戒烟的顾虑和担心 患者已经取得的成功 戒烟时遇到的困难

（7）治疗时间：鼓励患者在准备戒烟和戒烟过程中每周1次或每2周1次参与行为干预治疗，这种治疗可能需要数月的时间。戒烟成功后，鼓励患者每个月进行3次咨询，以维持无烟状态。研究显示持续咨询6个月对维持戒烟有益。

2. 尚未准备好戒烟的吸烟者

（1）动机访谈法的目的和效能：对于尚未准备好戒烟的吸烟者，可利用动机访谈法，即一种具有引导性、以患者为中心、非对抗性、非评判性并需要高度协作的独特咨询方式。动机访谈法起源于20世纪80年代初，是根据临床医师治疗酒精依赖患者的经验建立起来的一种以患者为中心的访谈技巧。目前主要应用于综合医院戒烟门诊的咨询服务当中，目的是激发患者戒烟的内在动机，并解决改变相关矛盾的心理情绪。Lindson-Hawley等回顾分析了28项研究（共包括16 803名参与者），这些研究将动机访谈法与简短建议或常规治疗进行了比较，在第一次到第六次咨询时使用动机访谈法，持续时间从10分钟到60分钟不等，结果显示与没有接受干预的人相比，动机访谈法显著增加了戒烟成功率（RR 1.26，95% CI：1.16～1.36）；与无治疗者相比，动机访谈法可提高戒烟率5%～17%。

（2）动机访谈法的四项核心原则：①表达理解，使患者意识到自己的处境和困难，并被医师理解、接受和关注，并且不评论、不批判、不责备。②找出差异，找出并放大患者的人生目标和期望，找出与当前行为及处境之间的差异，用相应的策略帮助患者识别差异并鼓励做出行为改变。③处理抵抗，处理戒烟过程中的抵抗，反应式倾听，与患者一同探讨戒烟新的触发点，使患者能够自己发现并解决问题，而不是单纯由医师强加解决问题的方法，应强调患者的个人选择和控制。④支持自我效能，运用吸烟者过去成功的戒烟经验来鼓励他们，使他们相信成功是自我努力的结果，始终强调由患者而不是由医师来选择和履行改变行为的计划。

（3）动机访谈法的特殊模型：为了增强吸烟者的戒烟动机，USPSTF推荐了一种基于动机访谈法原则的模型，即“5R”方案。这一方法以患者为中心，临床医师要了解吸烟者的感受和想法，把握其心理，对其进行引导，使其明确吸烟的严重危害和戒烟获益，解除其犹豫心理，帮助患者产生强烈的戒烟动机并付诸行动。最后，该方法建议在每次就诊时重复应用，同时提醒吸烟者，为了实现长期戒烟，重复戒烟尝试可能是有必要的（“5R”方案详见本章第一节）。

（李劲萱　肖　丹）

参考文献

[1] Stead LF，Koilpillai P，Lancaster T. Additional behavioural support as an adjunct to pharmacotherapy for smoking cessation [J]. The Cochrane database of systematic reviews，2015，(10)：Cd009670.

[2] West R，Raw M，Mcneill A，et al. Health-care interventions to promote and assist tobacco cessation：a review of efficacy，effectiveness and affordability for use in national guideline development [J]. Addiction，2015，110 (9)：1388-1403.

[3] Lancaster T，Stead LF. Individual behavioural counselling for smoking cessation [J]. The Cochrane database of systematic reviews，2017，3 (3)：Cd001292.

[4] U. S. Department of Health and Human Services. Smoking Cessation：A Report of the Surgeon General. Atlanta，GA：U. S. Department of Health and Human Services，Centers for Disease Control and Prevention，National Center for Chronic Disease Prevention and Health Promotion，Office on Smoking and Health：2020.

[5] Lindson-Hawley N，Thompson TP，Begh R. Motivational interviewing for smoking cessation [J]. The Cochrane database of systematic reviews，2015，(3)：Cd006936.

第三节　戒烟热线

（一）概述

戒烟热线是提供戒烟帮助的一项有效措施，是由经过专业培训的热线咨询员，通过电话为咨询者提供各种戒烟咨询服务。戒烟热线分为主动戒烟热线和被动戒烟热线。主动戒烟热线指由咨询员拔打电话，主动向吸烟者提供戒烟咨询服务。被动戒烟热线指来访者拨打电话，咨询员为其提供即时的戒烟咨询服务。根据咨询次数不同，可以分为一次性戒烟热线咨询和多次戒烟热线咨询。一次性戒烟热线咨询指仅为吸烟者提供一次电话咨询。多次戒烟热线咨询指在戒烟前、戒烟过程中及戒烟后的维持阶段为吸烟者及戒烟者提供多次电话咨询和随访。

1985年澳大利亚的维多利亚州开通了全球第一条戒烟热线，随后英国的英格兰和美国的加利福尼亚州分别于1988年和1992年开通了本国的第一条戒烟热线，此后多个国家纷纷建立戒烟热线，WHO《2013年全球烟草流行报告》指出：全球有59个国家拥有全国免费的戒烟热线服务，美国、加拿大、澳大利亚等29个高收入国家，能够提供主动的、有效的戒烟热线咨询服务，并且服务范围广、服务种类多；其他30个中低收入国家能够提供有效的戒烟热线服务，但是覆盖范围较小且服务种类有限。中国香港地区于2000年开通我国第一条戒烟热线。2004年WHO烟草或健康合作中心在北京开通我国内地首条戒烟热线，2015年在中日友好医院开设全国专业戒烟热线400 808 5531。近年全国公共卫生热线12320也同时提供戒烟咨询服务。

（二）联系戒烟热线的途径

呼叫者可以通过大众传媒、网络、海报、宣传册、戒烟义诊、戒烟医师培训等途径获得热线号码，进而拨打戒烟热线为自己或者家人进行戒烟相关咨询。戒烟热线除了接收一般人群的咨询电话，还可以帮助临床医师为患者提供延续治疗。戒烟热线与患者取得联系有以下3种途径。第一种途径是医务人员把戒烟热线推荐给患者，让患者自己联系戒烟热线的被动途径。这种方法只是简单地给患者戒烟热线的信息（如一张卡或有戒烟热线号码的小册子），实际上很少有患者主动拨打戒烟热线电话。第二种途径是传真转诊方式，它是医务人员把患者的联系方式通过传真发给戒烟热线工作人员，戒烟热线工作人员主动给患者打电话提供帮助。传真转诊虽然包括戒烟热线工作人员主动联系患者的步骤，但是比较繁琐和耗时。第三种途径是电子转诊方式，它是指医疗人员利用电子健康档案技术，发送一个附带可识别吸烟患者的关键信息（包括姓名、电话号码、最佳通话时间等）的电子转诊给戒烟热线，戒烟热线的工作人员主动联系患者为其提供戒烟服务，最后戒烟热线通过电子转诊系统再把患者的咨询结果（如与患者成功地取得联系，患者设定戒烟日期，患者收到咨询或治疗，患者戒烟尝试并成功戒烟）返回到患者电子健康档案信息，从而结束循环。这种双向的、闭环的方法是实施电子转诊最有效的方法。研究表明，电子转诊方式可以使戒烟热线更有效地与患者取得联系，从而激励更多的患者进行戒烟尝试。

（三）戒烟热线的效果

戒烟热线具有易获得性、服务对象广泛、便于管理操作、易于宣传及更符合成本-效益分析等优势，其有效性已被多项研究证实。它主要是通过提高尝试戒烟率和延长戒烟时间来提高吸烟者的戒烟成功率，主动戒烟热线比被动戒烟热线能更有效地帮助患者戒烟。电话咨询的次数和戒烟率之间存在剂量-反应关系，咨询次数越多戒烟率越高。一项随机试验结果显示，自行戒烟（吸烟者凭毅力自行戒烟）、一次性戒烟热线咨询和多次戒烟热线咨询戒烟者的1年持续戒烟率分别为14.7%、19.8%和26.7%。Stead等对14项关于戒烟热线效果的研究进行Meta分析显示，接受戒烟热线咨询者的戒烟率比单纯接受邮寄资料者的戒烟率更高，而接受多次戒烟热线咨询者的戒烟率高于只接受过一次戒烟热线咨询的吸烟者，并且吸烟者接受戒烟热线咨询次数越多，吸烟者的戒烟率越高。美国癌症协会一项纳入6322名吸烟者的随机对照研究表明，3次电话咨询和5次电话咨询戒烟率分别为16%和23%；同时发现简短5次戒烟咨询方案（总干预时间80分钟，另加两次15分钟强化咨询）的戒烟率比标准的5次戒烟咨询方案（总干预时间240分钟，另加两次15分钟强化咨询）戒烟率更高（戒烟率分别为31%和22%）。

国外的戒烟热线服务中有的会提供戒烟药物，即通过邮购等方式为呼叫者提供尼古丁贴片或食品药品监督管理局（Food and Drug Administration，FDA）批准的其他安全有效的戒烟药物，并提供持续的戒烟指导和咨询服务。这需要戒烟热线与呼叫者进行视频通话，为药物使用者进行药物适应性的评价，教育呼叫者如何正确使用，同时持续为呼叫者提供行为咨询服务。为呼叫者提供可用的戒烟药物及指导其正确应用，可以增加戒烟热线的呼叫量、提高戒烟率和提高呼叫者对戒烟热线的满意率。

（四）戒烟热线的影响因素

戒烟热线因地域、时间、人口因素（如种族、民族）、资金、国家政策等不同而存在差异。在美国，所有州均有免费戒烟热线，尽管每年大多数州有成千上万的吸烟者，但国家戒烟热线平均每年仅能接到1%的吸烟者电话。有限的知晓率与接听率、戒烟热线服务的差异、地域和时间差异，导致戒烟热线服务的差异，归根结底是由于运营和推广戒烟热线的国家资金的差异。在美国各个州已经在推进戒烟热线和提高戒烟热线服务水平，并提供匹配的可用资金。其中一些州的戒烟热线接听率比较高，这些接听率高的州通常为戒烟热线提供的资金更多，同时会出台相应的政策驱动增加戒烟热线的拨打率。戒烟热线拨打率对推广活动是高度敏感的。国内外研究均显示，在进行关于戒烟的重大推广活动（如5·31世界无烟日、美国的“戒烟者忠告”活动）时，各大媒体宣传时会加入引导吸烟者拨打免费戒烟热线的广告，从而出现宣传时电话量持续增加的现象，但活动结束后逐渐减少。

（五）戒烟热线新模式

随着信息化时代的发展，出现了多样化的信息沟通方式，许多年轻人不喜欢通过电话访问戒烟热线，而喜欢通过电子邮件、发信息等方式访问。因此为了维持或提高戒烟热线接听率，戒烟热线需要提供更多模式的戒烟服务，如互联网干预、电子邮件、聊天、发短信，以及提供NRT等。例如，美国明尼苏达州为了增加接听率和戒烟行为，在2014年对州戒烟热线实施了一种新的模式，这种模式可以为寻求戒烟帮助的吸烟者提供多种选择，吸烟者可以通过电话或网上登记，从菜单中选择一个或多个戒烟服务。这些戒烟服务包括戒烟热线咨询、药物启动、短信、电子邮件程序和戒烟指南。2014年3月至2015年2月，这个州15 861名吸烟者在此戒烟服务系统中登记，比2013年增加169%。超过4/5（83.7%）的参与者进行一次戒烟尝试，30天的时点戒烟率分别是不管是否使用戒烟热线服务总的戒烟率是26.1%；使用戒烟热线服务的戒烟率是29.6%；未使用戒烟热线服务的戒烟率是25.5%。因此，除了传统的基于电话的戒烟热线服务外，戒烟热线可以扩展更多的戒烟服务途径，允许吸烟者选择最好的满足他们需求的服务方式，从而吸引新的人群参与到戒烟服务中。

总之，戒烟热线是方便有效、符合成本-效益的帮助吸烟者戒烟的咨询方法，其拨打率及帮助吸烟者戒烟率受转诊模式、资金的支持、推广宣传活动、咨询模式等多方面影响。

（陈文丽　肖　丹）

参考文献

[1] 陈文丽，肖丹，王辰．戒烟热线研究进展[J]．中华医学杂志，2012，92（22）：1579-1581.
[2] Adsit RT，Fox BM，Tsiolis T，et al. Using the electronic health record to connect primary care patients to evidence-based telephonic tobacco quitline services：a closed-loop demonstration project [J]. Translational Behavioral Medicine，2014，4（3）：324-332.
[3] 张婷婷，南奕，姜垣．戒烟服务现状概述[J]．中国健康教育，2015，（8）：779-781，794.
[4] Stead LF，Perera R，Lancaster T. A systematic review of interventions for smokers who contact quitlines [J]. Tob Control，2007，16（Suppl 1）：i3-i8.
[5] Rabius V，Pike KJ，Hunter J，et al. Effects of frequency and duration in telephone counselling for smoking cessation [J]. Tob Control，2007，16（Suppl 1）：i71-i74.
[6] Schauer GL，Malarcher AM，Zhang L，et al. Prevalence and correlates of quitline awareness and utilization in the United States：an update from the 2009-2010 National Adult Tobacco Survey [J]. Nicotine and Tobacco Research 2014，16（5）：544-553.
[7] Mann N，Nonnemaker J，Chapman L，et al. Comparing the New York State Smokers' Quitline reach，services offered，and quit outcomes to 44 other state quitlines，2010 to 2015 [J]. American Journal of Health Promotion，2018，32（5）：1264-1272.
[8] Chen WL，Xiao D，Susan H，et al. Characteristics of Callers Accessing the Tobacco Cessation Quitline in Mainland China [J]. Biomed Environ Sci，2013，26（8）：697-701.

第四节　移动戒烟

（一）概述

随着互联网和智能终端技术的迅猛发展与慢性疾病防控需求的日益增加，“移动健康”（mobile health/mHealth）技术应运而生。2000年Laxminarayan等第一次提出了移动健康概念，即“无线电子医疗”；2003年移动健康被定义为针对医疗系统的新兴移动通讯和网络技术；2012年，世界卫生组织和国际电信联盟推出了以“移动健康”为主要举措的新型合作伙伴关系，旨在通过移动通信技术——如移动电话、智能手机、3G/4G/5G移动网络和卫星通信等，尤其是短信息和应用程序（Apps）——来提供医疗服务和信息。

目前，国际上已开展多项将移动健康技术应用于戒烟的研究，并取得充分证据表明其有效性。根据WHO发布的《2019年全球烟草流行报告》显示，印度已实行全面戒烟支持，其中就包括启动移动戒烟项目。该项目自2016年以来注册用户超过200万，参与者在4～6个月时的戒烟成功率为19%，且77%的使用者认为该项目对戒烟有帮助。

本节列举了依托于当前技术条件下的一些戒烟干预方法，包括短信戒烟干预、网络戒烟干预、智能手机戒烟应用程序和新兴技术戒烟干预等。这些干预措施能够将个人层面的临床干预和以人群为基础的戒烟策略有机结合起来，进一步扩大戒烟干预的覆盖范围，并克服传统行为干预所面临的时间、空间上的阻碍，作为提供戒烟干预的新平台具有很大的应用潜力。

（二）技术介导的戒烟干预方法

1. 短信戒烟干预

短信戒烟干预是基于手机的自动化短信平台向吸烟者发送短信，内容包括通用短信和个性化短信，前者根据大多数吸烟者的一般情况设计，后者则根据人群特征的不同（如性别，年龄，受教育程度等）制定有针对性的短信内容。有研究显示，个性化短信干预有助于提高戒烟成功率，且效果优于通用短信。

国内外相关研究已提供了使用手机短信平台进行有效戒烟干预的初步证据。英国开展的一项大规模随机对照试验，将定期接受个性化短信干预的吸烟者与接收戒烟无关信息的对照组进行了比较，在6个月的随访中，经生化指标验证的戒烟情况有显著差异：短信干预的吸烟者中有9.2%实现了戒烟，而对照组中这一比例为4.3%（RR 2.14，95% CI：1.74 ～ 2.63）。一项来自西班牙的研究同样提示了短信戒烟干预的有效性，研究显示，在6个月后干预组和对照组中戒烟的患者比例分别为24.4%和11.9%（OR 2.3，95% CI：1.3 ～ 4.3），12个月的持续戒断率分别为16.3%和5.6%（OR 3.20，95% CI：1.3 ～ 5.8）。

中国一项随机对照试验的研究结果与国外一致。廖艳辉等在中国30个省市共纳入了1369名成年吸烟者，给予基于移动电话的戒烟相关短信息干预，发现无论是高频短信息组还是低频短信息组，与对照组相比戒烟成功率均显著提高（高频组OR 3.51，95% CI：1.64 ～ 7.55，$P<0.001$；低频组OR 3.21，95% CI：1.36 ～ 7.54，$P=0.002$），提示短信干预有明确的戒烟疗效，有望大范围推广并广泛用于寻求戒烟帮助的吸烟者。

2. 网络戒烟干预

网络戒烟干预即通过互联网提供的戒烟干预，包括电子邮件、在线视频、网页、游戏和论坛等诸多形式，具有实现广泛覆盖的潜力。中国互联网络信息中心（China Internet Network Information Center，CNNIC）发布的第46次《中国互联网络发展状况统计报告》显示，截至2020年6月，我国网民规模达9.40亿，互联网普及率达67.0%。将网络戒烟干预与面对面咨询、戒烟热线咨询的有效性进行比较后发现，上述不同戒烟方式有可能产生相似的戒烟效果。此外，研究表明，基于网络或互联网的干预措施可以提高戒烟率，但由于多数网站未能提供戒烟行为干预措施的基本信息，因此效果并不一致；当网站提供的信息涉及到行为干预措施时，效果会更好。

在一项基于网络干预的随机对照研究中，干预组定期登录网站并递交健康管理计划，由计算机自动生成个性化的健康管理建议，结果显示，第6个月时干预组及对照组的戒烟率分别为23.6%和4.6%，提示通过网络提供健康管理服务，尤其对于有效戒烟是可行的。另一项荟萃分析的结果表明，无论从短期还是长远来看，干预组所有戒烟结局指标（如持续戒烟率和30天时点戒烟率）都是有效的（短期OR 1.29，95% CI：1.12 ～ 1.50；长期OR 1.19，95% CI：1.06 ～ 1.35）；与对照组相比，干预组使用了更多的行为干预措施，包括目标规划、社会支持、自然后果、结局对比、奖惩制度以及监督等，这些干预措施的采用与短期及长期戒烟干预效果的提高显著相关。

3. 智能手机戒烟应用程序

目前，大多数基于移动电话的戒烟干预还是依赖于传统的短信平台，但越来越高的智能手机使用率提供了将短信和网络元素相结合的新思路，使得戒烟干预措施变得更具互动性和可视化。然而，现有证据尚不足以推断用于戒烟的智能手机应用程序在促进戒烟方面的有效性。Abroms等在2012年2月进行的一项针对智能手机戒烟应用程序的研究中，共发现了252个苹果iOS系统的戒烟应用和148个谷歌Android操作系统的戒烟应用，随后对其中最受欢迎的近100种进行分析。尽管审查确实发现了一些高质量的戒烟应用程序，有助于提供行为干预，但更多的戒烟应用程序并未遵从循证戒烟建议；即使是那些坚持循证戒烟治疗方法的应用程序，在内容、功能和用户体验方面也存在很大的差异，难以客观评估其效用。

随着技术进步和戒烟干预的不断探索，无论是作为独立的干预措施，还是与其他戒烟干预方法相结合，戒烟相关的智能手机应用程序都有了相应进展。根据美国国家烟草控制协作中心，可以将当前的戒烟应用程序分为五大类，包括计算器类、日历类、催眠类、定量类以及其他类。Bricker等开展的一项随机对照研究，以美国Smokefree.gov项目遵循指南建议推出的戒烟应用QuitGuide为对照，评估基于接受和承诺疗法（acceptance and commitment therapy，ACT）研发的戒烟应用SmartQuit的有效性，结果显示，观察组30天的时点戒烟率为13%（95% CI：6%～22%），对照组为8%（95% CI：3%～16%）（OR 2.7，95% CI：0.8～10.3），提示基于ACT的戒烟用户戒烟成功率更高。

4. 新兴技术戒烟干预

快速发展的各种新兴技术为戒烟干预提供了更多方式和可能性，越来越多具有可定制性的复杂应用被开发出来。然而，现有的循证戒烟治疗体系尚不足以对其有效性进行系统评估。

2020年关于烟草问题的美国《卫生总署报告》指出，目前的新兴技术干预研究主要集中于以下两种方式：第一种方法通过加强人与技术之间的交互，实现结构化的人-技术互动，提供高度个性化的实时戒烟支持，如网站服务器的弹出窗口、以对话形式互动的“聊天机器人”等；第二种方法是整合多个来源的治疗数据，以获得更广泛的戒烟干预信息和治疗选择，如普及电子健康记录可以使提供戒烟支持的医疗人员之间保持信息共享。

此外，通过社交媒体平台提供戒烟支持的潜在效用还处于早期研究阶段。现有证据表明，戒烟团体的参与者之间可以形成互惠、牢固和持久的社会支持纽带，有助于成功戒烟。我国一项针对经皮冠状动脉介入治疗（percutaneous coronary intervention，PCI）患者出院后进行的戒烟干预研究，共纳入80名参与者，观察组加入由护理人员创建的微信戒烟群并接受戒烟干预，对照组仅在定期复诊时进行口头劝诫，研究发现，观察组患者近期和中期的戒烟成功率均高于对照组患者（分别为93.0% *vs.* 67.6%，81.4% *vs.*51.4%）。

（三）应用前景

对于相当一部分吸烟者、尤其是患有烟草依赖的吸烟者来说，戒烟是困难的。数据显示，即便在戒烟药物的辅助下，吸烟者的戒烟成功率也并不理想；此外，目前我国还存在戒烟门诊数量不足、对基层及偏远地区覆盖度不够、戒烟诊治不规范以及戒烟药物费用较高等问题，极大地制约了临床戒烟效果。移动戒烟干预不受时间、地点限制，具有覆盖面广、成本-效益高等优势，同时可以在提高慢性阻塞性肺疾病、支气管哮喘等慢性呼吸系统疾病的认知、预防、诊断、治疗等方面发挥作用，为有效提高戒烟成功率提供了新的思路。然而，由于科学技术的不断发展，人们与技术之间的互动方式也随之改变，导致这种方式下的有效戒烟要素具有不确定性。例如，随着短信技术集成到智能手机应用程序和用户界面中，人们对短信的偏好可能会发生变化，从而影响戒烟效果。

在我国，移动戒烟技术尚处于起步阶段，未来需要更多研究以确保移动戒烟干预与循证戒烟治疗的相关性，并掌握不同移动戒烟技术对吸烟者戒烟动机和持续戒烟效果产生的影响，从而实现广泛且有效的戒烟覆盖，降低我国吸烟危害及慢性呼吸疾病所致的社会经济负担，助力实现“健康中国2030”。

（吴司南　魏肖文）

参考文献

[1] Gopinathan P，Kaur J，Joshi S，et al. Self-reported quit rates and quit attempts among subscribers of a mobile text messaging-based tobacco cessation programme in India [J]. BMJ Innovations，2018，4（4）：147-154.

[2] Free C，Knight R，Robertson S，et al. Smoking cessation support delivered via mobile phone text messaging（txt2stop）：a single-blind，randomised trial [J]. Lancet，2011，378（9785）：49-55.

[3] Cobos-Campos R，Apiñaniz Fernández de Larrinoa A，Sáez de Lafuente Moriñigo A，et al. Effectiveness of Text Messaging as an Adjuvant to Health Advice in Smoking Cessation Programs in Primary Care [J]. A Randomized Clinical Trial. Nicotine & Tobacco Research，2016，19（8）：901-907.

[4] Liao Y，Wu Q，Kelly BC，et al. Effectiveness of a text-messaging-based smoking cessation intervention（“Happy Quit”）for smoking cessation in China：A randomized controlled trial [J]. PLoS Med，2018，15（12）：e1002713.

[5] 吴海云，何耀，潘平，等. 基于网络的行为和生活方式干预的效果及可行性初步研究 [J]. 中华健康管理学杂志，2008，2（6）：333-337.

[6] McCrabb S，Baker AL，Attia J，et al. Internet-Based Programs Incorporating Behavior Change Techniques Are Associated With Increased Smoking Cessation in the General Population：A Systematic Review and Meta-analysis [J]. Ann Behav Med，2019，53（2）：180-195.

[7] Abroms LC，Lee Westmaas J，Bontemps-Jones J，et al. A content analysis of popular smartphone apps for smoking cessation [J]. Am J Prev Med，2013，45（6）：732-736.

[8] Bricker JB，Mull ke，Kientz JA，et al. Randomized，controlled pilot trial of a smartphone app for smoking cessation using acceptance and commitment therapy [J]. Drug Alcohol Depend，2014，143：87-94.

第五节　戒烟药物治疗

（一）概述

目前一线戒烟药物包括尼古丁替代疗法（nicotine replacement therapy，NRT）药物（尼古丁咀嚼胶、尼古丁吸入剂、尼古丁口含片、尼古丁鼻喷剂和尼古丁贴剂）、盐酸安非他酮缓释片和酒石酸伐尼克兰。

（二）尼古丁替代疗法药物

NRT药物通过向人体提供尼古丁以代替或部分代替从烟草中获得的尼古丁，从而减轻戒断症状。NRT药物戒烟安全有效，可使长期戒烟的成功率增加1倍，虽然不能完全消除戒断症状，但可以不同程度地减轻戒烟过程中的不适。

目前，NRT药物包括贴片、咀嚼胶、鼻喷剂、含片和吸入剂5种剂型。贴片释放尼古丁的速度最慢，可使体内的尼古丁含量保持在较稳定的水平，使用频率较低（每24小时或16小时使用1次）；咀嚼胶、喷剂、含片和吸入剂释放尼古丁的速度较快，每天用药次数较多（每1～2小时或更短时间使用1次）。尚无证据表明这些药物在戒烟疗效上存在差别，药物选择可遵从戒烟者的意愿。

目前，在我国NRT药物有贴片及咀嚼胶两种剂型，均属于非处方药，可以在医院和药店购买。吸烟者在使用前应咨询专业医师，并在医师指导下使用。

（三）盐酸安非他酮缓释片

盐酸安非他酮缓释片是一种有效的非尼古丁类戒烟药物，作用机制可能包括抑制多巴胺及去甲肾上腺素的重摄取以及阻断烟碱型受体等。盐酸安非他酮缓释片可使长期（＞6个月）戒烟成功率增加1倍。对于重度烟草依赖者，联合应用盐酸安非他酮缓释片和NRT药物，戒烟效果更佳。

盐酸安非他酮缓释片为处方药，需凭医师处方在医院或药店购买。吸烟者使用前应咨询专业医师，并在医师指导下用药。

（四）伐尼克兰

酒石酸伐尼克兰是一种新型戒烟药物，为$\alpha_4\beta_2$烟碱型受体的部分激动剂，同时具有激动及阻断的双重调节作用。酒石酸伐尼克兰与烟碱型受体结合后，一方面发挥激动剂的作用，刺激脑内释放多巴胺，可缓解戒烟后的戒断症状；另一方面，它的阻断特性可以阻止尼古丁与烟碱型受体结合，减少吸烟的欣快感。

酒石酸伐尼克兰为处方药，需凭医师处方在医院或药店购买。吸烟者在使用前应咨询专业医师，并在医师指导下用药。

（五）药物可能的不良反应

2009年美国FDA在酒石酸伐尼克兰产品标签中增添黑框警告，强调该药的严重神经精神事件风险。2016年12月，美国FDA批准更新酒石酸伐尼克兰的药品标签，移除黑框警告。此决定是基于一项随机、双盲、安慰剂对照、关于戒烟药物治疗的安全性及有效性的研究结果（Evaluating Adverse Events in a Global Smoking Cessation Study，EAGLES）。EAGLES研究在全球16个国家140个中心招募8144例患者，随机分为伐尼克兰组、安非他酮组、NRT组和安慰剂组，每组约2000例，包含约1000名精神疾病受试者和1000名非精神疾病受试者。结果发现，与安慰剂相比，受试者使用酒石酸伐尼克兰后，在焦虑、抑郁、情感异常、敌意、激动、侵害、妄想、幻觉、伤害他人、癫狂、惊恐、易怒等复合终点上，未见有显著差异。

总之，在戒烟治疗的过程中，NRT药物、盐酸安非他酮和酒石酸伐尼克兰是推荐使用的一线药物。考虑到戒烟的健康获益，这些药物是能够挽救生命的治疗手段，配合行为干预疗法更能提高戒烟成功率。戒烟与烟草依赖治疗比其他常用的临床预防措施如乳房X线摄像、肠癌筛查、巴氏早期癌变探查试验、轻到中度高血压的治疗以及高脂血症的治疗更符合成本-效益，而且适应人群广泛，因此临床医师应当鼓励和帮助每一位吸烟者戒烟。至今为止还没有任何其他临床干预措施像戒烟一样，能够有效地减少疾病发生、防止死亡和提高生活质量。

（刘　朝　肖　丹）

参考文献

[1] 中华人民共和国国家卫生和计划生育委员会. 中国临床戒烟指南（2015年版）[M]. 北京：人民卫生出版社，2015.

[2] Benowitz NL. Nicotine addiction [J]. N Engl J Med，2010，362（24）：2295-303.

[3] Cahill K，Stevens S，Perera R，et al. Pharmacological interventions for smoking cessation：an overview and network meta-analysis [J]. Cochrane Database Syst Rev，2013：CD009329.

[4] Anthenelli RM，Benowitz NL，West R，et al. Neuropsychiatric safety and efficacy of varenicline，bupropion，and nicotine patch in smokers with and without psychiatric disorders（EAGLES）：a double-blind，randomised，placebo-controlled clinical trial [J]. Lancet，2016，387（10037）：2507-2520.

第六节　临床医师日常诊疗中的戒烟干预策略及措施

（一）吸烟者戒烟的阶段及其行为特点

烟草依赖具有高复发的特点，医师需要不断地对患者进行戒烟干预。在进行戒烟治疗之前，医师应首先了解戒烟者通常的戒烟模式，对处在不同阶段的吸烟者应采取不同的干预措施。

处于思考前期的吸烟者不想戒烟。随着对吸烟危害认识的增加，吸烟者会进入思考期，开始考虑戒烟，并且能够接受医师关于吸烟危害和戒烟益处的建议。这一阶段的吸烟者通常处于进退两难的境地，一方面认识到应该戒烟，另一方面仍对吸烟难以割舍。经过一段时间的思考，吸烟者将进入准备期。处于准备阶段的吸烟者开始计划戒烟。接着他们把戒烟付诸实施，即进入行动期。紧随行动期的是维持期，在这一阶段戒烟成果得到巩固。如果戒烟成果不能维持下去，吸烟者将进入复吸期，再次回到思考期或思考前期。对吸烟者来说，很少有人能在最开始的戒烟尝试中成功通过所有阶段。在最终戒烟成功前，可能要反复几次。

（二）临床戒烟干预模式

临床医师要对所有的吸烟者进行戒烟劝诫，对烟草依赖者进行戒烟治疗，必要时可推荐到戒烟门诊进行戒烟强化治疗。

（三）动机访谈

对于没有准备好戒烟的吸烟者，医师应给予简短的干预使他们产生戒烟的想法。动机访谈是一种以患者为核心的直接干预方式，有证据表明这种干预能有效使吸烟者在未来尝试戒烟。

医师在动机访谈中的重点是了解吸烟者的感受和想法，以求揭示吸烟者的矛盾心理。一旦发现矛盾心理，医师就可对吸烟者进行引导，使他们强化戒烟的原因和意义，促使其产生戒烟愿望，作出戒烟承诺，并向他们提供进一步的戒烟帮助。

（四）戒烟者复吸的预防

成功戒烟的吸烟者将会面临较高的复吸风险。大多数复吸发生在戒烟的早期（20%的复吸发生在戒烟后6～12个月），也可能在戒烟后数月甚至数年后出现复吸。研究表明，10个戒烟者中会有9人复吸，只有少数吸烟者第一次戒烟就完全戒掉，大多数吸烟者均有戒烟后复吸的经历，需要多次尝试才能最终戒烟。提高长期戒烟成功率的手段是使用最有效的戒烟治疗方法，即在患者有意愿戒烟时给予他们经证实有效的戒烟药物及相对强化的戒烟咨询（如给予4次或更多的咨询，每次时间10分钟或更长）。

对于最近戒烟者，医师应肯定其已取得的成绩，并和他们回顾戒烟的益处，帮助解决遇到的问题。医师的关注会使他们在出现复吸时主动向医师寻求帮助。对已经戒烟成功且不再需要进行药物治疗者，医师可与他们探讨戒烟成功的经验。这些已戒烟者也可能遇到戒烟相关的问题，医师应及时针对这些问题进行干预。

（五）戒烟强化治疗的概念与实施

戒烟强化治疗可由经过培训的临床医师提供。国外研究表明，戒烟的强化治疗比简短治疗更为有效。强化治疗包括联合使用多种治疗方法、进行多次随访、延长每次治疗的时间、由多位医师参与等，适用于存在较为严重的烟草依赖并愿意接受强化治疗的吸烟者。

（六）关于中医药戒烟治疗

中医药是我国医学科学的特色。中医药戒烟治疗的核心是辨证论治，即针对吸烟者体质、生活习惯、临床表现，采用压耳穴法、耳针疗法、针灸疗法以及中药穴贴疗法等方法，以减少戒断症状，增强戒烟信心，以期实现成功戒烟。中医药在促进吸烟者戒烟和减轻戒断症状方面的循证医学证据尚需积累。

（刘　朝　肖　丹）

参考文献

[1] Croghan IT，Offord KP，Evans RW，et al．Cost-effectiveness of treating nicotine dependence：the Mayo Clinic experience [J]．Mayo Clin Proc，1997，72：917-924．
[2] Cummings SR，Rubin SM，Oster G．The cost-effectiveness of counseling smokers to quit [J]．JAMA，1989，261：75-79．

第七节　戒烟门诊的建立

戒烟门诊是对吸烟者进行专业化戒烟干预的一种有效途径与方式，其对象主要是经过简短干预效果不佳或自愿进行强化戒烟干预的吸烟者。1956年，瑞典斯德哥尔摩建立了世界上第一家戒烟门诊，之后世界上很多国家相继建立了戒烟门诊，目前已有数百万人在戒烟门诊成功戒烟。1996年，WHO烟草或健康合作中心在北京朝阳医院建立了我国第一家戒烟门诊，目前全国至少已有几百家规范化戒烟门诊。戒烟门诊作为一种相对较新的临床体系，需给予充分的支持，并努力探索具有中国特色的发展模式。

1. 医院或主管部门的支持

开设戒烟门诊首先应根据当地卫生部门的规定获得本医院和/或主管部门的批准与支持。由于戒烟门诊在开设之初可能不会得到充分的经济效益，只有依靠医院的大力支持，戒烟门诊才能度过早期的积累阶段，进而进入良性发展阶段。

2. 创造一个安静、温馨的就诊环境

戒烟干预是对吸烟者生理及心理等多方面的综合干预，常涉及个人隐私，应设立单独诊室供戒烟医师对吸烟者进行治疗；戒烟门诊可用一些精致的宣传戒烟益处的图片进行装饰，如果张贴吸烟有害健康的宣传画应注意，图片上的警句要柔和，画面不要过分夸张，以免有丑化吸烟者形象之嫌，造成其逆反心理；可以准备一些吸烟造成器官损害的病理标本，但不要摆放，如果吸烟者要求观看标本以增强其戒烟的动力，可以让他单独观看并做适当讲解；戒烟门诊应摆放戒烟知识手册，并免费提供给就诊者；戒烟门诊开始阶段每周开放的次数可根据就诊者的数量灵活掌握。

3. 戒烟门诊宜具备的检查方法

戒烟门诊宜开展血、尿可替宁浓度检测以及呼出气一氧化碳（CO）浓度测定等检查。其中，呼出气CO浓度测定可判断就诊者是否为吸烟者或确定是否已戒烟，简便易行而且无创，是一种比较理想的戒烟门诊常用检测手段。此项检测还可以使吸烟者客观地认识到吸烟的危害。另外，在戒烟过程中，由于吸烟量减少，呼出气CO浓度降低，受试者会观察到戒烟给他带来的即刻健康益处，从而增强戒烟成功的信心。

4. 配备具有专业戒烟技能的医师

戒烟干预是一项非常专业、严谨、繁复的工作。戒烟门诊的医师除一般医学知识外，还必须具备专业的戒烟技能。除此之外，戒烟医师还应掌握心理咨询的一般技巧，因为解除吸烟者对吸烟行为的心理依赖比解除其对尼古丁的生理依赖可能难度更大。开展戒烟干预更要注重体现社会－心理－生物医学模式。

烟草依赖是一种慢性高复发性疾病。戒烟门诊的医师要掌握专业化的戒烟技能，依据临床戒烟指南推荐的戒烟治疗方法对吸烟者进行干预，并为每个戒烟者制订个性化的戒烟方案。在美国，专业治疗烟草依赖的人士称为烟草治疗专家（tobacco treatment specialist，TTS），需要经过专业的培训并获得资格认证。我国亦与国际机构及专家合作，进行了专业化戒烟医师的培训认证。

5. 戒烟门诊的就诊模式

除有戒烟意愿的吸烟者主动挂号就诊外，戒烟门诊医师应主动与医院中各科门诊与病房的医师、护士联系，请他们对吸烟者进行简短劝诫后，介绍患者到戒烟门诊接受专业化干预，或邀请专业化戒烟医师到病房就烟草依赖问题进行会诊。

6. 要注意对戒烟门诊的宣传

可通过电视、报纸、杂志、网络对戒烟门诊进行宣传，也可以通过举办戒烟宣传活动、戒烟讲座、戒烟沙龙等，或通过其他形式如宣传栏、宣传单等宣传戒烟门诊，引导吸烟者到戒烟门诊接受专业化戒烟干预。

医务人员必须深刻地认识到，戒烟是最为有效的降低疾病发病风险、防止死亡和提高患者生活质量的措施。迄今尚无任何其他临床预防措施（如乳腺癌筛查、肠癌筛查、宫颈巴氏细胞学检查、高血压治疗以及高血脂治疗等）能较之更符合成本-效益和使用人群更广泛。为此，所有医务人员，特别是临床医师，应当积极地参与戒烟干预工作。

（刘　朝　肖　丹）

参考文献

[1] Eddy DM. Setting priorities for cancer control programs [J]. J Natl Cancer Inst, 1986, 76: 187-199.
[2] Meenan RT, Stevens VJ, Hornbrook MC, et al. Cost-effectiveness of a hospital-based smoking cessation intervention [J]. Med Care, 1998, 36: 670-678.